체험하며 배우는 WOLFRAM
MATHEMATICA®

Wolfram 언어™ 프로그래밍

체험하며 배우는 WOLFRAM MATHEMATICA®

Wolfram 언어™ 프로그래밍

클리프 헤이스팅스 · 켈빈 미스초 · 마이클 모리슨

번역 및 감수: 함남우, 황지원, 전경원, 김현주, 김기성

KYOWOO

체험하며 배우는 Wolfram Mathematica: Wolfram 언어 프로그래밍

KOREAN language print edition published by Kyowoo.

Final typesetting and page production were completed using Wolfram notebooks.

STAFF

저자 Cliff Hastings, Kelvin Mischo, Michael Morrison | **감수** 함남우 | **옮김** 황지원, 전경원, 김현주, 김기성 |
총괄 김현주 | **진행** 이소정 | **표지 내지** 디자인 Wolfram Media

차례

소개 vii

1부 MATHEMATICA의 기본

1장 첫걸음 3
2장 Mathematica의 적용 사례 살펴보기 11
3장 입력과 출력 21
4장 문서 작성 기능과 조판 기능 43
5장 슬라이드 쇼를 사용한 프레젠테이션 61
6장 Wolfram 언어의 기본 75
7장 단일 명령으로 대화형 모델 생성하기 97
8장 Mathematica 노트북 공유하기 119
9장 도움말 이용하기 129

2부 지식 넓히기 137

10장 이차원 및 삼차원 그래픽 139
11장 데이터 시각화 161
12장 그래픽의 스타일 지정 및 사용자 정의 183
13장 그래픽 기본 요소를 이용한 다이어그램과 도형 생성하기 217
14장 대수적 조작과 방정식 풀이 237
15장 미분과 적분 249
16장 미분 방정식 265
17장 선형 대수 275
18장 확률과 통계 293
19장 데이터 가져오기와 내보내기 311
20장 데이터 필터링 및 조작 333
21장 선별 데이터로 작업하기 365
22장 Mathematica에서 Wolfram|Alpha 데이터 사용하기 399
23장 데이터 분석을 위한 통계 기능 425
24장 프로그램 작성하기 443
25장 병렬 프로그램과 GPU 프로그램 작성하기 465

찾아보기 483

머리말

감수자는 지난 20 년간 대학에서 <대학수학>과 <수치해석학>을 강의하면서 이론의 내용을 수치로 검증하는 도구로 Mathematica를 사용해 왔습니다. 대부분의 학생들은 Mathematica를 접하고 두 시간 내외의 기본적인 설명만으로도 충분히 수치적 결과를 제시하고 이를 그래프로 쉽게 표현하였습니다. 비슷한 성능의 수학 계산용 다양한 프로그램이 있고 각각의 프로그램들은 장단점이 있기는 하지만 수학자의 관점에 Mathematica는 직관적으로 접근하기에 가장 쉽고 적합한 프로그램입니다. 서점에서 쉽게 구할 수 있는 Mathematica 교재들은 기본적인 설명에만 충실한 경우가 많아서 Mathematica의 강력하고 다양한 기능을 설명해 줄 수 있는 교재가 절실한 상황에 이 교재가 이러한 요구 사항을 잘 반영하고 있습니다. 이 교재는 두 부분으로 구성이 되어 있습니다. 첫 번째 부분에서는 Mathematica를 처음 접하는 독자들이 꼭 알아야 할 기본적인 내용으로 구성되어 있습니다. 특히, 다른 교재에서 언급되지 않은 마이크로소프트의 워드(Word)와 같은 워드 프로세싱 기능과 발표에 사용할 수 있는 슬라이드 기능을 Mathematica로 어떻게 구현할 수 있는지 잘 설명하고 있습니다. 두 번째 부분에서는 데이터를 다루는 다양한 기법을 구체적인 예를 사용하여 설명하고 있습니다. 빅 데이터(Big Data)의 시대에 자료를 분석하는 일은 점점 더 중요성이 강조되고 있습니다. 이런 점을 고려할 때 두 번째 부분에서 다루고 있는 자료의 시각화, 자료의 필터링과 조작 등과 관련된 기술적 설명은 Mathematica를 선택한 독자에게 자료 분석에 대한 자심감을 갖게 해 줄것입니다. 우수하고 다양한 Mathematica의 성늘을 알지 못해서 어려움을 겪었던 독자라면 이 교재를 따라서 Mathematica와의 여행을 함께 할 것을 권해드립니다. 여행을 마쳤을 때 여러분은 Mathematica의 진면목을 보게 될것이고 여러분의 능력 또한 한 단계 성장해 있을 것입니다!

소개

이 책의 사용법

읽으면서 예를 직접 풀어보자

이 책은 Mathematica® 사용법을 배우는 과정에서 항상 옆에 두고 사용할 수 있는 참고용 도서로 만들었다. 물론 본문의 설명은 Mathematica의 작동 방식을 익히는 데 큰 도움이 되지만, 예를 직접 실행해 보는 것이 각자에게 필요한 탐구의 출발점이 될 것이다. 각 장은 Mathematica의 기능에 대한 설명과 사용 팁 그리고 예로 구성되어 있다. 또한, 각 장의 마지막에는 이해도를 높이기 위한 연습 문제가 포함되어 있으며 이러한 연습 문제를 학생의 수업 과제로 활용하거나, 사용자 스스로 풀어보며 학습할 수 있다.

책의 형식이든 전자출판 형식이든 어떠한 형식으로 이 책을 학습하든지, 데스크톱 버전의 Mathematica 또는 Mathematica Online™을 열고 예를 직접 입력하여 연습 문제를 직접 풀어보기를 권장한다. 책을 읽어나가면서 각 장의 예와 연습 문제를 나중에 참조할 수 있도록 각 장마다 Wolfram Notebook™(.nb) 형식의 신규 파일을 만들어 개인 저장 장치 또는 Wolfram Cloud™에 저장하는 것이 좋다.

이러한 양식의 상자에는 저자가 제공하는 사용 팁이 포함되어 있다. 이 팁은 저자가 수많은 이들에게 Mathematica 사용법을 가르치면서 얻은 경험이 담겨있다.

1부 'Mathematica의 기본'은 반드시 읽어보자

Mathematica를 처음 접하는 독자라면 이 책의 나머지 장을 이해하는데 필요한 기본 지식이 포함된 1장에서 9장까지를 먼저 읽어 보기를 권한다. 1부의 내용은 지금까지 Mathematica를 제한된 범위의 작업에만 사용해온 Mathematica 중급 사용자에게 부족한 지식을 채울 기회가 될 것이며, 이전 버전으로 Mathematica를 습득한 사용자에게는 최신 기능에 대한 지식을 얻을 기회가 될 것이다.

1장 첫걸음은 사용자가 Mathematica의 명령 입력에 친숙해질 수 있게 하는데 중점을 두고 쓰였다. 어떤 명령을 언제 사용해야 하는지에 관한 지식은 뒷장에서 설명한다. 1장은 Mathematica를 직접 써보면서 익숙해질 기회를 제공하는 것을 목적으로 하고 있다.

2장 Mathematica의 적용 사례 살펴보기는 Mathematica의 활용 범위와 그 역량을 현실 속의 문제에 재빠르게 적용하는 방법을 보여준다. 이 장의 목표는 명령의 세부 사항을 이해하는 것이라기보다는, 각 단계를 구축하는 사고 체계와 흥미로운 최종 결과 도출까지의 과정을 이해하는 것이다. 이러한 과정을 충분히 이해하면 Mathematica를 유연하게 사용하게 되었을 때 이와 유사한 분석을 수행하기 위한 지식의 초석이 될 것이다. 개별 명령에 대해서는 이어지는 장에서 자세히 설명한다.

2부 '지식 넓히기'는 읽기를 권장한다

1부 Mathematica의 기본을 정독한 다음 나머지 부분은 각 장을 순서대로 읽거나 관심 있는 부분을 골라 읽으면 된다.

데스크톱용 Mathematica와 Mathematica Online

이 책은 Mathematica에 관한 책이며, 주로 데스크톱 컴퓨터에서 Mathematica를 사용한다는 가정하에서 작성하였다. Mathematica Online은 웹 브라우저를 통해 Mathematica를 사용할 수 있는 방법을 제공하는 별도의 제품이며 이 책의 예를 풀어볼 때 사용할 수 있다. 하지만, 데스크톱에서 Mathematica를 사용 한다는 가정하에 이 책을 작성하였기 때문에 메뉴 탐색과 같은 작업 과정은 Mathematica Online에서의 과정과 다를 수 있다. 슬라이드 쇼, 스타일 시트, 팔레트, 병렬 컴퓨팅 등의 작업처럼 Mathematica 데스크톱 버전과 Mathematica Online 사이에 극명한 차이가 존재하는 경우 독자가 이러한 차이점을 알 수 있도록 본문에 주석을 달았다. 그러나 대부분 예는 명령 입력에 있어 데스크톱 버전의 Mathematica와 Mathematica Online 사이에 차이가 없다.

Mathematica 사용 권한 얻기

현재 Mathematica를 가지고 있지 않다면, Wolfram 웹 사이트 www.wolfram.com/mathematica/trial에서 평가판 라이선스를 요청하여 이 책과 함께 사용할 수 있다.

연습 문제에 대한 해답 얻기

웹 페이지 handsonstart.com/key를 방문하여 책의 고유 코드를 입력하면 연습 문제의 해답 키를 요청할 수 있다. 고유 코드는 9자리로 되어 있으며, 저작권 페이지에 인쇄되어 있다.

해답 키를 요청하면 Mathematica 사용에 도움이 되는 특별 할인과 무료 특전에 대한 정보도 얻을 수 있다.

이 책에서 사용된 다른 Wolfram 기술

Mathematica 및 Mathematica Online 이외에도 다양한 Wolfram 기술과 서비스가 이 책에 등장한다. Wolfram | Alpha®, Computable Document Format™(계산 가능한 문서 형식), Wolfram Predictive Interface™(입력 예측 문자 인터페이스), Wolfram CDF Player™, Wolfram Cloud, CDF in the Cloud™, Wolfram Community™, Wolfram Demonstrations Project™, Wolfram Knowledgebase™, Wolfram Language™, Wolfram 언어™, webMathematica™, Wolfram Development Platform™, Wolfram Data Science Platform™ 등에 대해 언급하고 있지만, 이러한 제품에 대해서는 Mathematica와의 관련성만을 다룬다. 이 책의 예를 풀기 위해서 Mathematica 이외의 제품은 필요하지 않다.

1부

Mathematica의 기본

1장
첫걸음

Mathematica와의 첫 만남

Mathematica는 여러 전문 분야에 걸친 기능을 두루 갖추고 있지만, Mathematica를 처음 사용하는 시작 단계에서는 소프트웨어 전체에 대한 지식이 필요하지는 않다. 이렇게 Mathematica의 아주 단순한 면모가 특히 처음 Mathematica를 접하는 초보자에게 가장 강한 인상을 남기는 경우가 종종 있다.

Mathematica의 명령이 특정한 결과를 보여주는 이유와 Mathematica가 할 수 있는 일의 범위는 이어지는 장에서 설명한다. 이 장에서는 사용자가 Mathematica에 명령을 직접 입력해 보는 연습을 통해 Mathematica의 작업 흐름에 익숙해지도록 돕는다. 실제로 직접 체험해 봄으로써 많은 것을 배우게 될 것이며, 이것이 바로 이 장이 의도하는 바이다. 1장에서 제공하는 반복적인 연습을 잘 따라 하다 보면 뒷장에서 다루는 내용을 더욱 잘 이해하게 될 것이다.

Mathematica는 Wolfram 언어를 사용하며, Wolfram 언어의 명령은 모두 같은 규칙을 따른다는 것이 이 책 전반에 걸친 공통된 주제이다. 충분한 반복 사용을 통해 이러한 규칙에 대한 어느 정도의 직관 능력을 기른다면, 낯선 상황에 직면하더라도 적절한 명령을 찾아 적용하기가 수월해진다. 이 장에서는 몇 가지 명령의 예를 가지고 이러한 직관을 키우는 데 도움이 되는 일반적 사항에 대해 간략하게 설명한다.

Mathematica를 실행하고 **File** 메뉴의 **New**에서 **Notebook**을 선택하면 수평 커서가 있는 빈 문서가 나타나는데, 이것을 노트북이라 한다. 수평 커서는 Mathematica가 사용자의 명령을 입력받을 준비가 되었다는 것을 의미한다. 이제 10!을 입력해 실제로 계산을 해 보자. 입력을 마치면 Shift+Enter 키를 함께 눌러 명령을 평가한다. 또한, 숫자 키패드를 포함한 키보드를 사용하고 있다면 숫자 키패드의 Enter 키를 눌러 입력을 평가할 수도 있다. Mathematica는 입력에 대해 정해진 작업을 수행하고, 그 결과로 3,628,800을 반환한다. 명령이 평가된 후에 마우스 또는 화살표 키를 사용하여 커서를 결과 아래로 옮겨 놓으면, 이제 Mathematica는 새로운 명령을 받을 준비가 된 것이다. 여기까지의 설명을 이해했다면 다음 예를 직접 입력하고 실행해 보자.

> 여기까지 진행하면서 막히는 부분이 있다면 Mathematica에 실제로 명령을 입력하는 모습이 담긴 동영상을 시청하고 그대로 따라 해 보면 이해에 도움이 될 것이다. Wolfram의 웹 사이트(wolfr.am/hostm)에서 이 책 내용의 일부인 Hands-on Start to Mathematica 동영상 시리즈를 시청할 수 있다. 사실 이 책은 동영상을 본 사람들의 좀 더 자세한 설명을 원하는 요청에 힘입어 탄생하였다.

717을 3으로 나누는 다음 명령을 입력해 보자.

```
717/3
```

239

718을 3으로 나누었을 때의 정확한 값을 구해 보자.

```
718/3
```

$\frac{718}{3}$

718을 3으로 나누었을 때의 근삿값을 구해 보자.

```
N[718/3]
```

239.333

718을 3으로 나누었을 때 5자리 수로 반올림한 근삿값을 구해 보자.

```
N[718/3, 5]
```

239.33

이제 자유 형식 입력을 사용하여 718 나누기 3을 계산해 보자. = 키를 눌러 자유 형식 입력을 호출한 후, 나머지 명령을 입력하여 평가한다. 평가가 끝난 후 더하기 아이콘을 클릭하면 관련 계산을 볼 수 있다.

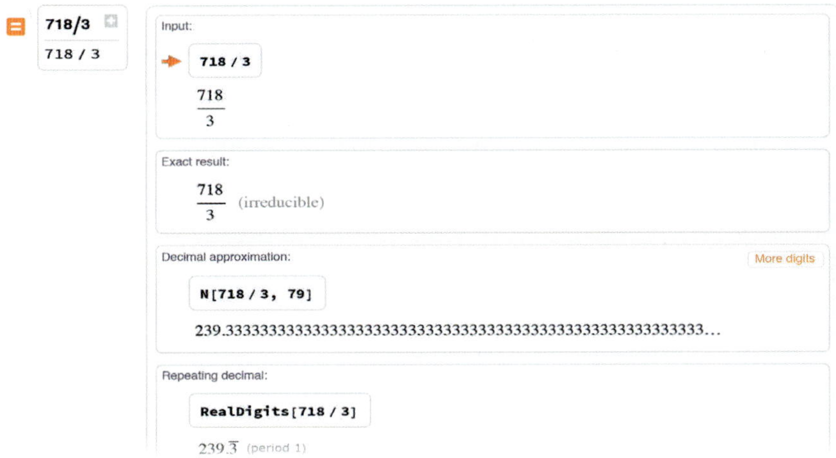

5를 **a**라는 이름의 변수에 할당해 보자.

```
a = 5
```

5

$3\,a + 1$을 계산한다. 여기서 **a**는 이미 5로 정의되어 있다.

```
3 a + 1
```

16

a의 변수 정의를 삭제하여, **a**를 정의되지 않은 상태로 만든다.

```
Clear[a]
```

대수 표현식 $(a + 5)\,(a + 9)$를 전개한다.

```
Expand[(a + 5) (a + 9)]
```

$45 + 14\,a + a^2$

방정식 $2\,x - 7 = 0$을 x에 대해 풀어 보자.

```
Solve[2 x - 7 == 0, x]
```

$\left\{\left\{x \to \frac{7}{2}\right\}\right\}$

> 이 명령에 두 개의 등호(==)가 사용된 점에 유의한다. 그 이유는 **6장 Wolfram 언어의 기본**에서 설명한다.

방정식 $2x-7=0$을 x에 대해 풀고 결과를 소숫점으로 나타낸 참값을 구한다.

```
NSolve[2 x-7 == 0, x]
```

$\{\{x \to 3.5\}\}$

자유 형식 입력을 이용하여 방정식 $2x-7=0$을 x에 대해 푼다.

```
solve 2x-7=0
Result
Reduce[-7 + 2*x == 0, x]
```

$x == \frac{7}{2}$

두 개의 미지수를 포함하고 있는 연립방정식 $2x-y=0$과 $3x-2y=0$을 x와 y에 대해 푼다.

```
Solve[{2 x-7 == 0, 3 x-2 y == 0}, {x, y}]
```

$\left\{\left\{x \to \frac{7}{2}, y \to \frac{21}{4}\right\}\right\}$

방정식 $ax^2+bx+c=0$을 x에 대해 푼다.

```
Solve[a*x^2+b*x+c == 0, x]
```

$\left\{\left\{x \to \frac{-b-\sqrt{b^2-4ac}}{2a}\right\}, \left\{x \to \frac{-b+\sqrt{b^2-4ac}}{2a}\right\}\right\}$

x의 범위를 −10부터 10까지로 하여 함수 $y = 2x - 7$의 그래프를 그려 보자.

```
Plot[2 x-7, {x, -10, 10}]
```

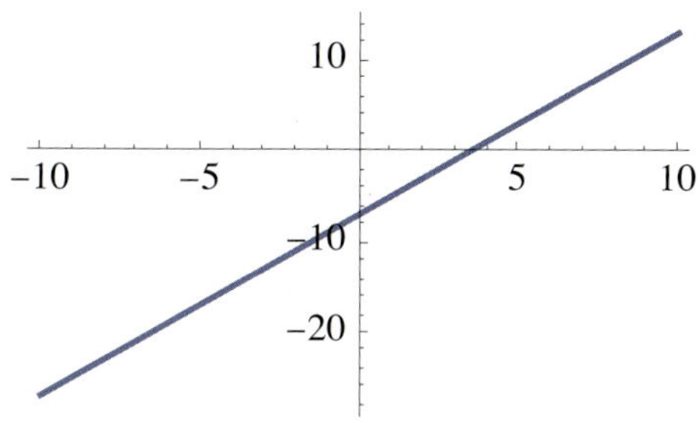

x의 범위를 $-\pi$부터 π까지로 하여 $\sin(x)/x$의 그래프를 그려 보자.

```
Plot[Sin[x]/x, {x, -Pi, Pi}]
```

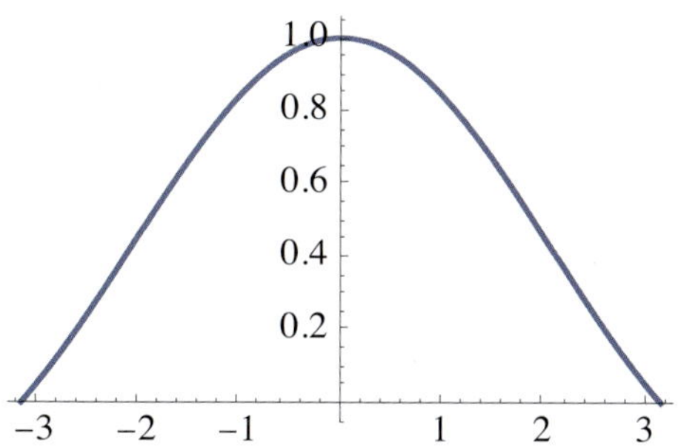

자유 형식 입력을 이용하여 $\sin(x)/x$를 그려 보자.

```
plot sin(x)/x
Plots (1 of 2)
Plot[Sin[x]/x, {x, -9.4, 9.4}]
```

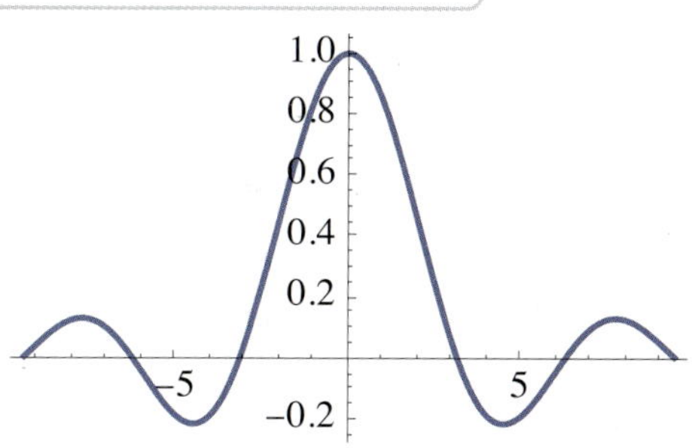

x의 범위를 −3부터 3까지, y의 범위를 −5부터 5까지로 하여 $\sin(x\,y)$를 삼차원 그래프로 그려 보자.

```
Plot3D[Sin[x*y], {x, -3, 3}, {y, -5, 5}]
```

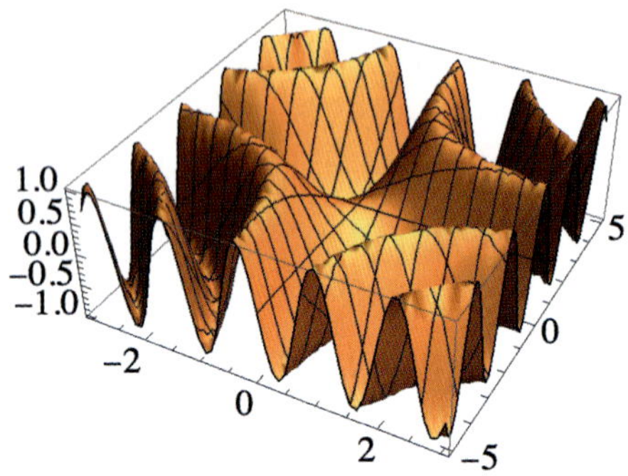

자유 형식 입력을 이용하여 $\sin(x\,y)$를 삼차원 그래프로 그려 보자.

```
plot sin(xy)
 3D plot
 Plot3D[Sin[x*y], {x, -3.14579, 3.14579},
   {y, -3.14579, 3.14579}]
```

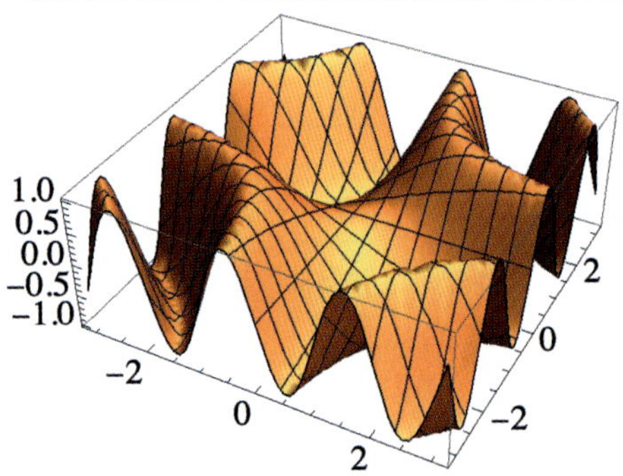

i의 범위를 1부터 5까지로 하여 i^2의 값에 대한 표를 생성한다.

```
Table[i^2, {i, 1, 5}]

{1, 4, 9, 16, 25}
```

Table은 값의 목록을 만드는 데 사용하며, 가장 많이 사용하는 Wolfram 언어 명령 중 하나이다. 이 책의 곳곳에서 **Table**을 만날 수 있으며, 특히 데이터 처리 관련 부분에서 다양한 예를 가지고 **Table**에 대해 자세히 설명한다.

% 기호는 바로 직전에 행한 계산 또는 직전의 출력 셀을 가리킨다. 여기서 말하는 직전에 행한 계산이란, 현시점에서 마지막으로 평가된 계산을 가리킴에 유의한다. 이것은 현재 계산의 바로 위에 있는 계산일 수도 있지만, 그렇지 않을 수도 있기 때문이다. 위 목록에 있는 모든 값의 합계를 직전의 결과를 가리키는 % 기호를 사용해서 계산해 보자.

```
Total[%]
```

55

Microsoft Excel 사용자라면 숫자 목록의 합계를 구하는 명령의 이름은 **Sum**이 아닐까라고 생각할 수도 있다. Wolfram 언어에도 **Sum** 명령은 있지만, 수학적 합계를 위해 사용되는 것으로, 지표에 해당하는 매개변수를 부여해서 사용해야 한다. 앞에서 살펴본 예처럼 값의 목록을 다루는 경우, 이러한 값의 합계는 **Total**을 사용해 구한다.

i의 범위가 1부터 5까지일 때 i^2의 값의 표를 시각화한다.

```
ListPlot[Table[i^2, {i, 1, 5}]]
```

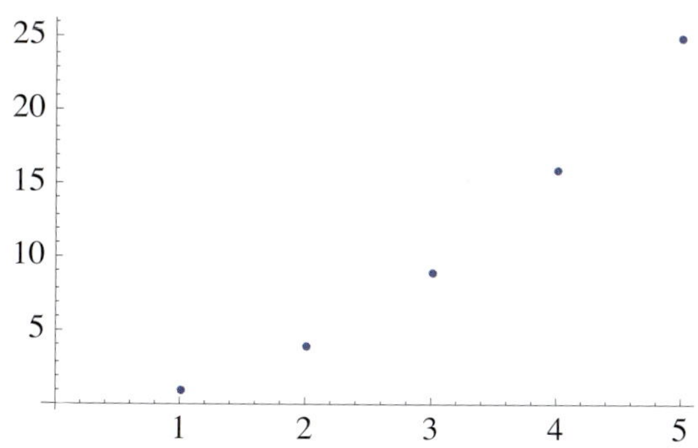

x에 대한 sin(x)의 부정적분을 계산한다.

```
Integrate[Sin[x], x]
```

```
-Cos[x]
```

자유 형식 입력을 이용하여 x에 대한 sin(x)의 부정적분을 계산한다.

```
integral of sin(x)
Integrate[Sin[x], x]
```

```
-Cos[x]
```

변수 **mat1**을 세 개의 하위목록으로 이루어진 목록으로 정의하고, 마지막에 세미콜론을 붙여서 출력이 표시되지 않게 한다.

```
mat1 = {{1, 2, 3}, {3, 5, 7}, {4, 6, 8}};
```

이 행렬의 행렬식을 계산한다.

```
Det[mat1]
```

```
0
```

mat1의 변수 정의를 삭제하여, **mat1**을 정의되지 않은 상태로 만든다.

```
Clear[mat1]
```

2장

Mathematica의 적용 사례 살펴보기

Mathematica의 적용 범위

Mathematica는 30여년에 걸쳐 고등교육과 산업계의 연구 프로젝트에서 계산 시스템으로 명성을 쌓아왔다. Stephen Wolfram이 자신의 관심 분야 중 하나인 입자 물리학 분야에서, 수작업으로 행하기에는 터무니없이 복잡하거나 불가능에 가까운 계산을 수행하기 위해 만든 프로그램이 Mathematica의 시초가 되었고, Wolfram 사의 창립으로 이어졌다. 창립 이후 Mathematica는 꾸준히 이 분야에서 탁월한 능력을 발휘해 왔다.

Mathematica는 계산뿐만 아니라 폭넓은 데이터의 유형과 다양한 형태의 계산을 취급할 수 있는 Mathematica의 범용성을 유지하기 위해 노력해 왔다. 무엇이든 기호로 표현한 식으로 나타낼 수 있는 기능은 Mathematica를 매우 강력하고 다른 시스템에서는 흉내 낼 수 없는 결과를 달성할 수 있게 만들어 주었다. Mathematica는 Wolfram Data Science Platform, Wolfram Development Platform과 같은 Wolfram 사의 다른 기술에도 쓰이는 Wolfram 언어에 기반을 두고 있다.

Mathematica 사용법을 배우는 데에는 시간이 조금 걸리지만, 이 책이 Wolfram 언어를 배우고 구사하는 첫걸음에 도움이 될 것이다. Mathematica에 포함된 많은 응용 프로그램을 쉽게 사용할 수 있을 뿐만 아니라 꼭 프로그래머가 되지 않더라도 손쉽게 필요한 프로그램을 만들어 사용할 수 있게 된다면 Wolfram 언어를 배우는 것은 매우 가치 있는 일이 될 것이다. 더욱이 직장이나 일상생활 중에 떠오르는 질문이나 업무에 Wolfram 언어를 구사하는 능력을 응용할 수 있다면 생활이 더욱 풍요로워질 것이다.

기대수명이 가장 긴 지역은 어느 곳일까?

전세계에서 기대수명이 가장 긴 지역은 어디인지 알아 보자.

인터넷을 검색하면 이 질문에 대한 답을 얻을 수 있겠지만, 대부분의 웹사이트는 기대수명에 대한 목록을 나열할 뿐, 사용자가 이를 이용한 추가 조사를 수행할 수 있도록 정보의 근원이 되는 데이터를 제공하지는 않는다. 설령 일부 데이터를 제공하더라도 데이터 집합 전체가 아닌 일부 요약만을 제공하므로, 어떤 국가의 기대수명이 왜 다른 국가보다 더 길게 나타나는지 그 이유를 알아보기에는 부족하다.

Mathematica는 Wolfram Knowledgebase의 데이터에 접근할 수 있는 단일 창구의 역할을 하며, 원하는 데이터 집합을 찾아서 계산에 바로 활용할 수 있는 형태로 가져올 수 있어 유용하다. 이에 관한 내용은 책의 뒷 부분에서 보다 자세히 설명한다.

1장 첫걸음에서는 Mathematica에 명령을 입력하는 방법과 몇 가지 간단한 조작 방법에 초점을 맞추고 있지만, 이 장에서는 답변 형식이 정해져 있지 않은 문제의 답을 찾기 위해 Mathematica를 어떻게 사용해야 하는지에 관한 사고의 과정을 아주 쉽게 설명한다. 여기서는 명령에 대해 간략하게 훑고 넘어가지만, 뒷장에서 여기서 다룬 모든 개념과 함수를 하나씩 자세히 설명한다. 이 장은 사용자가 Mathematica의 기본을 익힌 후에 경험할 수 있는 유연하고 심도 있는 탐색 과정을 보여주는 좋은 예가 될 것이다.

실제로 풀어보기

Mathematica의 자유 형식 입력은 다양한 분야의 정보를 찾아볼 수 있는 손쉬운 방법을 제공한다. 자유 형식 입력을 이용해서 특정 국가, 예를 들어 미국의 기대수명을 알아볼 수 있다.

```
life expectancy in the US »
United States COUNTRY [ life expectancy ]
```

```
78.941 yr
```

자유 형식 입력의 오른쪽 상단에 있는 더하기 아이콘을 클릭하면, 시간의 흐름에 따른 미국의 기대수명 그래프와 같은 흥미로운 관련 데이터를 볼 수 있다.

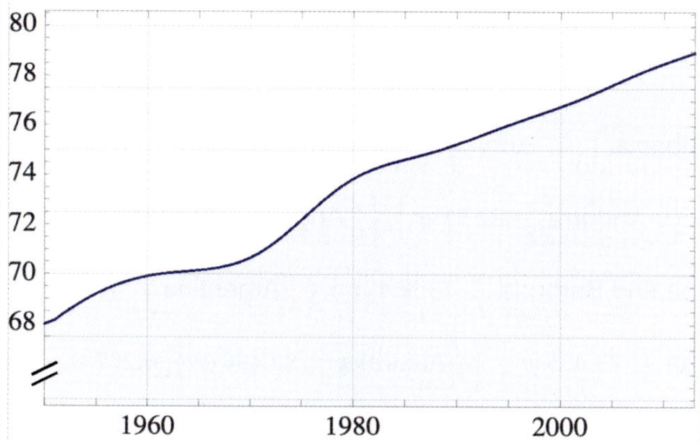

더하기 아이콘을 클릭하여 열린 추가 데이터에는 미국의 기대수명을 더욱 정확한 방법으로 조사할 수 있는 명령도 포함되어 있다.

```
CountryData["UnitedStates", "LifeExpectancy"]
```

78.941 yr

자유 형식 입력은 Wolfram 언어의 문법이나 하부 구조에 관한 지식 없이도 즉시, 데이터를 찾아보거나 계산을 시도해볼 수 있어서 매우 유용하다. 보통 Mathematica를 처음 접하는 사용자는 자유 형식 입력을 선호하지만, 일단 사용에 익숙해지면 Wolfram 언어를 직접 사용하게 된다.

한 번에 한 국가씩 질의를 하는 것보다 모든 국가의 기대수명 목록을 한 번에 얻는 편이 훨씬 효율적이다. 국가의 이름과 해당 국가의 기대수명의 쌍으로 이루어진 목록을 생성해서 **data**라는 변수에 저장해 보자. **DeleteCases**라는 명령을 사용하면 하나 이상의 값이 누락된 데이터를 제거할 수 있으며, **Short** 명령은 결과 일부만을 화면에 출력해 준다.

```
data = DeleteCases[
    Table[{i, CountryData[i, "LifeExpectancy"]}, {i, CountryData[All]}], {_, _Missing}];
Short[data]
```

```
{{Afghanistan, 60.947 yr}, {Albania, 77.392 yr}, {Algeria, 71. yr},
 {American Samoa, 73.72 yr}, {Andorra, 82.51 yr}, {Angola, 51.899 yr},
 {Anguilla, 80.65 yr}, {Antigua and Barbuda, 75.954 yr}, {Argentina, 76.305 yr},
 {Armenia, 74.561 yr}, {Aruba, 75.455 yr}, {Australia, 82.496 yr}, ≪207≫,
 {Uruguay, 77.23 yr}, {Uzbekistan, 68.241 yr}, {Vanuatu, 71.626 yr},
 {Venezuela, 74.633 yr}, {Vietnam, 75.945 yr}, {Wallis and Futuna Islands, 78.2 yr},
 {West Bank, 74.54 yr}, {Western Sahara, 67.764 yr},
 {Yemen, 63.112 yr}, {Zambia, 58.105 yr}, {Zimbabwe, 59.871 yr}}
```

Short 명령을 사용했기 때문에 Mathematica는 결과 목록에서 207개의 데이터가 생략되었다는 뜻으로 << 207 >>을 출력한다. **Short**를 사용하지 않더라도 결과가 너무 길면 Mathematica는 알아서 결과 일부만 출력한다. 이때, 더 많은 결과 또는 전체 결과를 볼 수 있는 대화 메뉴가 제공된다.

이 책의 출력은 Mathematica가 생성하는 출력 양식과 같은 **StandardForm**으로 되어 있다. 만약 여러분의 Mathematica가 생성하는 출력 양식이 이 책의 출력과 다르다면, 아마도 Mathematica가 **StandardForm** 대신에 **TraditionalForm**으로 결과를 표시 하도록 설정되어 있을 것이다.

모든 데이터가 한 곳에 저장되어 있는것 만으로도 유용하지만, 이 데이터를 용도에 맞게 필터링하면 한층 더 유용하게 사용할 수 있다. 예를 들어, **SortBy** 함수를 사용해서 목록을 기대수명에 대한 오름차순으로 정렬할 수 있다.

```
Short[SortBy[data, Last]]
```

```
{{Sierra Leone, 45.561 yr}, {Botswana, 47.572 yr},
 {Swaziland, 49. yr}, {Lesotho, 49.446 yr},
 {Democratic Republic of the Congo, 49.963 yr},
 {Central African Republic, 50.179 yr}, {Mozambique, 50.25 yr},
 {Chad, 51.182 yr}, {Angola, 51.899 yr}, {Nigeria, 52.506 yr},
 {Equatorial Guinea, 53.062 yr}, {Burundi, 54.104 yr},
 ≪207≫, {Hong Kong, 81.86 yr}, {San Marino, 81.97 yr},
 {Iceland, 82.086 yr}, {Spain, 82.1 yr}, {Singapore, 82.322 yr},
 {Italy, 82.385 yr}, {Australia, 82.496 yr}, {Andorra, 82.51 yr},
 {Switzerland, 82.604 yr}, {Japan, 83.58 yr}, {Macau, 84.36 yr}}
```

히스토그램도 기대수명의 목록에서 효과적으로 패턴을 찾아낼 수 있는 방법이다. 〚 〛 기호의 왼쪽 괄호는 Esc [[Esc로, 오른쪽 괄호는 Esc]] Esc를 순서대로 입력하여 완성한다.

```
Histogram[data〚All, 2〛]
```

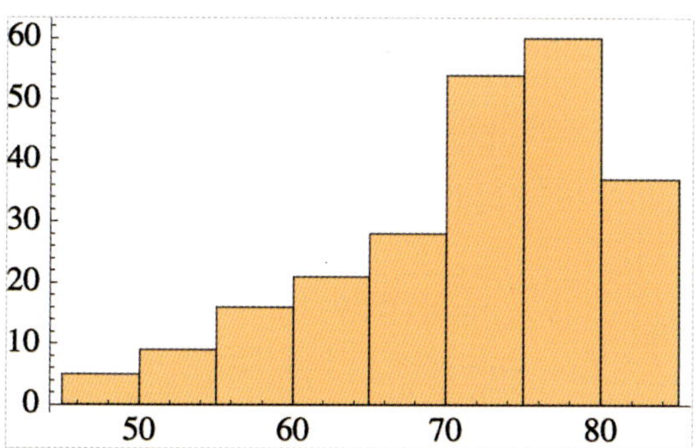

큰 범위의 경향성도 간단하게 알아볼 수 있다. 예를 들어, 몇 가지 명령만 사용하면 모든 국가의 기대수명 평균을 구하는 대신에 앞에서 수행한 작업을 국가 그룹별로 반복 적용하는 방식으로 각 국가 그룹에 대한 기대수명의 평균을 한 번에 구할 수 있다. 이러한 방식으로 각 그룹의 평균 기대수명을 계산할 수 있다.

```
dataAfrica = DeleteCases[
    Table[{i, CountryData[i, "LifeExpectancy"]}, {i, CountryData["Africa"]}], {_, _Missing}];
Mean[dataAfrica[[All, 2]]]
```

```
60.6803 yr
```

```
dataAsia = DeleteCases[
    Table[{i, CountryData[i, "LifeExpectancy"]}, {i, CountryData["Asia"]}], {_, _Missing}];
Mean[dataAsia[[All, 2]]]
```

```
72.7732 yr
```

```
dataEurope = DeleteCases[
    Table[{i, CountryData[i, "LifeExpectancy"]}, {i, CountryData["Europe"]}], {_, _Missing}];
Mean[dataEurope[[All, 2]]]
```

```
78.2237 yr
```

```
BarChart[{Mean[dataAfrica[[All, 2]]], Mean[dataAsia[[All, 2]]], Mean[dataEurope[[All, 2]]]},
  ChartLabels → {"Africa", "Asia", "Europe"}]
```

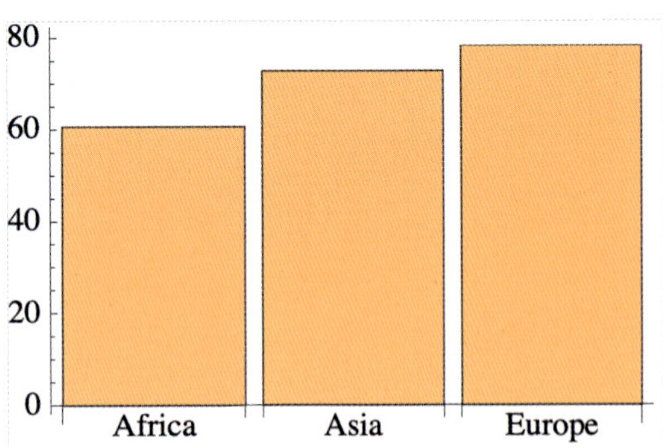

대륙에 따라서 국가별 값을 구분하는 것도 같은 방법으로 쉽게 할 수 있다.

```
dataSouthAmerica = DeleteCases[
    Table[{i, CountryData[i, "LifeExpectancy"]}, {i, CountryData["SouthAmerica"]}], {_, _Missing}];
Take[dataSouthAmerica, 3]
```

{{Argentina, 76.305 yr}, {Bolivia, 67.26 yr}, {Brazil, 73.937 yr}}

```
BarChart[dataSouthAmerica[[All, 2]], ChartLabels → dataSouthAmerica[[All, 1]],
  BarOrigin → Left]
```

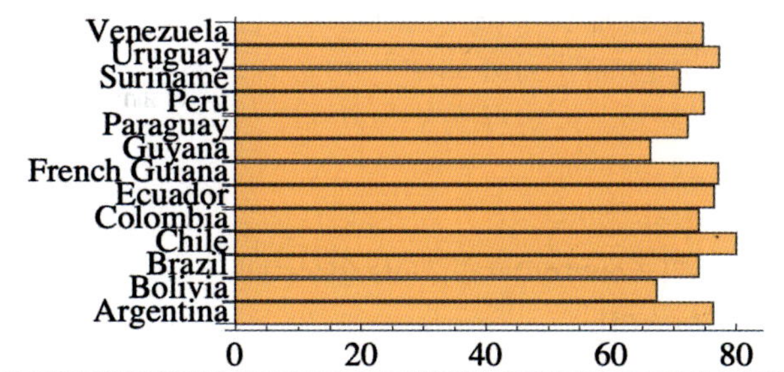

Mathematica를 이용해서 탐구하다 보면, 종종 더욱 흥미로운 질문과 마주하게 된다. 단순히 기대수명 크기를 시각적으로 나타내는 대신에, 다른 데이터를 함께 활용해서 국가에 대한 어떤 특성이 기대수명과 관련이 있는지를 알아볼 수 있다. 예를 들어, 기대수명 하나만 시각화하는 것 못지않게 기대수명과 국내총생산(GDP)의 관계 역시 손쉽게 보여줄 수 있다.

```
data = Table[Tooltip[{CountryData[i, "LifeExpectancy"], CountryData[i, "GDP"]},
      CountryData[i, "Name"]], {i, CountryData[]}];
ListLogLogPlot[data, AxesLabel → {"Life Expectancy", "GDP"}]
```

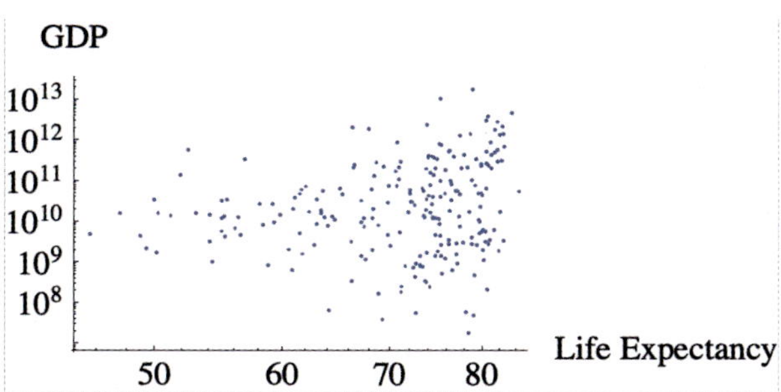

이 절의 시작 부분에서 변수 **data**를 이미 정의했다는 점을 기억할 것이다. 앞의 기대수명과 국내총생산에 대한 명령을 평가하면 **data**의 이전 정의를 폐기하고 새로운 정의를 할당하게 된다. 이 예에서는 변수를 재정의 하더라도 문제가 되지 않지만, 이미 정의한 변수를 재사용하는 것보다 필요할 때마다 새로운 변수 이름을 정의하는 편이 더 바람직하다. **6장 Wolfram 언어의 기본**에서 변수의 정의, 재정의, 삭제에 대해 자세히 다룬다.

데이터의 점들이 군집을 이루고 있기는 하지만, 명확한 패턴이 드러나지는 않는다. 동일한 일련의 명령으로 다른 가설을 손쉽게 검증해 볼 수 있다. 기대수명은 국내총생산보다 영아사망률(infant mortality fraction)과 더 직접적인 관계가 있을지도 모른다.

```
data =
  Table[
    Tooltip[{CountryData[i, "LifeExpectancy"], CountryData[i, "InfantMortalityFraction"]},
      CountryData[i, "Name"]], {i, CountryData[]}];
ListLogLogPlot[data, AxesLabel → {"Life Expectancy", "Infant Mortality Fraction"}]
```

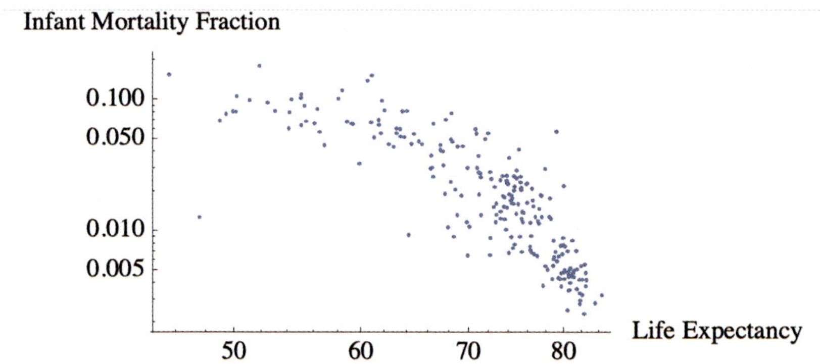

이제 좀 더 흥미로운 관계가 보인다. 우리가 사용한 일련의 명령에 다른 특성을 넣어보는 것은 비교적 쉽게 할 수 있지만, 이 명령 조합에 명령 하나만 추가하면 Mathematica가 이 일을 수행하는 대화형 인터페이스를 만들어내도록 할 수 있다. **Manipulate**는 어떠한 표현식에 대해서도 주어진 매개변수에 따라 대화형 인터페이스를 만들어준다. 결과적으로 Mathematica는 사용자가 매개변수를 조절한 결과를 실시간으로 확인할 수 있는 대화형 인터페이스를 생성한다.

```
Manipulate[
  plotFn[Table[Tooltip[{CountryData[i, "LifeExpectancy"], CountryData[i, prop]},
        CountryData[i, "Name"]], {i, CountryData[All]}],
    AxesLabel → {"Life Expectancy", prop}],
  {prop, {"InfantMortalityFraction", "GDP", "LiteracyFraction"}},
  {{plotFn, ListLogLogPlot}, {ListPlot, ListLogPlot, ListLogLogPlot}},
  SaveDefinitions → True]
```

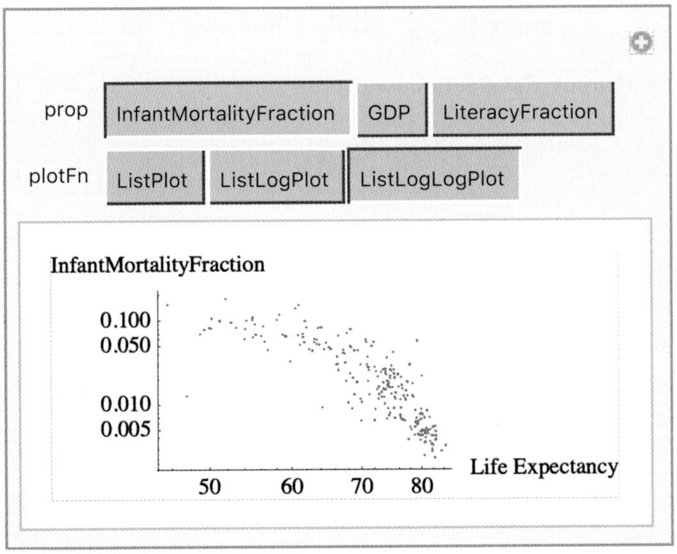

단지 몇 개의 명령만으로 전 세계 모든 국가에 대한 데이터를 읽고, 사용자가 선택한 특성 대비 기대수명의 그래프를 그려주며, 데이터의 경향을 잘 보여주는 세 가지 그래프 유형을 선택할 수도 있는 사용자 인터페이스를 만들 수 있다. 단일 표현식으로 이 정도면 쓸만하지 않은가!

이 예는 Mathematica의 본질인 강력함과 유연함을 잘 보여준다. 간단한 것에서 시작해서, 한 단계씩 대화식으로 명령을 추가해가며 답변 형식이 정해져 있지 않은 주제를 쉽게 탐구해볼 수 있다. 이러한 점에서 자동화 및 통합의 원칙을 따르는 Mathematica는 특별하다고 할 수 있다. 즉, Mathematica가 자동으로 다양한 작업을 처리해 주기 때문에, 사용자는 더 깊이 분석하고, 보다 심도 있는 조사를 통해 진실에 다가가는 질문에 시간을 할애할 수 있다.

Mathematica의 사용 방법에 관한 기본을 다지기 위해서 1부의 나머지 장들을 차례대로 읽기를 권한다. 2부의 장들은 독자의 관심에 따라 순서에 관계없이 읽어나가도록 한다.

작업시 주의 사항

각 장은 해당 장에서 사용한 변수 정의를 삭제하도록 하고 있다. 이렇게 하면 새로운 Mathematica 노트북이나 새로운 작업 시간에 작업을 할 때 변수 충돌이 일어나는 것을 막을 수 있다.

```
Clear[data, dataAfrica, dataAsia, dataEurope, dataSouthAmerica]
```

3장

입력과 출력

소개

Mathematica는 대화형 환경을 기본으로 한다. 명령을 입력하면 이를 평가한 다음, 그 결과를 기반으로 더 복잡하고 정교한 프로그램이나 코드 블록으로 발전시키는 것이 Mathematica의 일반적인 작업 흐름이다. 이러한 작업 흐름은 명령이나 코드 일부를 실행하는 즉시 결과를 확인할 수 있으므로 명확하게 정의된 작업뿐만 아니라 시험적 탐구 작업에도 사용할 수 있는 탁월한 환경을 제공한다.

입력과 출력 방법의 기본적인 이해는 매우 중요하지만, 그 핵심 개념은 매우 간단하므로 이 장이 끝날 즈음에는 충분히 이해하게 될 것이다. 또한 Mathematica는 자연어를 사용한 명령 입력을 포함하여 다양한 형식의 입력을 받아들일 수 있기 때문에 초보자도 매우 쉽게 접근할 수 있다.

평가 시작하기

Mathematica는 시스템과 상호 작용하는 다양한 방법을 제공한다. 가장 기본적인 단계는 명령을 입력한 다음 Shift+Enter 키를 눌러 명령을 평가하는 것이다. Mathematica는 새로운 문서에 타자가 시작되면 이를 명령으로 인식하며, 커서가 위치한 곳이면 어디든 입력할 수 있다.

명령은 지수를 나타내는 캐럿 기호(^)와 나눗셈을 나타내는 슬래시(/) 등을 사용하여 기존의 연산 구문으로 작성한다.

```
2 ^ 100
```

```
1 267 650 600 228 229 401 496 703 205 376
```

입력은 조판 형식으로 나타낼 수도 있다. 위의 표현식 2^100을 조판 형식을 사용한 다른 방법으로 나타내 보자. 먼저 숫자 2를 입력한 다음, Ctrl+6을 눌러 지수 입력을 위한 작은 서식 상자를 생성하고 거기에 100을 입력하여 2^{100}을 만든다. 그리고 Shift+Enter 키를 눌러 이 표현식을 평가할 수 있다.

명령을 평가하면 입력은 그대로 유지되며, 사용자가 설정을 바꾸지 않는 한 입력과 출력 모두 라벨이 붙여져 표시된다. 입출력 라벨은 각 셀에 표시되며, 노트북이라 불리는 Mathematica 문서는 이러한 셀로 구성된다.

입력은 셀 입력 도우미(Cell Insertion Assistant)를 사용하여 작성할 수 있으며, 이 기능은 커서가 셀과 셀 사이에 있을 때, 또는 노트북의 상단과 하단에 있을 때 아이콘으로 표시된다.

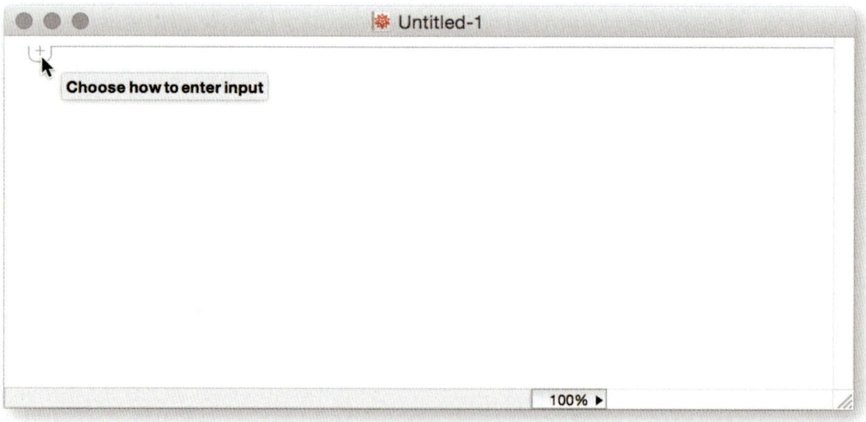

입력은 셀 입력 도우미 팝업 메뉴에서 Wolfram **언어 입력**(Language input)을 선택하면, 명령 입력을 위한 입력 셀이 생성되고, 커서는 생성된 셀 안에 위치하여 입력을 기다린다.

타자를 시작하여 새로운 셀을 생성하는 방법과 입력은 셀 입력 도우미를 이용하여 Wolfram 언어를 입력하는 두 가지 방법 모두 Wolfram 언어 명령을 작성하는 입력 셀을 생성한다는 점은 똑같다. Wolfram 언어를 직접 사용하여 Mathematica에 작업을 지시하는 것이 가장 일반적인 방법이지만, 사용 가능한 몇 가지 다른 입력 방법에 대해서도 뒤에 설명한다.

노트북 둘러보기

다른 입력 방법을 설명하기 전에 커서의 위치에 유의할 것을 강조한다. 마우스 포인터가 셀과 셀 사이에 놓이면 수평 막대선이 표시되고, 이를 클릭하면 왼쪽에 셀 입력 도우미 아이콘이 위치한 수평 막대선이 나타난다. 커서가 노트북의 첫 번째 셀의 상단 또는 마지막 셀의 하단에 위치할 때도 수평 막대선이 나타난다.

마우스 포인터가 셀 안에 놓이면, 커서는 수직 막대선으로 나타나며 이를 클릭하면 셀의 해당 위치에 커서가 삽입되고 입력 또는 편집이 가능하다. 커서는 키보드의 방향키를 이용하여 셀 안에서의 이동 및 셀과 셀 사이의 이동도 할 수 있다.

노트북에 표시되는 내용의 크기에 대한 전역 설정이 가능하다. 노트북 창 하단에 현재 노트북의 확대 설정을 표시하는 메뉴가 있다. 이 메뉴를 클릭하여 열린 팝업창에서 배율 설정값을 클릭하면 내용을 일반 크기의 50%에서 300%까지 범위에서 표시할 수 있다.

자유 형식 입력

Mathematica는 영어 평문을 사용하여 명령을 입력할 수 있는 자유 형식 입력이라는 고유한 기능을 가지고 있다. 자유 형식 입력은 셀 입력 도우미(Cell Insertion Assistant) 팝업 메뉴에서 **자유 형식 입력**(Free-form input)을 선택하여 사용할 수 있다. 혹은 커서가 셀과 셀 사이에 위치하여 수평 막대선이 표시되는 경우, 입력을 시작하면 보통 그 자리에 새로운 **입력** 셀이 생성되지만, 입력을 등호로 시작한다면 그 위치에 Wolfram 언어의 입력 셀이 아닌 **자유 형식 입력** 셀이 생성된다.

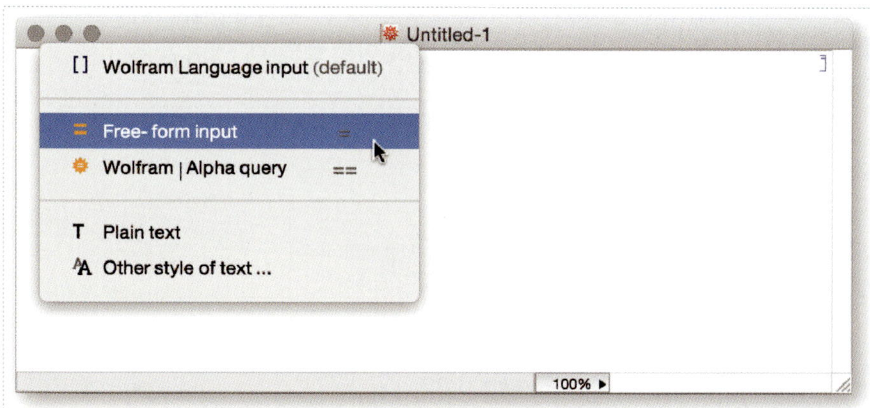

자유 형식 입력이 사용되는 경우 Mathematica는 보통의 입력 셀과 자유 형식 입력 셀의 구별을 위해 자유 형식 입력 내용의 왼쪽에 주황색 아이콘을 표시한다. 자유 형식 명령은 Wolfram 언어 명령을 평가할 때와 마찬가지로 Shift+Enter를 사용하여 평가한다. 자유 형식 입력이 평가될 때, 파서가 자연어를 Wolfram 언어의 명령으로 변환하며, 필요에 따라 데이터를 찾기도 한다. 변환된 명령의 실행 결과는 Wolfram 언어의 구문과 함께 반환되기도 한다.

plot sin(x)

Plots (1 of 2)

Plot[Sin[x], {x, -6.6, 6.6}]

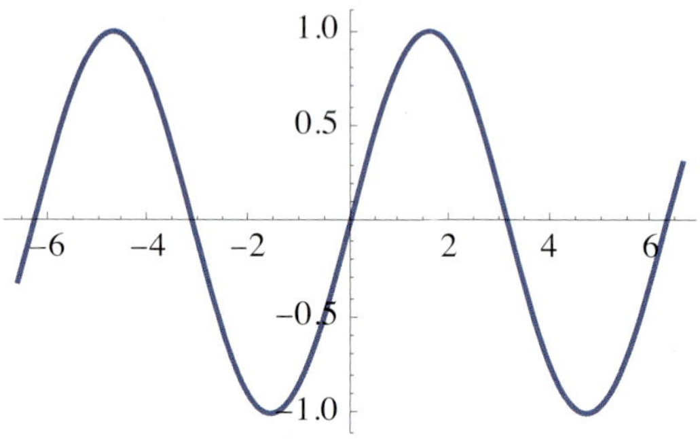

자연 언어의 파서는 데스크톱에 있는 내부 Mathematica가 아닌 Wolfram이 관리하는 서버에 있기 때문에 자유 형식 입력을 사용하려면 인터넷 연결이 필요하다. 서버의 파서는 정기적으로 새로운 버전으로 갱신되기 때문에 시간이 지날수록 더 높은 수준의 구문 분석을 사용자에게 제공할 수 있다. 이 책을 집필하는 시점에 이미 구문 분석은 동일한 결과를 도출하는 다양한 방법의 자유 형식 입력을 제공할 수 있을 만큼 매우 효율적이고 강력하다. 다음의 예는 sin(x)를 그리는 몇 가지 방법을 통해 이러한 파서의 유연성을 보여준다.

plot the sine of x

Plots (1 of 2)

Plot[Sin[x], {x, -6.6, 6.6}]

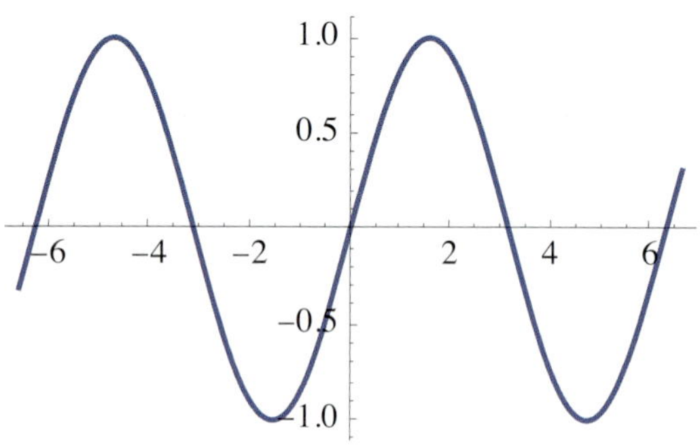

graph of sinx

Plots (1 of 2)

Plot[Sin[x], {x, −6.6, 6.6}]

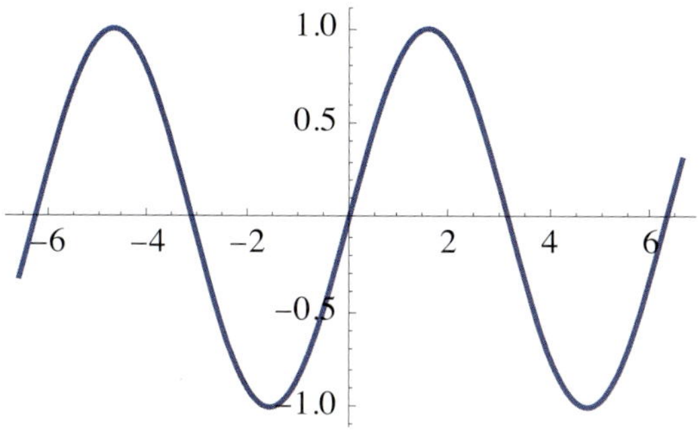

picture of sine curve

Plots (1 of 2)

Plot[Sin[x], {x, −6.6, 6.6}]

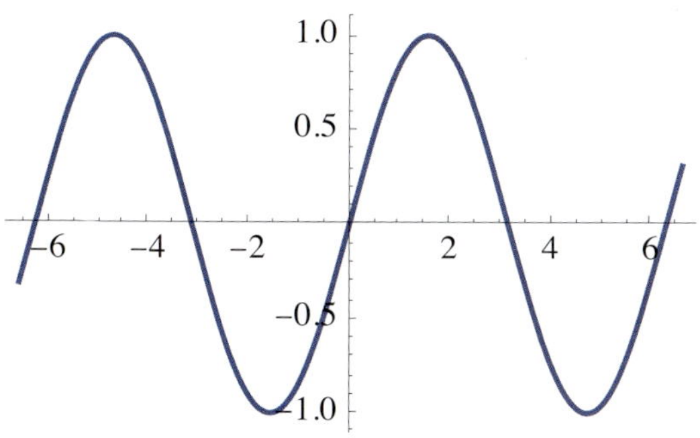

자유 형식 입력은 계산 등 다양한 작업을 수행하는 데 사용할 수 있다.

100 digits of pi

N[Pi, 100]

3.141592653589793238462643383279502884197169399375105820974944592307816406286208998628034825342117068 integral of 1/(x^3+1)

```
Integrate[1/(x^3 + 1), x]
```

$$\frac{\text{ArcTan}\left[\frac{-1+2x}{\sqrt{3}}\right]}{\sqrt{3}}+\frac{1}{3}\text{Log}[1+x]-\frac{1}{6}\text{Log}\left[1-x+x^2\right]$$

자유 형식 입력은 함수의 그래프를 그릴 수 있으며 수학적 곡면을 시각화할 수 있다.

plot of cos(x)*2y

3D plot

```
Plot3D[2*y*Cos[x], {x, -6.59734, 6.59734}, {y, -1., 1.}]
```

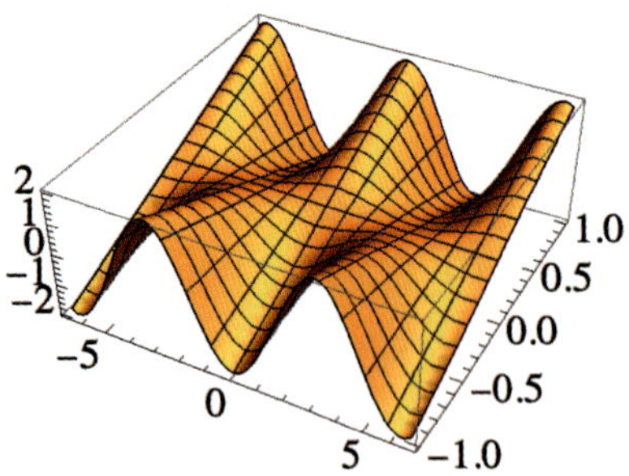

plot x^2+y^2<=6 and y>0

Inequality plot

```
RegionPlot[x^2 + y^2 <= 6 && y > 0, {x, -3.1, 3.1},
  {y, -3.1, 3.1}]
```

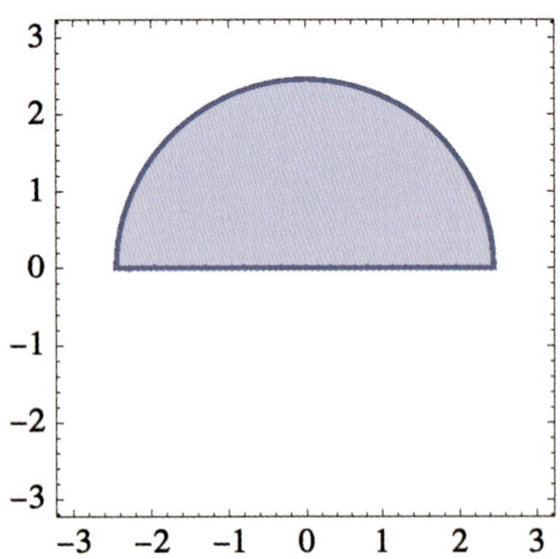

자유 형식 입력을 사용하여 다양한 영역의 지식 데이터를 찾을 수 있다.

number of turkeys in turkey
Result

2990 (2014 estimate)

population of the United States

```
CountryData["UnitedStates", "Population"]
```

322 422 965 people

caffeine molecule

```
ChemicalData["Caffeine"]
```

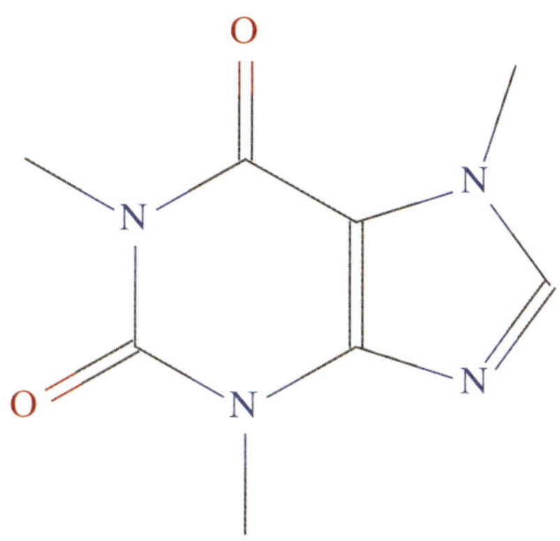

자유 형식 입력은 데이터를 검색할 뿐만 아니라 그 결과를 사용하여 계산도 수행할 수 있다.

toast + orange juice »

↳ Calories

		mean value	% daily value	range
total calories	bread, toasted	144 Cal	7%	(120 to 160) Cal
	orange juice	115 Cal	6%	(109 to 122) Cal
	total	259 Cal	13%	
fat calories	bread, toasted	17 Cal		17 Cal
	orange juice	3.2 Cal		(1.2 to 5.6) Cal
	total	20 Cal		

(GDP of Turkey) / (number of turkeys in Turkey)

↳ Result

$190 000 per year (US dollars per year) (2009 estimates)

30-year mortgage of $250,000 at 5% »

↳ Monthly payments

monthly payment	$1342
effective interest rate	5.116%

자유 형식 입력은 기본적으로 하나의 결과만을 표시하지만, 여러 개의 결과를 출력할 수도 있다. 자유 형식 입력 창의 오른쪽 상단에 있는 회색 더하기 기호와 유사한 모든 결과 보기(Show all results) 아이콘을 클릭하면 추가적인 연산 결과를 볼 수 있다.

포인트 앤 클릭 팔레트

시각적 메뉴를 선호하는 사용자를 위해 Mathematica는 입력을 더 쉽게 하기 위한 여러 가지 팔레트를 제공한다. 사용 가능한 팔레트는 **Palettes** 메뉴에서 찾을 수 있다. 예를 들어, **기본 수학 도우미(Basic Math Assistant)** 팔레트는 대수학, 미적분학, 선형 대수학 그리고 시각화와 관련된 명령뿐만 아니라 수학적 조판의 입력에도 사용할 수 있다.

> **CreatePalette** 명령을 사용하면 사용자 정의된 자신만의 팔레트를 만들 수 있다. 같은 연산이나 조판을 반복하여 사용하는 경우 매우 유용하다.

기본 수학 도우미 팔레트 및 **Palettes** 메뉴에 있는 대부분의 팔레트를 클릭하면 명령어 서식을 제공한다. 예를 들어, **기본 명령**(Basic Commands) 부분의 **이차원**(2D) 탭으로 이동하여 Plot 버튼을 클릭하면 다음과 같이 나타난다.

```
Plot[function, {var, min, max}]
```

이러한 서식은 명령어 이름에 대한 적절한 구문을 제공하므로, 사용자는 나머지 전달 인자를 입력하고 명령을 평가하기만 하면 된다. 전달인자의 입력은 키보드를 이용하며, 플레이스홀더 사이의 이동은 Tab 키 또는 팔레트 버튼을 클릭하여 입력할 수 있다.

```
Plot[Sin[x], {x, 0, 2 π}]
```

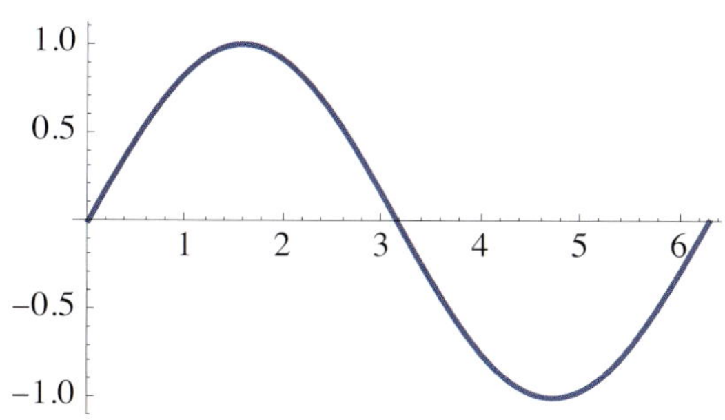

팔레트를 사용하면 명령 서식을 빠르고 직관적으로 채울 수 있으므로 사용 초보자의 입력 과정을 효율적으로 만들어 준다. 또한, 팔레트는 대화형 화이트보드처럼 마우스 사용을 선호하는 기술의 작업에 훌륭한 인터페이스를 제공한다.

Wolfram 언어 명령의 직접 입력

자유 양식 입력과 팔레트는 명령을 입력하는 쉬운 방법을 제공하지만, Wolfram 언어를 직접 사용하여 Mathematica의 힘을 활용하는 것을 선호하는 사용자도 많다. 언어 설계가 매우 일관되기 때문에 다음의 세 가지 규칙만 기억하면 Wolfram 언어를 수월하게 사용 할 수 있다.

1. Wolfram 언어의 명령은 대문자로 시작한다.
2. 함수의 전달인자는 대괄호 [ ]로 묶는다.
3. 영역과 범위는 목록으로 나타내며, 목록은 중괄호 { }로 묶는다.

모든 Wolfram 언어의 명령은 대문자로 시작한다는 첫 번째 규칙과 관련하여 **ListPlot** 처럼 여러 단어로 구성되는 명령어는 각 단어의 첫 번째 문자를 대문자로 하고 각 단어 사이에는 공백이 없어야 한다. 또한 명령은 일반적으로 완전한 영어 단어를 사용하지만, 수학의 특정 함수는 관습적 명명 규칙에 따라 일부 예외도 있다. 몇 가지 명령은 **N**과 같이 간단하게 축약하기도 한다.

두 번째와 세 번째 규칙과 관련하여 Wolfram 언어에서 대괄호와 중괄호가 가지는 특별한 의미를 이해하는 것이 중요하다. 이 기호는 각각 함수의 전달인자와 목록을 나타내는 데 사용되며, 수식을 묶는 표현 등 다른 목적에는 사용되지 않는다. 대신, 연산 순서를 위한 여러 단계로 묶어 나타내는 수식 표현에는 소괄호를 중첩하여 사용한다.

> 모든 Wolfram 언어 함수는 대문자로 시작하므로 자신만의 함수를 정의할 때는 함수 이름을 소문자로 시작하는 습관을 들이는 게 좋다. 이렇게 함으로써 내장된 Wolfram 언어 명령과 자신이 직접 정의한 함수를 쉽게 구분할 수 있다.

이러한 규칙 덕분에 노트북을 보거나 코드를 읽을 때, 비록 낯선 명령 이름이 있더라도 Wolfram 언어의 명령어임을 쉽게 인지할 수 있다. 예를 들어, 아래 입력의 **Expand**는 대문자로 시작하고 전달인자를 대괄호로 묶고 있으므로 Wolfram 언어 명령임을 명확하게 알 수 있다. 여기서 전달인자는 명령에 따라 연산 되는 것을 설명하기 위해 사용한 용어이다.

```
Expand[(a+b)^10]
```

단일 입력 셀에 여러 개의 Wolfram 언어 명령이 포함된 경우도 많지만, 같은 규칙을 사용하여 개별 명령과 각각의 전달인자를 찾을 수 있다.

Plot[Sin[x], {x, 0, 2 π}]

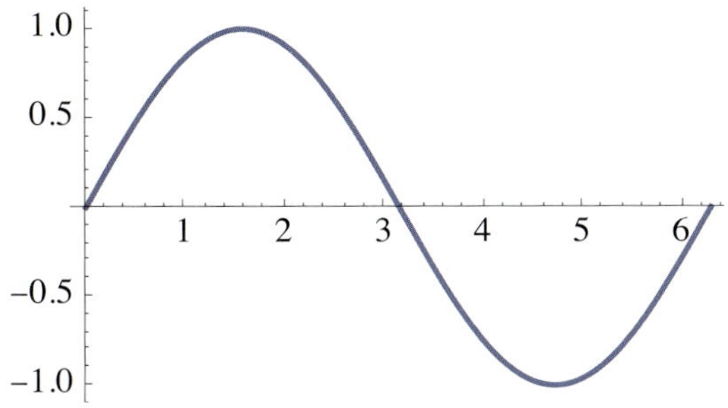

여기서는 **Plot**과 **Sin**의 두 가지 명령이 사용된 것을 볼 수 있다. **Sin** 명령은 **x**라는 하나의 전달인자를 가지며 그 형식은 **Sin[x]**로 나타내었다. 이 형식은 명령 이름은 대문자로 시작하고 함수의 전달인자는 괄호로 묶어 앞에서 언급한 규칙을 따르고 있음을 확인할 수 있다. **Plot** 명령은 **Sin[x]**와 **{x, 0, 2π}**의 두 개의 전달인자를 가지며, 두 번째 전달인자는 목록을 중괄호로 묶는 규칙을 준수하고 있다.

> 앞의 예에서 **Sin** 명령을 세 번 연속 클릭하면 여는 괄호와 닫는 괄호, 그리고 괄호 안의 모든 전달인자를 포함하여 명령문 전체가 선택되므로 **Sin** 명령이 어디에서 끝나는지 명확하게 알 수 있다. 이 기능은 긴 코드를 다룰 때 각 명령의 시작과 끝을 빠르게 파악하는데 유용하다.

자유 형식 입력에서 일반적인 구문으로의 전환

자유 형식 입력의 사용은 구문에 대한 지식을 요구하지 않기 때문에 초보 사용자에게 자연스러운 선택이다. 하지만 Wolfram 언어를 직접 사용하면 연산을 수행하고 아이디어를 발전시키기 위한 매우 효과적인 플랫폼을 제공하기 때문에 Mathematica의 사용에 익숙해질수록 많은 사용자가 이 방법을 선호한다. 자유 형식 입력은 가능한 경우, 사용자가 입력한 자유 형식 입력에 대한 일반적인 Wolfram 언어 구문을 제공하는 기능을 가지고 있어, 사용자가 자유 형식 입력에서 Wolfram 언어 입력으로 빠르게 전환할 수 있도록 돕는다.

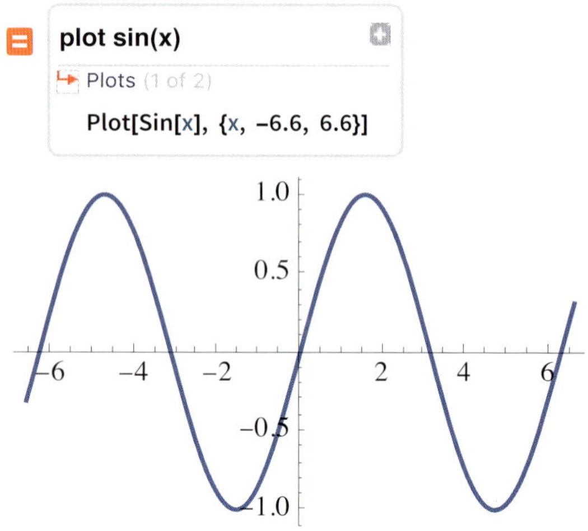

자유 형식 입력 셀이 평가되면 그 셀은 입력한 원래의 자유 형식 명령과 그 명령에 해당하는 Wolfram 언어 두 가지 입력을 모두 포함한다. Wolfram 언어 구문 위에 마우스 포인터를 가져가서 클릭하면 자유 형식 셀을 일반 구문으로 대체할 수 있음을 알려주는 팝업창이 나타난다.

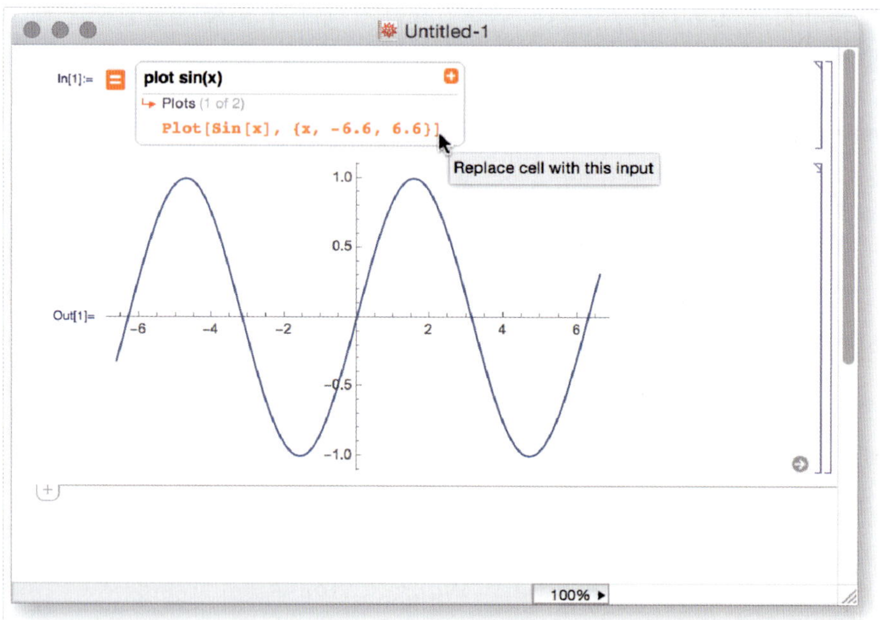

자유 형식 입력을 Wolfram 언어의 구문으로 바꾸면 명령을 수정할 수 있으며, Wolfram 언어의 명령 이름은 매우 읽기 쉽기 때문에 다른 결과를 얻으려면 구문을 어떻게 수정해야

하는지 금방 알 수 있다. 예를 들어, −6.6과 6.6의 값을 변경하면 사인 함수는 다른 영역으로 그래프를 그린다.

```
Plot[Sin[x], {x, -10, 10}]
```

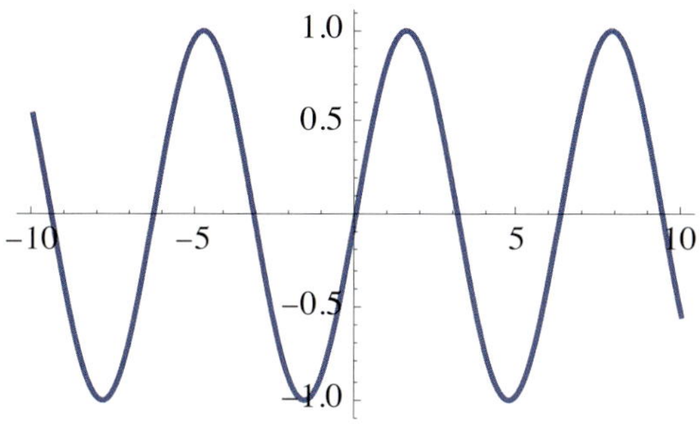

다음 그래프의 수식처럼 다른 함수로 전달인자를 변경할 수 있다.

```
Plot[Sin[x] + Sin[2 x], {x, -10, 10}]
```

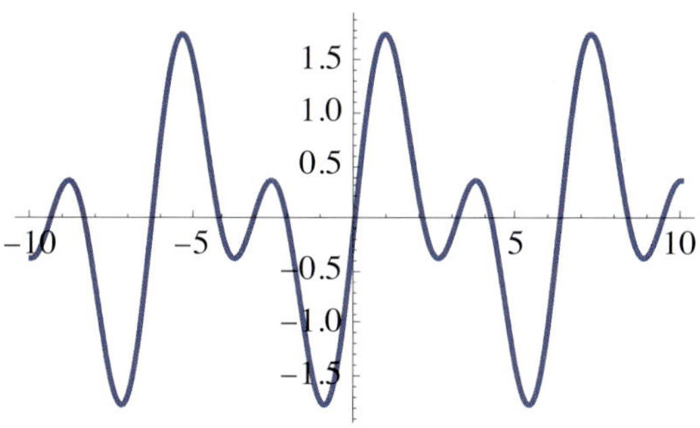

자동 완성 및 명령 서식의 사용

Wolfram 언어 명령을 직접 입력할 때 자동 완성 도우미를 사용할 수 있다. 입력 셀에 명령을 입력하기 시작하면 입력 중인 명령에 대응하는 명령 이름이 팝업 메뉴에 나열된다. 제시된 목록에서 명령 이름을 선택하고 Enter 또는 Tab을 누르거나 마우스를 클릭하여 사용한다. 예를 들어, **Plo**까지 입력하면 목록에 나열된 단어 중 **Plot** 명령을 선택할 수 있다.

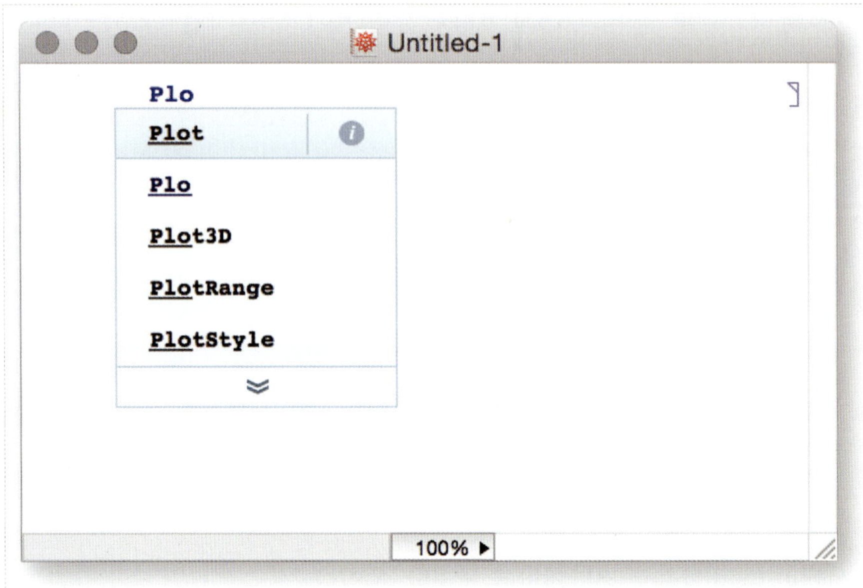

일단 명령을 선택하고 메뉴 아래쪽에 있는 두 겹의 V자 모양 아이콘 ⌄ 을 클릭하면 명령의 서식을 얻을 수 있으며, 오른쪽 상단에 있는 i자 모양 아이콘을 선택하면 해당 명령의 관련 문서로 이동할 수 있다. 앞서 실행한 예와 같이 **Plo**를 입력하고 **Plot** 명령의 첫 번째 서식을 선택하면 다음이 나타난다.

Plot[f, {x, x_{min}, x_{max}}]

서식은 현재 셀을 떠나거나 작업을 중단할 필요 없이 명령 구문을 빠르고 쉽게 검색하는 방법이다. Wolfram 언어 명령의 대부분은 명령 이름에서 그 동작을 유추할 수 있으므로 일단 서식만 얻으면 작업을 중단하지 않고 계속 진행할 수 있다.

> **Plot**과 같이 명령 이름을 입력하고, 키보드 단축키 Ctrl+Shift+K 혹은 Cmd+Shift+K를 사용하면 서식의 목록을 얻을 수 있다.

다음 연산에 대한 자동 제안

Mathematica는 마지막 출력을 기반으로 다음 단계에서 유용한 연산을 제안하는 제안 막대(Suggestions Bar)를 제공한다. 제안 막대는 커서가 출력 셀 또는 출력 셀 뒤에 있을 때 나타나며, 커서가 셀을 벗어나면 사라진다.

제안 막대는 다음 단계에서 할 수 있는 여러 가지 명령을 보여준다. 이러한 제안은 문맥의 인식을 바탕으로 한다. 그러므로 **Plot** 명령 출력의 경우 그래프의 스타일과 모양을 변경해볼 수 있는 제안을 할 것이고, 수학적 결과 출력의 경우 도함수와 적분 연산 그리고 영점 찾기 등의 제안이 이루어질 것이다.

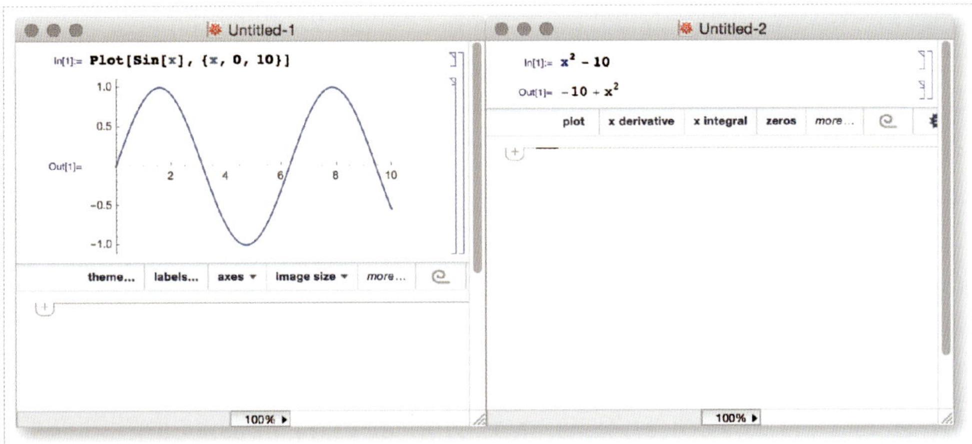

제안 막대의 어떠한 제안도 원하는 것을 클릭하기만 하면 그 제안을 바로 적용할 수 있다. 예를 들어, 아래의 식에서 보듯이 제안 막대에서 영점을 구하는 제안을 클릭하면, 해당 연산을 수행하는 정확한 Wolfram 언어 명령(**Solve**)을 포함한 새로운 입력 셀이 생성된다. 그리고 이 입력 셀은 자동으로 평가되어 결과가 표시된다.

x^2-10

$-10 + x^2$

Solve[-10+x² == 0, x]

$\{\{x \to -\sqrt{10}\}, \{x \to \sqrt{10}\}\}$

제안 막대(Suggestions Bar)는 이전 출력으로 돌아가서 제안 막대 목록에서 다른 연산자를 선택하는 것이 가능하기 때문에 사용자가 다양한 연산을 시도해 볼 수 있다. 제안 막대를 이용하면 전 단계의 출력을 덮어쓰는 것이 아니라 새로운 입력 셀과 출력 셀을 생성하여 수행한다.

> 제안 막대는 자유 형식 입력과 비슷한 측면이 있다. 무엇을 하고 싶은지 확실하지 않을 때, 제안 막대가 길을 안내해 줄 것이다. 제안 막대와 자유 형식 입력의 중요한 차이점은 제안 막대를 사용하면 일련의 복합 연산을 매우 쉽게 작성할 수 있고, 자유 형식 입력은 하나의 결과가 반환되는 상황에 더 적합하다는 것이다.

제안 막대는 일련의 Wolfram 언어 명령을 하나의 복합 구문으로 결합할 때 사용 한다. 즉 포인트 앤 클릭만으로 짧은 프로그램을 생성하는 것이다. 예를 들어, 자유 형식 입력을 사용하여 첫 번째 소수부터 25번째 소수까지 구해 보자.

```
first 25 prime numbers
Values
Prime[Range[1, 25]]
```

{2, 3, 5, 7, 11, 13, 17, 19, 23, 29, 31, 37, 41, 43, 47, 53, 59, 61, 67, 71, 73, 79, 83, 89, 97}

Wolfram 언어의 구문을 클릭하면 자유 형식 입력이 삭제되고 **Prime[Range[1,25]]** 명령만 남게 된다. 이제 제안 막대를 사용하여 출력의 값을 점으로 그래프에 나타내고, 각 점을 선으로 연결하고 좌표축에 맞추어 채운 다음 마지막으로 Business로 테마를 변경하여 설정할 수 있다. 모든 작업이 완료되고 입력을 정리하는 "입력 정리(roll up inputs)" 버튼을 클릭하면 일련의 입력을 하나의 입력으로 정리하고 이를 평가하여 최종 결과를 얻을 수 있다.

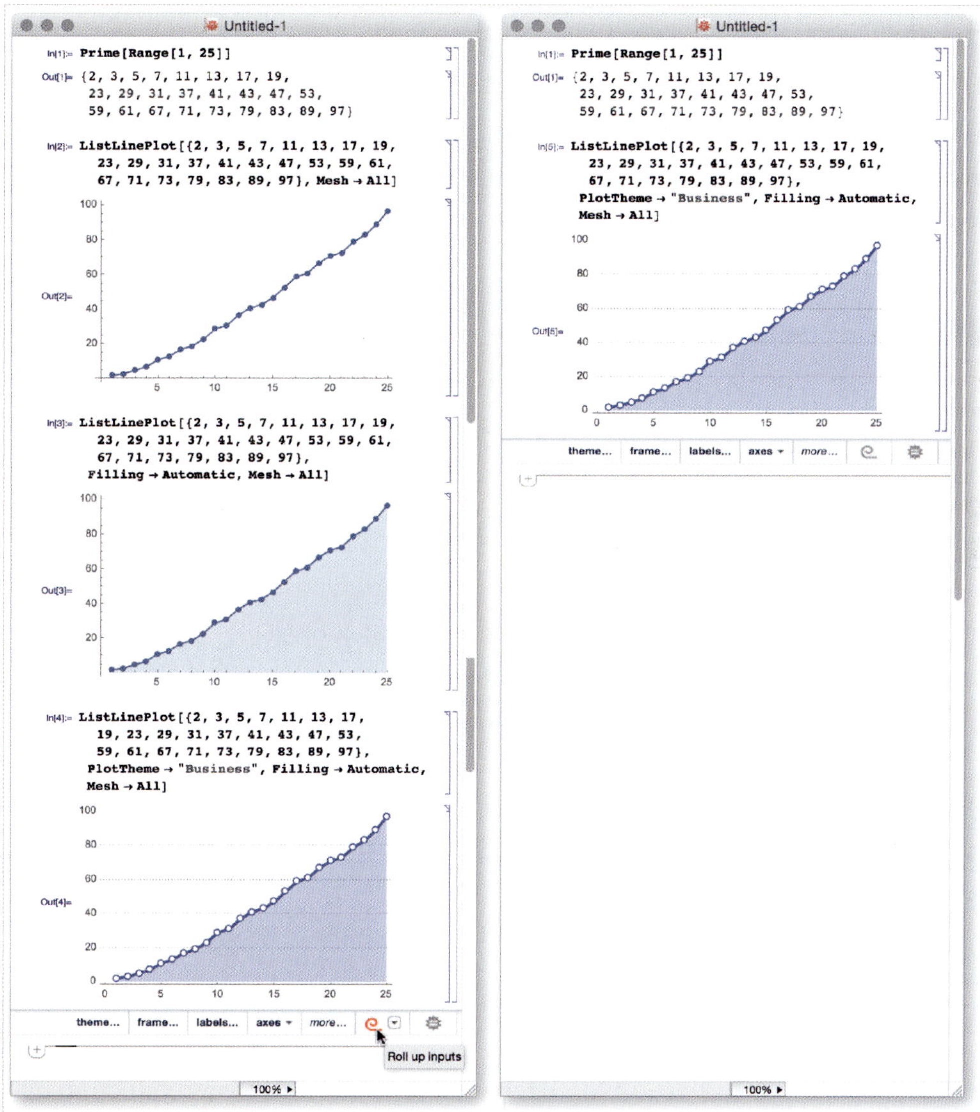

제안 막대(Suggestions Bar)가 필요 없다면 오른쪽 아이콘을 사용하여 숨길 수 있다. 작업의 목적이 정확하여 도움이 필요하지 않을 때 유용하다. 오른쪽 화살표 아이콘을 클릭하면 제안 막대가 다시 나타난다.

코드 캡션

지금까지 모든 예의 입력은 영어로 이루어졌다. 코드 캡션을 사용하면 영어 입력에 해당하는 원하는 언어의 설명이 더해져 Wolfram 언어를 이해하는 데 도움이 된다. **환경 설정(Preferences)** 메뉴의 **인터페이스(Interface)**에서 코드 캡션에 사용할 수 있는 언어의 목록을 볼 수 있다.

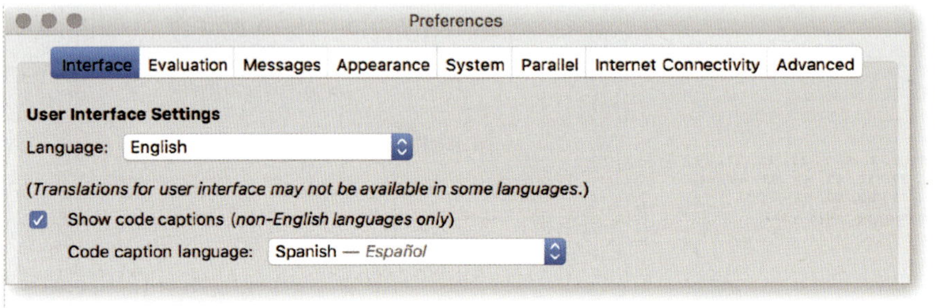

코드 캡션이 활성화되면 입력 셀은 각 함수의 이름을 해당 함수 아래에 설정한 언어로 번역하여 함께 표시한다. 영어 함수 이름보다 번역이 더 긴 경우 코드 캡션은 일부만 표시되지만, 세 점 줄임표(Ellipsis) 위에 커서를 놓으면 캡션 전체가 표시된다.

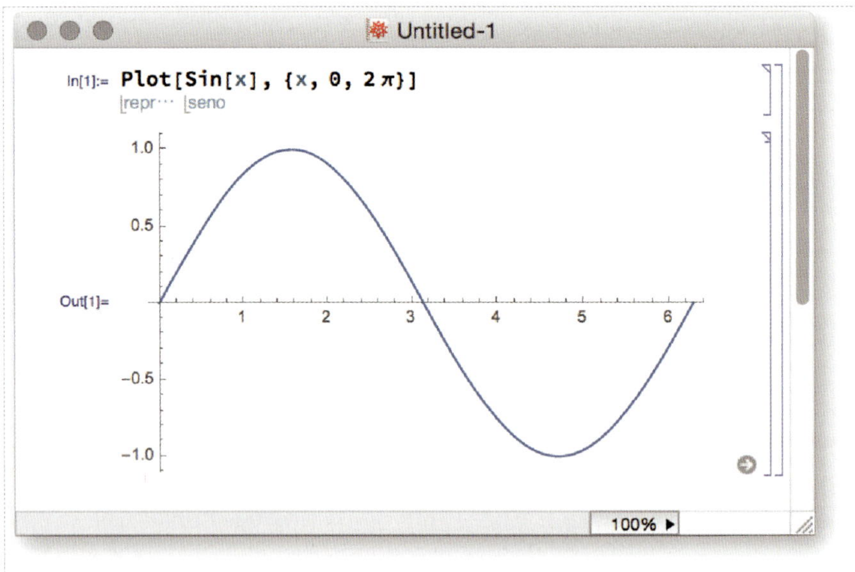

입력과 일치하는 출력

Mathematica는 일단 명령이 주어지면 가능한 가장 정확한 결과를 반환하려 한다. 출력 형식은 입력 형식을 따르기 때문에 Mathematica에 참값의 입력을 주면 Mathematica는 참값의 출력을 반환한다. 마찬가지로 Mathematica는 근삿값의 입력을 주면 근삿값의 출력을 반환한다. 참값과 근삿값 모두를 포함하는 연산을 입력하면 근삿값으로 결과를 반환한다.

예를 들어, 두 정수의 나눗셈은 참값인 진분수로 반환된다.

$$\frac{1234}{2468}$$

$$\frac{1}{2}$$

> 분수는 **팔레트(Palettes)** 메뉴의 **기본 수학 도우미(Basic Math Assistant)**를 이용하여 이차원 조판으로 입력할 수 있다. 기본 수학 도우미 팔레트에서 분수 버튼 아래에 마우스 포인터를 놓으면 단축키인 Ctrl+/가 표시된다.

Mathematica는 분수를 연산하여 자동으로 결과를 간략하게 나타내지만, 여전히 참값으로 반환한다.

반면에 두 소수로 이루어진 분수의 연산은 근삿값을 결과로 반환한다.

$$\frac{1.35}{2.46}$$

0.54878

정수와 소수로 이루어진 분수의 연산은 근삿값을 결과로 반환한다.

$$\frac{135.7}{246}$$

0.551626

두 정수의 나눗셈 결과를 소수의 근삿값으로 얻고 싶을 때처럼 참값을 입력하고 근삿값의 결과를 기대할 수 있다. 이런 경우, 정수의 입력 끝에 소수점을 추가함으로써 Mathematica가 근삿값으로 결과를 반환하도록 할 수 있다. 즉, **1234.0/2468** 또는 **1234./2468**와 같이 점을 추가로 입력하면 Mathematica는 소수로 결과를 반환한다.

참값과 근삿값 간의 변환

참값의 결과는 유용하지만 근삿값의 결과가 더 유용한 때도 있다. 근삿값을 얻는 방법 중 입력에 소수점을 표시하여 Mathematica가 근삿값을 결과로 반환하도록 유도할 수 있다. 또한, **N**이라는 Wolfram 언어 명령을 사용하여 참값으로부터 근삿값을 얻을 수도 있다. $\frac{1234}{5678}$의 근삿값을 연산하려면 **N** 명령의 전달인자로 이 분수를 입력한다.

$$N\left[\frac{1234}{5678}\right]$$

0.21733

대부분의 Wolfram 언어 명령은 완전한 영어 단어로 이름이 붙여졌다. 하지만 자주 사용되는 몇몇 명령은 약어로 축약해 사용한다. **N**이 그중 하나이며, 이 밖에도 미분의 **D**와 행렬식의 **Det** 등이 있다.

N 명령은 선택적으로 두 번째 전달인자도 가질 수 있으며, 이것은 근삿값 수치의 자릿수에 관한 정밀도를 명시한다.

$$N\left[\frac{1234}{5678}, 100\right]$$

0.2173300457907713983797111659034871433603381472349418809439943642127509`.
686509334272631208171891511095

가끔 결과가 반환 될 때 근삿값의 결과가 필요할 수도 있다. 이런 경우 직전의 출력을 나타내는 **%**가 매우 유용하다. 이 기호를 사용하면 이전 출력을 즉시 참조할 수 있다.

$$\int_0^1 \mathrm{Sin}[x]\, dx$$

1 – Cos[1]

N[%]

0.459698

마찬가지로 **Postfix** 연산자 //는 **N**을 명령의 마지막 단계 혹은 일련의 명령의 마지막 단계에 적용할 때 사용할 수 있다.

$$\int_0^1 \mathrm{Sin}[x]\, dx \;//\; N$$

0.459698

물론, 일반적인 입력을 **N**으로 묶는 것도 가능하다.

$$N\left[\int_0^1 \mathrm{Sin}[x]\, dx\right]$$

0.459698

후치 연산자는 결과에 손쉽게 마지막 수정을 적용할 수 있으며, 여러 후치 연산자를 중첩하여 사용할 수 있다. 그러나 결과를 변수에 할당할 때 후치 연산자를 사용하지 않도록 주의해야 한다. 결과의 내용이 아닌 "형식"을 저장할 가능성이 있기 때문이다. 이렇게 되면, 그 변수는 다른 계산에서 결과를 참조할 때 예상대로 동작하지 않을 수 있다.

정리

자유 형식 입력 덕분에 사용자는 Mathematica를 처음 사용할 때부터 정교한 작업 수행이 가능하다. 코드 자동 완성과 Suggestions Bar와 같은 사용자 도우미 기능은 사용자가 Wolfram 언어를 직접 사용할 수 있도록 돕는다. Wolfram 언어를 직접 사용할 수 있게 되면 이제 Mathematica 사용의 무한한 가능성이 열릴 것이다. 다음 장에서 Mathematica 노트북의 구조와 노트북에서의 문서 작업을 위한 사용법 그리고 노트북에 기술적인 정보를 포함 시키는 방법에 대해 다룰 것이다.

연습 문제

1. 새로운 노트북을 만들고 맨 위에 입력을 위한 수평 막대선이 표시되면, 705 나누기 3을 입력하고 평가하여 결과를 구하여라.

2. 자유 형식 입력을 사용하여, n이 1부터 10까지 일 때, n의 총합을 구하여라.
참고 영어 평문: calculate the sum of n, where n goes from 1 to 10.

3. 제안 막대(Suggestions Bar)를 사용하여 위 연습 문제 2에서 얻은 결과의 최대 약수를 찾아라.

4. Wolfram 언어를 사용하여 $x + 5$의 그래프를 그려라. 단, x의 범위는 1부터 10까지이다.

5. 제안 막대를 사용하여 그래픽 테마 "Scientific"을 위 그래프에 적용하여라.

6. 자유 형식 입력을 사용하여 107번째 소수와 108번째 소수를 더하여라.
(주의: 자유 형식 입력을 평가하면 결과뿐만 아니라 입력한 자유 형식에 대한 Wolfram 언어 입력도 함께 얻을 수 있다.)

7. 자유 형식 입력을 이용하여 611이 3^6보다 큰지 알아보아라.

8. 자유 형식을 이용하여 $\sin(x) + \cos(y)$의 그래프를 그려라.

9. 위의 연습 문제 8에서 입력했던 명령을 수정하여 $\sin(x) * \cos(y)$의 그래프를 그려라.
(주의: 자유 형식 입력창에서 반환된 Wolfram 언어 구문을 클릭하여 자유 형식 입력을 제거하고 Wolfram 언어 명령을 변경할 수 있다.)

10. 제안 막대를 사용하여 위의 연습 문제 9의 결과에서 격자무늬(mesh)가 나타나지 않도록 그래프를 그려라.

4장

문서 작성 기능과 조판 기능

소개

Mathematica는 연산 시스템으로 잘 알려져 있지만, Mathematica의 문서 기반 작업 흐름은 서식화된 텍스트와 수식으로 구성된 문서 생성 역시 훌륭히 해낸다. Mathematica는 설명을 담당하는 텍스트 부분과 함께 그래프, 그림, 코드 그리고 대화형 요소까지 포함하는 기술 문서 작성에 안성맞춤이다. 특정한 작업만 수행하는 도구를 여러 개 사용하는 것과 달리 Mathematica는 연구와 실험을 거쳐 그것을 문서로 정리하는 프로젝트의 시작부터 끝까지 모두 책임지는 단일 환경을 제공한다.

데스크톱 Mathematica와 Mathematica Online 모두 훌륭한 문서 작성 도구로 사용할 수 있다. 이 장은 데스크톱 Mathematica를 염두에 두고 작성된 것으로, 데스크톱 고유의 환경에서 제공되는 팔레트와 스타일 시트 등에 관해 설명한다. 노트북에 스타일 셀을 추가하는 것과 같은 데스크톱 및 온라인 환경 모두에 적용할 수 있는 주제도 다루지만, 환경이 바뀌면 사용자 인터페이스 요소가 다소 다를 수 있으므로 주의가 필요하다.

> Mathematica로 작성된 기술 문서의 예가 필요하다면 이 책 한 권이면 충분하다. 이 책은 전부 Mathematica로 작성되었으며, 각 장을 개별 노트북으로 저장하고, 모든 장을 하나의 문서로 정리하여 인쇄하였다.

노트북의 구조

노트북은 셀로 이루어져 있다. 셀은 다양한 정보를 포함하며, Mathematica 문서의 구조적 기반을 이룬다. 이전 장에서 살펴본 셀의 예를 상기해 보면 입력 셀은 명령, 출력 셀은 명령을 실행한 결과를 저장하는 유형을 띄고 있다. Mathematica에는 그 외 여러 유형의 셀이 있으며, 셀 유형은 셀 스타일이라 부른다.

셀 스타일은 입력, 출력, 제목, 부제, 섹션, 하위 섹션, 최하위 섹션, 텍스트, 항목 등이 있으며, 이외에도 선택할 수 있는 스타일이 다양하다. 이러한 셀 스타일의 대부분은 텍스트를 포함하지만, 그 중 입출력과 같이 명령이나 명령의 실행 결과를 포함하는 것도 있다. 셀 스타일은 서식을 제어하는 정의도 포함하므로 기본 제목 셀은 글자를 큰 빨간색으로, 텍스트 셀은 글자를 작은 검은색으로 나타낸다. 셀 스타일의 정의는 노트북의 스타일 시트로 제어되며, 스타일 시트를 편집하면 문서의 형태를 빠르고 쉽게 바꿀 수 있다. 스타일 시트의 편집 방법은 이 장의 뒷부분에서 설명 한다.

셀은 계층적 구조에 따라 자동으로 그룹화된다. 그룹화는 노트북 오른쪽에 괄호로 표시된다. 각 괄호는 셀을 가리키며, 크기가 큰 괄호는 셀 그룹에 해당한다. 셀 괄호는 더블 클릭으로 셀 그룹을 여닫을 수 있으며, 이는 입출력을 숨기거나 셀 그룹을 숨기고 싶을 때 유용하다. 셀 그룹이 닫혀 있을 때는 그 셀 그룹의 괄호에 작은 삼각형이 표시되어 콘텐츠가 숨겨져 있음을 알려준다. 숨겨진 콘텐츠는 삼각형이 표시된 괄호를 더블 클릭하면 열 수 있다.

노트북은 제목, 섹션, 하위 섹션, 최하위 섹션, 텍스트 등의 다양한 계층적 셀에 콘텐츠를 포함할 수 있다. 여러 개의 계층적 셀을 포함하고 있는 경우, 원하는 셀을 여닫기 위한 셀 괄호를 선택하는 것이 어려울 수 있다. 이런 경우, Mathematica의 **환경 설정(Preferences)** 메뉴를 열고, **인터페이스**(Interface) 탭을 찾아 **셀 그룹 여닫기 아이콘 표시**(Show open/close icon for cell groups)를 선택하면 편리하다. 이렇게 하면 셀의 왼쪽에 셀 그룹의 최상위를 나타내는 작은 삼각형이 추가되며, 이 삼각형을 클릭하면 해당 셀 그룹에 포함된 모든 셀이 열리거나 닫힌다. 이 방법은 중첩된 셀 괄호에서 원하는 셀을 찾아 더블 클릭하는 것보다 훨씬 쉽다.

텍스트 셀 추가

노트북에 텍스트 셀을 추가하는 가장 간단한 방법은 셀 입력 도우미(Cell Insertion Assistant)를 클릭하고 팝업 메뉴에서 **평문 텍스트(Plain text)**를 선택하는 것이다. 이렇게 하면 새로운 셀이 생성되고 커서가 셀 안에 놓여 텍스트를 받아들일 준비를 마친다.

텍스트 셀을 생성하는 다른 방법은 다양한 스타일 셀을 선택할 수 있는 **서식(Format)** 메뉴를 사용하는 것이다. 새로운 텍스트 셀을 만들기 위해서는 이미 생성된 셀과 셀 사이 또는 노트북의 처음 혹은 마지막 등 원하는 위치에 커서를 두고 **서식** 메뉴를 클릭하여 **스타일(Style)**에서 **텍스트(Text)**를 선택해 만들 수 있다. 하위 메뉴인 **스타일**의 텍스트 셀은 사용중인 OS에 따라 Alt+7 또는 Cmd+7을 사용하여 키보드 단축키로도 생성할 수 있다.

스타일 셀 추가

제목 셀과 섹션 셀처럼 스타일 셀은 셀 입력 도우미를 사용하여 노트북에 추가할 수 있다. 원하는 위치에 커서를 두고 셀 입력 도우미 아이콘을 클릭하여 **다른 텍스트 스타일**(Other style of text...;)을 선택한다. 그러면 대화 상자가 열리고, 대화 상자의 드롭다운 메뉴를 사용하여 제목(Title), 장(Chapter), 하위 장(Subchapter), 섹션(Section), 하위 섹션(Subsection)과 같은 다양한 스타일 셀을 선택할 수 있다.

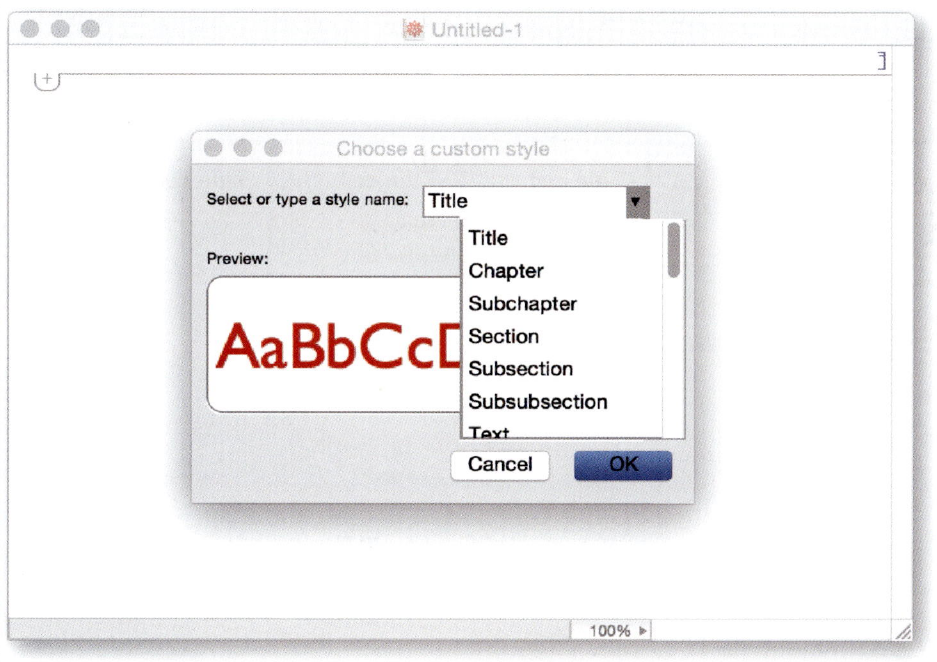

스타일 셀을 생성하는 두 번째 방법은 **서식(Format)** 메뉴에서 **스타일(Style)**을 선택하고 적절한 스타일 셀을 고르는 것이다. **스타일(Style)**의 하위 메뉴는 텍스트 스타일 외에도 자주 사용되는 스타일 셀 생성을 위한 키보드 단축키도 포함되어 있다.

> 스타일 셀에 사용되는 일반적인 키보드 단축키는 제목 셀을 생성하는 Alt+1 또는 Cmd+1부터 입력 셀을 생성하는 Alt+9 또는 Cmd+9까지 다양하다. 키보드 단축키 역시 셀의 계층적 구조에 따라 정렬되며, 목록의 제일 위에 제목 셀이 위치하고, 제일 아래에 입력 셀이 배치되어 있다. 키보드 단축키를 몇 가지 기억하고 싶다면, 제목 셀 단축키 Alt+1 또는 Cmd+1, 섹션 셀 단축키 Alt+4 또는 Cmd+4, 텍스트 셀 단축키 Alt+7 또는 Cmd+7 이렇게 세 가지 셀 단축키만으로도 깔끔한 구조의 노트북을 쉽게 만들 수 있다.

스타일이 적용된 각각의 셀 유형은 서로 다르게 나타나며, 노트북에 구성된 셀 그룹의 계층에서 각각 다른 자리에 위치한다. 예를 들어, 제목은 셀 계층의 상단에 위치하며, 다른 스타일 셀은 모두 제목 셀 아래에 위치하여 셀 그룹을 닫으면 제목 셀만 보이게 된다. 다음의 스크린 캡처에서 그룹화된 셀 즉, 최하위 섹션, 하위 섹션, 섹션, 제목 셀 그룹이 닫혔을 때 어떻게 표시되는지 볼 수 있다.

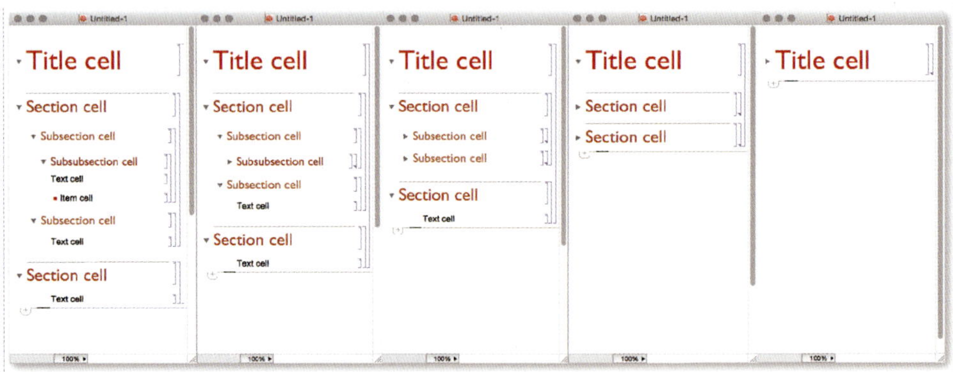

셀 전체를 잘라내거나 복사하려면 셀 괄호를 선택한 다음, **편집(Edit)** 메뉴를 사용하거나, 표준 키보드 단축키를 사용한다. 셀을 붙여넣으면 셀 스타일도 함께 따라오며, 새로운 셀의 내용을 덮어 쓸 수도 있다.

기본 셀에 스타일을 적용할 수도 있다. 기존 셀의 셀 괄호를 선택한 다음, **스타일(Style)** 하위 메뉴 또는 키보드 단축키를 사용하여 새로운 스타일을 적용한다.

> 문서를 생성하는 과정에서 하나의 스타일 셀 전부를 다른 스타일로 바꾸고 싶을 때가 있다. 이런 경우 Alt 또는 Option 키를 누르고 바꾸고 싶은 스타일 셀의 괄호를 클릭하면 노트북에 있는 선택된 셀과 같은 스타일의 모든 셀이 선택되므로 **서식(Format)** 메뉴 혹은 키보드 단축키를 사용하여 새로운 스타일 셀로 쉽게 바꿀 수 있다.

조판 추가하기

노트북은 명령의 입력, 텍스트 셀, 스타일 셀 모두에 조판 표현을 포함할 수 있다. **팔레트(Palettes)** 메뉴에서 사용 가능한 조판 도구의 목록인 **기본 수학 입력 도우미(Basic Math Assistant)**, **수업 도우미(Classroom Assistant)**, **문서 작성 도우미(Writing Assistant)** 중 하나를 선택하면 사용 가능한 조판 목록을 볼 수 있다. 각 팔레트는 사용 가능한 서식, 기호, 연산자, 아이콘 버튼이 나열된 **조판(Typesetting)**을 가지고 있다.

> **수업 도우미** 팔레트는 **기본 수학 입력 도우미** 팔레트와 **문서 작성 도우미** 팔레트의 모든 기능을 포함하고 있다. **수업 도우미** 팔레트는 가능한 많은 기능을 즉시 사용하고자 할 때 적합한 팔레트며, Mathematica를 사용하지 않는 수업이나 숙제 이외의 용도로 사용하는 경우에도 유용하다.

커서가 셀 내에 있을 때, 팔레트의 버튼을 클릭하면 아래 첨자와 위 첨자 같은 위치 요소에 대한 서식을 삽입하거나 그리스 문자와 특수 문자 같은 기호를 삽입할 수 있다. 팔레트에서 버튼 위에 마우스 포인터를 올려놓으면 키보드 단축키와 함께 자세한 정보를 제공하는 팝업창이 나타난다. 예를 들어, 분수를 이차원으로 나타내는 키보드 단축키는 Ctrl+/이고, π 기호 입력은 Esc 키를 이용하여 Esc pi Esc로 입력할 수 있다. 이는 Esc 키를 누르고 따옴표 없이 "pi"를 입력한 다음 다시 Esc 키를 누르면 된다. Mathematica는 이러한 연속 입력된 키를 해석하고 결과를 그리스 문자로 해석해서 나타낸다.

> 그리스 문자 π는 Esc p Esc 를 사용하여 입력할 수 있다. 다른 그리스 문자 역시 같은 패턴을 사용하여 입력할 수 있다. 즉, Esc a Esc는 α를, Esc b Esc는 β를 생성한다. 마찬가지로 Π는 Esc P Esc, Δ는 Esc D Esc처럼 그리스 문자의 대문자도 소문자와 같은 방법으로 입력한다.

텍스트의 사용자 정의

Mathematica는 텍스트 셀과 같은 특정 스타일 셀을 생성할 때, 해당 셀의 내용에 기본 스타일을 적용한다. 이 스타일은 변경 가능하며, 사용자가 직접 글꼴, 크기, 서체, 색상과 같은 항목을 제어할 수 있다.

텍스트의 스타일을 변경하기 위해서는 해당 텍스트 부분을 직접 선택하거나 해당 셀의 셀 괄호를 선택한 후, **서식(Format)** 메뉴에서 글꼴, 크기, 서체, 색상, 배경색 등을 변경할 수 있다.

> 사용자가 특정 셀의 기본 스타일을 사용자 정의로 덮어쓴 후 복사하여 붙여넣기 할 경우, 스타일 정의도 함께 복사되어 붙여넣게 된다. 사용자가 한 개의 셀을 정의하고 해당 셀을 복사하여 붙여넣기 하면, 새로운 스타일로 다른 셀을 빠르게 바꿀 수 있지만, 대규모 변경의 경우 스타일 시트를 사용하는 것이 좋다.

맞춤법 검사

Mathematica는 문서 내용 검토를 위해 내장된 맞춤법 검사기를 제공한다. **편집(Edit)** 메뉴의 **맞춤법 검사(Check Spelling)** 명령을 사용하여 Mathematica에 내장된 사전을 사용할 수 있다. 이 사전은 일반 사용자에게 적합하도록 과학적인 내용에 초점을 맞춘 것으로, 필요에 따라 확장할 수 있다.

또한, Mathematica는 기본 사전에 내장되지 않은 단어에 자동으로 밑줄을 그어준다. 따라서 내장 맞춤법 검사기를 실행하기 전에 맞춤법 및 오타를 쉽게 찾을 수 있다.

이 기능은 기본으로 활성화되어 있지만, **환경 설정(Preferences)** 메뉴의 **인터페이스**(Interface)로 이동하여 **입력 시 맞춤법 검사**(Check spelling as you type)의 선택을 해제 하여 비활성화할 수 있다.

페이지 나누기 표시

셀의 내용이 짧으면 한 줄에 표시할 수 있다. 셀의 내용이 긴 경우 Mathematica는 자동으로 노트북 창의 가장자리에서 자동으로 줄 바꿈 한다. 노트북 창의 크기가 바뀌면 Mathematica는 자동으로 새 창의 크기에 맞게 크기를 조정하여 셀의 내용을 배치한다.

하지만 노트북이 인쇄될 때, Mathematica는 사용자가 선택한 용지 크기에 따라 셀의 내용을 표시한다. 고정된 용지 크기 또는 PDF와 같은 파일로 인쇄하는 경우 줄 바꿈이 어떻게 진행되는지 보고 싶다면, **서식(Format)** 메뉴의 **스크린 환경(Screen Environment)**에서 **인쇄(Printout)**를 선택한다. 그러면 고정된 크기에서 노트북 문서가 어떻게 보이는지 확인할 수 있다.

페이지 나누기가 생기는 곳을 보려면 **파일(File)** 메뉴의 **인쇄 설정(Printing Settings)**에서 **페이지 나누기 표시**(Show Page Breaks)를 선택한다. 페이지 나누기는 노트북 창의 너비에 따라 두꺼운 회색 가로줄로 표시된다. Mathematica는 페이지 나누기를 위한 최적의 위치를 선택하지만, 사용자가 큰 셀을 여러 개의 작은 셀로 나누거나, 그래픽 크기를 바꾸는 등 콘텐츠 조정을 통해 페이지 나누기의 위치를 변경할 수도 있다. 또한 사용자는 특정 위치에 커서를 놓고 **삽입(Insert)** 메뉴에서 **페이지 나누기(Page Break)**를 선택하여 수동으로 페이지 나누기를 추가할 수도 있다.

페이지 나누기 표시(Show Page Breaks) 옵션의 선택을 해제하고 **스크린 환경(Screen Environment)**을 **작업(Working)**으로 변경하면 원래의 스크린 환경으로 언제든지 되돌릴 수 있다.

> 대부분의 사용자는 스크린 환경과 페이지 나누기를 따로 신경 쓰지 않고 Mathematica가 처리하도록 두는 것을 선호한다. 그 이유는 인쇄 후 미세 조정이 필요하다고 생각되면, 그때 수정해도 늦지 않기 때문이다.

스타일 시트 사용하기

Mathematica의 스타일 시트는 포멧 규칙을 체계적으로 정의하는 특별한 노트북이다. 특정 셀의 스타일을 어떻게 표시할지 정의할 수 있으므로, 스타일 시트는 매우 유용하다. 각 셀은 일단 한번 정의되면, 그 스타일을 고수하게 된다. 스타일 시트 대신 글꼴, 색상, 글꼴 크기 등의 다른 옵션을 셀마다 수동으로 정의할 수도 있다. 문서의 길이가 길거나 많은 문서를 한 번에 정리하는 경우, 스타일 시트를 사용함으로써 시간을 대폭 줄일 수 있다.

> 자신만의 스타일 시트를 정의하는 법을 꼭 배워야 하는 것은 아니다. Mathematica는 모든 새로운 노트북에 적용되는 기본 스타일 시트를 비롯하여 즉시 사용 가능한 다양한 내장 스타일 시트를 포함하고 있다.

연결형 스타일 시트와 삽입형 스타일 시트

스타일 시트는 디렉터리에 연결하여 사용하거나 노트북 내부에 삽입하여 사용할 수 있다. 연결형 스타일 시트는 컴퓨터의 디렉터리 등 노트북 **외부**에 위치한 것으로, 다양한 노트북에서 스타일 시트의 위치를 참조하여 사용된다. 연결형 스타일 시트는 스타일 시트에서 무언가를 변경하면 그 내용이 연결된 모든 노트북에 적용되므로 매우 강력하다. 하지만 연결형 스타일 시트가 적용된 노트북을 공유하기 위해서는 그 스타일 시트도 함께 공유되어야 하므로 배포 시 하나의 난관이 될 수 있다.

삽입형 스타일 시트는 노트북 **내부**에 위치한 것을 말한다. 삽입형 스타일 시트를 변경하면 해당 변경은 단일 노트북에만 적용된다. 그러나 배포 시 연결형과 달리 스타일 시트를 배포 할 필요 없이 노트북만 공유하면 스타일 정의가 저절로 따라오기 때문에 상당한 유연성을 제공한다.

삽입형 스타일 시트는 연결형 스타일 시트보다 문서 공유가 쉽기 때문에 많은 사용자 선호한다.

디폴트 셀 스타일과 내장 스타일 시트

이 장에서 Mathematica가 사용하는 제목, 섹션, 하위 섹션, 텍스트, 입력, 출력 등의 다양한 유형의 디폴트 셀 스타일과 셀의 계층적 구조에 관해 설명했다. 이런 셀 그룹은 필요에 따라 셀을 여닫아 내용을 표시하거나 숨길 수 있기 때문에 노트북으로 작업할 때나, 노트북을 사용하여 발표할 때도 매우 편리하다.

다음에 소개되는 예는 다시 입력하고 평가하기 위한 입력 셀은 없지만, 화면 캡처에 표시된 문서를 다시 만들어 보고 텍스트에 설명된 것과 동일한 입력 작업을 시도해볼 것을 권장한다.

내장된 셀 스타일의 모양은 노트북의 스타일 시트에 의해 결정된다. 노트북이 작성되면, 디폴트 스타일 시트가 적용된다. 그러므로 모든 섹션 셀이 똑같은 색상과 크기를 가지며, 셀 위에 경계선이 표시된다. 다음의 스크린 캡처는 디폴트 스타일 시트로 정의된 스타일이 적용된 Mathematica 노트북의 예를 보여준다.

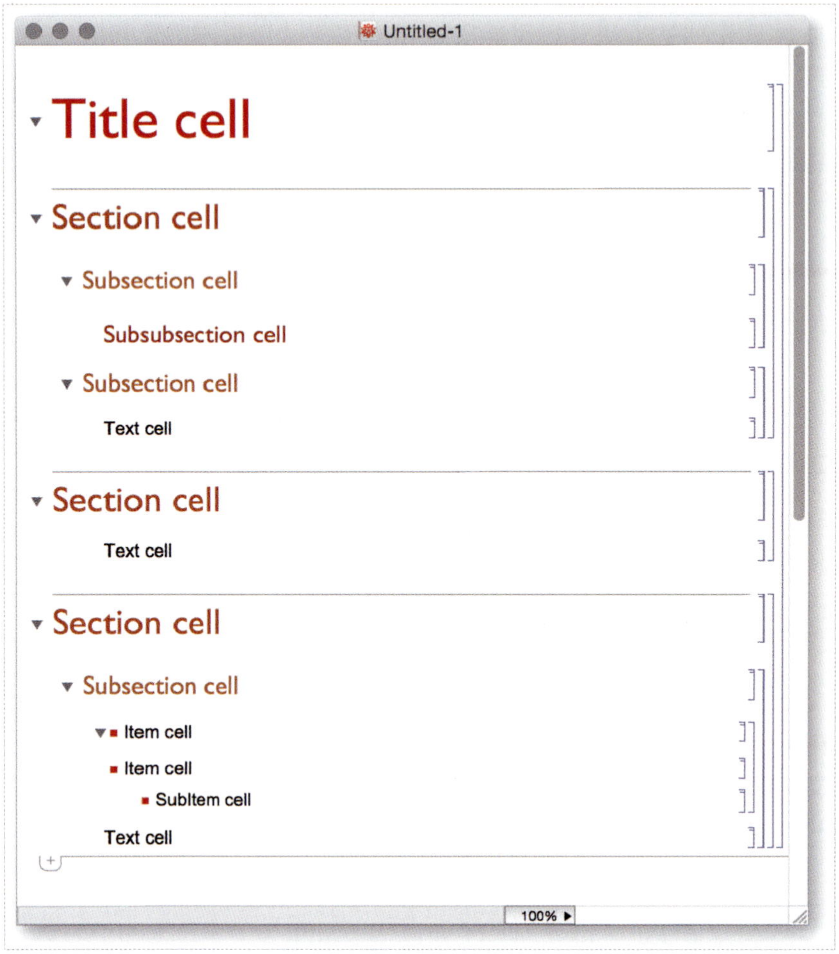

서식(Format) 메뉴의 **스타일 시트(Stylesheet)**에서 사용 가능한 옵션을 선택하면 노트북의 스타일 시트가 변경된다. **스타일 시트**의 하위 메뉴에 있는 **스타일 시트 선택(Stylesheet Chooser)**은 다양한 스타일 시트 옵션을 한 번에 보여준다. 그중에서 스타일 시트를 선택하면 작업 중인 노트북 또는 신규 노트북에 적용할 수 있다.

시각적으로 가장 대담한 스타일 시트는 **스타일 시트 선택**에 포함되어 있지 않고, **Format ▶ Stylesheet ▶ SlideShow** 하위 메뉴에서 선택할 수 있다. 앞에서 만든 노트북에 선라이즈(Sunrise) 스타일 시트를 적용하면 디폴트 스타일과 확연히 다른 스타일을 보여준다.

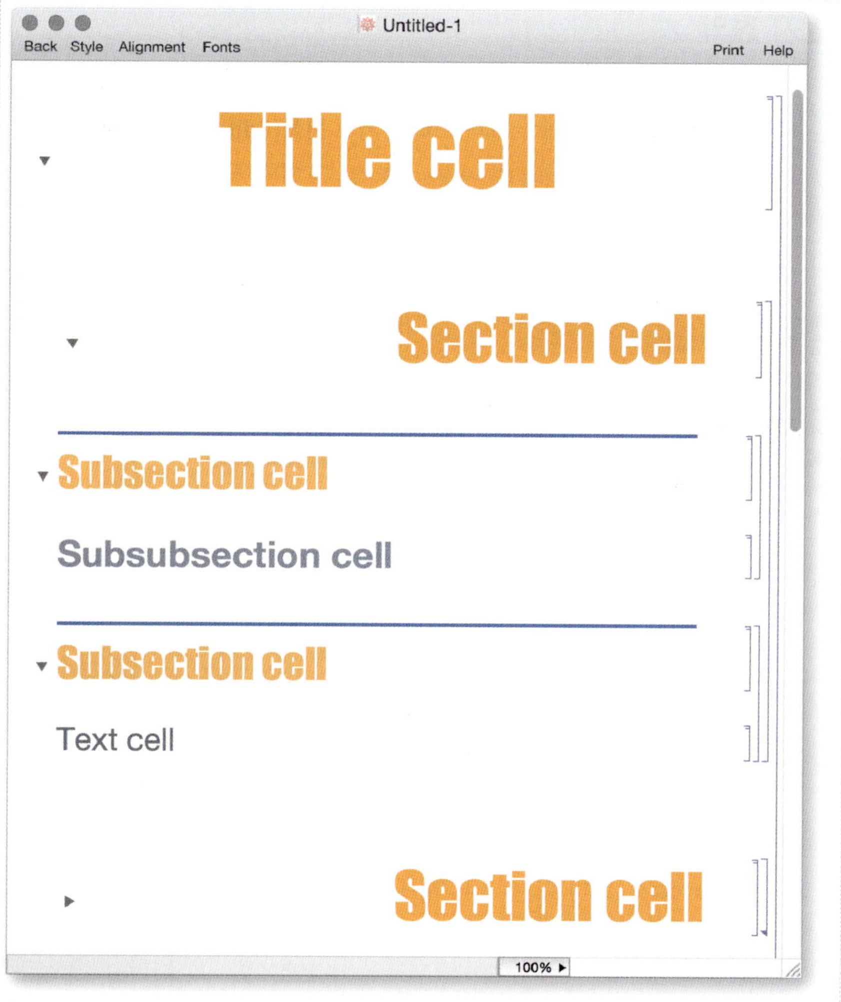

스타일 시트의 적용은 텍스트의 색상과 크기, 배경색, 들여쓰기, 글꼴 등 노트북의 다양한 부분에 영향을 준다. 이와 같은 원리는 사용자 정의 스타일 시트에도 적용되어 몇 가지 정의를 바꾸는 것만으로 노트북 전체가 극적으로 달라진다.

> 스타일 시트의 선택은 개인 취향의 문제이다. 이 책은 디폴트 스타일 시트를 사용하고 있지만, 선라이즈(Sunrise) 스타일 시트 등 다른 스타일 시트의 사용도 물론 가능하다.

스타일 시트의 사용자 정의

노트북의 사용자 정의 스타일 시트 만들기는 간단하다. 먼저 새 노트북을 생성하거나 기존 노트북을 연다. 그리고 **서식(Format)** 메뉴에서 **스타일 시트 편집(Edit Stylesheet)**을 선택하여 해당 노트북의 스타일 정의를 찾아본다. 이제 스타일 정의가 새 창에 표시되며 이 창은 대부분이 비어 있는 것을 볼 수 있다.

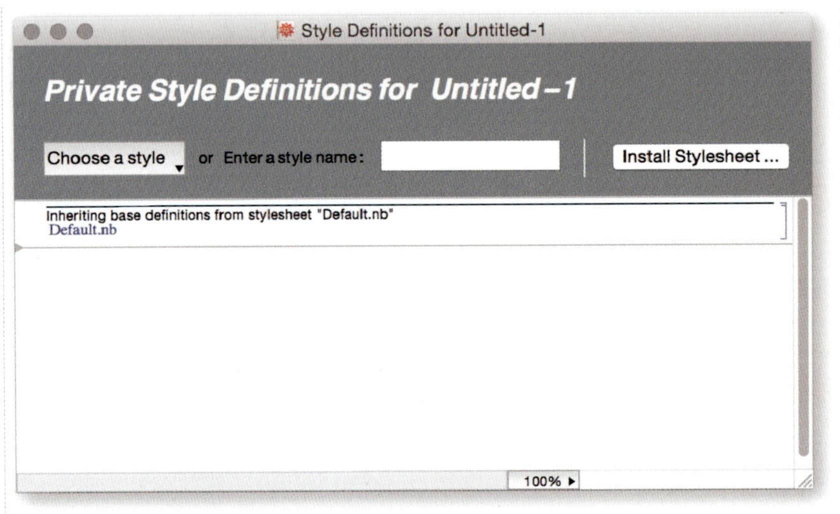

첫 번째 셀은 기본 정의가 속한 위치를 알려준다. 이것은 Mathematica가 CSS 스타일 시트를 지원하므로, 하나의 스타일 시트가 다른 스타일 시트를 참조할 수 있다. 새 노트북은 Mathematica의 디폴트 스타일을 사용하므로, 첫 번째 셀에 Default.nb 파일이 링크되어있다.

특정 유형의 셀 스타일을 변경하려면 해당 셀을 선택하여 스타일 정의 노트북에 표시되도록 해야 한다. 셀 스타일은 드롭다운 메뉴에서 선택하거나, 입력 필드에 이름을 입력하고 Enter를 눌러 선택할 수 있다. 선택이 끝나면 해당 셀의 스타일 정의가 노트북 창에 나타난다.

다음의 스크린 캡처는 제목(Title), 섹션(Section), 하위 섹션(Subsection), 최하위 섹션(Subsubsection), 텍스트(Text), 아이템(Item), 하위 아이템(Subitem) 등의 셀에 대한 스타일을 선택한 예이다.

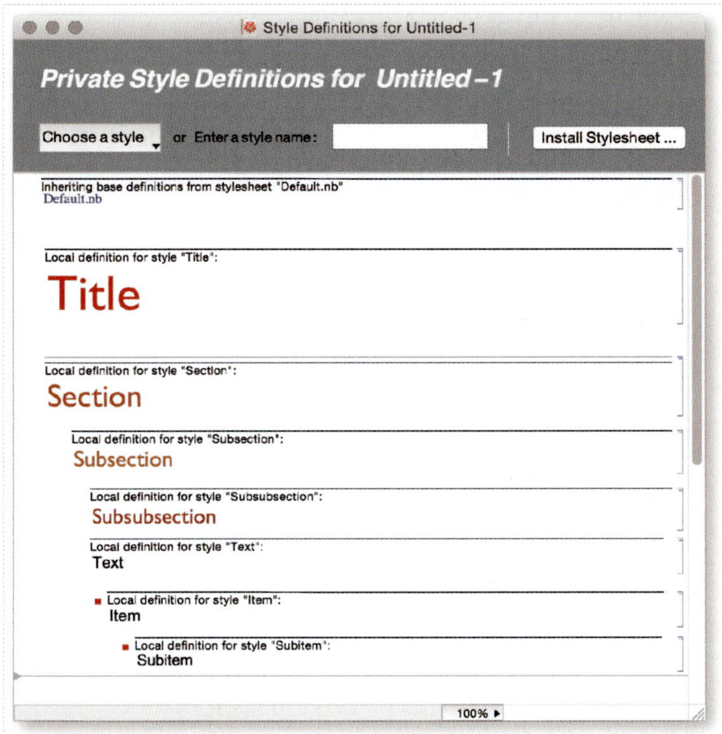

선택된 각 셀 스타일에 대응하는 일곱 개의 정의 셀이 표시되어 있다. 이러한 정의 셀과 노트북 셀의 모양이 일치하는 점에 주목해야 한다. 정의 셀과 노트북 셀 모두 제목 셀은 큰 빨간색이며, 섹션 셀은 갈색에 회색의 경계선이 있다. 창을 나란히 옆에 놓고 보면 더욱 명확히 알 수 있다.

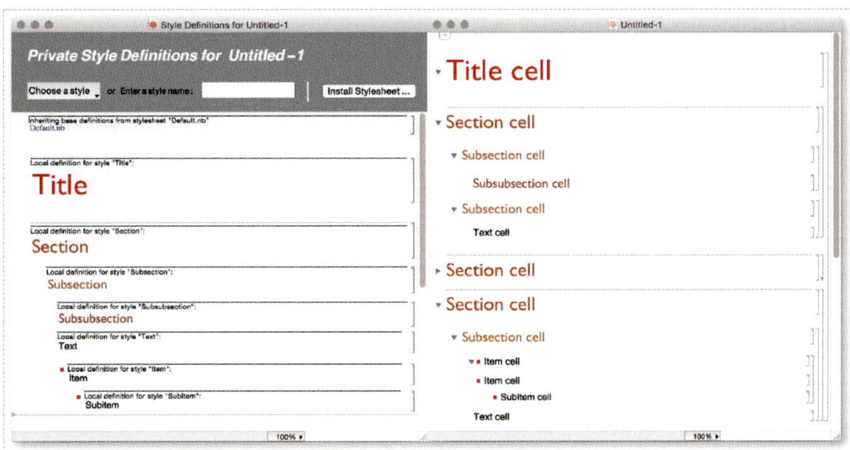

스타일 정의 창에서 정의 셀을 변경하면 노트북에서 해당 스타일을 가진 모든 셀에 변경 내용이 적용된다. 정의 셀의 변경은 셀 괄호를 선택한 다음, 앞서 해왔던 방식인 일반적인 방법인 **서식(Format)** 메뉴를 사용하거나, **문서 작성 도우미(Writing Assistant)** 팔레트 등을 이용하여 변경한다. 예를 들어, 섹션의 셀 스타일 정의를 노란색 배경을 가진 글꼴 크기 36의 파란색 텍스트로 바꾸면, 노트북의 모든 섹션 셀 스타일이 이 정의에 따라 바뀐다. 그 결과는 다음의 스크린 캡처와 같이 나타난다.

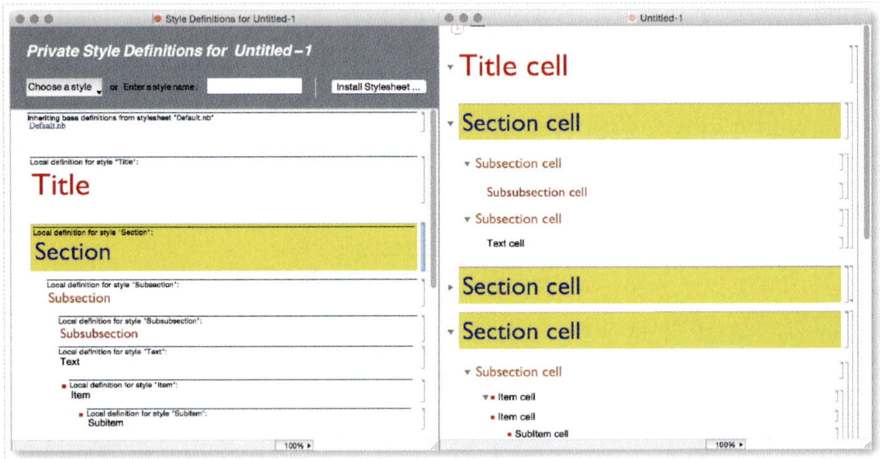

스타일 정의를 삭제하는 방법은 여러 가지가 있다. 먼저, 스타일 정의 창에서 셀 괄호를 선택한 다음, **서식** 메뉴의 **서식 지우기(Clear Formatting)**를 선택한다. 이렇게 하면 지역적으로 정의된 스타일이 삭제되고, 셀은 스타일 시트에 명시된 스타일로 돌아간다.

스타일 정의 창에서 셀 괄호를 선택한 다음 Delete 키를 눌러 특정 스타일 정의를 삭제하는 방법도 있다. 이렇게 하면 삭제된 유형의 셀 스타일은 디폴트 정의로 돌아간다.

스타일 정의 창에서 정의 셀을 삭제한 후, 나중에 해당 셀 스타일을 바꾸려면 그 정의 셀을 다시 선택하여 표시해야 한다. 즉, 스타일 정의 창에서 드롭다운 메뉴를 이용하거나, 입력 필드에 스타일 이름을 입력하여 처음과 같은 순서로 다시 셀을 선택하여 표시해야 한다.

스타일 정의 무효화

스타일 시트는 노트북의 전반적인 스타일을 구성하는 일련의 규칙을 정의하는데 매우 강력한 도구이다. 하지만 특정 유형의 모든 셀이 아니라 특정한 하나의 셀에만 추가적인 변경을 원하는 경우가 있을 것이다. Mathematica는 사용자가 개별 셀 또는 셀 내용에 대한 스타일 정의를 무효화할 수 있도록 해준다. 이는 Mathematica의 스타일이 스타일 시트에서 시작하여 개별 셀 레벨까지 내려가는 계단식 구조로 되어 있기 때문에 가능하다. 사용자가 스타일 시트를 사용하여 노트북의 전반적인 설정을 하고 필요에 따라 그 설정을 무효화하여 노트북의 모양을 세밀하게 제어할 수 있다.
다음의 스크린 캡처는 스타일 정의를 무효화한 예이다. 노트북의 스타일 시트 정의는 왼쪽에 표시되어 있고, 오른쪽은 노트북의 섹션 셀을 선택하여 **서식(Format)** 메뉴에서 색을 변경하여 각 섹션 셀의 텍스트 색을 바꾼 것을 볼 수 있다.

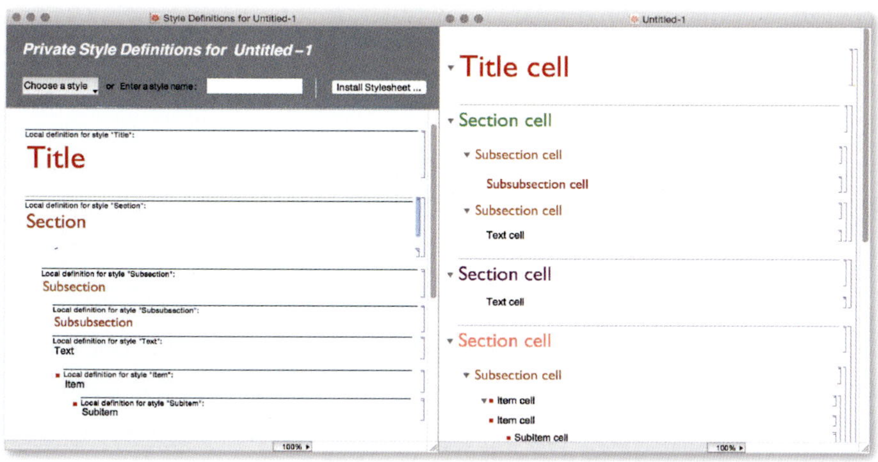

> 새 노트북을 만들고 특정한 모양이 되도록 다수의 개별 셀에 대한 사용자 정의를 한 후, 스타일 시트를 편집해도 그 효과가 나타나지 않을 수 있다. 셀이나 셀의 내용 등이 특정 단계에서 이미 변경된 경우, 이 변화를 스타일 시트의 변경보다 우선하기 때문에 스타일 시트의 편집이 적용되지 않는다.

스타일 정의 이동

노트북에 사용자 정의 스타일 시트가 적용된 경우, 다양한 방법으로 그 스타일 정의를 다른 노트북으로 옮길 수 있다. 가장 쉬운 방법은 사용자 정의 스타일 시트가 적용된 노트북을 열고, 노트북을 다른 이름으로 저장한 다음 내용을 모두 삭제하는 것이다. 노트북 내용을 삭제해도 스타일 시트에 영향을 주지 않기 때문에, 이러한 방법으로 원하는 스타일 시트가 적용된 새 노트북을 만들 수 있다.

스타일 정의를 옮기는 다른 방법은 먼저 노트북과 해당 스타일 정의를 여는 것이다. 그리고 스타일 정의 창에서 각 셀의 셀 괄호를 선택하여 개별 셀을 선택하거나 **편집(Edit)** 메뉴의 **모두 선택(Select All)**을 사용하여 모든 셀을 선택한다. 선택된 스타일 정의 셀은 복사할 수 있으며, 이때 서식도 함께 복사된다. 복사가 끝나면 기존 노트북 또는 새로운 노트북과 그 노트북의 스타일 정의를 열어, 복사한 스타일 정의 셀을 붙여넣어 보자. 이렇게 하면 하나의 문서에서 다른 문서로 개별 셀 스타일 이동하거나, 스타일 시트의 전체 내용을 이동시킬 수 있다.

정리

문서를 중심으로 하는 Mathematica의 작업 흐름은 사용자가 작업을 수행하면서 그 결과를 문서로 정리할 수 있는 단일 환경을 제공한다. 내장된 셀 스타일과 계층적 구조로 인해 노트북을 깔끔하게 정리할 수 있으며, 사용자의 특정 요구에 따라 쉽게 사용자 정의할 수도 있다. 스타일 시트를 사용하면 특정 유형의 셀 스타일 정의를 변경하여 대역적이고 체계적으로 노트북에 신속한 변화를 줄 수 있다. Mathematica는 기술 또는 과학적 문서 작성에 가장 적합한 도구이다.

연습 문제

1. 새 노트북을 생성하고 "나의 첫 노트북(My First Notebook)"이라는 제목 셀을 추가하여라.
2. 위의 제목에서 "처음(First)"이라는 단어를 선택하고 굵은 파란색 글꼴로 바꾸어라.
3. 제목 셀 아래에 커서를 놓고 셀 입력 도우미(Cell Insertion Assistant)를 사용하여 "첫 계산(Initial Calculations)"이라는 새로운 섹션 셀을 추가하여라.

4. 노트북 끝에 "방정식 풀이(Solving an equation)"라는 하위 섹션 셀을 추가하여라.
5. 하위 섹션 셀 아래에 자유 형식 입력 셀을 만들어 방정식 $12x+24=0$의 근을 구하여라.
6. 노트북 끝에 "In the exampel above, x is -2"라는 텍스트 셀을 추가하여라. 단, 이 문장은 의도적인 철자 오류가 있다.
7. 최종 문서 서식으로 자유 형식 입력을 삭제하고 대신 Wolfram 언어로 대체하여 계산의 입출력을 정리하여라.
8. 계산의 결과만 보이도록 입력 셀을 숨겨보아라.
9. 맞춤법 검사기를 이용하여 문서의 철자 오류를 수정하여라.
10. 제목 셀을 포함하는 셀 그룹을 닫고 제목 셀만 표시하여라.

5장

슬라이드 쇼를 사용한 프레젠테이션

소개

Mathematica는 보고서, 논문, 수업 자료, 서적과 같은 문서 생성 외에도 슬라이드 쇼를 만들 수 있다. 슬라이드 쇼는 노트북으로 만들어지기 때문에 텍스트, 조판, 그래픽, 코드, 대화형 원소를 모두 포함할 수 있다. Mathematica는 연산, 그래픽, 문서 작업과 조판을 위한 개별 소프트웨어와 프레젠테이션 작성을 위한 별도의 프로그램을 사용할 필요 없이 모든 기술적 작업 흐름에 단일 환경을 제공한다.

이 장은 데스크톱용 Mathematica를 염두에 두고 작성하였으며, 데스크톱 고유 환경에 대한 몇 가지 주제를 다룬다. 또한 격자를 사용한 원소의 정렬 등 데스크톱용 Mathematica와 Mathematica Online 모두에 공통되는 주제도 다룬다.

새 슬라이드 쇼 생성하기

새로운 슬라이드 쇼를 만들기 위해서는 **파일(File)** 메뉴에서 **새로 만들기(New)**를 고른 후 **슬라이드 쇼(Slide Show)**를 선택한다. 그러면 선택 가능한 스타일 서식을 나열한 창이 나타난다. 그중 하나의 서식을 선택하면 플레이스홀더가 내용에 포함된 슬라이드 쇼 노트북과 **슬라이드 쇼** 팔레트가 열린다.

슬라이드 쇼 팔레트는 **팔레트(Palettes)** 메뉴에서 언제든지 다시 열 수 있다.

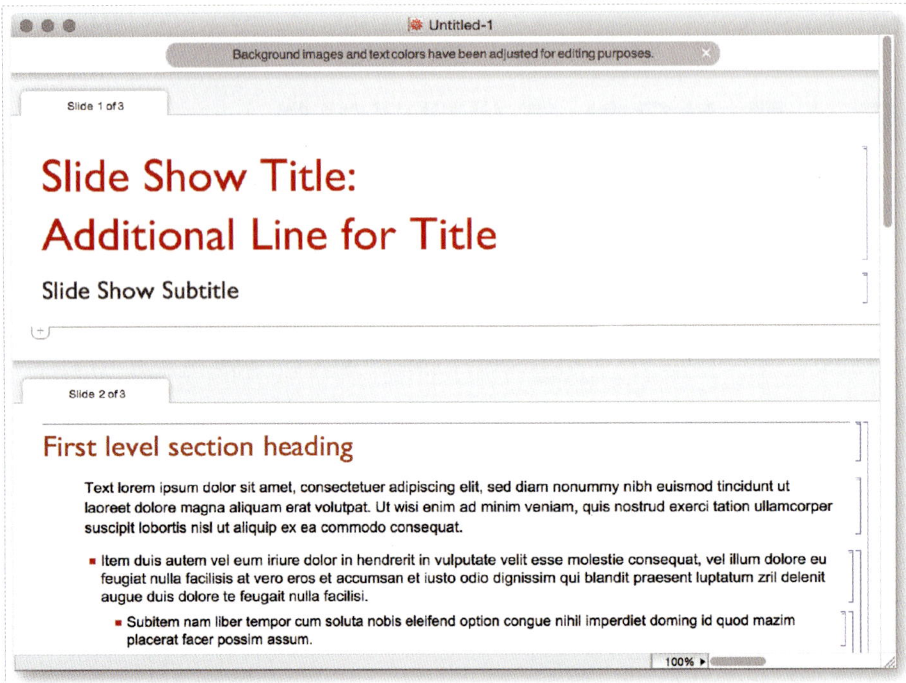

슬라이드 쇼는 슬라이드의 구분을 나타내는 특별한 셀을 포함하는 Mathematica 노트북이다. 새로운 슬라이드 쇼를 만들 때, 이러한 슬라이드 구분자 셀은 "Slide 1 of 3" "Slide 2 of 3"와 같이 표시된다. 플레이스홀더의 내용은 덮어쓰거나 삭제할 수 있으며, 새로운 내용을 추가할 수 있다.

슬라이드를 추가하려면, 커서를 노트북 상단과 셀 사이 또는 노트북 마지막 셀의 하단에 놓고 **슬라이드 쇼(Slide Show)** 팔레트의 **새 슬라이드 서식**(New Slide Template) 버튼 또는 **빈 슬라이드**(Blank Slide) 버튼을 클릭한다. **새 슬라이드 서식** 버튼은 슬라이드 구분 셀과 견본 텍스트를 포함하는 셀을 삽입하는 반면, **빈 슬라이드** 버튼은 슬라이드 구분 셀만 삽입한다.

> 슬라이드 구분을 포함하는 셀을 복사하여 붙여넣을 수도 있다. 슬라이드 구분 셀 괄호는 회색으로 되어 있어 셀 괄호를 찾기가 어려울 수 있다. 이 슬라이드 구분 셀의 셀 괄호는 창 오른쪽 끝에 마우스를 올려놓기 전까지 나타나지 않지만, 여느 셀과 마찬가지로 선택하여 복사하기 및 붙여넣기를 할 수 있다.

슬라이드 구분 셀이 추가될 때마다, 다른 슬라이드 구분 셀의 슬라이드 구분 번호는 자동으로 업데이트되기 때문에 사용자는 현재 작업하는 슬라이드와 다른 슬라이드를 비교하거나, 현재 슬라이드가 전체에서 어디에 위치하고 있는지 파악할 수 있다.

슬라이드 쇼의 내용이 완성되면 스크린 환경을 변경하여 슬라이드 쇼를 볼 수 있다. 슬라이드 쇼 노트북을 포함한 새로운 노트북의 디폴트 스크린 환경은 **작업**(Working)이다. **작업** 스크린 환경은 노트북의 모든 내용을 한 번에 표시한다.

슬라이드 쇼를 보기 위해서는 스크린 환경을 **슬라이드 쇼(SlideShow)**로 설정해야 한다. 이 설정은 한 번에 하나의 슬라이드만 표시하며, 탐색 모음을 노트북 창 상단에 배치한다. 스크린 환경은 **슬라이드 쇼** 팔레트에서 **프레젠테이션 시작**(Start Presentation) 버튼을 클릭하거나 팔레트에 있는 **보기 환경**(View Environment) 버튼에서 적합한 것을 선택하면 설정된다. **프레젠테이션 시작** 버튼을 클릭하면 스크린 환경을 **슬라이드 쇼**로 변경할 뿐만 아니라 전체 화면 모드로 슬라이드 쇼를 보여준다. 슬라이드 쇼를 끝내려면 팔레트의 **프레젠테이션 종료**(End Presentation) 버튼을 클릭한다.

> 스크린 환경은 **서식(Format)** 메뉴에서 하위 메뉴, **스크린 환경(Screen Environment)**을 이용 하여 변경할 수도 있다. 이 방법을 사용하면 **슬라이드 쇼** 팔레트를 사용하지 않고도 **작업**이나 **슬라이드 쇼**로 스크린 환경을 전환할 수 있다.

노트북의 스크린 환경이 **슬라이드 쇼**로 설정된 경우 노트북 창의 상단에 탐색 모음이 표시된다. 탐색 모음에는 첫 슬라이드, 이전 슬라이드, 다음 슬라이드, 마지막 슬라이드로 이동하는 버튼이 있다. 또한 드롭다운 메뉴에는 현재 슬라이드의 번호와 전체 슬라이드 수가 표시되어 있으며, 이 드롭다운 메뉴를 사용하면 원하는 슬라이드로 이동할 수 있다. 이때 드롭다운 메뉴 목록의 내용은 각 슬라이드의 첫 번째 셀의 내용으로 표시된다.

슬라이드 쇼 스크린 환경의 또 다른 특징은 셀 괄호를 자동으로 숨겨 표시하지 않는 것이다. 이 기능은 프레젠테이션의 내용에만 초점을 맞출 수 있는 환경을 만들어 준다. 셀 괄호는 마우스 포인터가 노트북의 오른쪽으로 이동하면 다시 나타난다. 셀 괄호 가 표시되면 일반적인 셀 괄호를 이용한 선택과 조작이 가능하다. 노트북의 오른쪽에서 마우스 포인터가 멀어지면 셀 괄호는 자동으로 사라진다.

> **슬라이드 쇼(SlideShow)** 스크린 환경은 맞춤법 검사 기능과 제안 막대(Suggestions Bar) 그리고 이미지 수정 도구가 비활성화된다. 즉, 스크린 환경이 **슬라이드 쇼**로 설정된 상태에서는 이러한 도구를 사용할 수 없다. 하지만 스크린 환경을 **작업(Working)**으로 설정하면 다시 사용할 수 있다.

기존 노트북에서 슬라이드 쇼 만들기

노트북으로 작업을 한 후 마지막 단계로 그 노트북을 슬라이드 쇼로 만드는 일이 종종 있다. **슬라이드 쇼** 팔레트는 기존의 노트북에서 새로운 슬라이드 쇼를 자동 생성하는 유틸리티를 가지고 있다.

기존의 노트북에서 슬라이드 쇼를 만들기 위해서는 먼저 Mathematica에서 그 노트북을 연다. 그리고 **팔레트(Palettes)** 메뉴에서 **슬라이드 쇼**를 선택한 다음, **기존 문서 에서 슬라이드 쇼 만들기(Slide Show from Current Document)** 버튼을 클릭한다. 그러면 변환하고자 하는 노트북에 포함된 제목(Title), 절(Sction) 그리고 텍스트(Text) 등의 셀 형식을 나열한 메뉴가 나타난다. 새 슬라이드의 첫 번째 셀로 적합한 셀 형식을 선택하고 **삽입(Insert)** 버튼을 클릭한다. 이제 선택한 위치에 슬라이드 구분 셀이 삽입된 새 슬라이드 쇼가 만들어진다.

> 슬라이드 구분 셀로 자주 선택되는 것은 절(Section) 셀이지만, 적절한 선택은 노트북의 구조에 따라 달라진다.

셀 형식의 체계적인 구조를 따르지 않고 작성된 노트북의 슬라이드 구분은 **슬라이드 쇼** 팔레트의 **빈 슬라이드(Blank Slide)** 버튼을 클릭하여 수동으로 삽입할 수 있다.

> 슬라이드 나누기를 삽입하기 전에 노트북의 스크린 환경을 **작업**으로 설정하는 것을 잊지 않도록 한다. **작업** 설정에서는 모든 내용을 한 번에 볼 수 있기 때문에 슬라이드 나누기의 위치를 선택하기가 쉽다.

슬라이드 구분 셀이 포함된 셀을 삭제하면, 구분자로 나뉘어 있던 두 개의 슬라이드가 하나로 합쳐진다.

기존 노트북에 슬라이드 나누기를 추가하는 또 다른 팁은 문서의 맨 위 시작 부분을 클릭하고 슬라이드 나누기를 추가하여 프레젠테이션의 시작 위치를 표시하는 것이다. 이렇게 하지 않으면 오른쪽 상단에 표시되는 슬라이드 번호가 제대로 표시되지 않아 첫 번째 슬라이드가 1이 아닌 0으로 표시된 슬라이드가 만들어진다.

프레젠테이션 팁

목차 만들기

슬라이드 쇼(Slide Show) 팔레트를 사용하여 슬라이드 쇼 노트북의 목차를 만들 수 있다. 슬라이드 구분 셀을 포함한 슬라이드를 열고 **슬라이드 쇼** 팔레트의 **목차**(Table of Contents) 버튼을 클릭하면 슬라이드 쇼 노트북의 목차를 나타내는 새로운 창이 열린다. 이 목차 창에는 첫 번째 슬라이드, 이전 슬라이드, 다음 슬라이드, 마지막 슬라이드로 이동이 가능한 버튼과 특정 슬라이드 또는 슬라이드 내에 있는 특정 절로 이동하는 링크를 포함하고 있다.

목차와 슬라이드 쇼 상단의 탐색 모음은 비슷한 점이 많다. 둘 다 탐색 버튼을 포함하고 있으며, 목차는 Slide 1, Slide 2 등의 버튼이, 탐색 모음에는 Slide 1 of *n*과 같은 드롭다운 메뉴가 특정 슬라이드로 이동하는 방법을 제공한다. 목차는 절 셀 그리고 다른 유형의 셀에 대한 링크도 포함하고 있다. 목차는 슬라이드 쇼 사이를 이동하는 데 유용하지만, 여러 개의 절 셀을 포함하는 긴 노트북의 경우에는 슬라이드 쇼 상단의 탐색 모음이 더 사용하기 쉽다.

컴퓨터 디스플레이를 확장 데스크톱 모드로 설정하여, 프로젝터와 컴퓨터 디스플레이에 서로 다른 화면을 표시하는 경우 프로젝터에는 슬라이드 쇼를, 로컬 스크린에는 목차를 열어두면 페이지 탐색 기능을 사용하여 프레젠테이션을 진행할 수 있어 편리하다.

셀 그룹 닫기

프레젠테이션을 진행할 때 청중이 미리 내용을 읽어 버리거나 너무 많은 텍스트가 청중에게 부담이 되는 것을 방지하기 위해 셀을 최소화하고 현재 거론하는 주제만 표시하는 방법을 취하는 것이 일반적이다. 예를 들어 절 셀 그룹의 셀 괄호를 더블 클릭하여 셀 그룹을 여닫을 수 있으므로, 프레젠테이션 중 해당 주제를 토론할 때까지 그 절의 정보를 닫아 놓을 수 있다. **셀(Cell)** 메뉴를 클릭하여 **그룹(Grouping)**을 선택하고 **그룹 열고/닫기(Open/Close Group)**를 선택하면 셀 그룹을 여닫을 수 있으며, 각 메뉴의 항목은 그 작업에 대한 키보드 단축키도 표시할 수 있다.

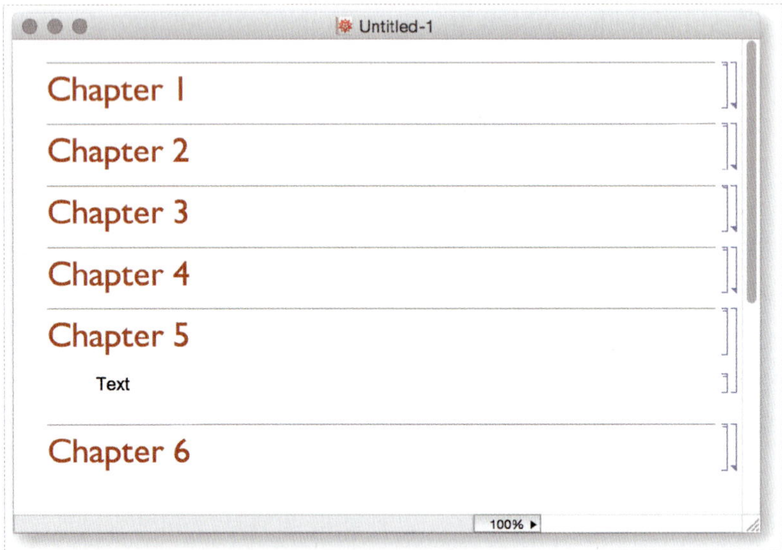

슬라이드 쇼(SlideShow) 스크린 환경은 셀 괄호를 자동으로 숨기기 때문에 환경 설정에서 셀 그룹에 대한 그룹 열기/닫기 아이콘이 표시되도록 설정하면 매우 편리하다. **환경 설정(Preferences)** 메뉴를 열어 **인터페이스**(Interface) 탭에서, **셀 그룹 열기/닫기 아이콘 표시**(Show open/close icon for cell groups) 항목을 클릭하면 모든 셀 그룹의 왼쪽에 작은 삼각형 아이콘이 표시되며, 이 아이콘을 클릭하면 셀 그룹을 여닫을 수 있다. 이 설정은 슬라이드 쇼 외에도 유용하게 사용되므로 항상 활성화하면 편리하다.

내용을 격자에 배치하기

Mathematica에서 슬라이드 쇼는 노트북의 특별한 표시 방법이기 때문에 슬라이드의 길이를 사용자의 결정에 따라 정할 수 있다. 따라서 사용자가 필요에 따라 다음 슬라이드로 이동하기 전에 슬라이드의 내용을 세로로 스크롤 하여 볼 수 있다. 이 기능은 슬라이드의 높이와 너비가 고정된 다른 프레젠테이션 소프트웨어와 크게 다른 점이다.

하지만 한 번에 볼 수 있는 내용의 양은 **정해져** 있고 그것은 슬라이드 쇼에 사용할 프로젝터의 해상도에 따라 달라진다. 따라서 **Row**, **Column**, **Grid** 등의 명령을 사용하면 내용을 배치하는 데 유용하다. 이러한 명령은 그래프, 이미지 그리고 텍스트의 배치를 사용자 지정으로 나타내는데 사용할 수 있다.

Row 명령은 원소 목록을 가져와 단일 행에 배치한다. 두 번째 전달인자는 객체 간의 구분자를 배치할 수 있는데, **Spacer** 명령을 사용하여 쉽게 이를 해결할 수 있다. **Spacer**는 전달인자로 수치를 가지며, 그와 같은 수의 프린터 포인트 수의 폭으로 빈칸을 출력한다. 다음 명령은 10포인트 빈칸으로 구분된 세 개의 항목을 가지는 행을 만든다.

```
Row[{"Item 1", "Item 2", "Item 3"}, Spacer[10]]
```

Item 1 Item 2 Item 3

Column 명령은 **Row**와 비슷한 구문을 가지고 있지만, 전달인자는 목록을 취하고, 출력은 그 표현식을 하나의 열에 나타낸다.

Column[{, "An image of a tree."}]

An image of a tree.

Column 또한 원소 간의 간격을 설정할 수 있다. 하지만 간격 설정을 위해서 **Column** 명령은 표현식의 목록, 배치 그리고 세로 간격을 지정하는 수칫값에 해당하는 세 개의 전달인자를 가져야 한다. 다음 예제는 세로로 열을 만들지만, 각 원소를 중앙에 배치하며 원소 간의 세로 간격을 3으로 설정한 것이다.

Column[{, "An image of a tree."}, Center, 3]

An image of a tree.

> **Spacer**는 가로 방향의 간격만을 생성하는데 사용되므로 **Column**은 **Spacer**를 사용하지 않는다. 그러면 **Row**도 원소 사이의 간격을 지정하는 숫자를 줄 수 있을까하는 생각이 들겠지만 **Row**에서는 간격을 수치만으로 지정할 수 없다. 이 명령은 원소 사이의 간격을 공백이 아닌 기호로 지정한다. 예를 들어, 다음의 명령 **Row[{"a","b","c"},[symbol]]**는 **a [symbol] b [symbol] c**를 출력하지만, 이것은 원소 사이에 공백만 허용될 때는 사용할 수 없다.

Grid 명령은 이차원 배치에 사용되기도 한다. **Grid**는 전달인자로 목록의 목록을 가진다. 첫 번째 하위 목록은 격자의 첫 번째 행이 되고, 두 번째 하위 목록은 격자의 두 번째 행이 되는 형식을 이루고 있다. 각 하위 목록의 원소 위치는 그 원소가 목록의 어떤 열에 표시되는지에 따라 결정된다. 다음의 간단한 예를 보면 쉽게 이해될 것이다.

```
Grid[{
    {a, b, c},
    {d, e, f},
    {g, h, i}
  }]
```

```
a  b  c
d  e  f
g  h  i
```

첫 번째 목록 **{a,b,c}**는 첫 번째 행이 되며, 첫 번째 열은 **a**, 두 번째 열은 **b**, 세 번째 열은 **c**가 된다.

Grid는 원소를 어떻게 배치할 것인지, 격자 주위에 테두리를 표시할 것인지, 각 원소 사이에 구분을 둘 것인지 등 다양한 옵션을 사용할 수 있다. 다음 명령은 원소를 왼쪽에 정렬하고 전체 격자 주위를 테두리로 둘러싸며 격자의 각 원소 사이에 구분자를 두는 격자를 만든다.

Grid[{

{"Image",  **},**

{"Color space", "RGB"},

{"Dimensions", "{1080,720}"}

}, Alignment → Left, Frame → True, Dividers → All]

Image	
Color space	RGB
Dimensions	{1080,720}

Grid는 격자의 최종적인 모양을 변경할 수 있는 다양한 옵션을 가지고 있다. 원소 전체 또는 개별 행 또는 개별 열의 배경색을 변경하거나, 원소 주위에 경계선을 그려 해당 항목을 강조하거나, 여러 열에 걸친 원소를 생성할 수 있다. 여기에서 모든 옵션을 설명할 수는 없지만, 문서 센터의 **Grid**에 대한 문서에서 상세한 설명과 함께 이러한 옵션의 적용 방법에 대한 많은 예를 볼 수 있다.

격자가 많은 양의 텍스트를 포함하고 있다면 **Grid** 명령을 **Style** 명령으로 묶는 것이 유용하다. 이것은 각 텍스트에 스타일을 별도로 설정하는 것이 아니라 격자의 모든 텍스트에 스타일을 적용하는 간단한 방법이다.

```
Style[Grid[{
    {Style["Image", Bold, Red],
```

```
    },
    {"Color space", "RGB"},
    {"Dimensions", "{1080,720}"}
  }, Alignment → Left, Frame → True, Dividers → All],
 FontFamily → "Times"]
```

Image	
Color space	RGB
Dimensions	{1080,720}

Style 명령이 격자의 전체 글꼴을 Times로 바꾼 것을 볼 수 있다. 그러나 단어 "Image"는 다른 단어와 달리 **Style** 명령이 적용되었기 때문에 Times가 아닌 굵은 빨간색으로 나타난다.

이 함수의 목적은 원소를 보기 좋게 배치하기 위한 것이기 때문에 입력 셀을 최소화하여 코드가 아닌 프레젠테이션 자체에 초점을 맞출 수 있도록 하는 것이다. 다음의 스크린 샷은 **Grid** 명령에 대한 입력 셀은 닫고 출력 셀만 표시하여 깔끔하게 나타낸 프레젠테이션의 예를 보여준다.

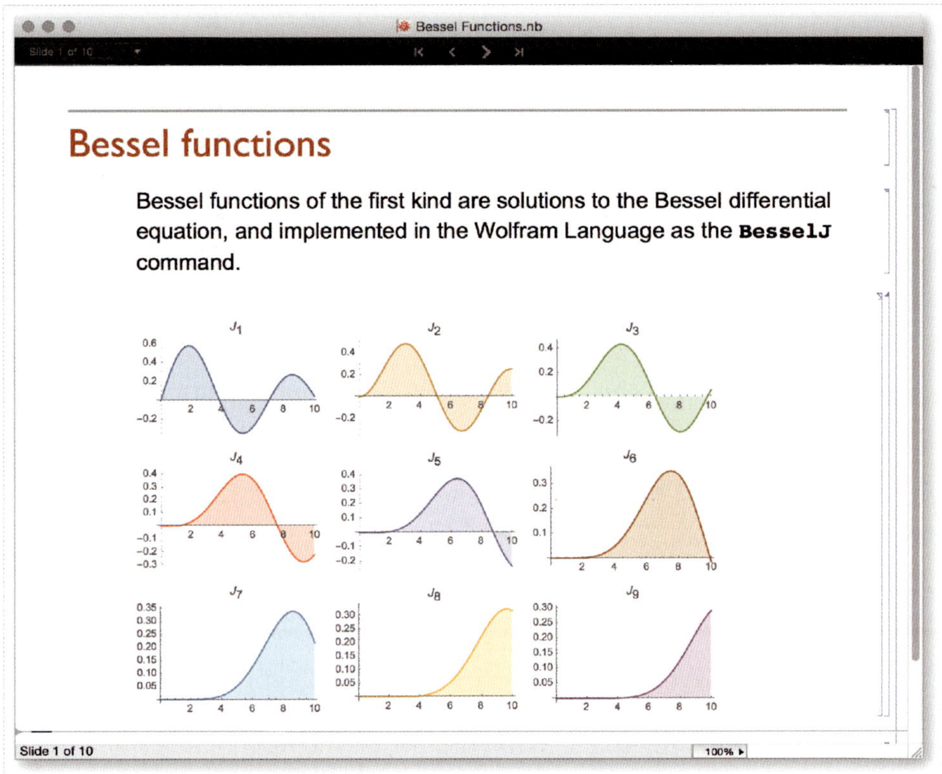

격자 대신 **Row**나 **Column**을 사용할 수 있을까? 물론 가능하다. 이 명령은 중첩이 가능하므로 한 개의 **Column** 명령이 이차원 배치를 위한 여러 개의 **Row** 명령을 포함할 수 있다. 그러나 **Grid**는 이차원 배치에 더 안정적이고 강력한 함수로서, 출력의 표시 방법을 제어하기 위한 더 많은 옵션을 가지고 있다. 이차원 배치를 구성하려면 **Grid**의 사용을 권장한다.

내용의 크기 조정

노트북의 스크린 환경이 **슬라이드 쇼(SlideShow)**로 설정되었을 때, 노트북의 텍스트는 프로젝터에 표시하기 적절한 크기로 자동으로 확대된다. 또한, 노트북 오른쪽 하단에 있는 확대 버튼을 클릭하여 내용을 확대할 수 있다. 이 확대 버튼은 원래 크기의 50%, 75%, 100%, 125%, 150%, 200%, 300%로 표시하는 옵션을 나열하고 있다.

> 확대율 설정은 주로 그래프의 눈금 라벨 등의 그래프의 텍스트를 포함한 모든 텍스트의 크기를 조정하기 위한 것이다. 확대율을 높이면 그래픽 자체 크기뿐만 아니라 텍스트의 크기도 함께 커진다. 하지만 확대율을 너무 큰 값으로 설정하면 그래픽의 크기는 오히려 **축소**될 수 있다. 이것은 큰 텍스트를 수용하기 위해 그래픽의 자동 크기 조정이 실행되기 때문이다. 하지만 개별 그래픽은 클릭한 후 나타나는 주황색 테두리를 드래그하여 크기를 조정할 수 있다.

슬라이드 쇼(Slide Show) 팔레트에는 800×600 혹은 1024×768 등의 일반적인 프로젝터 해상도에 맞게 노트북 창의 크기를 조정할 수 있는 **프레젠테이션 크기(Presentation Size)** 버튼이 있다. 이 버튼의 설정을 선택하면 활성화된 노트북의 창 크기가 변경되고, 특정 해상도에서 내용을 수용할 수 있는지를 확인할 수 있다.

> 대부분의 텍스트와 그래픽 등의 내용은 별문제 없이 크기를 조정할 수 있다. 그러나 표 형식의 유형은 문제가 발생할 수 있다. 여러 개의 행과 열로 이루어진 격자의 경우, 800×600 창에 표시하기가 쉽지 않다. 이것을 해결해 줄 두 가지 방법을 알아 보자. 첫 번째는 노트북 창의 스크롤 막대 숨기기가 설정되어 있지 않다면, 노트북 창에 세로와 가로 방향의 스크롤 막대가 나타나므로 이것을 스크롤 하여 내용을 볼 수 있다. 두 번째는 **Grid** 명령과 마찬가지로 **Pane** 명령으로 내용을 묶어 출력 표시를 특정 크기로 제한하는 것이다. **Pane**은 **Scrollbars→True**의 옵션을 이용하여 출력에 스크롤 막대를 넣어 노트북 전체를 스크롤 하지 않고도 그 내용을 스크롤 하여 볼 수 있다.

화면 전환 효과 설정하기

노트북에 설정할 수 있는 슬라이드 쇼 관련 원소는 탐색 모음의 표시 및 숨기기, 스크롤 막대의 표시 및 숨기기 그리고 확대율 팝업 메뉴의 표시 및 숨기기 등 다양하다. 이러한 원소는 **슬라이드 쇼(Slide Show)** 팔레트를 사용하여 설정할 수 있다. 노트북을 열고 **슬라이드 쇼** 팔레트를 사용하여 노트북에 대한 원하는 창 원소를 선택 혹은 선택 해제하여 설정할 수 있다.

> 이러한 창 원소의 설정은 스크린 환경이 **슬라이드 쇼(SlideShow)**로 설정된 경우에만 가능하다. 버튼을 클릭해도 노트북에 아무런 변화가 없다면, 스크린 환경이 올바르게 설정되어 있는지 확인해 본다.

슬라이드 쇼 팔레트에는 슬라이드가 다음 장으로 넘어갈 때 화면 전환 효과를 적용하는 버튼도 있다. 화면 전환 효과를 선택하기 위해서는, 노트북을 열고 **슬라이드 쇼** 팔레트를 사용하여 설정을 적용할 수 있다. 노트북을 **슬라이드 쇼** 스크린 환경으로 설정하면, 탐색 모음을 사용하여 슬라이드를 이동할 때 화면 전환 효과가 나타난다.

정리

Mathematica의 슬라이드 쇼는 일반 노트북과 동일한 셀 유형과 기능을 가지고 있으므로 Mathematica는 기술 정보 프레젠테이션에 이상적인 환경을 제공한다. 슬라이드 쇼는 텍스트, 연산, 그래픽 그리고 청중 앞에서 즉시 변경이 가능한 대화형 모델을 혼합하여 사용할 수 있다. Mathematica의 라이브 환경은 다른 프레젠테이션 소프트웨어처럼 미리 계획한 정적인 내용에만 한정하지 않고, 동적인 대화형 프레젠테이션을 지원하기 때문에 청중과 더 가깝게 호흡하며 청중의 질문에 바로 대응할 수 있다.

연습 문제

1. 문자열 "apple", "banana", "orange"로 구성된 목록을 각 원소 사이의 간격이 5 포인트인 텍스트 행을 만들어라.
2. t가 0부터 5까지 증가할 때, t의 값을 목록으로 생성하여 그 결과를 열로 나타내어라.
3. 1부터 10까지 범위의 정수를 무작위로 10개 생성하여 그 결과를 열로 나타내어라.
4. $\sin(x\,t)$의 x는 0부터 10까지 증가하고 t는 1부터 6까지 증가할 때, $\sin(x\,t)$의 그래프 목록을 생성하여 그 결과를 열로 나타내어라.

5. 첫 16개 소수로 4×4 격자를 만들고, 첫 4개의 소수는 첫 번째 행에, 다음 4 개의 소수는 두 번째 행에, 그리고 나머지도 이와 같은 방법으로 나타내어라. (힌트: **Prime[Range[5,8]]**은 5번째부터 8번째까지의 소수 목록을 생성하고 **Prime[Range[9,12]]**는 9번째부터 12번째까지의 소수 목록을 생성한다.)

6. **슬라이드 쇼(Slide Show)** 팔레트를 열고 연습 문제 1부터 5까지의 결과가 있는 노트북에 커서를 놓고, 팔레트의 **기존 문서에서 슬라이드 쇼 만들기**(Slide Show from Current Document) 버튼을 클릭하여, 각 입력 셀에 슬라이드 나누기를 삽입하여라. 텍스트 "Chapter 5 Exercises"라는 절 셀을 슬라이드의 처음에 추가하고 **보기 환경**(View Environment) 버튼을 클릭하여 설정을 **슬라이드 쇼(SlideShow)**로 변경하여라.

7. **슬라이드 쇼** 팔레트를 사용하여 연습 문제 6에서 생성한 슬라이드 쇼의 목차를 생성하여라.

8. **보기 환경** 버튼을 사용하여 설정을 **작업**(Working)으로 변경하고, 연습 문제 1부터 5까지에 해당하는 각 슬라이드의 제일 위에 "Exercise 1"부터 "Exercise 5"까지 절 셀을 추가하여라.

9. 첫 번째 슬라이드의 절 셀 아래에 자신의 이름을 하위 절 셀로 추가하고 그 아래에 날짜를 최하위 셀로 추가하여라.

10. **보기 환경** 버튼을 사용하여 **슬라이드 쇼**로 설정 하여라. 스크롤을 아래위로 움직여 1부터 6까지 슬라이드가 잘 설정되었는지 확인 하고 목차를 다시 만들어라.

6장

Wolfram 언어의 기본

소개

다양한 분야에 대한 광범위한 명령어와 지식을 제공하는 Wolfram 언어는 Mathematica의 기반을 이루고 있다. 계산은 여러 가지 스타일로 작성될 수 있으며, 각각의 스타일마다 장단점이 존재한다. 이 장은 계산을 더욱 간단명료하고 이해하기 쉽게 도와주는 Wolfram 언어의 일반적인 관례 및 단축키에 대한 설명에 초점을 맞추었다. 다양한 단축키가 존재하지만, 이 장에서는 초보자에게 유용한 단축키와 그 개요를 설명한다.

신속한 입력 생성 팁

Mathematica의 입력 예측 인터페이스, 팔레트, 자유 형식 입력 기능은 오타를 최소화하는 데 도움이 된다. 하지만 오타를 완전히 피할 수는 없기 때문에, Mathematica는 앞에서 설명한 기능 이외에도 오타를 최소화하기 위한 기능을 포함하고 있다.

Mathematica는 내장된 Wolfram 언어 명령과 사용자 정의 변수 및 함수의 이름을 쉽게 구분하기 위해 자동으로 구문을 채색한다. Mathematica가 인식하는 명령어는 다음 예의 **Expand** 명령처럼 검은색으로 표시된다.

```
Expand[(x+1)^10]
```

Mathematica가 이름을 인지하지 못하는 경우, 그 이름은 파란색으로 표시한다. Wolfram 언어 함수 이름의 철자에 오류가 있는 경우 또는 사용자 정의 함수나 변수의 기호가 아직 정의되지 않았을 때는 이름을 인지할 수 없다. 다음 예는 철자를 잘못 입력한 명령 이름이 파란색으로 표시되고, 기호 **x** 역시 현재 정의되어 있지 않았거나, 연관된 값이 없기 때문에 파란색으로 표시된다.

```
Expandd[(x+1)^10]
```

구문 채색은 전달인자가 누락되거나 초과한 경우에도 사용된다. 전달인자가 누락되면 빨간색 캐럿 기호로 표시된다. 다음 예는 주어진 표현식을 복사하여 목록을 생성하는 횟수를 지정하는 **Table** 명령의 두 번째 전달인자가 누락된 입력 셀이다. 빨간색 캐럿 기호는 누락된 전달인자가 있음을 알려준다.

```
Table[i,]
```

구문 채색은 여분의 전달인자가 존재할 때도 사용된다. **Range** 명령은 반복 설정에 따라 값의 목록을 생성한다. **Range**는 여러 구문 형식을 가지고 있지만, 대부분의 구문이 초깃값, 최댓값, 증감 크기라는 세 개의 전달인자를 취한다. 다음은 **Range**가 2부터 12까지 3씩 증가하는 목록을 생성한 것이다.

```
Range[2, 12, 3]
```

{2, 5, 8, 11}

그러나 **Range**에 추가로 전달인자가 주어진다면, 불필요한 부분이 빨간색으로 표시된다.

```
Range[2, 12, 3, 1]
```

Range는 옵션을 허용하지 않기 때문에 세 개의 전달인자 이외에는 모두 불필요한 전달인자로 간주하여 그 부분에 구문 채색을 적용한다. 반면 **Plot**은 옵션을 허용하기 때문에 불필요한 전달인자가 있더라도 그 부분을 빨간색으로 표시하지 않는다. 하지만 전달인자가 **Plot**에 적절하지 않은 경우, 불필요한 전달인자에 대해 옵션 오류 메시지가 출력된다.

Wolfram 언어 사용에 아직 익숙하지 않은 초보 사용자는 여닫는 괄호를 쌍으로 사용하는 것을 잊어버리는 실수를 종종 한다. 이러한 실수도 구문 채색 기능을 통해 줄일 수 있다. Mathematica는 괄호가 쌍으로 완성되지 않았을 때 보라색으로 표시하여, 시각적으로 사용자가 문제를 인지할 수 있도록 표시해 준다. 짝을 이루는 괄호가 완성되지 않은 상태에서 식을 평가하여 그 평가가 실패했을 때도 괄호가 강조 표시된 오류 메시지를 담고 있는 더하기 기호가 나타난다.

```
Expand[(x+1)^10
```

괄호 열기와 짝을 이루는 괄호 닫기가 입력되면, 괄호의 쌍이 완성된 것을 알려주기 위해 괄호가 깜박이며 그 괄호는 보라색에서 검은색으로 바뀐다.

> **삽입(Insert)** 메뉴를 클릭하고 **조판(Typesetting)**에서 소괄호, 중괄호, 대괄호 중 원하는 기호를 선택하면 해당 괄호가 쌍으로 입력된다. 이 메뉴에 표시된 키보드 단축키를 사용하여 괄호의 쌍을 입력할 수도 있다.

최신 버전의 Mathematica는 코드 완성 도우미(Code Assist) 기능을 통해 **Expand** 함수와 같은 명령을 입력하는 과정에서 입력된 내용과 일치하는 명령 또는 기호 이름을 보여줌으로써 입력이 한층 쉬워졌다. 화살표 키를 사용하여 자동 완성 메뉴에서 일치하는 항목을 탐색하여 선택하고 Enter 키를 누르면 강조된 항목이 입력되어 명령 이름이 완성된다. 자동 완성 메뉴의 항목은 마우스로 클릭하여 선택할 수도 있으며, 활성화된 자동 선택 창은 Esc 키를 눌러 닫는다.

일단 코드 도우미를 사용하여 명령 이름을 선택하면, 한 쌍의 V자 모양을 이룬 셰브런(︾) 기호가 표시된 두 번째 메뉴가 나타난다. 이 아이콘을 클릭하면 명령의 서식을 선택할 수 있으며, 해당 명령이 여러 구문 형식을 허용할 때에는 다수의 서식이 표시된다.

> 명령 이름을 입력하고 **편집(Edit)** 메뉴의 **서식 만들기(Make Template)**를 클릭하거나 키보드 단축키를 사용하여 서식 만들기 기능을 호출할 수 있다.

선택된 서식은 플레이스홀더와 함께 입력 셀에 나타난다. 사용자는 Tab 키를 눌러 다음 플레이스홀더로 이동할 수 있다.

처음에는 잘 작동하던 입력 셀에 무언가를 추가함으로써 의도치 않은 구문 오류가 벌어지는 경우가 있다. 이럴 때 **편집(Edit)** 메뉴의 **작업 취소(Undo)**를 선택하면 해당 오류 발생 전으로 되돌아간다. Mathematica는 여러 단계에 걸친 작업 취소가 가능하며 어느 시점에서 입력 셀과 해당 출력 셀이 일치하지 않는지 시각적으로 확인할 수 있다. 입력 셀과 출력 셀이 일치하지 않으면 출력 셀의 내용은 회색으로 표시되어 출력 셀이 생성된 후 입력 셀이 변경되었음을 알 수 있게 해준다.

Mathematica의 연산 수행법

구문의 오타나 오류를 인식하는 것 못지않게, Mathematica가 주어진 입력을 어떻게 해석하는지 이해하는 것 또한 중요하다. 간단한 두 가지 예의 산술 문장을 비교하여 Mathematica가 어떻게 연산하는지 살펴 보자.

2 × 3 + 4 × 5

26

2 (3 + 4) 5

70

첫 번째 예는 수학적 규칙에 따라 Mathematica가 곱셈한 후 두 개의 정수를 더한다. 두 번째 예는 먼저 덧셈을 한 다음, 세 개의 정수를 곱하였다. 숫자를 기호로 바꾸면 연산 순서를 쉽게 확인할 수 있다.

첫 번째 예에서 숫자 사이에 표시된 **×** 기호는 입력에 의한 것이 아니라, 두 수의 곱셈 수행을 보여주기 위해 자동으로 표시된 것이다. Mathematica는 두 개의 숫자 또는 기호 사이에 공백이나 별표가 있는 경우, 이 두 개의 숫자 또는 기호의 곱셈을 수행한다. 따라서 기호 **y**와 **z**를 곱하려면 **y z**(기호 사이에 공백), **z y**(기호 사이에 공백) 또는 **y*z**, **z*y** 중 하나를 입력한다. 곱셈하려면 **yz** 또는 **zy**와 같이 기호를 붙여 쓰지 않도록 각별히 주의해야 한다. 기호 사이에 공백이 없으면 Mathematica는 의도한 기호의 곱셈 대신 이를 완전히 새로운 기호로 취급한다.

FullForm과 **TreeForm** 명령을 사용하여 Mathematica가 어떻게 기호적으로 수식을 나타내는지 볼 수 있다. **FullForm**이 결과를 일차 형식의 명령으로 출력하는 반면 **TreeForm**은 토대가 되는 기호적 표현을 그래픽 형식으로 반환한다.

FullForm[a b+c d]

Plus[Times[a, b], Times[c, d]]

TreeForm[a b+c d]

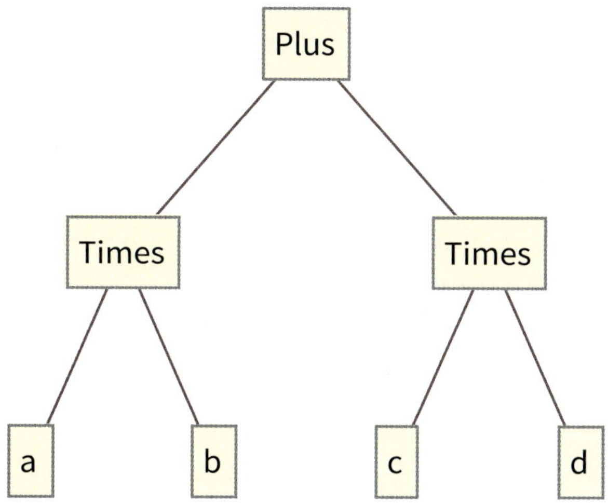

TreeForm 출력의 **Times** 또는 **Plus** 위에 마우스를 올려보면 해당 단계의 연산이 표시된다. **Times**와 **Plus** 명령이 입력으로 사용되는 경우는 거의 없지만, Wolfram 언어의 모든 표현식은 기호적으로 나타낼 수 있다는 언어의 설계 원칙에 따라 수학적 연산자를 내부적으로 표시하면 이 두 명령처럼 해당 명령이 표시된다.

위의 예처럼 Mathematica 표현식의 기호적 표현을 거슬러 알아내는 것은 비교적 간단하지만 **TreeForm**은 더 복잡한 수식을 조사할 때 유용하다. 일반적으로 하나의 함수를 다른 함수로 묶으면 Mathematica는 가장 안쪽의 연산을 먼저하고 그다음 함수를 계산하는 바깥쪽으로 향하는 연산을 수행한다. 앞의 예에서는 곱셈을 위한 **Times**가 먼저 평가된 다음 그 결과를 더하는 **Plus**가 평가된다.

FullForm과 **TreeForm**은 모두 연산의 출력을 보통의 형식과 다르게 표시한다. **TraditionalForm**은 출력의 또 다른 표시 형식이며, **FullForm**이나 **TreeForm**보다 더 자주 사용된다. **TraditionalForm**은 표현식을 묶어 수학 및 과학 교과서에서 볼 수 있는 조판 형식으로 출력을 생성한다. **TraditionalForm**의 장점은 다음 장에서 자세히 소개한다.

변수 정의

Mathematica는 하나의 연산을 바탕으로 다른 연산을 구축하고, 연산 결과를 연이어 다음 연산에 이용하는 것이 일반적이다. 다음 예의 간단한 연산 (10 + 20 – 15)는 큰 연산의 일부이며 지수로 사용되었다.

```
2^(10+20-15) + 3^(10+20-15) + 4^(10+20-15)
```

```
1 088 123 499
```

(10 + 20 – 15)의 값을 계산하여 변수로 저장하고 필요할 때 참조하면 이를 매번 반복하여 입력할 필요가 없어, 계산 시간을 단축할 수 있다. 또한, 특정 경우의 식이 아닌 일반적인 형태의 식으로 표현하여 더 읽기 쉬운 코드를 만들 수 있다.

Wolfram 언어는 등호를 사용하여 변수에 값을 할당한다. 변수에 값을 할당하기 위해서는 할당 구문을 입력 셀에 입력한 후 평가해야 한다. 다음 예는 기호 **x**에 10을 할당한다.

```
x = 10
```

```
10
```

이제 명령 중에 기호 **x**가 나타날 때마다 Mathematica는 그 자리에 값 10을 자동으로 할당한다.

```
2^x
```

```
1024
```

이중 등호는 단일 등호와 전혀 다른 규칙이다. 이중 등호는 양변의 값이 같은지 검사하기 위해 사용된다. 다음 예는 10과 5가 같은지를 검사하는 것으로 해석되며 출력으로 참(True) 또는 거짓(False)을 반환한다. 이중 등호(**==**)는 방정식에서 사용되며 단일 등호(**=**)는 변수의 값을 저장하는 데 사용된다.

```
x == 5
```

```
False
```

이 장의 첫 번째 예로 돌아가서, (10 + 20 − 15)의 값을 **a** 변수로 저장하여 계속 연산에 사용할 수 있다.

```
a = 10+20−15
```

```
15
```

변수는 문자, 단어, 그리스 문자 또는 Wolfram 언어에 이미 정의되지 않은 것이면 무엇이든 사용할 수 있다.

```
a = 10+20−15
```

```
15
```

$2^a + 3^a + 4^a$

```
1088123499
```

a의 정의를 다른 값으로 바꾸고 앞의 연산을 다시 평가하면 새로운 결과를 얻을 수 있다.

```
a = 12
```

```
12
```

$2^a + 3^a + 4^a$

```
17312753
```

Mathematica 노트북은 반드시 위에서 아래의 순서로 계산하는 것이 아님을 주의해야 한다. 즉, 변수의 할당이 노트북의 중간에 이루어지고 그 변수를 참조하는 명령이 노트북의 위쪽 혹은 다른 위치에서 나중에 평가되더라도, 해당 명령은 현시점의 변수 정의를 사용하여 평가된다. 입출력 셀에 붙어 있는 In 및 Out 숫자 셀 라벨을 보면 어떤 순서로 명령이 평가되었는지 알 수 있다.

기호 또는 함수의 정의는 해당 문서 뿐만 아니라 Mathematica의 사용을 종료하기 전까지 저장된다. 만약 하나의 노트북에서 변수 **a**를 정의하고 새 노트북을 만들어 **a**를 평가하여도 **a**에 할당된 값이 반환된다. 지역 변수를 생성하는데 사용되는 **Module**과 같은 범위 지정 방법에 대해서는 다른 장에서 설명한다.

하나의 기호에 여러 정의를 사용하는 것을 방지하기 위해 변수의 정의를 삭제하는 습관을 지니는 것이 중요하다. 삭제를 습관화함으로써 혼란을 일으키거나 변수의 잘못된 정의를 무심코 사용하는 것을 피할 수 있다. **Clear** 명령은 기호의 값을 지우는 데 사용한다. **Clear**는 아무런 출력도 반환하지 않지만, 조금 전까지 인식되던 기호의 색이 검은색에서 인식되지 않은 기호나 이름을 나타내는 파란색으로 바뀌는 시각적 인지를 주어 명령이 제대로 평가된 것을 확인할 수 있다.

```
Clear[a]
```

자신만의 변수와 함수를 작성할 때 그 이름을 소문자로 시작하는 습관을 들이는 것이 좋다. 이렇게 함으로써 자신이 만든 함수와 반드시 대문자로 시작하는 Wolfram 언어의 함수를 쉽게 구분할 수 있게 해준다.

복합 표현식의 작성

Mathematica가 가진 대화형 환경으로 인하여 사용자가 하나하나 작성한 연산에 해당하는 일련의 입력 셀의 출력을 거쳐 최종 결과에 이르게 된다. 이렇게 각각 다른 연산을 하는 일련의 셀을 묶을 때, 필요하면 설명을 위한 셀 역시 삽입할 수 있다. 하지만 이와 달리 관련 입력을 정리하여 하나의 셀에 나타내는 복합 표현식을 사용하는 것이 유용할 때도 있다.

복합 표현식은 두 가지 방법으로 만들 수 있다. 첫 번째는 하나의 셀 안에 각각의 명령을 다른 줄에 작성하는 방법이다. 이 방법은 셀이 평가되면 Mathematica는 각 줄의 명령을 구분하여 위에서부터 아래로 각 줄에 평가된 결과를 순서대로 나타낸다. 다음 명령은 변수 **a**에 값을 할당하고, 다음 연산에서 **a**를 사용한다. 첫 줄에 명령을 입력한 다음 Enter 키를 눌러 줄 바꿈하고 두 번째 줄에 연산을 입력하고 Shift+Enter를 눌러 평가한다.

```
a = 10 + 20 - 18
2^a + 3^a + 4^a
```

12

17 312 753

앞의 명령을 평가하면, In 라벨이 붙은 하나의 입력 셀과 두 개의 출력 셀이 생성된다. 첫 번째 출력 셀은 In 라벨과 같은 Out 라벨 번호가 붙어 있지만, 두 번째 출력 셀에는 다른 Out 라벨 번호가 지정된다. 복합 표현식은 하나의 입력셀에 나타내었지만, 복합 표현식 내부의 각 입력에 대해 별도의 출력이 생성되기 때문에 Mathematica는 각각 다른 라벨을 지정한다.

복합 표현식을 만드는 두 번째 방법은 세미콜론을 사용하여 각 명령을 구분하는 것이다. 여기서 세미콜론은 두 가지 역할을 한다. 하나는 세미콜론을 사용하여 복합식 내의 여러 표현식을 같은 줄에 작성하여 복합식을 만드는 것이며, 다른 하나는 표현식을 출력하지 않는 것이다. 세미콜론을 사용하여 앞의 예를 입력해 보자.

```
a = 10 + 20 - 18; 2^a + 3^a + 4^a
```

17 312 753

이 방법을 사용하면 표현식은 왼쪽에서 오른쪽으로 평가된다. 이 경우, 세미콜론이 첫 번째 표현식의 출력을 숨기기 때문에 출력 셀은 하나만 생성된다.

세미콜론을 사용하여 중간 결과 출력을 억제하고, 가독성을 높이기 위해 각각 식을 다른 줄에 두는 것이 가능할까? 물론 가능하다. 이 경우 위에서 아래로 한 줄씩, 그리고 각 줄은 왼쪽에서 오른쪽으로 연산이 이루어진다. 여담이지만, 세 사람의 저자는 자신들이 선호하는 스타일이 서로 달라 이러한 방법 중 가장 좋은 한 가지 방법의 합의에 도달할 수 없었다.

복합 표현식의 길이 제한은 없다. 하나의 셀 안에 나타내는 하나의 복합 표현식은 여러 변수의 할당, 함수의 정의, 평가를 위한 명령을 모두 포함하는 완전한 프로그램의 모양을 갖출 수도 있다.

> 세미콜론은 하나의 표현식만 주어진 경우에도 출력을 표시하지 않도록 할 수 있다. 예를 들어, 셀이 **a=5**라는 변수 할당을 포함할 때, 이 할당 명령의 끝에 세미콜론을 넣으면 Mathematica는 불필요한 출력인 5를 표시하지 않는다.

데이터 표현을 위한 값 목록 생성

목록은 Wolfram 언어의 중심을 이루는 구조이다. 대부분의 명령이 직접 목록에서 동작하거나 목록 형식으로 출력을 생성한다. 목록은 값의 표 생성과 같은 간단한 조작부터 다차원 구조의 데이터 파일 읽기, 조작 및 분석과 같은 복잡한 작업까지 모두 다룰 수 있다. 이 책의 많은 예에 목록이 사용되었으므로, 목록 생성을 위한 가장 유용한 명령 중 하나인 **Table** 명령에 대해 알아보는 것이 필요하다. **Table**은 값의 목록을 작성하기 위한 패턴을 정의하기 때문에 수동으로 각각의 값을 입력하는 것보다 훨씬 효율적이다. 예를 들어 첫 10개 정수의 제곱을 포함하는 간단한 목록은 중괄호로 묶어 수동으로 입력할 수 있다.

$\{1^2, 2^2, 3^2, 4^2, 5^2, 6^2, 7^2, 8^2, 9^2, 10^2\}$

{1, 4, 9, 16, 25, 36, 49, 64, 81, 100}

하지만 **Table**을 이용하여 목록 작성을 지시함으로써 Mathematica가 목록을 생성하는 것이 훨씬 효율적이다. 먼저 **Table** 구문은 목록 생성을 위한 패턴과 그 패턴의 반복을 위한 지표를 입력한다. 이 예는 첫 10개 정수의 제곱에 대한 목록을 생성하는 것이 목적이므로, **Table**에 패턴과 반복에 대한 범위를 명시한다. 이때 반복을 위한 지표 **i**의 범위는 1부터 시작하여 10에서 끝나도록 한다.

Table[i^2, {i, 1, 10}]

{1, 4, 9, 16, 25, 36, 49, 64, 81, 100}

Table은 여러 형식의 구문을 이용할 수 있다. 예를 들어, 두 번째 전달인자의 네 번째 요소로 증분 폭을 설정하여 반복의 형태를 자세히 지정할 수 있다. 증분 폭을 1로 명시하면 앞의 예와 똑같은 출력을 얻을 수 있다.

```
Table[i^2, {i, 1, 10, 1}]
{1, 4, 9, 16, 25, 36, 49, 64, 81, 100}
```

하지만 다른 증분 폭을 사용하면 전혀 다른 목록을 얻게 된다. 다음은 증분 폭을 2로 하여 홀수 정수의 제곱만 생성하였다.

```
Table[i^2, {i, 1, 10, 2}]
{1, 9, 25, 49, 81}
```

반복의 범위에 대해 하나의 값만 주어지는 **Table** 형식도 있다. 이러한 형식을 만나면 Mathematica는 주어진 값을 최댓값으로, 1부터 시작하여 증분 폭은 1로 가정하고 반복을 수행한다. 다음은 **Table** 명령이 첫 10개 정수의 제곱을 구하고 목록으로 출력한다.

```
Table[i^2, {i, 10}]
{1, 4, 9, 16, 25, 36, 49, 64, 81, 100}
```

Table은 표현식을 *n*번 복사하여 나타내는 형식도 있다. **Table[π, 100]**과 같은 입력을 평가하면 π가 100개 늘어선 목록이 생성된다.

이러한 여러 가지 구문 형식에 대해 언급하는 것은 이 책 외의 어떤 상황에서 색다른 **Table** 명령을 만났을 때 독자 여러분이 당황하지 않도록 하기 위함이다. 그러나 이 책은 Mathematica의 초급 사용자를 대상으로 작성된 것이므로, **Table** 구문으로 시작 값, 마지막 값, 증분 폭이 지정된 가장 상세한 형태가 대부분의 경우 사용된다.

Table은 패턴으로 하나의 요소 대신 목록을 사용하여 다차원 목록을 생성할 수 있다는 점에 주목하자. 예를 들어, x가 1부터 10까지 1씩 증가하는 순서쌍 (x, x^2) 형식의 목록을 생성하기 위해서는 다음의 구문을 사용한다.

```
Table[{i, i^2}, {i, 1, 10, 1}]
```

```
{{1, 1}, {2, 4}, {3, 9}, {4, 16}, {5, 25}, {6, 36}, {7, 49}, {8, 64}, {9, 81}, {10, 100}}
```

지금까지 수칫값을 저장하는 데 초점을 맞춘 목록의 예를 살펴보았지만, 목록은 표현식, 공식, 그래픽 등 어떠한 요소의 조합도 사용할 수 있다. 마찬가지로 변수 역시 숫자, 기호, 그래픽 목록을 비롯한 다양한 종류의 정보를 사용할 수 있다.

텍스트와 연산의 혼용

입력 셀과 출력 셀 사이에 텍스트 셀을 삽입하는 것이 유용하지만 때로는 텍스트를 명령에 바로 포함하여 작업하는 것이 편리할 때가 있다. 예를 들어, 변수의 값을 변경하는 프로그램을 작성할 때, 어떤 시점에서 변수의 현재 값을 참조하는 텍스트를 연산 중에 출력하는 것이 편리하다. 이 작업을 수행하려면 문자열에 대한 기본적인 이해가 우선되어야 한다.

연산에서 사용된 텍스트의 묶음을 문자열이라 한다. 문자열은 텍스트 셀과 텍스트 관련 연산을 구별하는 데 유용하다. Mathematica는 다양한 문자열 조작 방법을 제공한다. 문자열은 쌍을 이루는 따옴표 사이에 내용을 입력한다. 입력 셀은 여느 Mathematica의 표현식과 마찬가지로 문자열을 포함할 수 있으며, 문자열은 함수의 옵션 등의 설정으로 자주 사용된다.

문자열은 입력 셀 안에서 텍스트 요소와 수학적 연산처럼 평가되는 표현식을 구분하기 위해 사용된다. Mathematica는 따옴표가 붙어 있지 않은 텍스트 요소를 기호로 취급하여 평가한다. 다음 예에서 이 동작을 살펴 보자.

```
π squared is N[π ^ 2]
```

```
31.0063 is squared
```

Mathematica는 "is"와 "squared"라는 단어를 인지할 수 없는 값을 가진 기호로 취급한다. π는 이미 알고 있는 기호이기 때문에 Mathematica는 이 연산을 **π**, **squared**, **is**, **N[π^2]**의 곱셈을 계산하고, **31.00627668 is squared**라는 결과를 반환한다.

문자열을 조작하는 명령으로는 여러 개의 문자열을 하나의 문자열로 출력하는 **StringJoin**이 있다.

```
StringJoin["The first part ", "and the second part."]
```

The first part and the second part.

Mathematica는 **ToString** 명령을 사용하여 표현식을 문자열로 바꿀 수 있다. 이 명령은 라벨을 만들거나, 수치 혹은 값을 가지는 기호의 변수를 문자열로 변환할 때 유용하다. 아래의 예처럼, **ToString**을 사용하여 **N[π^2]**의 값을 가지는 문자열을 만들어 보자.

```
ToString[N[π^2]]
```

9.8696

결과는 숫자처럼 보이지만 **FullForm** 명령을 사용하면, 이것이 사실은 문자열이라는 것을 확인할 수 있다.

```
FullForm[%]
```

"9.8696"

숫자를 둘러싼 따옴표가 이것이 문자열임을 증명한다.

ToString의 결과는 **StringJoin**과 결합하여 변수의 값을 참조하는 표현식을 만들 수 있다. 이것은 변수의 값이 변함에 따라 자동으로 갱신되는 라벨을 만들 때 특히 유용하다. 이것에 대해서는 **7장 단일 명령으로 대화형 모델 생성하기**에서 설명한다.

```
StringJoin["π squared is: ", ToString[N[π^2]]]
```

π squared is: 9.8696

StringJoin의 단축 형식인 **<>**를 문자열 사이에 삽입하여 사용할 수 있다.

```
"π squared is: " <> ToString[N[π^2]]
```

π squared is: 9.8696

단위의 사용

Wolfram 언어의 기호적 구조는 단위 사용을 위한 간단한 방법을 제공한다. 또한, Mathematica는 폭넓은 데이터를 활용하여 단위를 이해하고 이를 연산 및 시각화에 매끄럽게 접목하여 사용할 수 있도록 해준다.

다음의 계산에서 볼 수 있는 **m**과 **s**의 사용처럼 단위를 나타내는 기호의 사용 예를 살펴보자.

$$\frac{10\ \mathrm{m}}{\mathrm{s}} 5\ \mathrm{s}$$

50 m

Mathematica는 자동으로 **s**와 **1/s**의 값을 단순화하여 결과를 50**m**로 반환한다. 이는 언뜻 유용하게 보이지만, 이 경우 **m**은 아무런 의미도 갖지 않는다. 단위의 연산과 변환에 중요성을 두고 있는 사용자를 위해 Mathematica는 단위 체계를 제공한다.

자유 형식 입력을 사용하여 단위를 입력할 수 있다. 입력 셀에서 Ctrl+= 키를 사용하면 입력 내에서 자유 형식 입력을 호출하여 편리하게 단위를 사용할 수 있다. 일단 이 단축키를 사용하면 자유 형식 입력 창이 나타난다. 텍스트를 이 입력창에 입력하고, 화살표 키를 누르거나 창밖으로 커서를 옮겨 포인터를 클릭한다. 커서가 옮겨지면 자유 형식 입력 셀의 입력 결과가 나타나는데, 단위가 있는 경우에는 수량과 단위 모두 표시된다. 다음 스크린 샷은 입력 내에 자유 형식 입력을 사용하여 셀에 수식을 입력한 것과 Mathematica가 입력된 자유 형식 표현을 실제 단위의 수량과 단위로 나타낸 것을 볼 수 있다.

일단 입력이 수량과 단위로 표시되면 연산이 가능하다. 같은 측정 단위가 연산에 사용되는 경우 Mathematica는 자동으로 결과를 공통 단위로 변환한다.

2 ft + 3 m

$$\frac{1504}{127}\,\text{ft}$$

관련성이 없는 단위를 함께 사용한 계산을 시도하면 단위가 부적합하다는 오류 메시지가 나타난다.

단위는 **Quantity** 명령을 사용하여 지정할 수도 있다. 자유 형식 입력 대신 Wolfram 언어를 사용하고 싶은 경우에도 **Quantity**를 사용하면 특정 크기의 단위에 연결된다. 다음은 2피트의 수량을 표시하는 명령이다.

```
Quantity[2, "Feet"]
```

2 ft

2피트와 3미터를 더하는 예를 자유 형식 입력이 아닌 **Quantity** 명령을 사용한 Wolfram 언어 구문으로 나타내어 보자.

```
Quantity[2, "Feet"] + Quantity[3, "Meters"]
```

$\frac{1504}{127}$ ft

UnitConvert를 사용하여 수량을 다른 단위로 변환할 수 있다. **UnitConvert**의 첫 번째 전달인자는 변환할 수량을, 두 번째 전달인자는 변환할 단위로 한다.

```
UnitConvert[%, "Meters"]
```

$\frac{2256}{625}$ m

> 단위는 복수형으로 주어지므로 "Meter"가 아니라 "Meters"가 사용되었다.

단위를 사용할 때, 단위 변환을 위한 제안 막대(Suggestions Bar)의 도움을 받을 수 있다. 예를 들어, 단위 변환을 선택하고 제안된 단위 중 하나를 선택하거나 SI 단위로 변환하는 옵션을 선택할 수도 있다. 일단 선택을 완료하면 **UnitConvert** 명령이 변환을 수행한다.

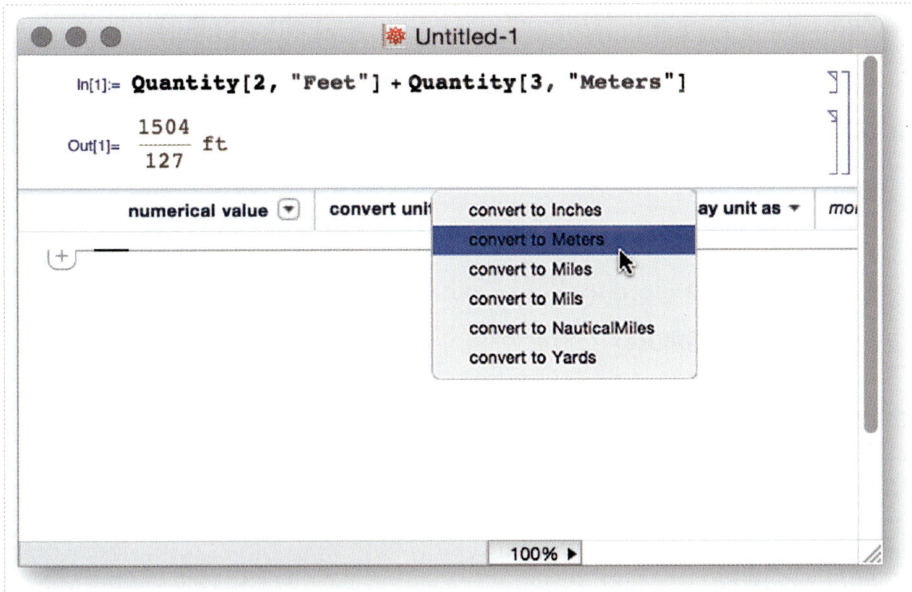

자유 형식 입력에서 데이터의 단위를 입력하면 Mathematica는 Wolfram 지식 기반 데이터에 접근하여 단위 계산에 현명하게 사용한다. 예를 들어, 자유 형식 입력을 사용하여 "0.25 miles < height of the Empire State Building"을 평가하면, 데이터는 자동으로 적절한 단위로 변환하여 연산하고 결과를 반환한다. 이 결과는 예상대로 거짓으로 출력된다.

날짜도 **Quantity** 함수를 사용해 지정할 수 있다. 예를 들어, 7일에 2주를 더하는 단위 연산을 해보자.

```
Quantity[7, "days"]+Quantity[2, "weeks"]
```

```
21 days
```

Wolfram 언어는 날짜와 시간에 특화된 다양한 함수를 포함하고 있다. 예를 들어, **Today**는 현재 날짜를 날짜 특정 형식을 사용하여 반환한다.

```
Today
```

```
Sat 27 Aug 2016
```

날짜 객체는 날짜를 나타내며, 특별한 형태로 서식화되어있다. 날짜는 년, 월, 일, 시, 분, 초의 값을 개별적으로 지정하며 결과는 목록으로 출력된다.

```
DateList[DateObject[{2016, 7, 15}]]
```

```
{2016, 7, 15, 0, 0, 0.}
```

날짜와 시간을 다루는 경우 명시적으로 **Quantity** 함수를 사용할 필요는 없다. 예를 들어, 현재 날짜에 7일을 더할 때 **DatePlus**는 적절한 단위가 일이라 가정하고 연산을 수행한다.

```
DatePlus[Today, 7]
```

Sat 3 Sep 2016

물론 **Quantity**를 **DatePlus** 함수와 함께 사용할 수도 있다.

```
DatePlus[Today, Quantity[7, "days"]]
```

Sat 3 Sep 2016

```
DatePlus[Today, Quantity[4, "weeks"]]
```

Sat 24 Sep 2016

날짜를 계산하는 유용한 함수로 **DayName**이 있다. 이 함수는 특정 날짜에 대한 해당 요일을 반환한다. 다음 예는 현재 날짜에 5개월을 더한 날짜에 해당하는 요일을 출력한다.

```
DayName[DatePlus[Today, Quantity[5, "months"]]]
```

Friday

함수 정의

사용자는 변수를 사용자 정의했듯이 함수 역시 사용자 정의하여 사용할 수 있다. 사용자 정의 함수를 작성하면 반복적인 입력, 복사 및 붙여넣기 하는 수고를 덜 수 있으며, 일련의 연산을 묶어 하나의 명령으로 호출하는 패키지를 만들 수도 있다.

앞에서 기호에 값을 할당하는 방법을 예를 통해 살펴보았다. 이러한 할당은 등호를 사용하여 방정식 우변의 값이 즉시 방정식 좌변의 기호에 할당되기 때문에 즉시 할당으로 알려져 있다.

이제 지연 할당에 대해 알아 보자. 지연 할당은 **:=** 기호 즉, 등호 뒤에 콜론을 입력하여 작성한다. 지연 할당은 패턴이 좌변에 정의되고, 이 패턴과 일치하는 값이 우변으로 대체되며, 이는 변수가 함수에 전달될 때에만 수행된다. 사용자 정의 함수에는 지연 할당의 사용을 권장하며, 이 책의 모든 예는 이 기준을 따른다.

즉시 할당과 지연 할당에 대해 자세히 알고 싶다면 문서 센터에 있는 이 주제에 대한 문서를 읽어 볼 것을 권한다. 문서 센터의 사용 방법은 1부 마지막에 자세히 설명되어 있다.

함수는 함수의 이름 또는 기호를 정하고, 전달인자를 대괄호로 묶어 정의한다. 함수 전달인자는 **x_**처럼 기호 끝에 밑줄을 표시한다. 그리고 지연 할당 기호를 입력하고, 마지막으로 수행할 연산자 혹은 함수를 오른쪽에 입력한다. 예를 들어, 하나의 전달인자 **x**에 대한 제곱을 결과로 반환하는 함수 **f**를 정의해 보자.

```
f[x_] := x^2
```

밑줄은 패턴을 나타내며, Mathematica는 주어진 어떠한 표현식이든 **x**에 일치시킨다. 따라서 **f**는 어떠한 유형의 값도 사용할 수 있으므로, 다른 프로그래밍 언어와 달리 Mathematica는 전달인자의 유형을 지정할 필요가 없다.

함수 **f**가 정의되면 특정 값과 함께 사용할 수 있으며, 구문은 Mathematica의 내장 함수와 같은 형태를 취한다. 예를 들어, 정수를 값으로 주어 그 값의 제곱을 연산해 보자.

```
f[2]
```

4

x_는 임의의 표현식을 의미하기 때문에 기호부터 실수, 심지어 목록에 이르기까지 어떠한 유형의 전달인자도 **f**에 사용할 수 있다.

```
f[π]
```

π^2

```
f[1.2345]
```

1.52399

```
f[{1, 2, 3}]
```

{1, 4, 9}

사용자 정의 함수는 여러 개의 전달인자를 가질 수 있다. 다음 예는 임의의 유형의 전달인자 두 개를 입력받는 함수를 정의한 것이다.

```
h[a_, b_] := a^b
```

이 함수는 내장 함수처럼 사용할 수 있다.

```
h[10, 10]
```

10 000 000 000

> 다른 함수처럼 원소의 개수를 잘못 전달하면 함수는 평가되지 않으며, 평가를 거치지 않은 표현식을 그대로 결과로 반환한다. 사용자 정의 함수 **h**에 대해 **h[10, 10, 10]**을 평가하면 이를 확인할 수 있다.

Clear를 사용하여 이 장에서 사용된 모든 변수의 값과 함수의 정의를 삭제한다.

```
Clear[x, a, f, h]
```

정리

Wolfram 언어는 광범위한 분야를 다룰 수 있도록 설계되었으며 고유한 지식 기반 연산 체계를 갖춘 독특한 언어이다. 그러나 기본만 이해하면 효율적으로 시스템의 많은 부분을 누구나 쉽게 사용할 수 있다. 다음 장에서는 이 장에서 설명한 개요를 바탕으로 그래픽, 데이터 처리, 프로그래밍 등 다른 분야에 이 기술을 적용하는 방법에 대해 알아본다.

연습 문제

1. **t**라는 변수에 7의 값을 할당하여라.
2. 위에서 정의한 **t**로 $3\,t^2 + 2\,t + 1$을 평가하여라.
3. t가 1부터 10까지 증가할 때, $t + 1$ 형식의 값의 목록을 생성하여라.
4. 세 줄로 이루어진 복합 표현식을 작성하여라. 첫 번째 줄은 변수 **v**에 6.5의 값을 정의하고, 두 번째 줄은 변수 **w**에 7.1의 값을 정의하고, 세 번째 줄은 변수 **answer**에 $w^2 - v^2$의 값을 정의하여라. 이 복합 표현식에서 첫 번째 줄과 두 번째 줄의 출력은 표시하지 않고 마지막 결과만 표시하여라.
5. 단일 변수 **z**를 입력받아 **Sin[z]**를 반환하는 함수 **f**를 정의하는 복합 표현식을 작성하여라. 첫 번째 줄은 **f**를 정의하고, 두 번째 줄은 변수 **myResponse**를 만들어 함수 **f**를 3에 대해 평가한 값으로 할당하여라. 세 번째 줄은 **myReponse**의 값을 소수점 다섯 자리의 수치로 근사하여라. 첫 번째 줄의 출력은 표시하지 않고 두 번째 줄과 세 번째 줄의 출력은 표시하여라.

6. 두 줄의 복합 표현식을 작성하여라. 첫 번째 줄은 **Table** 명령을 사용하여 위의 연습 문제 5에서 정의한 함수 **f**에 첫 10개의 정수를 적용하여 목록을 만들고, 두 번째 줄은 첫 번째 줄의 결과를 소수점 두 자리의 수치로 근사하여라. 첫 번째 줄의 출력은 표시하지 않고 두 번째 줄은 연산자 **%**를 사용하여라.
7. 20온스를 킬로그램으로 변환하는 자유 형식 입력 "convert 20 ounces to kilograms"를 작성하여라.
8. 20온스를 킬로그램으로 변환하는 Wolfram 언어 명령을 작성하여라.
9. 일본 엘리베이터의 무게 제한은 600kg이다. 이 값을 자유 형식 입력 또는 Wolfram 언어 명령을 이용하여 파운드로 변환하여라.
10. 이전 출력과 함께 제안 막대(Suggestions Bar)를 사용하여 결과의 크기를 구하여라. 그러면 관련된 단위를 버리고 수치적인 값만 표시되므로 연산에 직접 사용하기에 유용하다. (주의: 출력 셀 바로 아래에 마우스를 위치시켜야만 제안 막대가 나타남을 상기하자. 커서가 올바른 위치에 있어도 제안 막대가 나타나지 않는다면 제안 막대 기능이 꺼져있는지 확인한다. 이 기능은 출력 셀의 오른쪽 끝에 있는 화살표 아이콘을 클릭하면 켤 수 있다.)

7장

단일 명령으로 대화형 모델 생성하기

소개

Mathematica의 가장 흥미로운 기능 중 하나인 **Manipulate** 명령은 이 단일 명령만으로 대화형 모델을 생성하는 독보적인 기능을 제공한다. **Manipulate**의 핵심 아이디어는 간단하다. 기존의 표현식을 **Manipulate** 명령으로 묶고 매개변수만 도입하면 나머지는 Mathematica가 자동으로 해당 매개변수를 조작할 때 발생하는 상황을 탐색하기 유용한 인터페이스를 만들어 준다. 이 명령은 현상을 학습하고 가르치고 연구 활동을 지원하는 모델 및 시뮬레이션을 만드는 강력한 도구이다.

첫 번째 모델 설계하기

동적 모델을 만들 때는 그래프처럼 정적인 것에서 시작해 **Manipulate**를 사용하여 이를 대화형으로 만드는 진행이 일반적인 작업 흐름이다. sin(x)를 0부터 2π까지 그래프로 그려 보자.

```
Plot[Sin[x], {x, 0, 2 π}]
```

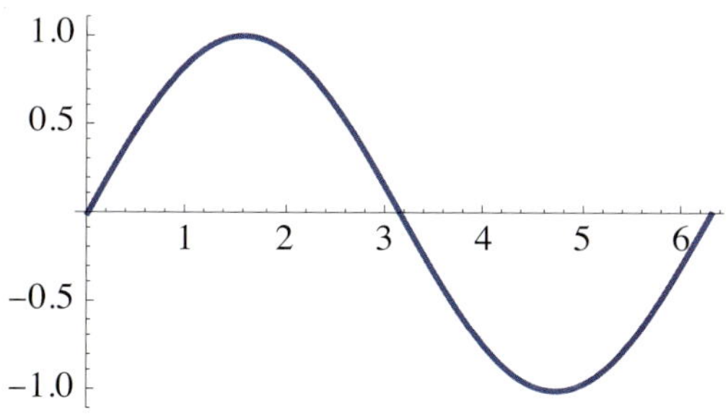

위 예의 sin(x) 곡선을 sin($2\,x$), sin($3\,x$)의 곡선과 비교하는 것을 목표로 한다. 즉, f의 변화에 따른 sin($f\,x$)의 동작을 이해하는 것이다. **Manipulate**를 사용하여 이러한 동작을 확인할 수 있는 대화형 모델을 쉽게 구축할 수 있다.

시작에 앞서, 중요한 **Manipulate**의 세 가지 구성 요소를 알아 보자.

1. **Manipulate** 명령
2. 특정 매개변수 변화에 따른 조작을 위한 표현식
3. 매개변수 사양

Manipulate 명령을 포함하는 다음과 같은 구문을 작성하면 이러한 요소를 쉽게 추적할 수 있다.

```
Manipulate[
  조작을 위한 표현식,
  매개변수 명시]
```

개별 구성 요소 추적을 위해 각 줄에 각 구성 요소를 작성하는 것이 좋다.

다음 예는 위에서 그린 그래프에 **Manipulate** 명령을 적용한 것이다.

```
Manipulate[
  Plot[Sin[frequency*x], {x, 0, 2 π}],
  {frequency, 1, 5}]
```

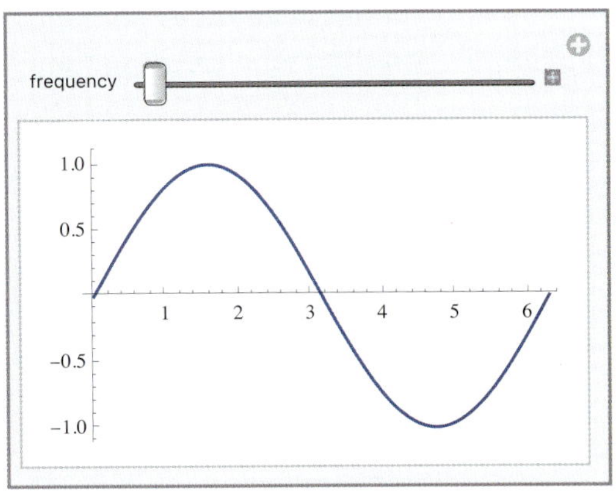

위의 예를 평가하면, 클릭하고 이동할 수 있는 슬라이더 막대가 달린 모델이 생성된다. 이 막대를 사용하면 **frequency**의 값이 바뀌며, 어떻게 그래프가 변화하는지 대화형으로 탐색할 수 있다. 이 모델은 단 한 줄의 코드로 작성되었지만, 주기성 및 주파수의 개념 설명에 매우 유용하다. 이 모델은 **Manipulate**의 강력함을 보여주는 대표적인 예이다.

슬라이더 막대의 오른쪽의 더하기 아이콘을 클릭하면 애니메이션 제어 메뉴가 열린다. 애니메이션 제어를 사용하면 모델에 애니메이션을 적용하거나 매개변수의 다양한 값을 단계별로 보거나 입력 필드를 사용하여 매개변수에 특정 값을 할당할 수 있다.

위에서 언급한 여러 줄에 나누어 쓰는 방법을 무리하게 사용할 필요는 없다. 다음과 같이 한 줄에 **Manipulate** 명령을 쓸 수도 있다.

```
Manipulate[Plot[Sin[f*x],{x,0,2π}],{f,1,5}]
```

명령이 한 줄에 들어간 코드가 읽기 쉬운 사람도 있을 것이고, 구성 요소별로 줄을 나누어 입력한 코드가 읽기 쉬운 사람도 있을 것이다. 자신에게 맞는 스타일을 선택해 사용하자.

다수의 제어가 있는 모델 작성하기

Manipulate는 여러 개의 제어기를 가지는 대화형 모델을 구성할 수 있다. 다수의 매개변수를 가지는 모델은 새로운 매개변수와 해당 매개변수를 명시하는 것만으로 제어할 수 있다. 두 개의 매개변수를 가지는 경우 기본 구조는 다음과 같은 형태로 작성한다.

```
Manipulate[
  조작을 위한 표현식,
  첫 번째 매개변수 명시,
  두 번째 매개변수 명시]
```

앞의 예에 최솟값과 최댓값의 범위와 함께 새로운 매개변수 **phase**를 추가해 보자. Mathematica는 각 매개변수에 대한 별도의 제어기를 자동으로 생성하고 그에 따른 라벨도 생성한다.

```
Manipulate[
  Plot[Sin[frequency*x+phase], {x, 0, 2 π}],
  {frequency, 1, 5},
  {phase, 1, 10}]
```

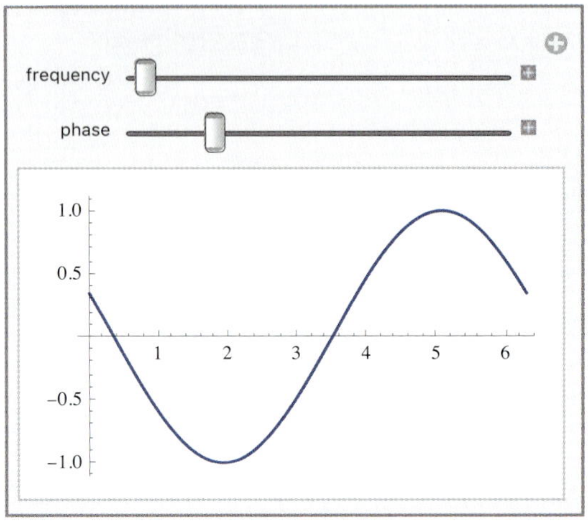

Manipulate는 매개변수에 연속적인 값의 범위가 아닌 이산적인 값의 목록을 제공할 수 있다. 다음 예는 **Sin** 명령을 **function**이라는 새로운 매개변수로 대체하고, **function**의 명시를 위한 목록을 입력한다.

중괄호는 목록을 표시할 때 사용하므로, 아래와 같은 매개변수 명시에는 중첩된 목록을 사용한다. 가장 바깥쪽 목록은 매개변수 이름과 매개변수 명시를 포함하고 있으며, 그 명시의 내용은 매개변수가 취할 수 있는 이산적인 선택을 포함하므로 이 경우에는 **{Sin, Cos, Tan}**이다.

```
Manipulate[
  Plot[function[frequency*x+phase], {x, 0, 2 π}],
  {frequency, 1, 5},
  {phase, 1, 10},
  {function, {Sin, Cos, Tan}}]
```

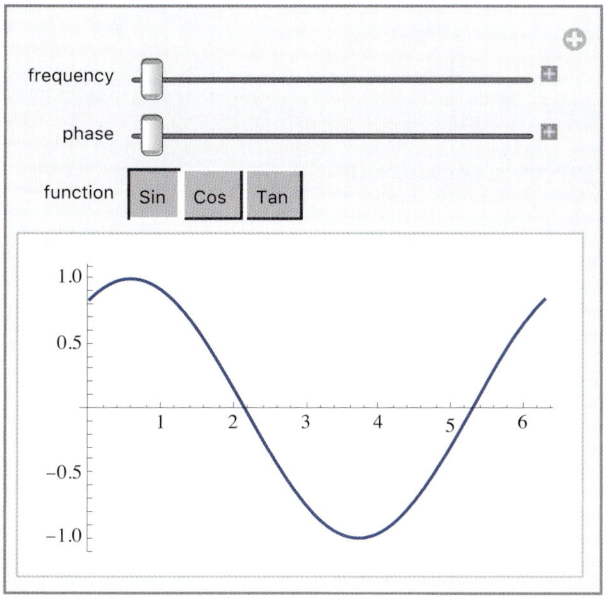

Mathematica는 주어진 매개변수 사양에 따라 적절한 제어기를 선택하는 경험적 학습 기능이 내장되어 있다. 예를 들어, 선택 목록이 길 때 **Manipulate**는 제어기 버튼의 목록이 아닌 드롭다운 메뉴로 표시한다.

```
Manipulate[
  Plot[function[frequency*x+phase], {x, 0, 2 π}],
  {frequency, 1, 5},
  {phase, 1, 10},
  {function, {Sin, Cos, Tan, Csc, Sec, Cot}}]
```

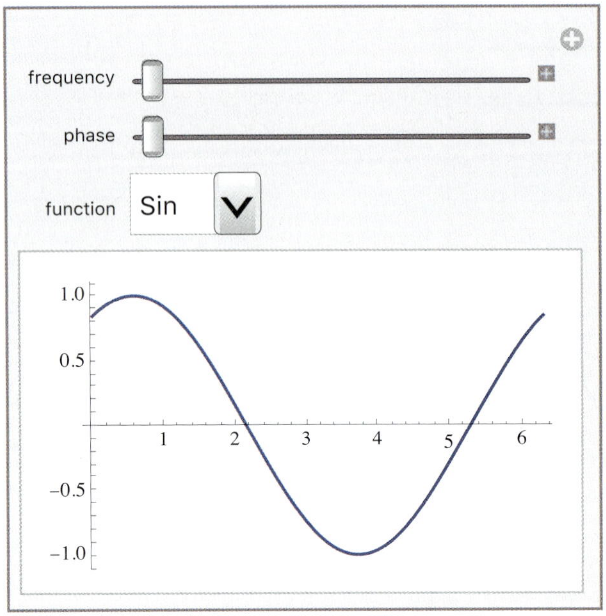

Mathematica의 거의 모든 기능과 마찬가지로 명령의 출력 역시 사용자 옵션에 따라 사용자 정의할 수 있다. MMathematica가 특정 제어 유형을 사용하게 하려면 **ControlType** 옵션을 사용하여 **Setter**, **Slider**, **RadioButtonBar**와 같은 값으로 설정한다. 예를 들어, 앞의 예에서 마지막 매개변수 명시 부분의 두 개의 중괄호 닫기 사이에 **ControlType→RadioButtonBar**를 추가하면, Mathematica는 드롭다운 메뉴 대신 **function**의 값 설정을 위한 라디오 버튼을 표시한다.

```
Manipulate[
  Plot[function[frequency*x+phase], {x, 0, 2 π}],
  {frequency, 1, 5},
  {phase, 1, 10},
  {function, {Sin, Cos, Tan, Csc, Sec, Cot}, ControlType → RadioButtonBar}]
```

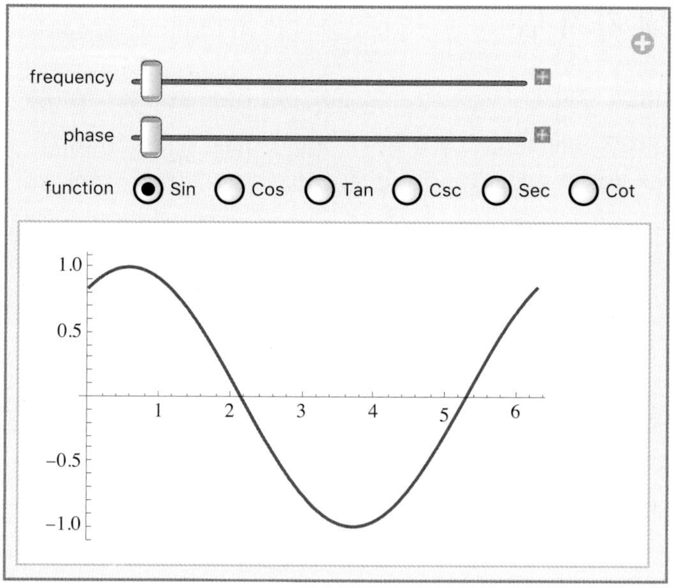

Manipulate 명령은 그래픽 조작에만 국한되지 않고 Mathematica 표현에도 사용할 수 있으므로, 기호 표현 역시 그래픽 표현처럼 쉽게 조작할 수 있다.

```
Manipulate[
  Expand[(a+b)^n],
  {n, 2, 10, 1}]
```

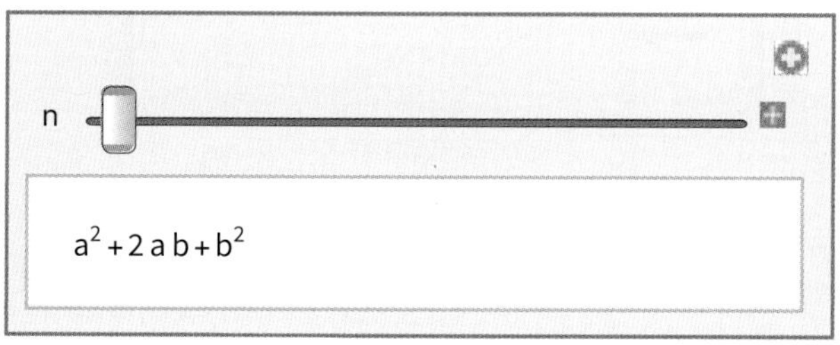

거듭제곱은 정수가 아닐 때 정의되지 않기 때문에 위의 예에서 범위 **{n, 2, 10, 1}**을 사용하여 **n**의 값이 2부터 10까지 1씩 증가하도록 제한하고 있다.

유용한 모델 생성을 위한 몇 가지 팁

Manipulate에 의한 기본 결과 반환은 일반적으로 매우 유용하며 특별한 사용자 정의를 요구하지 않는다. 하지만 몇 가지 기억하면 도움이 되는 주의 사항의 설명을 통해 잠재적인 문제를 해결할 수 있다.

PlotRange의 중요성

Plot과 같은 명령은 특정 범위가 지정되지 않는 한 기본적으로 적절한 보기 창이 자동으로 선택된다. **Manipulate**를 사용하여 매개변수 값이 변경되면 그래프의 외관도 그 영향을 받아 변화하기 때문에, 곧 새로운 보기 창에 그래프를 다시 그리게 된다. 결과적으로, 매개변수의 조작으로 변한 것은 그래프 자체가 아니라 그래프 축이 바뀌는 것처럼 보이기도 한다.

다음 스크린 샷은 이러한 동작의 예를 보여준다. 왼쪽은 매개변수 **a**의 값이 3일 때, 그래프의 축이 전체 범위를 나타낼 수 있도록 자동으로 선택되어 그래프를 그린 것이며, 오른쪽은 **a**의 값이 6일 때의 그래프를 그린 것이다.

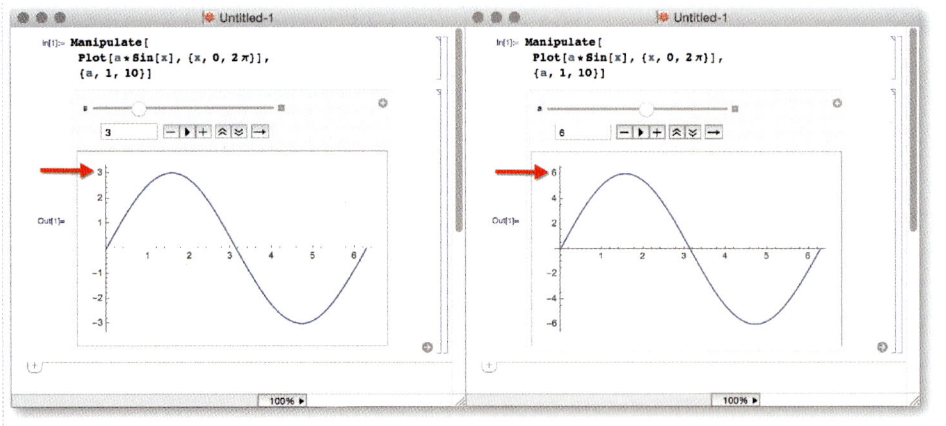

이러한 동작은 그래프의 범위를 명시적으로 지정하면 피할 수 있다. **Plot** 명령에서 **PlotRange** 옵션을 사용하면 사용자가 지정한 특정 범위에 그래프를 그린다. **PlotRange**는 전달인자를 목록으로 사용하며, 목록은 중괄호로 묶는다. 목록의 첫 번째 원소는 그래프 범위의 최솟값, 두 번째 원소는 그래프 범위의 최댓값이다.

PlotRange 옵션의 화살표(**→**)는 하이픈(-)과 부등호(**>**)의 결합으로 표시한다. 그러면 Mathematica는 이를 화살표로 나타낸다.

```
Manipulate[
  Plot[a * Sin[x], {x, 0, 2 π},
    PlotRange → {-11, 11}],
  {a, 1, 10}]
```

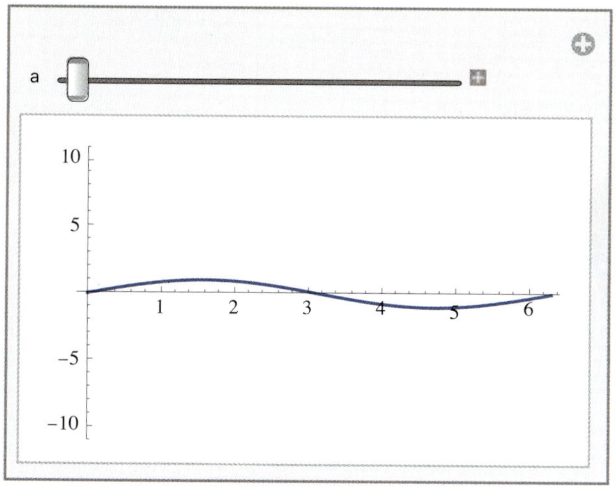

앞의 예에서 **Plot** 함수는 **PlotRange** 옵션을 추가함으로써 두 줄에 걸쳐 나타나는 것을 볼 수 있다. **PlotRange**가 **Plot** 명령문의 일부임을 보여주기 위해 들여쓰기하였으며, 진폭 매개변수가 있는 목록은 **Manipulate** 명령에 속한 전달인자임을 나타내기 위해 들여 쓰인 것을 볼 수 있다. 새로운 줄을 가감하여 코드가 어떻게 보이는지에 대한 자신만의 취향을 찾아 설정을 실험해 보는 것이 좋다.

그래프 범위는 고정이기 때문에 **a**를 조작하면 그래프가 늘어나거나 평평하게 나타난다. 이러한 동작을 통해 모델이 어떻게 변하는지 볼 수 있다.

삼차원 그래픽의 성능 최적화

슬라이더 막대와 같은 제어기로 삼차원 그래픽을 조작할 때, 제어기의 위치를 옮기면 그래프가 고르지 않게 보이지만 제어기의 제어를 멈추면 다시 매끄럽게 나타난다. 다음 예를 통해 이런 동작을 확인해볼 수 있다.

```
Manipulate[
  Plot3D[Sin[a x y], {x, -2, 2}, {y, -2, 2}],
  {a, 1, 5}]
```

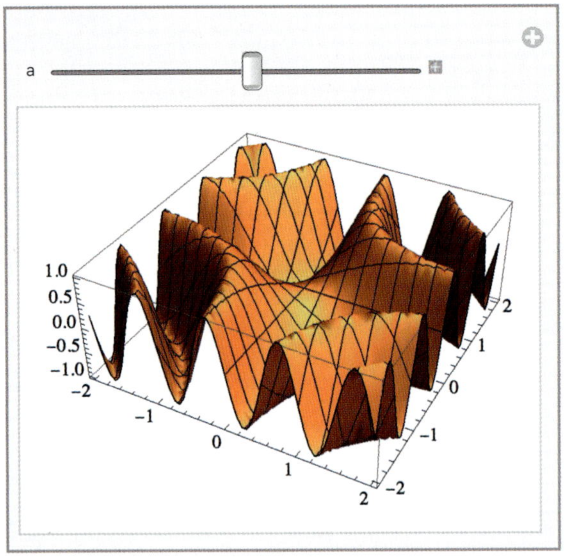

Mathematica의 기본 동작은 제어기가 움직이는 동안은 성능을 최적화하고, 제어기가 멈춘 후에는 모양을 최적화한다. 이렇게 하면 사용자와 제어기 사이의 신속한 상호 작용이 가능하며, 종료 후에는 결과를 보기 좋게 나타낼 수 있다. 그러나 빠른 상호 작용보다 데이터를 가공하여 그럴듯하게 표현하는 게 더 중요하다면, **PerformanceGoal**과 같은 옵션을 사용할 수 있다.

```
Manipulate[
  Plot3D[Sin[a x y], {x, -2, 2}, {y, -2, 2}, PerformanceGoal → "Quality"],
  {a, 1, 5}]
```

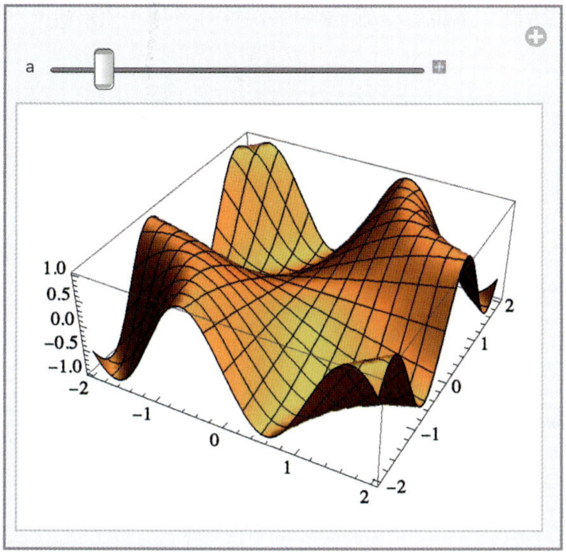

PerformanceGoal을 사용하면 슬라이더 막대를 이동하는 동안에도 그래프의 모양은 부드럽게 유지되지만, 슬라이더 막대의 반응은 앞의 예보다 둔해지는 단점이 있다.

제어기 라벨 및 현재 값 표시

Manipulate는 조작 가능한 각 매개변수에 특정 제어기를 생성한다. 기본적으로 Mathematica는 매개변수의 이름을 사용하여 해당 제어기에 라벨을 지정한다. 즉, 매개변수의 이름이 **frequency**라면 제어기의 라벨은 "frequency"가 된다.

하지만 매개변수 이름을 제어기 라벨과 다르게 나타내고 싶을 때가 있다. 사용자가 입력하는 문자의 수를 줄이기 위해 매개변수는 **f**처럼 짧은 이름을 사용하지만, 모델의 가독성을 향상하기 위해 **f**의 제어기 라벨은 "frequency"와 같이 다르게 사용한다.

라벨을 붙이는 것은 라벨이 여러 단어로 구성된 경우에도 유용하다. Mathematica의 매개변수는 빈칸 없이 하나로 이루어진 기호를 사용해야 하므로 매개변수에 **phase shift**와 같은 이름을 붙일 수 없다. 그러나 매개변수의 이름을 **ps**로 하고, 대응하는 제어기의 라벨을 "phase shift"라고 명하는 것은 가능하다.

제어기의 라벨 표시를 위해서는 변수 지정에 중괄호를 중첩해 사용해야 하며, 다음과 같이 입력한다.

{{매개변수, 초깃값, "매개변수 라벨"}, 최솟값, 최댓값}

이 개념을 이용하여 이 장의 맨 처음 예를 수정하여 매개변수 이름과 각 제어기의 라벨을 바꿔 보자.

```
Manipulate[
  Plot[fn[f * x + ps], {x, 0, 2 π}],
  {{f, 1, "frequency"}, 1, 5},
  {{ps, 1, "phase shift"}, 1, 10},
  {{fn, Sin, "function"}, {Sin, Cos, Tan, Csc, Sec, Cot}}]
```

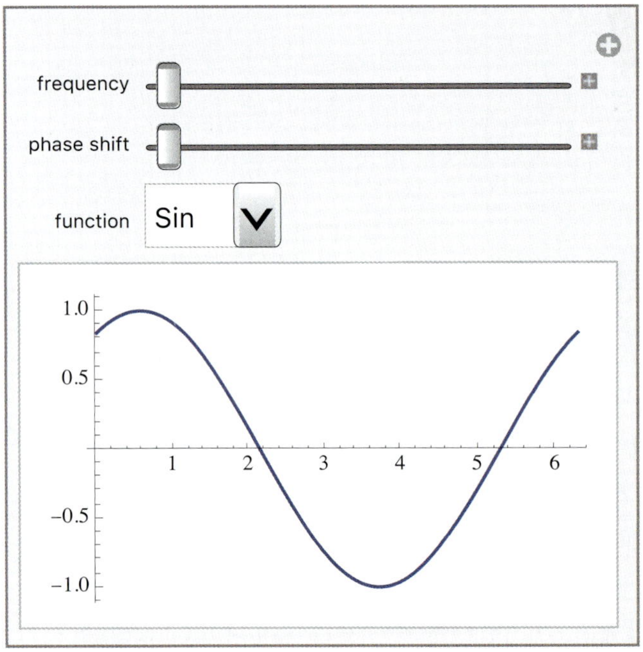

각 제어기의 왼쪽에 라벨이 표시되고 **f**, **ps**, **fn**과 같은 해당 변수의 이름은 결과에 표시되지 않는다.

매개변수의 초깃값이 제어기의 하한값과 같을 필요는 없다. 즉, 제어기의 범위가 1부터 5까지일 때, 초깃값을 3으로 설정할 수 있다.

또 다른 유용한 옵션으로는 제어기를 **Appearance→"Labeled"**로 설정하는 것이다. 이것은 애니메이션 제어 버튼의 오른쪽에 매개변수의 현재 값을 표시한다. 단, 함수 이름이 버튼으로 표시된 제어기를 가지는 **fn** 변수에 대해서는 이 옵션을 설정할 필요가 없다.

```
Manipulate[
  Plot[fn[f * x + ps], {x, 0, 2 π}],
  {{f, 1, "frequency"}, 1, 5, Appearance → "Labeled"},
  {{ps, 1, "phase shift"}, 1, 10, Appearance → "Labeled"},
  {{fn, Sin, "function"}, {Sin, Cos, Tan, Csc, Sec, Cot}}]
```

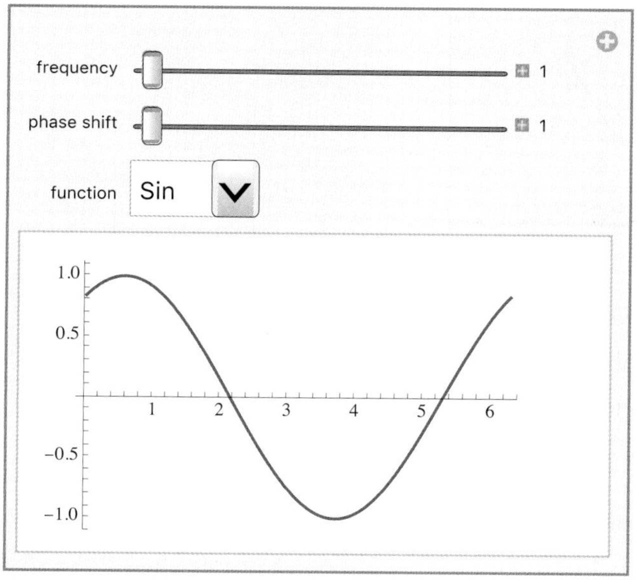

대화형 그래프 라벨 작성하기

Manipulate의 개별 제어기 라벨 작성은 유용하긴 하지만 모든 라벨을 고려해야 하는 대화형의 그래프 라벨을 생성하는 것과 그래프를 위한 방정식과 같은 단일 표현 출력이 더 필요할 때가 있다.

다음 예에서 **f**의 매개변수 조작에 따른 **Sin[f*x]**의 그래프를 그려 보자. **f**에 대한 제어기는 오른쪽에 그 값이 출력되는 설정인 **Appearance→"Labeled"**옵션을 사용했다. 이것은 매우 유용하지만 어떤 사용자는 그래프가 그려지는 함수를 확인할 수 있는 코드를 보길 원할 수도 있다.

```
Manipulate[
  Plot[Sin[f * x], {x, 0, 2 π}],
  {{f, 1, "frequency"}, 1, 5, Appearance → "Labeled"}]
```

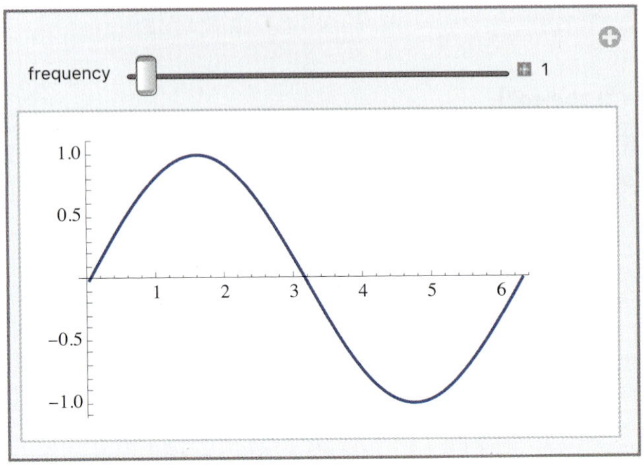

대화형 그래프 라벨 작성은 그래프가 그려지는 함수를 알 수 있게 한다. 먼저 **PlotLabel** 옵션의 간략한 설명이 필요하다. **PlotLabel**은 **Plot**과 다른 그래프 명령어에 대한 옵션으로 그래프 상단에 라벨을 표시한다. **PlotLabel**은 문자열로 설정하며, Mathematica의 문자열은 따옴표를 이용한다.

```
Plot[Sin[x], {x, 0, 2 π}, PlotLabel → "My plot of sin(x)"]
```

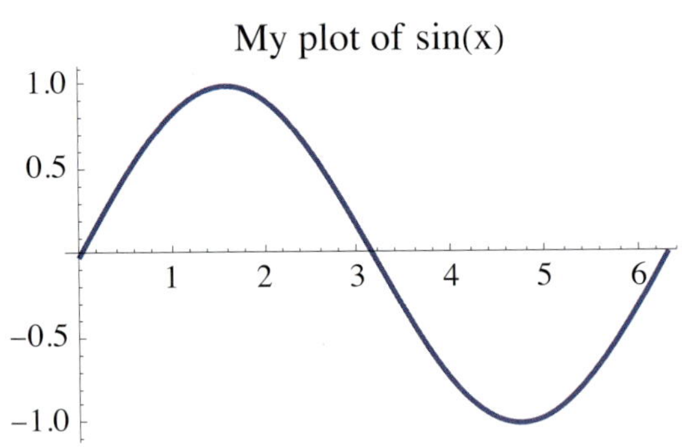

문자열은 **<>** 연산자로 결합할 수 있다. 이 연산자는 서로 다른 문자열을 하나의 문자열로 구성할 때 유용하다.

```
Plot[Sin[x], {x, 0, 2 π}, PlotLabel → "My plot of " <> "sin(x)"]
```

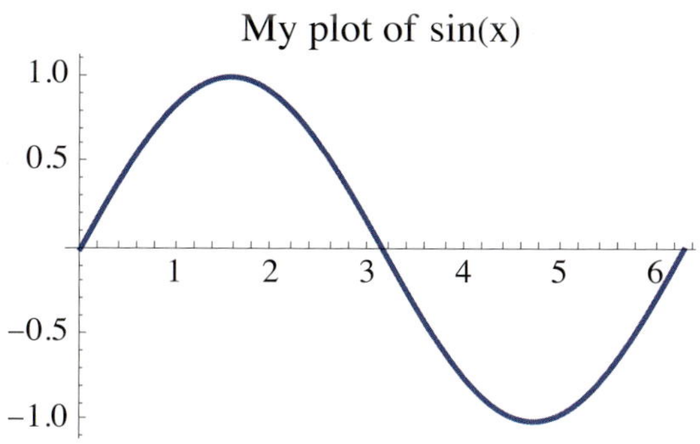

대화형 그래프 라벨을 작성하기 위해서는 **PlotLabel** 옵션의 변수와 **Manipulate** 명령의 매개변수는 같아야 한다. 똑같은 매개변수 기호 이름을 사용해야 그래프가 조작될 때, 그래프의 라벨이 동시에 업데이트된다. 하지만 **PlotLabel** 옵션은 문자열을 사용하는 반면 **Manipulate** 명령의 매개변수는 문자열을 사용하지 않는다. **ToString** 명령을 이용하여 먼저 표현을 문자열로 변환한 다음, **<>**로 여러 문자열을 결합하여 하나로 정리한다.

```
Manipulate[
  Plot[Sin[f * x], {x, 0, 2 π}, PlotLabel → "sin(" <> ToString[f] <> "x)"],
  {{f, 1, "frequency"}, 1, 5, Appearance → "Labeled"}]
```

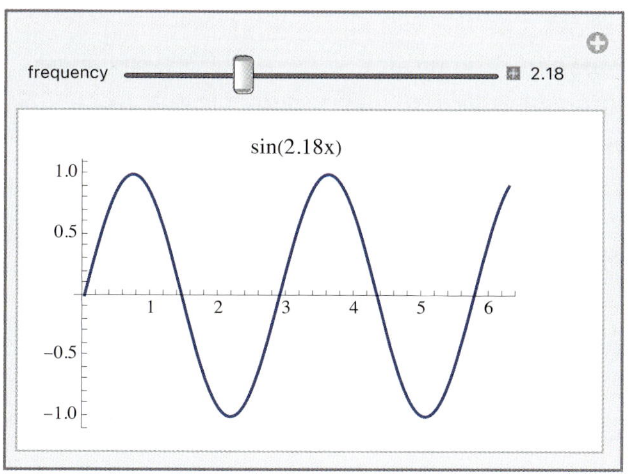

여러 매개변숫값을 기반으로 업데이트되는 대화형 그래픽 라벨도 똑같은 방식으로 작성할 수 있다.

```
Manipulate[
  Plot[Sin[f * x + ps], {x, 0, 2 π},
    PlotLabel → "sin(" <> ToString[f] <> "x+ " <> ToString[ps] <> ")"],
  {{f, 1, "frequency"}, 1, 5, Appearance → "Labeled"},
  {{ps, 1, "phase shift"}, 1, 6, Appearance → "Labeled"}]
```

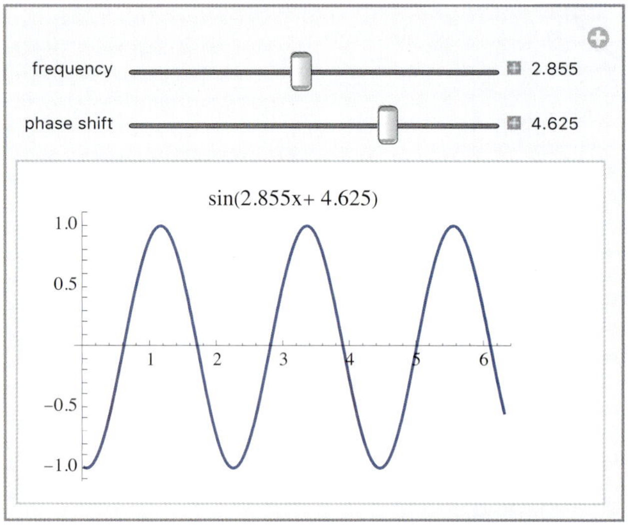

<> 기호는 실제로는 **StringJoin** 명령의 단축형이지만, 자주 사용되기 때문에 단축형을 가진다. Mathematica에는 이 외에도 단축형 기호 형식을 가지는 명령이 있다. 그러므로 익숙하지 않은 기호를 발견하면 문서 센터를 검색해서 그에 해당하는 공식 명령을 찾을 수 있다.

코드 숨기기

Manipulate에서 모델 작성에 사용된 코드는 결과의 모델만큼 중요하지 않은 것이 많기 때문에, 사용한 코드를 숨기는 일이 드물지 않다. 입력을 숨기는 것이 적합한 다른 경우와 마찬가지로 **Manipulate**의 대화형 모델인 출력을 포함한 셀 괄호를 더블 클릭하여 입력을 숨길 수 있다.

```
Manipulate[
  Plot[a * Sin[f * x + ps], {x, 0, 2 π}, PlotRange → 6],
  {{f, 1, "frequency"}, 1, 5, Appearance → "Labeled"},
  {{a, 3, "amplitude"}, 1, 5, Appearance → "Labeled"},
  {{ps, 0, "phase shift"}, 0, 2 π, Appearance → "Labeled"}]
```

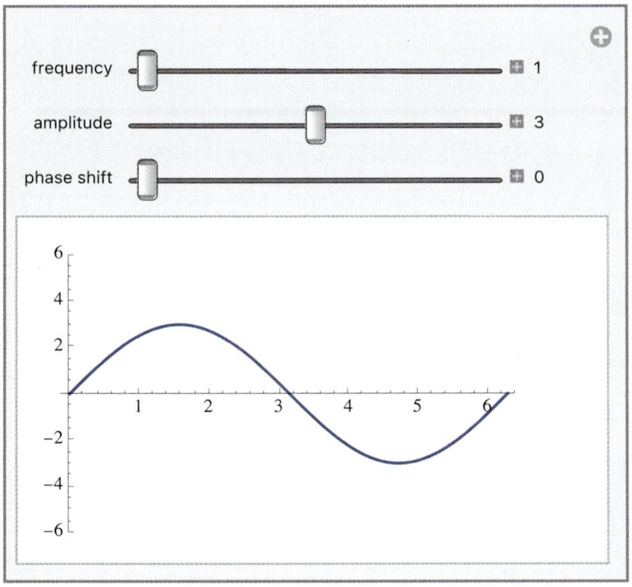

입력 전체를 삭제하거나 출력된 대화형 모델만 다른 노트북에 복사하여 붙여넣기를 하면, 코드의 모호성을 제거할 수 있다. 종종 이러한 조작 다음에 대화형 모델은 노트북을 열었을 때 제대로 작동하지만, 모델을 사용할 때 참조하는 함수나 데이터를 사용할 수 없으면 작동하지 않는다. 이제 필요한 정의를 스스로 포함하는 **Manipulate** 구문을 만드는 방법에 대해 알아 보자.

> 입력을 숨기기 위해 출력을 더블 클릭하는 것은 입력을 지우는 것보다 더 일반적인 방법이다. 입력을 그대로 유지한다면 약간의 변경을 쉽게 추가할 수 있다. 하지만 입력을 삭제하면 다시 처음부터 **Manipulate** 구문을 작성해야 한다.

사용자 정의 함수 기억하기

지금까지의 예는 Wolfram 언어 함수를 사용했지만, **Manipulate** 명령은 사용자 정의 함수를 포함하여 어떠한 표현이든 사용할 수 있다. 함수를 정의하고 나면 **Manipulate**를 그 함수에 적용할 수 있다. 예를 들어 함수 **f[x]**를 다음과 같이 정의해 보자.

```
f[x_] := 2 x^2 + 2 x + 1
```

> 키보드 단축키를 사용하거나 입력 서식을 생성하는 팔레트를 이용하여 지수를 입력할 수 있다는 것을 기억하자.

그리고 이 함수를 이제 **Manipulate**와 함께 사용해 보자.

```
Manipulate[
  Plot[f[a * x], {x, -4, 4}, PlotRange → {0, 25}],
  {a, -1, 1}]
```

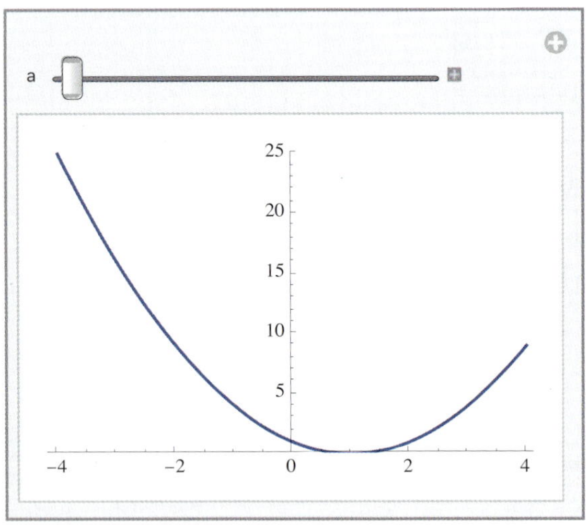

Manipulate로 작성된 대화형 모델인 위 표현식의 출력 셀을 새로운 노트북에 복사하여 붙여넣은 다음 Mathematica에서 이를 저장하고 다시 그 노트북을 열어 보자. 그러면 대화형 모델이 제대로 동작하지 않을 것이다. 이는 Mathematica가 함수 **f**의 정의를 기억하지 못하기 때문이다.

Manipulate에서 사용자 정의 함수를 포함하는 방법은 두 가지이다. 첫 번째는 **Initialization**을 사용하여 **Manipulate** 명령이 평가될 때 기호의 정의를 수행하는 것이다. **Initialization**의 구문은 **RuleDelayed**를 사용하며, 이는 Esc :> Esc를 입력하면 자동으로 단축 표현인 **:→**로 변환된다. 다음 예에서 **Initialization** 옵션 설정을 명확하게 볼 수 있다.

```
Manipulate[
  Plot[f[a*x], {x, -4, 4}, PlotRange → {0, 25}],
  {a, -1, 1},
  Initialization :→ (f[x_] := 2 x^2 + 2 x + 1)]
```

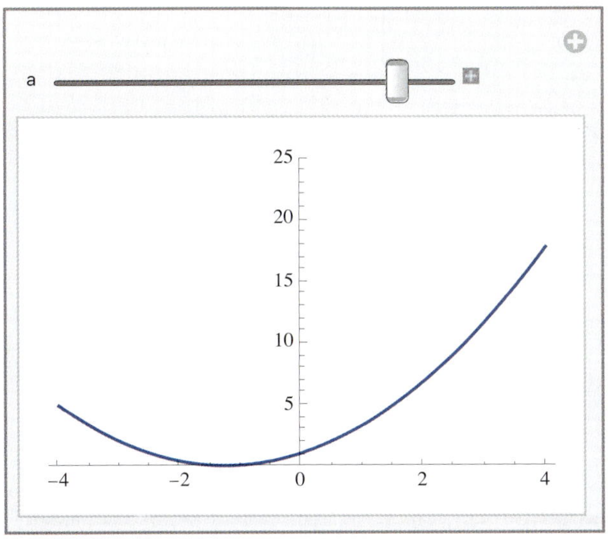

이제 출력 또는 입출력 모두 복사하여 새로운 노트북에 붙여넣기하고 저장한 후 나중에 다시 그 노트북을 열어도 전과 달리 **Manipulate** 모델이 제대로 동작할 것이다. **Initialization** 옵션에서 **f**에 대한 함수 정의는 **Manipulate**의 초기 상태이다. 함수 **f**가 다른 노트북에서 다시 정의되면 **Manipulate** 객체에도 그 새로운 정의가 적용되어 동작한다.

두 번째 방법은 **SaveDefinitions** 옵션을 사용하여 **Manipulate** 명령의 모든 기호의 현재 정의를 저장하는 방법이다. 저장된 정의는 모델과 함께 이동하기 때문에 복사하여 새로운 노트북에 붙여 사용해도 문제가 발생하지 않는다.

```
Manipulate[
  Plot[f[a*x], {x, -4, 4}, PlotRange → {0, 25}],
  {a, -1, 1},
  SaveDefinitions → True]
```

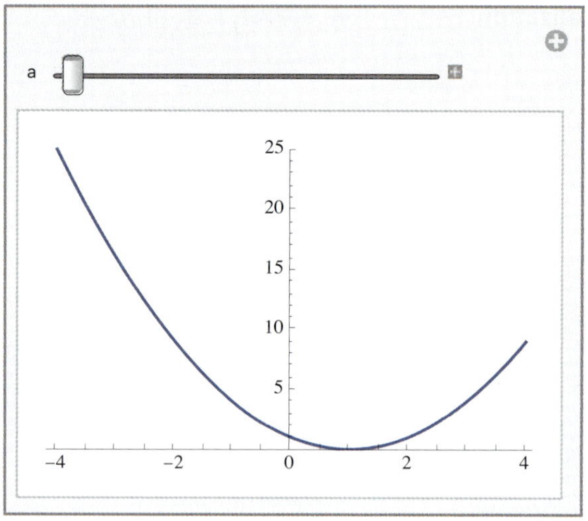

마찬가지로 출력을 복사하여 새로운 노트북에 붙여넣기하고 저장한 후 나중에 다시 그 노트북을 열어 보자. **Manipulate** 모델이 잘 동작할 것이다. 함수 **f**의 정의를 저장하였기 때문에 그 정의는 그대로 기억되어 있다.

> 일반적으로 대화형 모델을 구축할 때 사용한 명령을 보고 싶다면, **Initialization**을 사용하는 것이 좋다. 하지만 사용자에게 정보를 숨기고 싶다면 **SaveDefinitions**가 훨씬 좋은 접근이 될 것이다.

Clear를 사사용하여 이 장에서 사용된 모든 변수의 값과 함수 정의를 삭제한다.

```
Clear[f]
```

정리

아이디어의 전달에 **Manipulate**를 사용하는 방법은 Wolfram 언어의 명령에 대한 이해와 지식이 없는 사람도 곧바로 결과를 이해할 수 있어서 Mathematica 사용자 사이에서 매우 인기가 있다. **Manipulate**를 이해하고 사용법을 숙지하면 아이디어의 설명, 개념 제시, 현상 시뮬레이션을 단 하나의 명령으로 쉽게 처리할 수 있다.

연습 문제

1. x가 1부터 10까지의 정수 범위를 가질 때 x^2+1의 변화를 나타내는 **Manipulate** 구문을 작성하여라.
2. 위의 1번과 같이, x가 1부터 10까지의 정수 범위를 가질 때 $\{x, x^2+1, x^3+1\}$ 형식의 값 목록을 생성하는 **Manipulate** 구문을 작성하여라.
3. $\{x, x^2+1, x^3+1\}$의 목록에 $x^2>2\,x+1$인지를 알아보도록 목록의 네 번째 요소로 추가하여 표시하는 **Manipulate** 구문을 작성하여라. 연습 문제 1, 2번과 마찬가지로 변수 x의 범위는 1부터 10까지의 정수이다.
4. Wolfram 언어를 사용하여, −5부터 5까지의 정의역을 가지는 $x^2+3\,x-1$의 그래프를 생성하여라.
5. **Manipulate**를 사용하여 1부터 20까지의 범위를 가지는 c와 x^2를 곱하여 c에 따라 변하는 $x^2+3\,x-1$의 그래프를 그려라.
6. 연습 문제 5의 슬라이더를 움직일 때, Mathematica가 슬라이더의 움직임에 따라 적당한 그래프 범위를 선택한다는 것을 기억할 것이다. **PlotRange**를 사용하여 그래프의 범위를 −5부터 100까지로 고정하여 나타내어라.
7. 연습 문제 6번의 입력을 복사하여 다시 작성하되, 두 번째 상수 d를 추가하여 $3\,x$를 $3\,d\,x$로 바꾸어 나타내어라. 단, d의 범위는 0부터 20까지이다.
8. 연습 문제 7번의 입력을 복사하여 다시 작성하되, $c\,x^2+3\,d\,x-1$과 $2\,c\,x^2-d\,x+3$을 모두 나타내는 다른 함수를 추가하여라. 같은 좌표에 두 개의 함수를 나타내기 위해서는 목록으로 함수를 작성해야 한다는 것을 기억하자.
9. **ThermometerGauge** 명령을 이용하여 온도가 0부터 50까지의 범위에서 10을 나타내는 온도계를 그려라.
10. 이제 **Manipulate**를 이용하여 x가 0부터 5까지 변화할 때 온도 $10\,x$를 나타내는 모델을 작성하여라.

8장

Mathematica 노트북 공유하기

소개

Mathematica는 개념 탐구를 위한 광범위한 명령과 지식을 제공한다. 결과를 공유한다는 것은 개념 탐구에서 가장 중요한 부분이며, 작업 공유를 위해 Mathematica는 여러 가지 기능을 제공하고, 다양한 유형의 협업을 지원한다. Mathematica를 사용하여 정적인 문서를 공유할 수도 있지만, Mathematica는 실시간 계산을 수행하는 노트북도 공유할 수 있는 고유한 기능도 제공한다.

노트북 작성과 열람

Mathematica의 기본 문서 유형을 노트북이라고 한다. 노트북은 운영체제에 의존하지 않기 때문에 어떤 운영체제에서도 같은 모양을 유지하며 꼭같이 실행할 수 있다. 따라서 다른 운영 체제에서 파일을 열어 보거나 실행할 수 있도록 특별한 작업을 거치지 않아도 다른 사용자와 문서를 공유할 수 있다. 다른 Mathematica 사용자와 노트북 형식(.nb)으로 파일을 공유하면, 최상의 호환성을 누릴 수 있다.

정적인 형식의 내용 제공하기

PDF는 문서를 공유할 때 일반적으로 사용하는 파일 형식이며, Mathematica 역시 전체 노트북을 PDF로 저장하는 것을 지원하고, 본문과 계산의 모든 양식이 PDF 문서에도 그대로 유지된다. 다음의 스크린 샷은 왼쪽에 노트북을, 오른쪽에는 노트북을 저장하여 생성한 PDF를 보여준다.

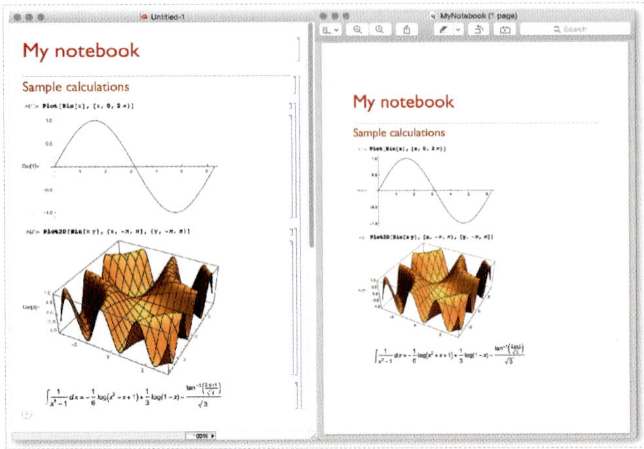

이 장에는 직접 입력해 볼 명령이 나와 있지 않지만, 스크린 샷에 나와 있는 예를 그대로 입력하고 다양한 파일 형식으로 저장하여 결과를 확인해 볼 수 있다.

때로는 PDF보다 웹 문서로 노트북을 공유하는 편이 바람직할 수 있다. 노트북을 HTML로 저장하여 웹 문서로 게시하면 정적인 내용을 누구나 열람하도록 할 수 있다. 노트북을 HTML로 저장할 때, 그래픽과 조판형식 구성요소는 자동으로 GIF 영상으로 저장하며, 내용과 양식 파일은 폴더 구조로 정리된다. 생성된 폴더와 파일은 웹서버에 바로 올려서 게시할 수 있다. 다음의 스크린 샷은 왼쪽에 노트북을, 오른쪽에 노트북을 저장하여 생성한 웹 문서를 보여준다.

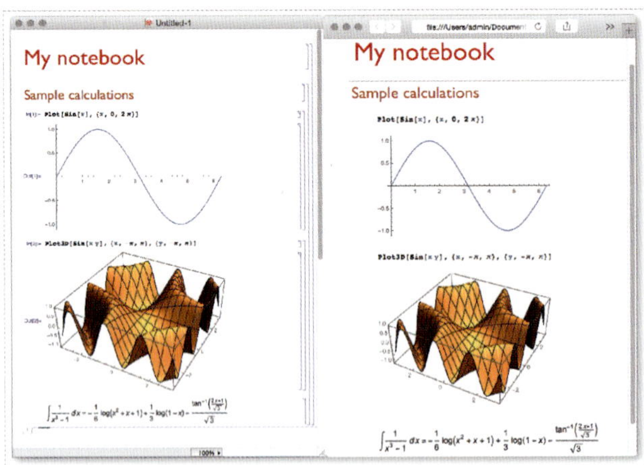

노트북을 HTML로 저장하면, HTML 문서는 Mathematica 노트북의 모양을 충실히 반영한다. 즉, 저장 시점에 원본 노트북에 표시되었던 시각 효과를 HTML 버전에 대부분 반영한다. 예를 들어, 셀 그룹을 접거나 펼친 상태나, 평가되어 그래픽으로 출력되지 않은 입력과 같은 정보는 HTML 출력에서는 제외된다. 이는 현재 HTML 출력 양식이 노트북의 정적인 스냅숏만을 지원하기 때문이다.

이 장에서 다루는 문서 공유 방법은 일반 Mathematica 데스크톱 라이선스 또는 Mathematica Online 계정에서 수행할 수 있는 것으로 한정하고 있다. 한편 더욱 전문적인 기능을 제공하는 webMathematica와 같은 다른 Wolfram 제품을 이용하면 보다 복잡한 프로젝트에도 대응할 수 있다.

Mathematica는 노트북을 과학기술 논문 및 학술지 기사에서 널리 사용하는 마크업 언어인 LaTeX으로 저장할 수 있다. 노트북을 LaTeX으로 저장하면, 마크업 언어 소스 코드가 생성되며 저장한 문서의 형식과 내용에 필요한 관련 라이브러리까지 포함되어 있다. 또한, 그래픽은 EPS 파일로 자동 저장된다.

Mathematica는 LaTeX 컴파일러를 포함하고 있지 않기 때문에 생성한 소스 코드를 PDF와 같은 최종 출력으로 만들려면 다른 프로그램으로 컴파일해야 한다.

개별 그래픽으로 저장하기

프로젝트에서 여러 소프트웨어 패키지를 함께 사용하는 경우, 문서 전체가 아닌 특정 그래프나 도표만 공유하는 것이 바람직할 때가 있다. Mathematica의 내보내기 기능은 고품질의 그래픽을 만들고 특정 그래픽만을 영상으로 공유 할 수 있는 훌륭한 기반을 제공한다.

Mathematica의 그래픽 결과를 저장하는 가장 쉬운 방법은 마우스 오른쪽 버튼을 사용하는 것이다. 그러면 출력을 다양한 형식으로 저장할 수 있는 관련 메뉴가 나타난다.

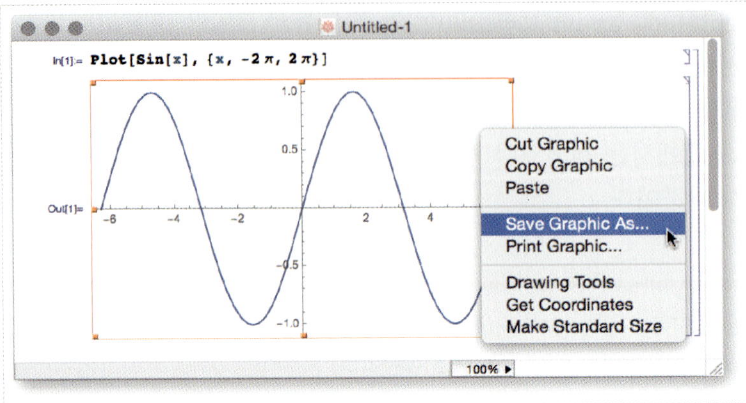

이 장에서는 내보내기를 자세히 다루지 않는다. **19장 데이터 가져오기와 내보내기**에서 더 많은 내용을 찾을 수 있다.

그리기 도구(Drawing Tools)로 작성한 주석을 포함하는 그래픽도 마우스 오른쪽 버튼을 이용한 방식으로 내보낼 수 있다.

그래픽을 개별 요소로 가장 자주 내보내기는 하지만, 문서의 개별 요소를 내보내는 여러 가지 기능 중 하나일 뿐이다. 예를 들어, **TeXForm** 명령에 수학 표현식을 주고 그에 상응하는 마크업 언어를 얻을 수도 있다. 이렇게 하면 이차원 표로 배치하는 것과 같은 일을 TeX으로 직접 만들 때 비해 훨씬 쉽게 할 수 있다.

계산 가능한 문서 형식(CDF)으로 대화형 내용 제공하기

정적인 문서의 공유는 많은 소프트웨어 패키지에서 일반적인 접근방법이지만 Mathematica는 실시간 계산과 대화형 요소를 포함하는 노트북을 공유할 수 있는 독특한 기능을 갖추고 있다. 이 기능을 통해 사용자는 공유된 노트북으로 직접 계산을 실행해 볼 수 있으며, 정적인 문서를 볼 때보다 깊이 있는 탐구를 할 수 있다.

Wolfram CDF Player는 CDF 파일 확장자(.cdf)로 된 노트북을 대화식으로 사용할 수 있게 해 주는 무료 응용 프로그램이다.

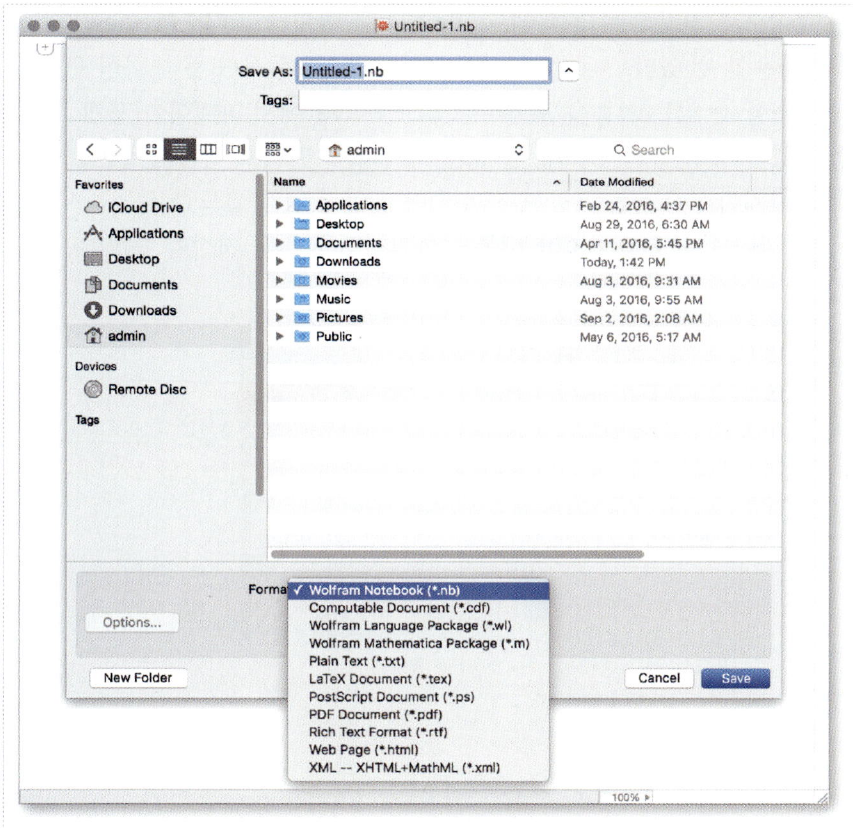

Mathematica에서 작성한 문서를 CDF 파일로 저장하고 이 파일을 배포할 수 있다. 이렇게 배포된 파일은 무료 CDF Player를 설치하여 파일을 열람하거나 슬라이더 등을 마우스로 조절해가며 대화식으로 사용할 수 있다. 정적 문서는 수신자가 파일을 읽는 것 외에는 할 수 있는 일이 없는 반면, CDF 기술은 Mathematica 기반의 내용을 더 폭넓은 사람들과 공유하고 파일 수신자는 실제로 문서를 대화식으로 사용하여 결과를 끌어낼 수 있게 해준다.

Wolfram CDF Player로 사용할 수 있도록 CDF 파일(.cdf)을 공유하고, Mathematica로 사용할 수 있도록 노트북 파일(.nb)을 공유하는 것이 일반적이지만, Mathematica에서는 CDF와 노트북 파일 모두를 열고 편집할 수 있다.

전체 노트북을 CDF 형식으로 저장하는 것 외에도 **File** 메뉴를 클릭하고 **CDF Preview**를 선택하면 미리보기를 사용할 수 있다. 미리 보기 기능을 선택하면 동적 또는 대화형 구성 요소의 동작 방식을 탐색할 수 있는 기능을 포함하여 CDF Player에서 파일이 어떻게 표시되는지 확인할 수 있는 창이 열린다. 예를 들어, 슬라이더 및 라디오 버튼과 같은 마우스 기반 사용자 인터페이스 요소는 작동하지만, 숫자가 아닌 입력 필드는 작동하지 않을 수 있다. 미리 보기 화면에서 **Export CDF** 버튼을 클릭하면 파일을 저장할 수 있다.

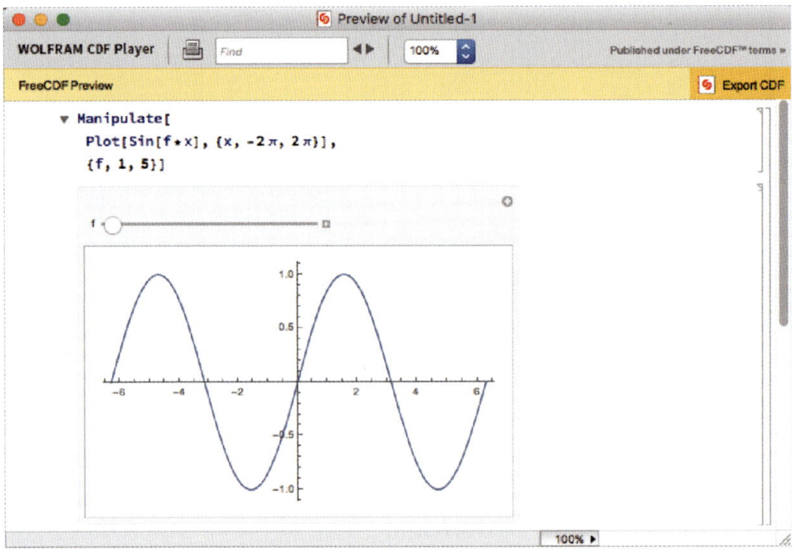

노트북을 HTML로 저장하는 것과 마찬가지로, CDF 문서도 배포 시의 Mathematica 원본 파일과 동일한 상태로 생성된다. CDF로 배포하기 전에 셀 그룹의 접거나 펼친 상태 등이 원하는 데로 되어있는지 노트북을 확인하고, 결과를 저장하기 전에 CDF Preview를 사용하여 최종 검토를 하면 도움이 된다.

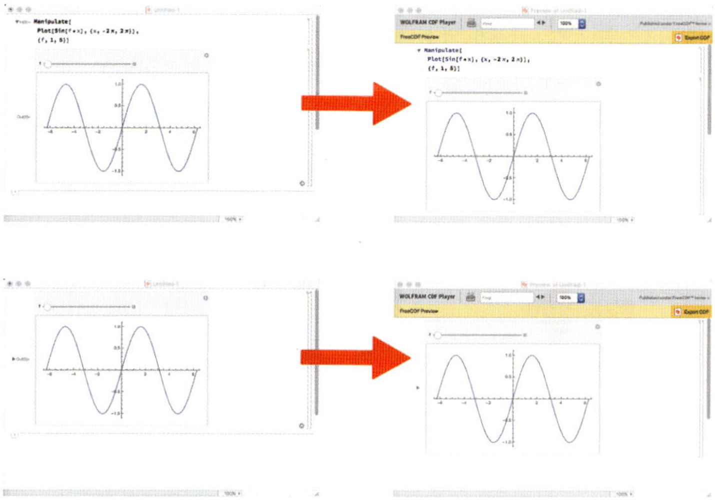

CDFDeploy 명령을 사용하여 CDF를 만들 수도 있다. **CDFDeploy** 명령은 표현식이나 노트북을 전달인자로 사용하여 해당 표현식 또는 노트북의 결과를 CDF 형식으로 출력한다. **CDFDeploy** 명령을 사용하면 다량의 노트북을 CDF로 변환하고 싶을 때 프로그래밍 방식으로 효율적으로 수행 할 수 있다.

파일 가져오기에 대해서는 **19장 데이터 가져오기와 내보내기**에서 자세히 설명하지만, 매우 유용한 **FileNames** 명령 하나만 여기서 짚고 넘어가 보자. **FileNames**는 Mathematica가 현재 작업하고 있는 디렉터리의 파일의 목록을 반환한다. 즉, **Table**과 **FileNames**를 함께 사용하면 **CDFDeploy**를 이용하여 다량의 노트북을 CDF로 변환하는 것과 마찬가지로 파일 그룹을 체계적으로 처리 할 수 있다.

클라우드 환경에서 CDF로 대화형 내용 제공하기

클라우드 환경의 CDF는 웹을 통해 계산을 구동하는 Wolfram Cloud를 사용하여 파일 공유 절차를 간소화하는 새로운 기술이다. 클라우드에서 CDF로 작업하기위해 별도로 프로그램을 설치할 필요가 없기 때문에, 공유가 쉽고 실용적이다. 클라우드 환경 CDF는 Mathematica 기반의 작업을 Mathematica를 가지고 있지 않은 사람과 공유하는 방법을 제공한다는 점에서 CDF와 유사하다. 또한 설치 과정을 생략함으로써, 태블릿 및 휴대용 장치에서 실시간 계산을 이용 할 수 있다.

CloudDeploy 함수는 클라우드에 CDF를 만드는 데 사용된다. 일반적으로 **Manipulate** 명령과 함께 사용하여 클라우드에서 실행되는 대화형 모형을 만드는 접근법을 많이 사용한다.

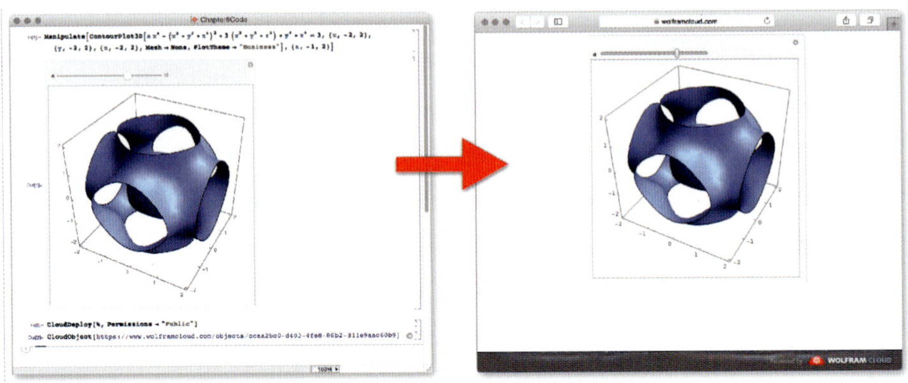

사용 허가에 관한 부분은 이 책의 범위를 벗어나지만, 클라우드 크레디트는 클라우드 환경 CDF와 관련이 있다. 클라우드 크레디트로 클라우드에 있는 CDF에 대한 사용 허가를 획득할 수 있으며, 클라우드에서 CDF 사용자가 수행하는 모든 계산에는 일정량의 클라우드 크레디트가 부과된다. 정식 Mathematica 사용자가 보유한 사용 허가에는 어느 정도의 클라우드 크레디트가 포함되어 있지만, 클라우드 크레디트를 추가로 구매할 수도 있다.

클라우드에 노트북 저장하기

노트북 파일 형식은 내용을 편집하거나 추가할 다른 사용자와 쉽게 공유할 수 있다. Mathematica Online 사용자는 문서를 별도의 장치에 저장한 후, 전자우편이나 다른 수단을 통해 공동 작업자에게 보내는 대신에 자신의 Wolfram Cloud 계정에 저장한 노트북을 쉽게 공유할 수 있다. Mathematica Online과 데스크톱용 Mathematica는 동일한 노트북 파일 형식을 사용한다. Mathematica 사용자는 **File** 메뉴를 클릭하고 **Save to Wolfram Cloud...**를 선택해서 노트북을 Wolfram Cloud에 저장할 수 있다. 메뉴를 선택하면 자신의 Wolfram Cloud 저장소의 파일을 보여주는 대화창이 열린다. Mathematica Online 사용자는 Mathematica Online에 접속하고 사이드바의 파일 작업 버튼을 사용하여, 자신의 장치에 저장한 노트북을 Wolfram Cloud 저장소에 올릴 수 있다.

클라우드에서 공유하고 협업하기

Mathematica Online 노트북의 소유자는 **Share** 메뉴를 사용하여 문서에 공동 작업자를 추가할 수 있다. 소유자는 각 공동 작업자의 읽기 또는 쓰기 권한을 관리할 수 있다. 쓰기 권한이 부여되면, 소유자 또는 공동 작업자가 변경한 내용을 저장할 수 있다. 공유한 파일을 보고 편집하기 위해서는 공동 작업자도 Mathematica Online을 구독해야 한다.

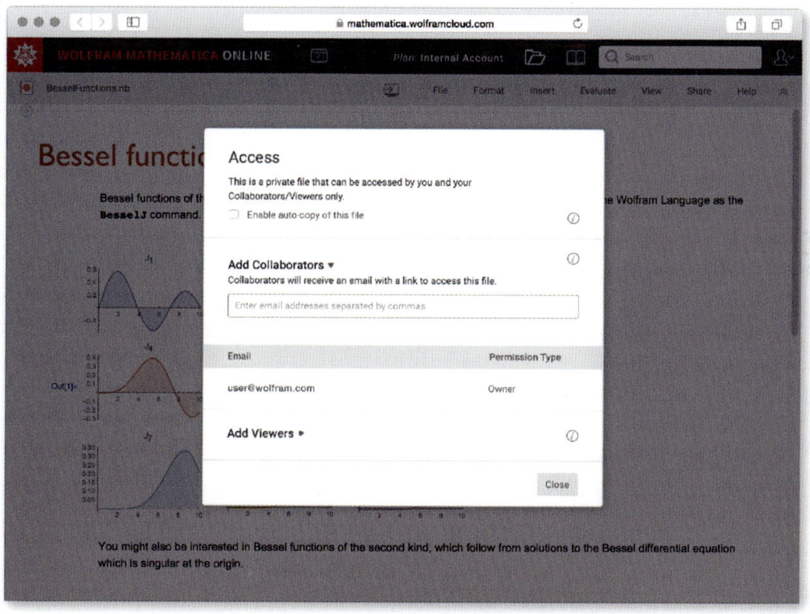

공동 작업자가 여러분의 노트북을 직접 수정하는 것을 막으면서 작업을 이어가게 하고 싶다면 **File** 메뉴를 클릭하고 **Duplicate**를 선택하여 파일을 복제하도록 요청해야 한다. 이렇게 하면 공동 작업자가 원본 문서를 덮어쓰지 않고, 별도의 노트북 사본에 수정이나 실험을 수행할 수 있다.

Mathematica Online 노트북의 소유자는 해당 노트북의 열람자를 지정할 수 있다. 열람자는 Mathematica Online을 구독할 필요는 없지만, 공유 노트북의 내용을 보려면 무료 계정에 가입해야 한다. Mathematica Online 사용자는 노트북과 연결할 수 있는 무료 열람자 계정을 일정 수 만큼 받으며 필요에 따라 더 많은 계정을 구매할 수 있다.

정리

Mathematica는 풍부한 기능의 노트북 파일을 다른 Mathematica 사용자와 공유하는 것에서부터 무료 CDF Player로 실행할 마우스 기반의 응용 프로그램을 공유하는 것에 이르기까지 작업을 공유할 수 있는 특별하면서도 유연한 선택을 제공한다. 이 책의 범위를 벗어나는 다른 선택으로는 웹 브라우저를 인터페이스로 하여 파일 서버에서 Mathematica 커널을 실행하는 것, Wolfram 언어를 다른 프로그램과 연결하는 API로 사용하는 것, 또는 조직에 별도의 사설 Wolfram 클라우드를 운용하는 것 등이 있다.

연습 문제

1. "8장 Mathematica 노트북 공유하기"라는 제목의 섹션 셀이 있는 새 노트북을 만들고 방정식 $3x + 1 = 7x - 9$를 x에 대하여 풀어내는 입력 셀을 추가하여라. x가 −10부터 10까지 변화할 때, $\frac{\sin(x)}{x}$에 대한 그래프를 그려주는 입력 셀을 추가하여라.
2. x가 −10부터 10까지 변하고 y가 1에서 5까지 변할 때, $\frac{\sin(x\,y)}{x}$를 그래프로 그려주는 **Manipulate** 명령을 추가하여라. 그래프의 범위는 −1에서 5사이로 제한하여라.
3. 연습 문제 2의 노트북을 PDF로 저장하고 저장한 파일을 열어 내용을 확인하여라.
4. 연습 문제 2의 노트북을 HTML로 저장하고 웹 브라우저로 저장한 웹 문서를 열어보아라. (참고: 파일을 웹 서버에 올리지 않고, 장치에서 바로 열어 볼 수 있다.)
5. $\frac{\sin(x)}{x}$의 그래프를 JPEG 파일로 저장하여라.
6. 연습 문제 2의 노트북을 Wolfram Cloud에 저장하여라.
7. Mathematica Online에 접속해서 연습 문제 6에서 저장했던 파일을 열어보아라.
8. 연습 문제 6에서 저장했던 파일에 열람자를 추가하여라.
9. 연습 문제 6에서 저장했던 파일에 공동 작업자를 추가하여라.
10. 연습 문제 8과 9에서 추가하였던 열람자와 공동 작업자를 제거하여라.

9장
도움말 이용하기

소개

Mathematica는 처음 사용을 시작하기에 매우 편리하여 신규 사용자도 쉽게 기초를 연마할 수 있다. 더욱이 Mathematica는 Wolfram 언어를 기반으로 구축되었기 때문에 수학, 자연과학, 생명과학, 공학, 컴퓨터 과학, 데이터 과학, 경제학, 비즈니스를 망라하는 거의 모든 주요 기술 분야로 영역을 확장하는 수천 개의 명령어를 제공한다. 사용할 수 있는 명령어의 수가 방대하기 때문에, Mathematica는 수십만 개의 예를 포함하는 포괄적인 문서 시스템을 갖추고 있다. 어떠한 작업의 사용 예를 찾을 때뿐만 아니라, 함수에 대한 자세한 정보와 함수의 구현에 대한 주의 사항을 확인할 때에도 문서 센터를 활용하면 최상의 결과를 얻을 수 있다.

작업 중에 도움 얻기

Mathematica의 코드 완성 도우미(Code Assist) 기술을 이용하면 함수 이름을 타자하는 과정에서 단 한 번의 클릭만으로 명령을 자동으로 완성하거나 함수 서식을 이용할 수 있으며, 문서 센터에 빠르게 접근할 수도 있다. 명령의 문법이 잘 떠오르지 않을 때는 해당 명령에 **?** 연산자를 사용하면 간략한 정보를 얻을 수 있다.

```
?Plot
```

Plot[f, {x, x_{min}, x_{max}}] generates a plot of f as a function of x from x_{min} to x_{max}.

Plot[{f_1, f_2, …}, {x, x_{min}, x_{max}}] plots several functions f_i.

Plot[{…, w[f_i], …}, …] plots f_i with features defined by the symbolic wrapper w.

Plot[…, {x} ∈ reg] takes the variable x to be in the geometric region reg. >>

? 연산자가 반환한 결과는 코드 완성 도우미(Code Assist)가 명령 서식을 보여줄 때 표시하는 방식과 비슷하다. 게다가 **?**는 임의 문자 연산자 *****와 함께 사용하여 주어진 패턴과 일치하는 명령의 목록, 예를 들어 **Plot**으로 시작하는 모든 명령을 찾는 데 사용할 수 있다.

```
?Plot*
```

▼ **System`**

Plot	PlotLabels	PlotRangeClipping
Plot3D	PlotLayout	PlotRangeClipPlanesStyle
Plot3Matrix	PlotLegends	PlotRangePadding
PlotDivision	PlotMarkers	PlotRegion
PlotJoined	PlotPoints	PlotStyle
PlotLabel	PlotRange	PlotTheme

이러한 검색에 다수의 임의 문자를 사용할 수 있다. **?*Plot***을 평가하면 **Plot**으로 시작하는 명령(**Plot3D**), **Plot**으로 끝나는 명령(**ListPlot**) 혹은 중간에 **Plot**이 포함된 명령(**ListPlot3D**) 모두를 표시한다.

검색을 통해 얻은 기호 이름 중 하나(**Plot3D**)를 클릭하면 **?** 및 기호 이름을 직접 평가한 경우(**?Plot3D**)와 똑같은 정의 상자가 나타난다.

```
?Plot*
```

▼ System`

Plot	PlotLabels	PlotRangeClipping
Plot3D	PlotLayout	PlotRangeClipPlanesStyle
Plot3Matrix	PlotLegends	PlotRangePadding
PlotDivision	PlotMarkers	PlotRegion
PlotJoined	PlotPoints	PlotStyle
PlotLabel	PlotRange	PlotTheme

Plot3D[f, {x, x_{min}, x_{max}}, {y, y_{min}, y_{max}}] generates a three-dimensional plot of f as a function of x and y.

Plot3D[{f_1, f_2, …}, {x, x_{min}, x_{max}}, {y, y_{min}, y_{max}}] plots several functions.

Plot3D[…, {x, y} ∈ reg] takes variables {x, y} to be in the geometric region reg. >>

정의 상자의 셰브런 아이콘을 클릭하면 해당 함수에 대한 문서를 보여주는 새 창이 열린다.

> 특정 함수에 대한 문서를 여는 또 다른 방법은 함수 이름을 선택한 다음, 또는 커서를 함수 이름의 끝으로 옮긴 다음, **Help** 메뉴에서 **Find Selected Function**을 선택하는 것이다. 이 역할을 하는 키보드 단축키도 역시 **Help** 메뉴를 열어서 확인할 수 있다.

문서 센터 탐색하기

특정 명령의 이름을 알고 해당 문서에 바로 접근할 수 있는 능력도 매우 유용하지만, 명령의 이름을 모를 때에도 정보를 검색할 수 있도록 문서 센터의 구성에 대한 이해가 필요하다. 문서 센터는 **Help** 메뉴에서 **Wolfram Documentation**을 선택해서 열 수 있다. 첫 화면은 기능에 따른 영역으로 구분된 타일로 이루어져 있으며, 타일을 클릭하면 더욱 자세한 정보를 보여주는 링크로 연결된다. 상단의 검색 막대를 이용해서 명령 이름, 일반적인 주제, 관심 있는 핵심어를 찾아볼 수 있다.

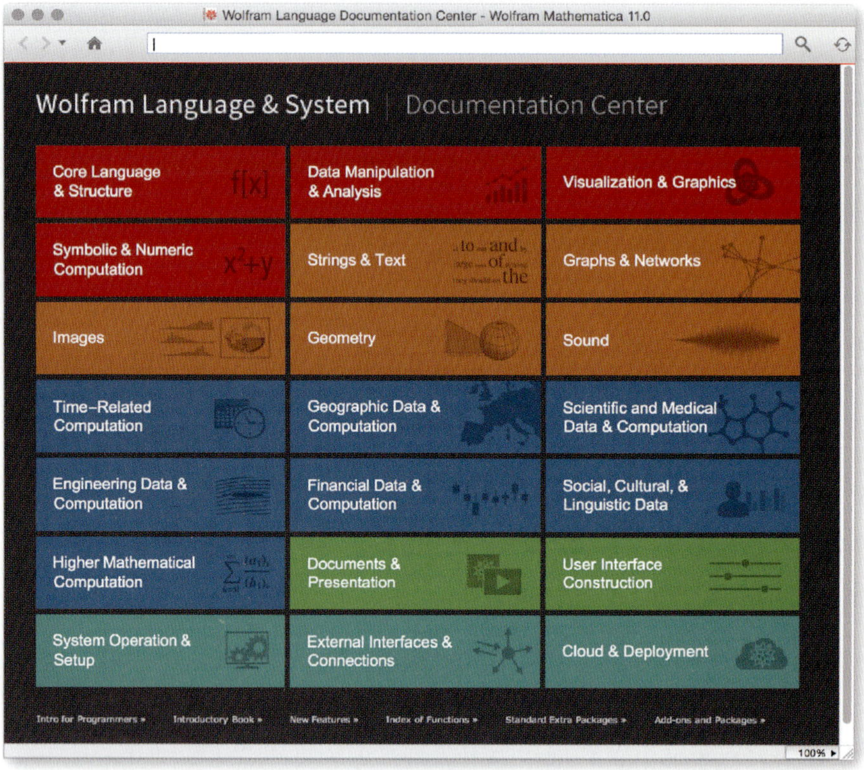

문서 센터가 제공하는 문서는 함수 문서, 안내 문서(guide pages), 학습 문서(tutorial pages), 입문 문서(how tos)로 분류된다.

- Mathematica는 모든 명령에 대한 구문 정의를 비롯하여 해당 함수의 사용법에 관한 몇 가지 예를 포함하는 함수 문서를 제공한다.
- 안내 문서는 주제별로 정리되어 있으며, 그 주제에 관련된 명령에 대한 링크를 포함하고 있다.
- 학습 문서는 Mathematica를 사용하여 특정 작업을 수행하는 방법을 설명한다. 함수 문서는 참고 용도로 사용되는 반면, 학습 문서는 교과서 같은 형태로 이루어져 있다.
- 입문 문서는 Mathematica를 용한 특정 작업에 대한 간략한 예를 단계별로 설명한다.

함수 문서(function pages)는 명령이 어떻게 작동하는지 이해하는 데 매우 중요한 역할을 한다. 함수 문서는 Code Assist 메뉴를 통하거나, **?** 연산자가 반환하는 정의 상자에 있는 셰브런 아이콘을 클릭하거나, 안내 문서를 통해서, 혹은 문서 센터 창의 검색 막대를 통해서 접근할 수 있다.

> Wolfram 언어 명령의 정확한 이름을 알고 있다면, 문서 센터의 검색 막대에 이름을 타자하고 키보드의 Return을 누르거나 검색 아이콘을 클릭하여 특정 명령의 함수 문서를 열 수 있다. 이때 해당 명령의 이름을 대소문자 여부까지 정확히 알고 있어야 한다. 따옴표 없이 Plot 검색하면, **Plot** 명령의 함수 문서가 열리지만, 따옴표가 있는 "plot"을 검색하면 해당 구를 포함하고 있는 검색 결과의 목록을 반환한다.

각 함수 문서는 함수의 구문 정의로 시작하여 세부 정보 및 선택 사항(Details and Options) 부분으로 이어진다. Details and Options는 제목이 의미하는 것처럼 함수 구현에 대한 주의 사항, 함수 선택 사항의 기본값에 대한 목록, 명령 실행에 대한 자세한 정보가 수록되어 있다. 이 부분은 풍부한 지식을 담고 있지만, 신규 사용자는 특별히 필요한 경우가 아니라면 이 부분에 크게 시간을 할애하지 않아도 좋다.

함수 문서의 다음 부분인 예(Examples)는 기본 예(Basic Examples), 범위(Scope), 일반화 및 확장(Generalizations & Extensions), 선택 사항(Options), 응용(Applications), 특성 및 관계(Properties & Relations), 흥미로운 예(Neat Examples) 등의 세부 항목으로 구성되어 있다.

기본 예는 함수의 다양한 사용 방법 및 함수가 어떻게 작동하는지에 대한 간단한 정보를 얻기에 적합하다. **Plot** 명령의 기본 예 항목을 예로 들자면, 단일 함수의 그래프를 그리는 방법과 여러 함수의 그래프를 범례와 함께 그리는 방법, 그래프의 특정 영역을 색으로 채우는 방법 등을 찾을 수 있다.

범위와 일반화 및 확장 항목은 고급 사용자를 대상으로 하는 더욱 자세한 정보를 제공한다.

선택 사항에는 실행에 사용할 알고리즘 선정에서부터 반환된 결과의 모양을 결정하는 사용자 지정까지 함수의 동작을 제어하는 데 사용할 수 있는 설정에 대한 자세한 내용이 기술되어 있다. 이 항목에 포함된 수많은 예는 Mathematica의 사용법을 배울 수 있는 최적의 자료이다.

응용(Applications), 특성 및 관계(Properties & Relations) 그리고 흥미로운 예(Neat Examples)에는 일반적으로 고급 사용자에게 도움이 될만한 예가 잘 정리되어 있다.

> 응용과 흥미로운 예 항목에는 Mathematica의 강력함과 유연함을 보여주는 엄청나게 흥미롭고 멋진 예가 가득하다. Mathematica로 어떤 작업까지 가능한지 보고 싶다면 반드시 문서 센터의 함수 문서에 있는 이 항목을 훑어 봐야 한다.

함수 문서의 나머지 부분은 관련 있는 function pages, tutorial pages, guide pages 및 Wolfram 웹 사이트로 향하는 링크를 포함한다. 특히 안내 문서는 함수 및 관련 학습 문서에 대한 색인과 같은 역할을 하므로 어떤 계산 분야에서 사용할 수 있는 명령에 아직 익숙하지 않은 초보자에게 유용하다. (안내 문서는 문서 센터의 첫 화면에서 관심 있는 주제의 타일을 클릭하면 만날 수 있다.)

예를 이용하기

Mathematica의 문서 센터는 매우 포괄적인 내용을 담고 있을 뿐만 아니라, 대화형으로 작동한다. 문서 센터의 각 문서는 Mathematica 노트북으로 작성되었기 때문에 문서에 수록된 예를 실제로 평가하고 수정할 수 있다. 그러나 문서 센터에서 변경한 내용은 창을 닫을 때 저장되지는 않는다. 따라서 문서 센터는 새로운 명령을 사용해보고 다양한 접근을 시도해 볼 수 있는 완벽한 샌드박스(소프트웨어 개발을 위한 독립된 시험 환경 - 옮긴이) 역할을 한다. 또한, 문서 센터에서 만족할 만한 결과를 얻었다면 입출력 셀을 복사하여 새 노트북에 붙여넣을 수 있다.

그러나 문서 센터의 내용을 복사할 때는 주의가 필요하다. 문서 센터의 정의는 다른 노트북과 공유되지 않기 때문에, 문서 센터에서 다른 노트북으로 셀을 복사할 때는 관련된 모든 셀 즉, 변수나 함수를 정의한 셀을 포함하여 복사하는 것을 명심해야 한다.

도움이 될만한 추가 자료

Mathematica의 문서 센터가 제공하는 문서는 온라인으로 이용할 수도 있다
reference.wolfram.com.

강의 형식의 학습을 선호하는 사용자를 위해 Wolfram U는 Mathematica 또는 다른 Wolfram 기술에 대한 온라인 및 현장 교육 과정을 제공한다
www.wolfram.com/wolfram-u.

Wolfram Community는 사용자끼리 생각을 나누고 서로 도움을 주거나 자신의 작업에 대한 조언을 구할 수 있는 토론의 장을 제공한다
community.wolfram.com.

정리

자유 형식 입력 및 코드 완성 도우미(Code Assistance) 기술을 내장한 Mathematica는 신규 사용자도 쉽게 사용할 수 있다. 문서 센터는 무궁무진한 예의 보고이며, 사용자는 예를 따라 실습해보며 학습할 수 있다. 또한, 문서 센터는 초보자뿐만 아니라 고급 사용자에게도 포괄적이고 상세한 참고 문헌 역할을 톡톡히 한다.

연습 문제

1. 문서 센터의 첫 화면에서 "Symbolic & Numeric Computation" 타일을 클릭하고 "Numbers & Precision"을 선택하자. 그런 다음, 첫 번째로 나온 **N** 함수를 선택하면 **N** 명령의 함수 문서가 열린다. 여기서 첫 번째 예로 나온 **N[1/7]**을 **N[4/13]**으로 수정하고 다시 계산해보아라.
2. 연습 문제 1의 출력 바로 아래에 새로운 셀을 하나 생성하고 4/13을 10자리 정밀도로 수치 근사하는 명령을 작성하여라. (**N**의 함수 문서에서 이 용법에 관한 예를 찾을 수 있다.)
3. 다음으로 새로운 입력 셀을 생성해서 5의 제곱근을 15자리의 정밀도로 수치 근사하여라. 제곱근을 구하는 함수는 **Sqrt**이며, 제곱근 명령의 조판형식은 Basic Math Assistant 팔레트나 키보드 단축키 Ctrl+2를 이용해서 입력할 수 있다.

4. 새로운 입력 셀을 생성해서 {sin(1), sin(2)}를 두 자리 정밀도로 수치 근사하여라. (중괄호는 목록을 생성하기 위해 사용했다.)

5. 문서 센터의 문서는 수정할 수 있지만, 저장되지는 않는다. 그러나 수정한 셀을 복사해서 새로운 노트북에 붙여넣으면 저장할 수 있다. 지금까지 수행한 작업을 복사해서 새로운 노트북에 저장하여라.

6. 문서 센터의 첫 화면으로 돌아가서, "Core Language & Structure" 타일을 클릭하고 "Lists"를 선택한다. 이 안내 문서에서 **Table** 명령을 클릭하면 해당 명령의 함수 문서가 열린다. 기본 예(Basic Examples) 항목의 첫 번째 입력 셀과 출력 셀을 복사해서 새로운 노트북에 붙여넣고 평가하여라.

7. 연습 문제 6에서 생성한 노트북의 앞부분에 텍스트 셀을 추가하고, 여기에 "1부터 20까지의 x에 대한 $\sin(x)$ 값의 목록"이라고 입력하여라.

8. **Table** 명령을 포함하는 입력 셀로 돌아가서, **myTable**이라는 새로운 변수를 생성하여 명령의 결과를 저장하여라.

9. 새로운 입력 셀을 생성하고 **N** 명령을 사용해서 **myTable**을 두 자리의 정밀도로 근사하여라.

10. **myTable**에 저장한 값을 **ListPlot** 명령을 사용하여 시각화하여라. (도움이 필요하다면 이번 장에서 설명한 방법을 사용해서 **ListPlot**의 함수 문서를 검색하여라.)

2부

지식 넓히기

10장

이차원 및 삼차원 그래픽

소개

Wolfram 언어는 함수, 방정식, 데이터를 시각화하는 다수의 명령을 통해 사용하기 쉬우며 시각적으로도 만족스러운 결과를 얻을 수 있다. 이 장에서는 그래픽의 다양한 생성 방법을 설명하고 가장 많이 사용되는 시각화 명령의 일부를 살펴본다.

단일 변수 함수의 시각화

자유 형식 입력 사용

문서 센터는 거의 모든 분야에서 사용 가능한 시각화 명령을 탐색하는 효과적인 방법이지만, 간단한 그래프 생성을 원한다면 자유 형식 입력이 좋은 출발점이 될 것이다. 기본적으로 자유 형식 입력문은 하나의 출력을 반환하므로 간단한 시각화에 대한 이상적인 결과를 얻고자 할 때 자주 사용된다.

> 이전 장에서 설명했듯이 새로운 입력 셀의 시작에 등호를 입력하면 자유 형식 입력이 가능하다. 자유 형식 입력은 간단한 영어 입력으로 사용하며 그에 해당하는 작업을 수행할 수 있는 Wolfram 언어 명령을 출력과 함께 반환한다.

plot of x^x

Plots (1 of 2)

```
Plot[x^x, {x, -1, 2}]
```

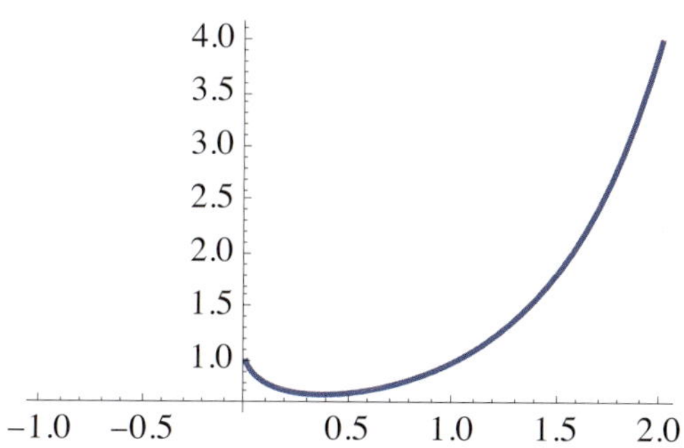

"log plot" 등을 지정하는 것만으로 전혀 다른 명령이 사용된 다른 출력을 얻을 수 있다.

log plot of x^x

Log plot

```
LogPlot[x^x, {x, -1, 2}]
```

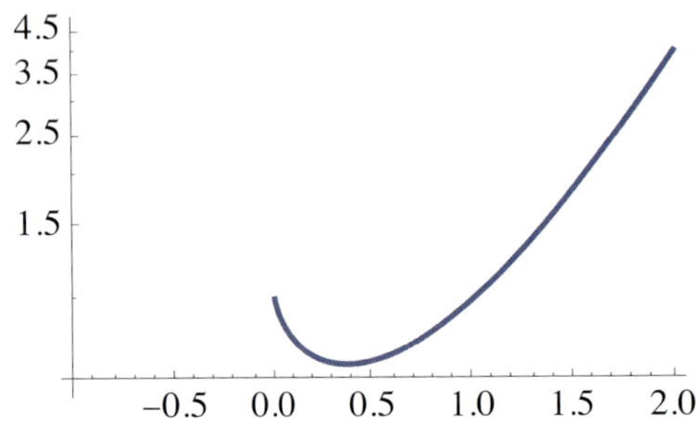

조판 표현을 자유 형식 입력 셀에 입력하는 것은 매우 유용하다. **팔레트(Palette)** 메뉴에서 **수업 도우미(Classroom Assistant)** 팔레트를 선택한 다음 **계산기(Calculator)** 부분을 찾으면, π와 같은 수학적 기호와 제곱근과 지수 연산자를 입력하는 버튼을 찾을 수 있다.

Plot과 **LogPlot** 명령 모두 하나의 독립 변수를 포함하는 표현식과 그래프를 그릴 정의역이 필요하다. 자유 형식 입력을 이용할 때 정의역에 대한 지시가 없으면, Mathematica가 자동으로 선택한다.

자유 형식 입력은 매개 변수 그래프와 같은 다른 형식의 그래프를 그릴 때도 이용된다. 매개 변수 그래프는 두 개의 함수가 필요하며, 첫 번째 함수는 각 점에 대한 x 좌표의 값을 명시하고 두 번째 함수는 각 점에 대한 y 좌표의 값을 명시한다.

parametric plot of sin(u), sin(2u)

Parametric plot

```
ParametricPlot[{Sin[u], Sin[2*u]}, {u, 0, 2*Pi}]
```

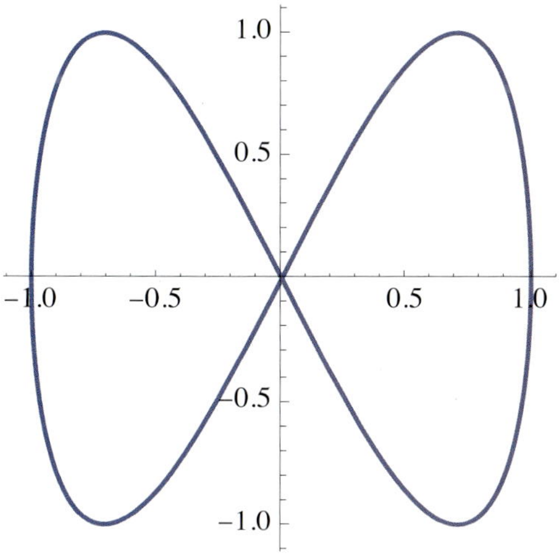

자유 형식 입력을 사용하여 부등식으로 정의된 영역을 그래프로 나타낼 수 있다. 다음은 자유 형식 표현에 대한 영역 시각화를 위해 **RegionPlot** 명령이 사용된 Wolfram 언어 구문과 함께 결과가 반환된 것이다.

plot x^2+y^2≤6 and y>0

Inequality plot

```
RegionPlot[x^2 + y^2 <= 6 && y > 0, {x, -3.1, 3.1},
  {y, -3.1, 3.1}]
```

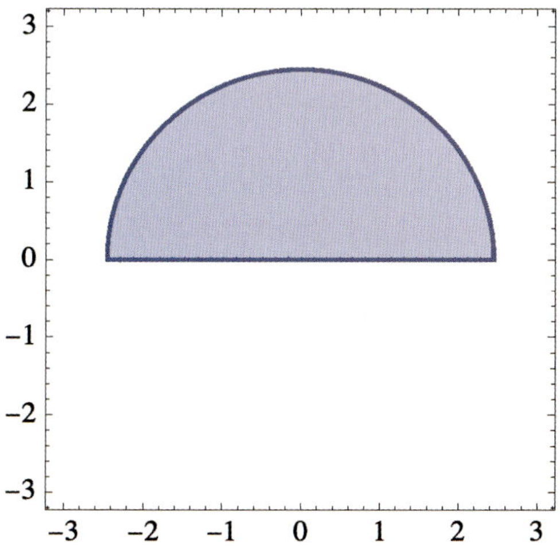

RegionPlot은 불 연산자로 구성된 표현의 논리적 조합을 사용할 수 있다. Mathematica에서 기호 **&&**는 논리 연산자인 논리곱(AND)의 함수이고, **||** 기호는 논리 연산자 논리합(OR)의 함수이다. 이전 예에서 자유 형식 입력 대신 Wolframa 언어 구문을 클릭하여 논리 연산자 AND(**&&**)를 논리 연산자 OR(**||**)로 바꾸어 재평가하면 다른 결과를 얻게 된다.

자유 형식 입력은 특정 변수 명시에 의한 음함수 그래프를 그릴 때도 사용된다. Mathematica는 흥미롭고 매력적인 시각화 구현을 위해 사용자가 추가적인 선택을 할 수 있는 환경을 제공한다. 이와 관련된 다음 예를 보자. 매개 변수 t에 대한 범위는 자동으로 선택되어 보기 좋은 결과를 생성한다.

polar plot of sin(3t)

Polar plot

```
PolarPlot[Sin[3*t], {t, 0, 2*Pi}]
```

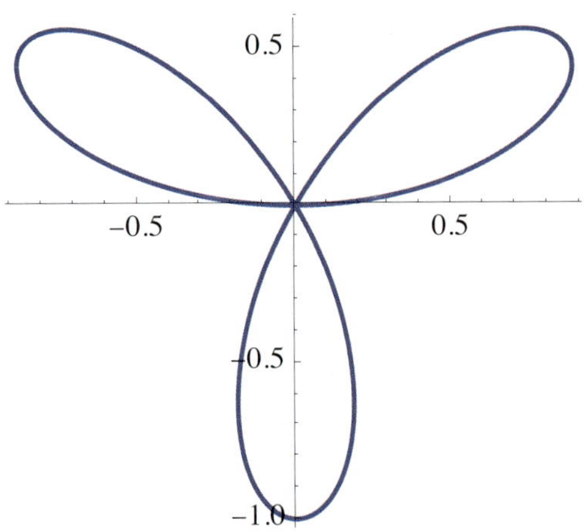

자유 형식 입력의 평가 후, 오른쪽 상단의 더하기 표시를 클릭하면 Wolfram|Alpha에서 제공하는 결과가 추가로 표시된다. Wolfram|Alpha에서 제공하는 결과는 대화형 요소를 포함하기 때문에 **t**의 값을 0부터 2π까지 슬라이더를 작동 시켜 변화하는 특별한 표현도 결과로 나타낸다. 대화형 요소 부분을 클릭하고 Shift+Enter를 눌러보면 대화형 응용 프로그램으로 결과가 바뀐다.

명령의 직접 입력

필요한 명령의 사용에 익숙해지면 Wolfram 언어로 직접 명령을 입력할 수 있다. 시각화 명령은 종류도 풍부하고 다양하게 특화되어 있지만, 모든 명령은 비슷한 구문을 따르기 때문에 새로운 함수도 직관적으로 쉽게 다룰 수 있다.

예를 들어, **Plot** 명령을 확실하게 이해하고 있다면, 그래프가 그려질 범위와 함께 그래프를 그릴 표현이나 함수를 어떻게 쓰는지 알고 있을 것이다. 목록의 형식으로 주어진 범위는 독립 변수, 최솟값, 최댓값을 포함한다.

Plot[x^x, {x, 0, 10}]

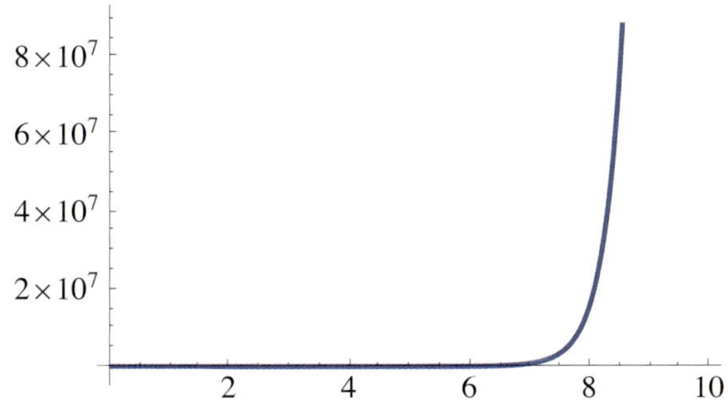

Plot과 **LogPlot**은 같은 구문을 사용하기 때문에, 이제까지 해왔던 모든 입력의 **Plot**을 **LogPlot**으로 바꾸는 것만으로 다른 결과를 얻을 수 있다.

LogPlot[x^x, {x, 0, 10}]

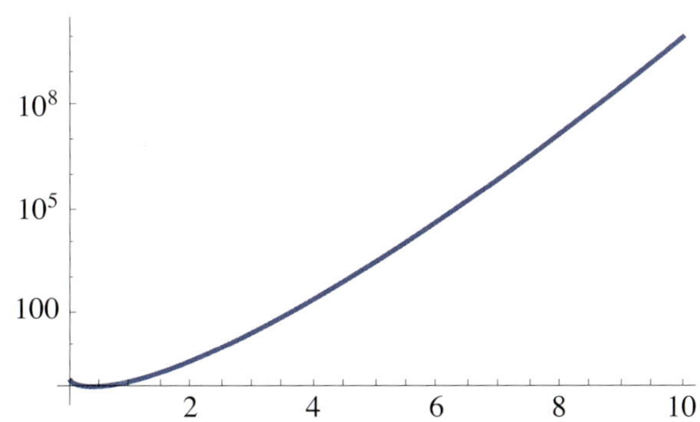

여러 개의 함수에 대한 동시 시각화

자유 형식 입력은 같은 좌표에 여러 개의 함수 그래프를 그릴 때도 이용된다. 단, 자유 형식 입력 셀로 시작하고 시각화할 함수의 목록을 기재 해면 된다. 앞서 설명했듯이, 적절한 그래프의 표시 범위 선택 등 필요한 부분은 Mathematica가 자동으로 처리하며, 결과는 각 함수를 구별할 수 있도록 다른 색으로 표시한다.

```
plot x^2+1 and its derivative
Plot
  Plot[{1 + x^2, 2*x}, {x, -0.61, 1.5}]
```

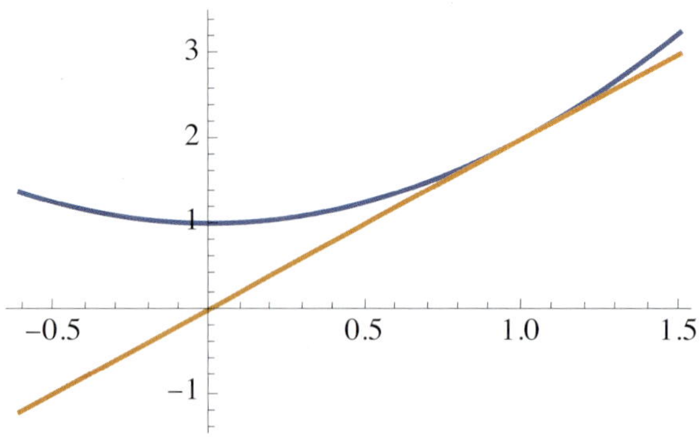

> 자유 형식 입력은 매우 유용하고 새로운 사용자에게 많은 장점을 제공하지만, 결과를 완벽하게 제어하기는 어렵다. 그러므로, 자신의 작업에 대한 Wolfram 언어 명령을 직접 사용하는 방법을 익히면 더욱 강력한 힘과 유연성을 얻을 수 있다.

앞의 예에서 자유 형식의 결과로 **Plot** 명령을 사용하여 여러 곡선을 시각화하는 구문의 Wolfram 언어 명령이 반환되었다. **Plot** 명령은 단일 함수 대신 목록으로 주어지면 여러 개의 함수로 판단하여 시각화한다. 다음 예는 $\sin(x)$와 $\cos(x)$를 같은 좌표에 그린 것이다.

```
Plot[{Sin[x], Cos[x]}, {x, 0, 2 π}]
```

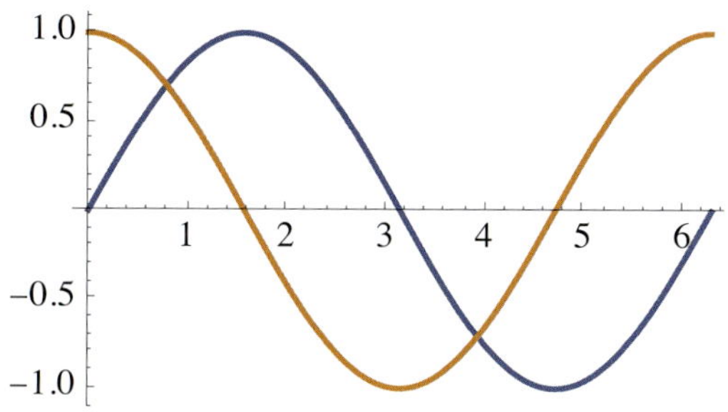

사용자 정의 함수 그래프

지금까지 많은 그래픽 예에서 **Sin**과 같은 수학 함수를 나타내는 데 초점을 맞추었다. Mathematica는 사용자 정의 함수와 같은 임의의 표현식도 그래프로 그릴 수 있다. 예를 들어, 다음은 $x^2 + 1$을 −5부터 5까지 그래프로 그리기 위해 해당 전달인자를 **Plot** 명령의 필수 형식에 맞추어 입력한 것이다.

```
Plot[x^2 + 1, {x, -5, 5}]
```

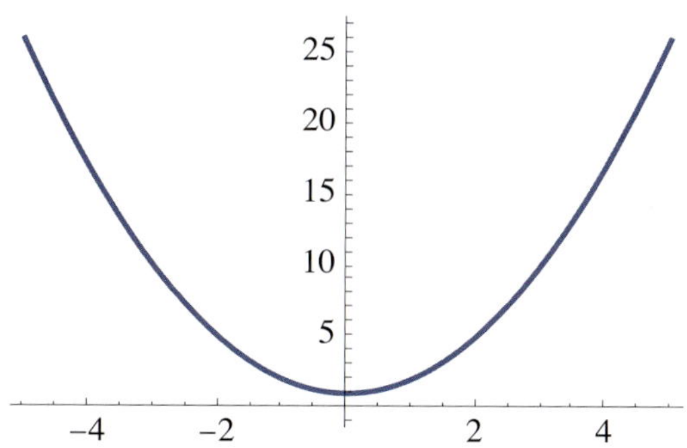

사용자가 직접 함수를 정의할 수 있으며, 해당 사용자 정의 함수는 그래프 명령의 전달인자로 입력될 수도 있다. 단일 변수 사용자 정의 함수를 이용하여 **Plot** 명령을 작성하는 것은 단일 변수 Wolfram 언어 명령의 **Plot** 명령 방법과 같다.

```
f[x_] := x^2 + 1
```

```
Plot[f[x], {x, -5, 5}]
```

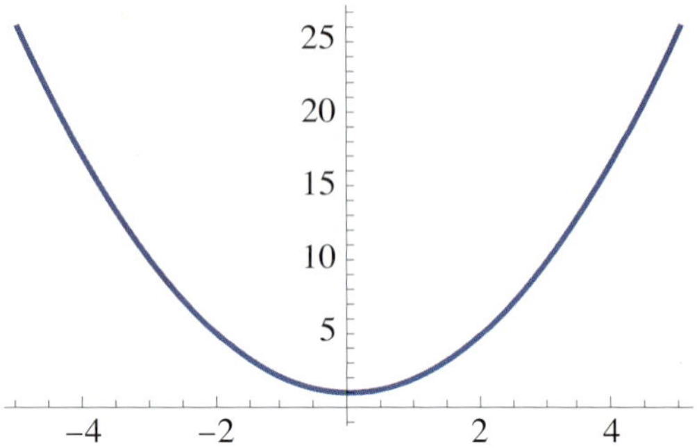

사용자 정의 함수는 미적분과 같은 Wolfram 언어 명령을 적용한 연산도 가능하다. 앞의 예는 자유 형식 입력으로 곡선과 그 곡선의 미분을 같은 좌표에 시각화하는 방법을 보았다. 이제 위에서 정의한 함수 **f[x]**를 가지고, **f[x]**와 **f'[x]**를 목록으로 **Plot** 명령에 입력하여 앞의 예와 같은 그래프를 그려 보자.

```
Plot[{f[x], f'[x]}, {x, -5, 5}]
```

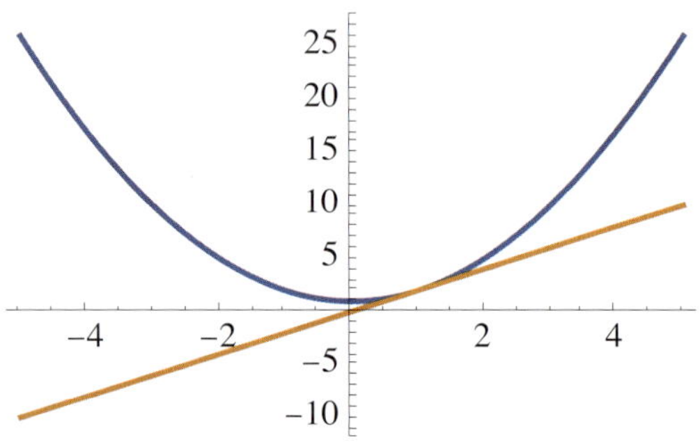

조각 함수는 **Piecewise** 명령을 이용하거나 조각 함수에 대한 일반적인 기호를 나타내는 이차원 입력을 이용하여 정의된다. 이차원 조각 함수를 생성하는 가장 쉬운 방법은 **기본 수학 입력 도우미(Basic Math Assistant)** 팔레트를 열어 **계산기(Calculator)** 부분을 확장한 다음 제일 위에 있는 **고급(Advanced)** 버튼을 클릭하는 것이다. 조각 함수를 생성하기 위한 버튼이 표시되고 버튼 위에 마우스를 놓으면 그에 해당하는 키보드 단축키가 표시된다. 단축키나 버튼을 사용한 후 조건과 해당 식을 각 행에 입력한다.

$$h[x\_] := \begin{cases} 2x & x < 0 \\ x^2 & 0 \le x \le 2 \\ x & x > 2 \end{cases}$$

이 책에서 언급한 팔레트는 Mathematica Online에서는 사용할 수 없다. Mathematica Online 환경에서 작업한다면, 함수 **h[x]**의 정의를 위해서 일차원 입력인 **Piecewise** 명령을 사용해야 한다.

```
Plot[h[x], {x, -1, 3}]
```

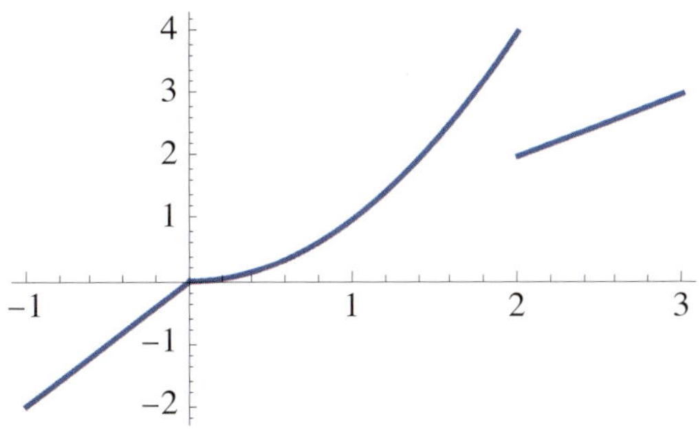

기본 그래프 그리기 기술

Mathematica는 사용자가 최소한의 입력만을 지정하면 보기 좋은 결과를 얻기 위한 최적화 루틴을 포함하고 있어서 Mathematica로 생성한 그래픽 결과는 매우 실용적인 동시에 눈길을 끌 만하다.

그래픽 표시에 대한 Mathematica의 기본 설정을 바꾸고 싶다면 그래픽의 스타일과 사용자 정의에 대해 다룬 다음 장을 읽어 보자. 다음 장에는 그래픽 출력을 제어하는 데 사용할 수 있는 다양한 방법에 대한 자세한 설명 및 자주 사용하는 유용한 옵션이 요약되어 있다.

Mathematica는 그래픽 그리기가 끝난 후에도 변경할 수 있다. 예를 들어, 함수의 곡선이 일단 그려지면 더블 클릭하여 해당 곡선을 선택할 수 있다. 선택한 곡선을 클릭한 상태로 드래그하면 좌표축 등 그래픽의 다른 부분을 움직이지 않고, 그래프를 이동시킬 수 있다.

```
Plot[Sin[x], {x, 0, 2 π}]
```

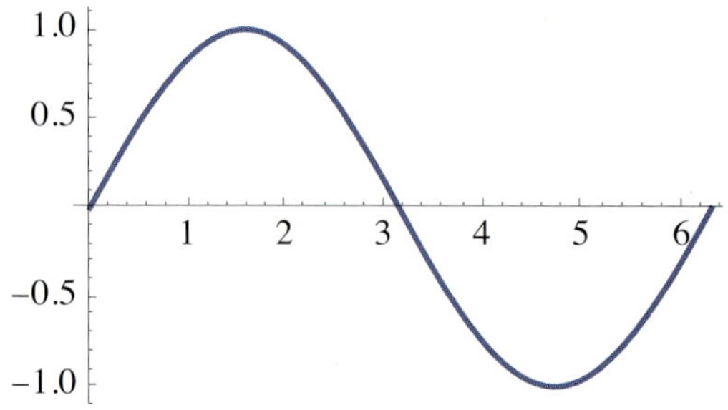

트리플 클릭은 이차원 객체의 기본 구조를 드러내는 데 사용된다. 앞의 예에서 그린 곡선을 트리플 클릭, 즉, 연달아 세 번 클릭하면 곡선을 그리는 데 사용된 계산 메시가 보인다.

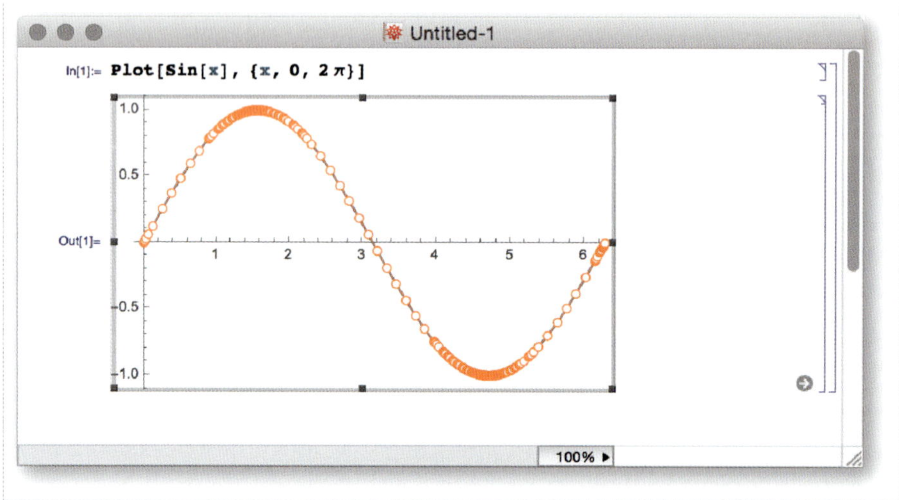

이 메시에 적응적 샘플링이 사용된 것을 알 수 있다. 즉, Mathematica는 곡선이 변화하는 곳에 더 많은 점을 사용하여 함수를 매끄럽고 정확하게 표현한다. 이 기능은 최소한의 렌더링 시간에도 양질의 그래픽을 제공한다. 위에서 살펴본 예처럼 더블 클릭은 그래프 전체를 움직일 수 있고, 트리플 클릭은 메시의 한 점을 움직일 수 있다.

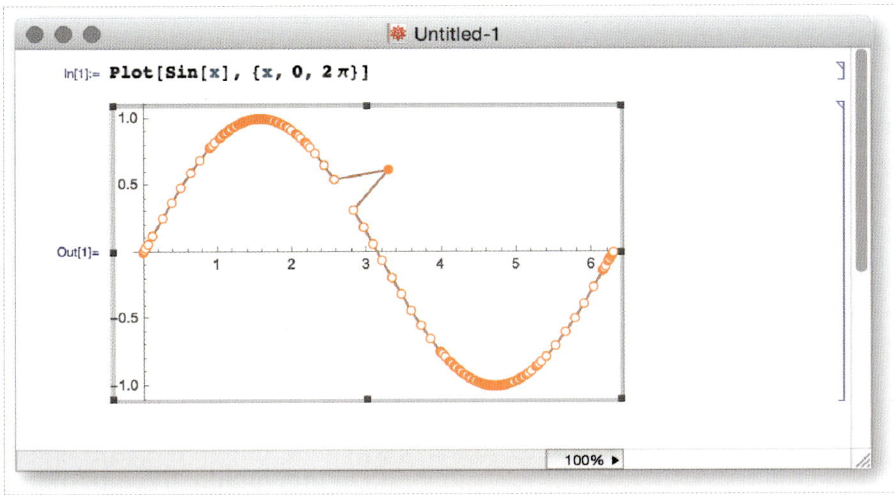

곡선 전체를 움직이거나 메시의 점을 조작하여 그래프의 결과를 변경하면 Mathematica는 원래의 입력과 현재의 출력과의 관계를 끊어버린다. 앞의 스크린 샷에서 볼 수 있듯이, 입출력 셀은 더 이상 하나로 묶여 있지 않다. 이런 경우, 입력 셀을 다시 평가하면 편집 이전의 그래프가 포함된 새로운 출력 셀이 생성된다. 그러면 편집한 그래프를 덮어쓸 수 없기 때문에 하나의 입력에 대해 두 개의 출력을 갖게 된다.

적응적 샘플링은 특히 촘촘한 영역의 그래프를 그릴 때처럼 복잡한 함수를 시각화하는 데 효과적이다. 적응적 샘플링 기능 덕분에 Mathematica는 $\sin(x)\sin(x^2)$과 같은 높은 진동 함수를 그릴 때도 보기 좋은 결과를 생성할 수 있다.

```
Plot[Sin[x] Sin[x^2], {x, 0, 6 π}]
```

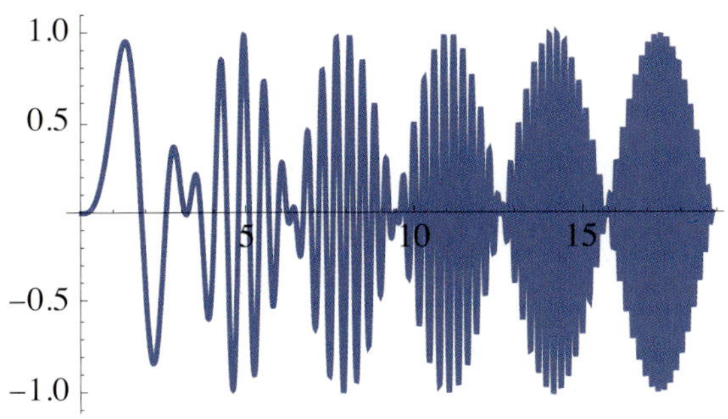

> 이 책에서 사용된 대부분의 예는 함수나 표현을 그래프로 나타낼 때 독립 변수 x를 사용한다. Mathematica 표현식은 임의의 변수를 사용할 수 있으며, 이전 예의 x 대신 p로 쉽게 바꾸어 사용할 수 있다. 하지만 한 가지 주의해야 하는 것이 있다. 변수로 사용할 기호는 반드시 정의되지 않은 것으로 해야 한다. 앞의 예에서 변수를 **Pi**로 사용한다면, **Pi**는 이미 정의된 기호이므로 같은 결과를 얻을 수 없다.

다변수 함수와 표현식의 시각화

삼차원 객체의 시각화를 위한 그래프 명령은 이차원 객체에 사용되는 명령의 이름과 구문이 비슷하다. 이차원 그래프 명령과 삼차원 그래프 명령의 가장 큰 차이점은 삼차원 그래프 명령은 두 개의 독립 변수와 그 관련 범위를 명시해야 한다는 것이다. 하지만 **Plot**과 같은 이차원 명령의 사용법을 이해한다면 **Plot3D**와 같은 삼차원 명령에 쉽게 적용할 수 있다.

```
Plot[Sin[x], {x, -3, 3}]
```

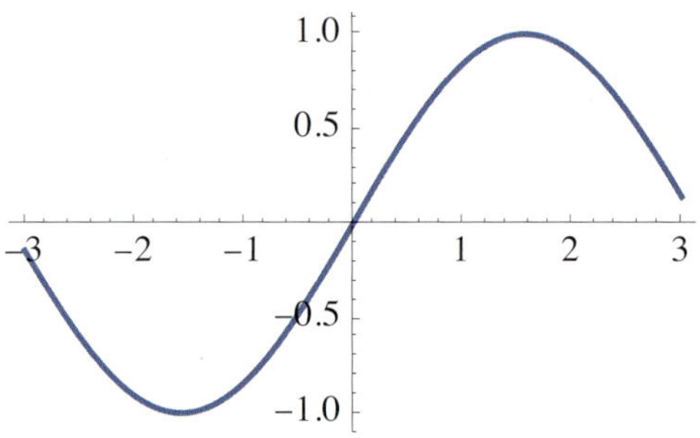


```
Plot3D[Sin[x y], {x, -3, 3}, {y, -3, 3}]
```

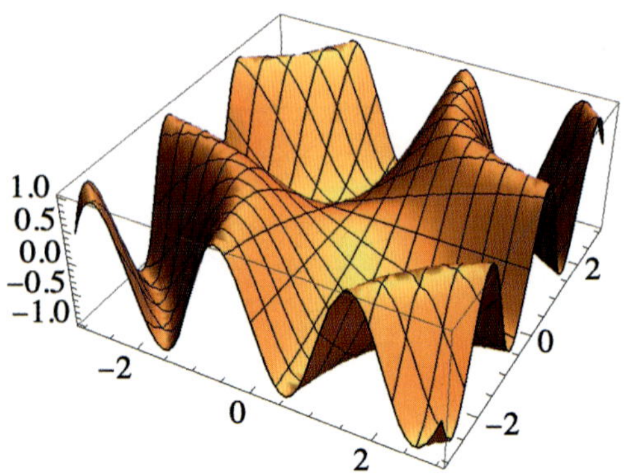

이차원 그래픽에서 곡선을 움직이거나 메시를 조작하는 등의 대화형 기능을 사용할 수 있었듯이, 삼차원 그래픽 역시 회전, 이동, 확대와 축소 등의 대화형 기능을 사용할 수 있다. 삼차원 객체에 마우스 포인터를 놓으면 소용돌이 모양의 화살표가 표시되며, 객체를 클릭한 상태로 드래그하면 그래픽을 회전시킬 수 있다.

그래픽의 이동도 가능하다. 소용돌이 모양의 화살표가 표시될 때 Shift 키를 누르면 마우스 포인터가 좌표축의 모양으로 표시되고, 이때 객체를 클릭한 상태로 드래그하면 상자 내에서 그래픽을 이동시킬 수 있다.

그래픽 결과의 확대 및 축소 역시 가능하다. 소용돌이 모양의 화살표가 표시될 때 Alt 키를 누르면 확대 및 축소 모양의 아이콘이 표시되고, 이때 객체를 클릭한 상태로 드래그하면 그래픽을 확대, 축소 시킬 수 있다.

일부 그래픽은 추가적인 회전 옵션을 사용하는데, 다음 스크린 샷의 화살표로 표시된 부분을 클릭하면 고정된 하나의 축을 중심으로 그래픽을 회전시킬 수 있다.

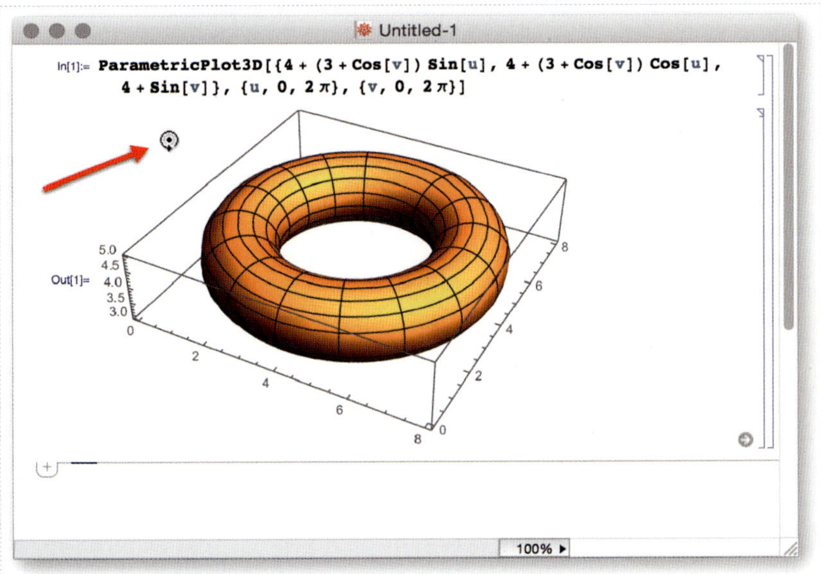

이차원 그래프에 대해 표시된 적응적 샘플링과 마찬가지로 삼차원 곡면 그래프 역시 곡면에 따라 필요한 샘플링 개수를 다르게 하여 다양한 크기의 다각형으로 표시된다. 다음 그래프는 위의 예와 같은 곡면 그래프이지만 기본적으로 표시되는 메시 대신 곡면 렌더링에 사용되는 모든 샘플링을 표시한다. 지시자 **Mesh→All**은 **Plot3D**의 옵션으로서, 표시할 메시의 수를 지정한다. 이 주제는 다음 장에서 더 자세히 다룬다.

Plot3D[Sin[x] Cos[y], {x, −3, 3}, {y, −3, 3}, Mesh → All]

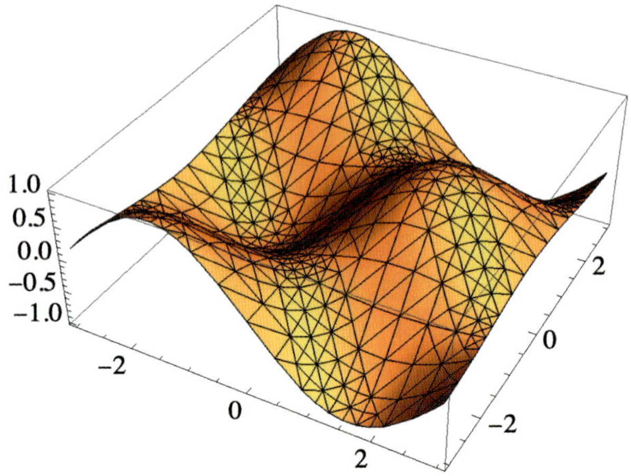

Mesh → None으로 설정하면, 그래픽 렌더링에 이용되는 메시를 표시하지 않는다.

Plot3D[Sin[x] Cos[y], {x, −3, 3}, {y, −3, 3}, Mesh → None]

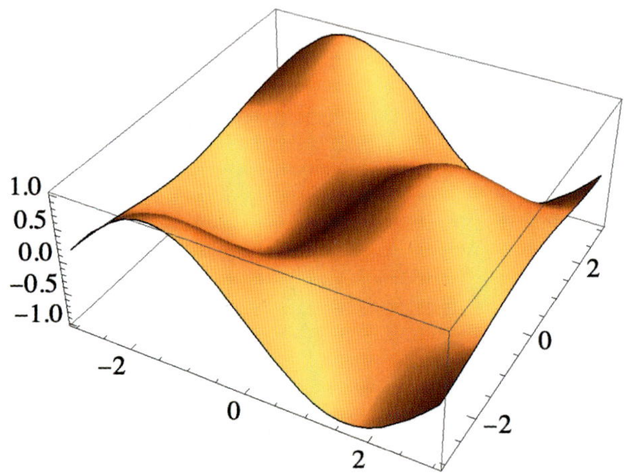

여러 개의 삼차원 곡면 동시에 그리기

여러 곡선을 하나의 목록에 넣어 같은 좌표축에 그래프를 그렸듯이, 여러 곡면 역시 하나의 목록에 정리하여 **Plot3D** 명령의 전달인자로 넘겨서 그래프를 그릴 수 있다. 그러면 Mathematica는 각 곡면을 구별하기 쉽도록 각각 다른 색으로 표시한다.

```
Plot3D[{Sin[x y], Cos[x y]}, {x, -3, 3}, {y, -3, 3}]
```

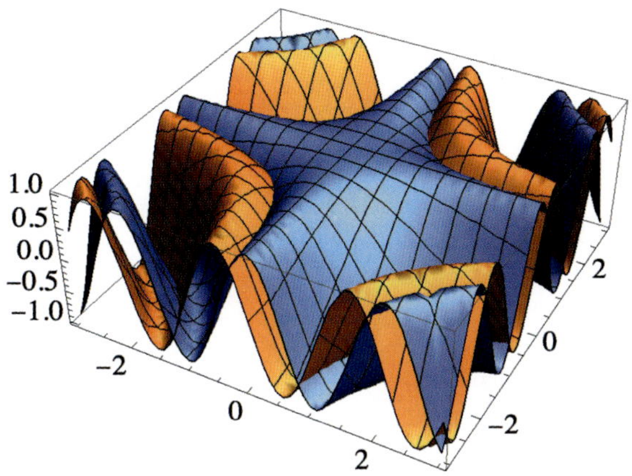

두 개의 변수의 곱은 두 변수 사이에 공백을 넣은 **x y**, **y x** 또는 곱셈 기호를 넣은 **x*y**, **y*x**를 사용해야 한다. 공백 없이 **xy**와 **yx**처럼 쓰면, **xy**와 **yx**라는 이름의 새로운 변수로 인식된다.

다른 유형의 시각화

일부 Wolfram 언어 명령은 특정 관계를 시각화하는데 필요한 중간 연산 없이 그래프를 그릴 수 있도록 설계되었다. **RevolutionPlot3D**가 그런 명령 중의 하나로, 이차원 방정식으로 회전 곡면을 생성한다. 다음 예는 *z*축을 중심으로 곡선을 회전시킨 것이다.

```
RevolutionPlot3D[Sin[t] Sin[t^2], {t, 0, π}]
```

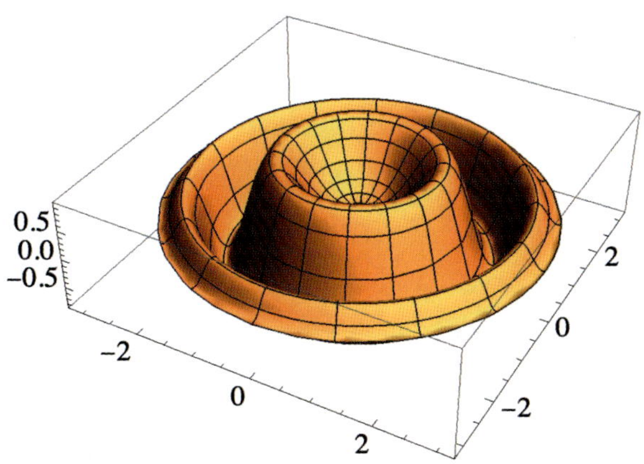

Wolfram 언어는 다른 특수 관계를 시각화하기 위한 그래프 명령도 가지고 있다. **VectorPlot** 함수를 사용하면 벡터장의 그래프를 그릴 수 있다. **VectorPlot**의 구문은 다른 그래프 명령과 매우 비슷하다. 첫 번째 전달인자로 벡터장을 입력하고, 두 번째와 세 번째 전달인자는 변수에 적합한 영역을 입력한다.

```
VectorPlot[{Sin[x y], Cos[x y]}, {x, -2, 0}, {y, 1, 3}]
```

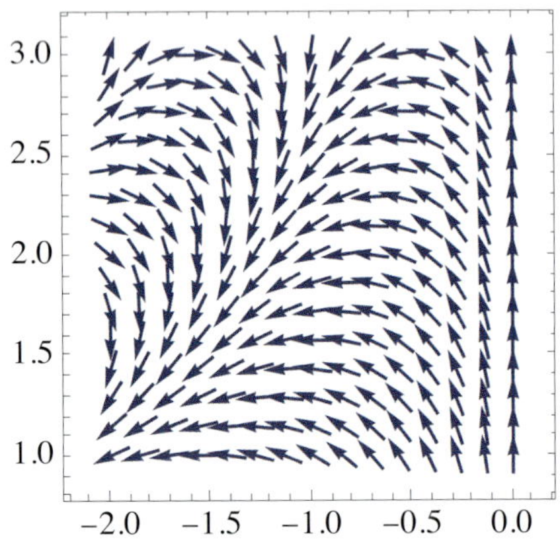

삼차원 벡터장 역시 이차원과 같은 구문을 따르지만, 세 번째 변수의 영역이 추가된다.

```
VectorPlot3D[{x, y, z}, {x, -1, 1}, {y, -1, 1}, {z, -1, 1}]
```

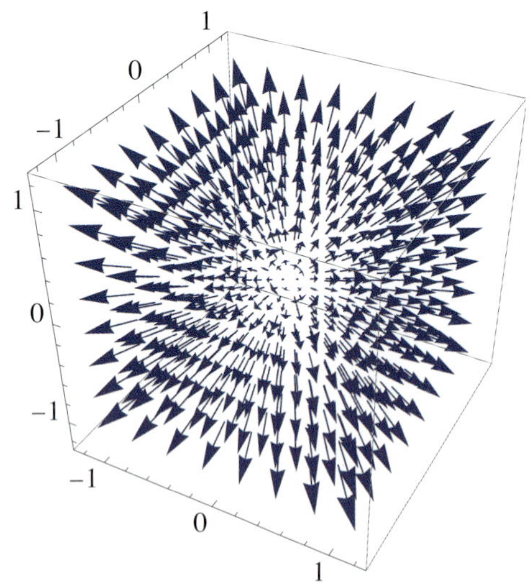

StreamPlot 함수는 각 점에서의 벡터장의 방향을 나타내는 유선을 시각화한다. 이 함수를 사용하면 벡터의 크기뿐만 아니라 방향에 대한 유용한 정보를 얻을 수 있다.

```
StreamPlot[{-1 - x^3 + y, x - y^2}, {x, -4, 4}, {y, -3, 3}]
```

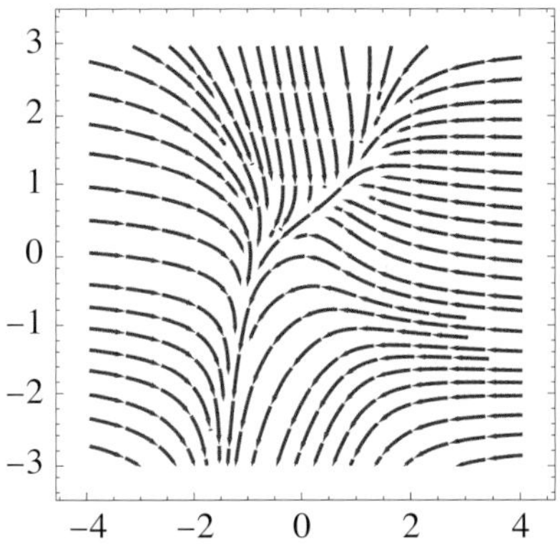

Mathematica는 **Graph**와 같은 명령을 이용하여 그래프와 네트워크를 나타낸다. 그래프를 그릴 때는 보기 좋은 결과를 고려하여 자동으로 연산하고 그래프를 적합하게 배치하여 무향변 그래프와 유향변 그래프를 그릴 수 있다. 무향변 그래프는 Esc ue Esc를, 유향변 그래프는 Esc de Esc를 사용하여 지정한다. 그래프는 **Graph** 명령에 각 꼭짓점의 연결을 목록으로 하여 시각화한다.

```
Graph[{1 ⟷ 2, 2 ⟷ 3, 3 → 1, 2 → 4, 1 → 4, 2 → 2}]
```

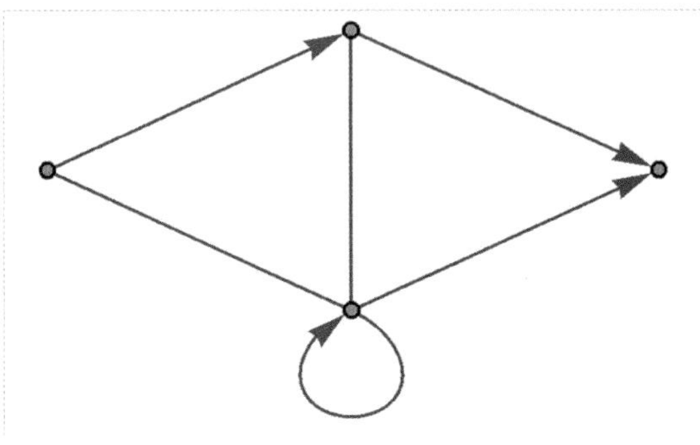

RegionPlot을 이용하여 부등식에 의해 정의된 영역을 시각화할 수 있다. **RegionPlot** 명령은 부등식의 값이 참이 되는 영역을 색으로 채워 나타낸다. 예를 들어, 부등식 $x^2 + y^2 \leq 1$을 이용하여 정의된 영역은 원반이 되며, 부등식을 **RegionPlot**의 전달인자로 입력한다.

```
RegionPlot[x^2 + y^2 ≤ 1, {x, -1.25, 1.25}, {y, -1.25, 1.25}, Axes → True]
```

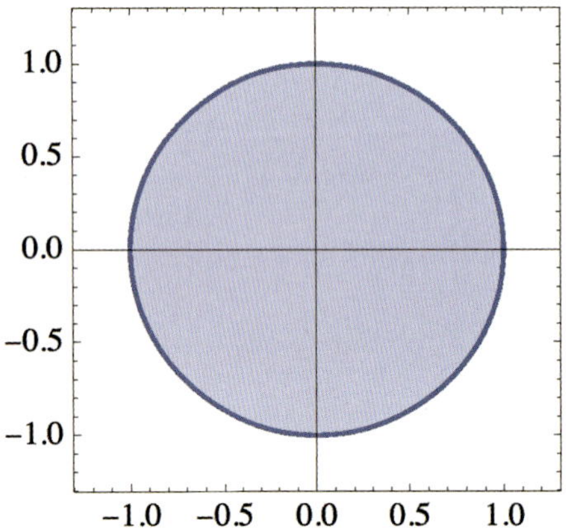

입력 셀에서 기호 **≥**는 **>**와 **=**를 차례대로 입력하면 Mathematica가 하나의 기호 **≥**로 변환한다. 다른 옵션으로 Esc >= Esc를 이용할 수도 있는데 이것은 입력 셀 뿐만 아니라 텍스트 셀 등의 다른 형식 셀에도 기호 **≥**로 표시한다.

영역은 여러 부등식을 **&&**(논리곱 AND)나 **||**(논리합 OR) 등의 불 연산자와 조합하여 정의할 수 있다. $x^2 + y^2 \le 1$과 $y \ge 0$의 영역을 그리기 위해서는 두 부등식을 모두 만족시켜야 하므로 연산자 **&&**를 사용해야 한다.

```
RegionPlot[x^2 + y^2 ≤ 1 && y ≥ 0, {x, -1.25, 1.25}, {y, -1.25, 1.25}, Axes → True]
```

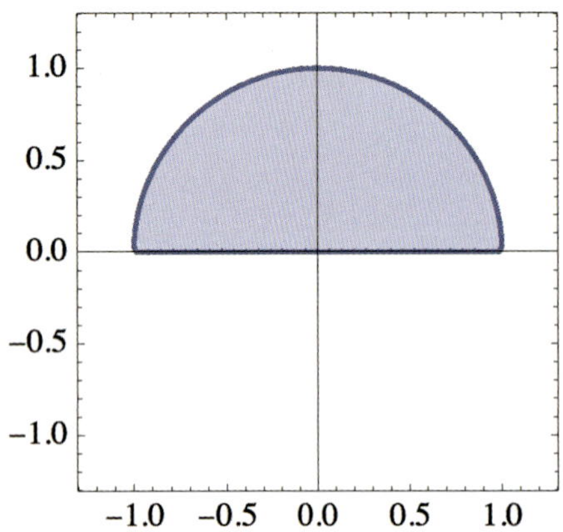

NumberLinePlot 명령은 수직선에 점이나 구간을 나타내는 데 유용하다. 이 구문의 형식은 **RegionPlot**과 비슷하여 첫 번째 전달인자로 부등식을, 두 번째 전달인자로 그래프가 그려질 범위를 입력한다. 예를 들어, 구간 $x > 1$을 0부터 2까지 그래프로 그리면 구간에 포함되지 않는 1의 위치에 빈 원으로 표시된 수직선이 좌표 위에 표시된다. 화살표는 수직선에 표시되어 상한선이 없음을 나타낸다.

```
NumberLinePlot[x > 1, {x, 0, 2}]
```

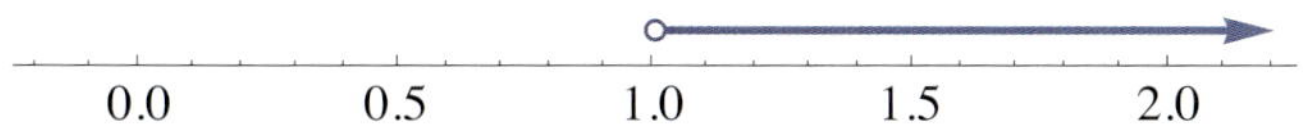

$x \geq 5$와 같은 부등식을 그리면 구간에 포함되는 5의 위치에 채워진 원이 표시된 수직선이 좌표 위에 표시된다.

```
NumberLinePlot[x ≥ 5, {x, 0, 10}]
```

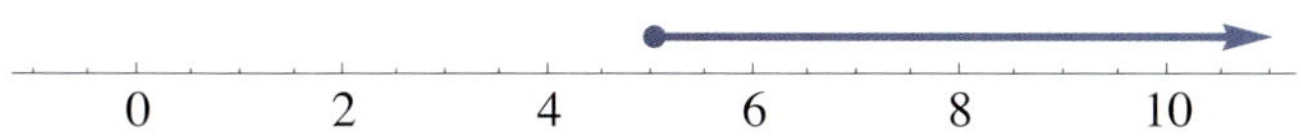

NumberLinePlot은 **Interval** 명령과 함께 사용하여 더 형식화된 방법으로 구간 명시를 할 수 있다. 이 방법을 사용하면 부등식을 줄 때 필요한 그래프의 영역을 사용자가 지정할 필요가 없다. 앞의 예에서 구간 $[5, \infty)$ 의 그래프를 그리기 위해 부등식과 범위 지정을 사용하였던 반면 다음 예는 **Interval** 명령을 이용하여 같은 그래프를 그리지만, 그래프가 표시될 범위는 Mathematica가 선택하도록 하였다.

```
NumberLinePlot[Interval[{5, Infinity}]]
```

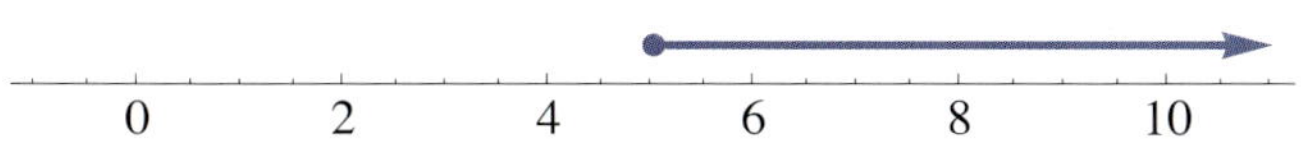

Infinity는 Mathematica에서 명명된 기호로 이름과 기호 ∞를 번갈아 사용할 수 있다. 이 밖에도 **Pi**를 기호 π와 혼용하는 것처럼 상호 호환 가능한 다른 예를 찾아볼 수 있다.

여러 개의 구간을 목록에 입력하면 동시에 그래프로 나타낼 수 있다.

```
NumberLinePlot[{Interval[{1, 5}], Interval[{2, ∞}]}]
```

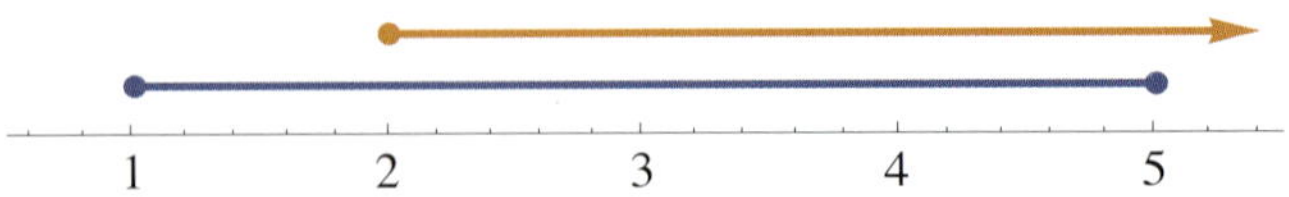

부등식과 구간 이외에도, **NumberLinePlot**은 전달인자를 점으로 나타낼 수도 있다. **NumberLinePlot**을 이용하여 피보나치 수열의 처음 몇 가지 수를 표시하였다.

```
NumberLinePlot[{1, 1, 2, 3, 5, 8, 13}]
```

물론 이런 시각화 명령을 **Manipulate**와 함께 사용하면 경계 조건을 다르게 하여 결과에 어떤 영향을 미치는지 동작을 제어해보며 각 조건에 대한 속성을 효과적으로 탐색할 수 있다.

```
Manipulate[
  RegionPlot[x^2 + y^3 < n, {x, -2, 2}, {y, -2, 2}],
  {n, -1, 1}]
```

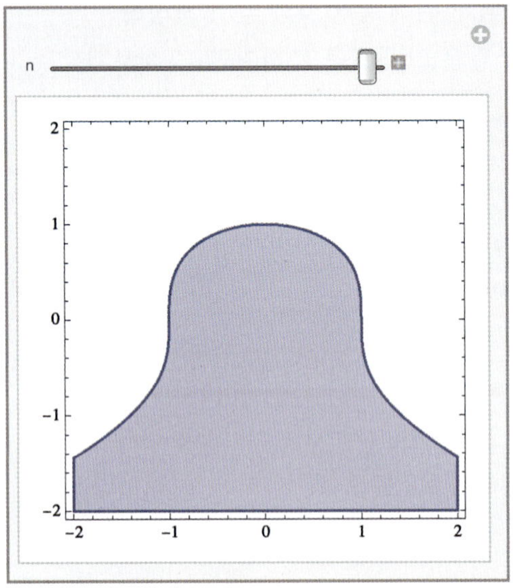

Clear를 사용하여 이 장에서 사용된 모든 변수의 값과 함수의 정의를 삭제한다.

```
Clear[f, h]
```

정리

이 장에서는 이차원과 삼차원의 함수와 곡면을 시각화하기 위해 자주 사용되는 명령 일부를 소개하였다. 이 외에도 문서 센터에서 활용 가능한 더 많은 명령을 찾아볼 수 있다.

Mathematica의 그래픽 출력은 보기 좋고 사용 또한 편리하기 때문에 프레젠테이션이나 출판물에 대한 시각화에 적합하다. 다음 장에서는 데이터를 시각화하는 방법과 그래픽의 여러 유형을 사용자 정의하는 방법에 대해 알아볼 것이다.

연습 문제

1. 자유 형식을 사용하여 $3x^2 + 7x - 9$를 시각화하여라.

2. 자유 형식 입력을 사용하여 $3x^2 + 7x - 9$의 미분 그래프를 그려라.

3. 자유 형식 입력을 사용하여 $3x^2 + 5y^2$를 시각화하여라.

4. Wolfram 언어를 사용하여 x가 -10부터 10까지인 범위에서 $\sin(x)/x$를 그려라.

5. Wolfram 언어를 사용하여 x가 -10부터 10까지인 범위에서 $3x - 5$와 $x^2 + 1$의 그래프를 같은 좌표에 그려라.

6. Wolfram 언어를 사용하여 x와 y 모두 $-\pi$에서 π까지인 범위에서 $\sin(x)\cos(x)\sin(y)$의 삼차원 그래프를 그려라.

7. Wolfram 언어를 사용하여 x와 y 모두 -1.5에서 1.5까지인 범위에서 $3\sin(x y^2)$와 $-3\cos(x y^2)$의 벡터장을 그려라.

8. Wolfram 언어를 사용하여 규칙 $1 \to 2$, $1 \to 3$, $1 \to 4$, $2 \to 3$, $2 \to 5$, $3 \to 1$, $3 \to 3$, $3 \to 5$, $4 \to 1$, $4 \to 5$, $5 \to 5$에 의한 네트워크를 그려라.

9. Wolfram 언어를 사용하여 x가 -5부터 5까지인 범위에서 x의 값이 1/2보다 작은 구간을 수직선에 나타내어라.

10. Wolfram 언어를 사용하여 변수 **number**가 0부터 5까지의 범위를 가지고 x가 -5부터 5까지의 범위를 가질 때, 변수 **number**와 같거나 작은 x를 수직선에 나타내는 **Manipulate**를 작성하여라.

11장

데이터 시각화

소개

2장에 소개한 평균 수명 데이터 관련 예에서 여러 국가의 특성을 비교하기 위해 사용할 수 있는 다양한 목록을 생성했다. 또한, 데이터를 점으로 나타내어 그래프를 그리거나 히스토그램을 생성하는 함수도 사용해 보았다. 그러나 이러한 예에서 사용한 함수는 Wolfram 언어에서 사용할 수 있는 데이터 시각화 명령의 빙산의 일각에 지나지 않는다. 데이터 시각화 명령의 구조와 범위를 이해하는 것은 광범위한 종류의 데이터 집합을 시각화하는 데 사용할 최적의 방법을 결정하는 데 매우 중요하다.

일차원 숫자 목록의 시각화

Mathematica는 목록 요소의 종류와 관계없이 중괄호를 사용하여 목록을 나타낸다. 목록은 패턴을 기반으로 목록을 만드는 **Table** 등의 명령을 사용하거나, 외부 파일에서 값을 가져오거나, 직접 값을 입력하는 등의 다양한 방법을 사용해 만들 수 있다.

> 많은 사용자가 Mathematica에서 자신의 데이터를 사용해 작업하기 때문에, 데이터를 가져와서 사용하는 방법을 다음 장에서 자세하게 설명한다.

수동으로 목록을 작성하는 경우에는 한 쌍의 중괄호 안에 쉼표로 값을 구분하여 입력한다.

```
{1, 4, 9, 16, 25}
{1, 4, 9, 16, 25}
```

목록을 변수로 저장하는 것은 일반적인 방법으로, 이 방법을 이용하면 저장한 목록을 후속 연산에서 쉽게 참조할 수 있다. 예를 들어, 목록을 기호 **data**로 할당하면, 이 목록이 필요한 다른 연산이나 명령에 변수로 사용할 수 있다.

```
data = {1, 4, 9, 16, 25}
{1, 4, 9, 16, 25}
```

이제 정의한 **data**를 평가하여 할당된 값을 확인해 보자.

```
data
{1, 4, 9, 16, 25}
```

Wolfram 언어는 다양한 수학 함수와 곡면을 시각화하는 명령뿐만 아니라 목록 및 데이터 집합을 시각화하는 명령도 다수 포함하고 있다. 데이터 시각화의 가장 일반적인 명령은 **ListPlot**으로 데이터를 개별 점으로 표시한다.

```
ListPlot[data]
```

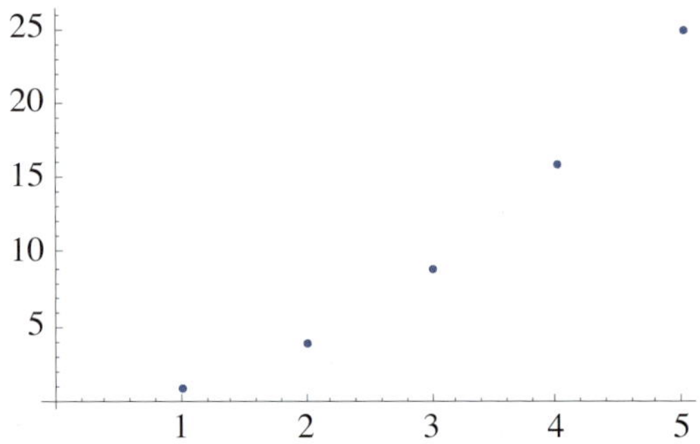

다음의 예와 같이 자유 형식 입력을 사용하여 자연어 명령에 값을 포함하여 데이터를 시각화 할 수도 있다.

```
plot of 1, 4, 9, 16, 25 »
Plot
ListLinePlot[{1, 4, 9, 16, 25}, Mesh -> All, Filling -> Axis,
  AxesOrigin -> {1, 0}]
```

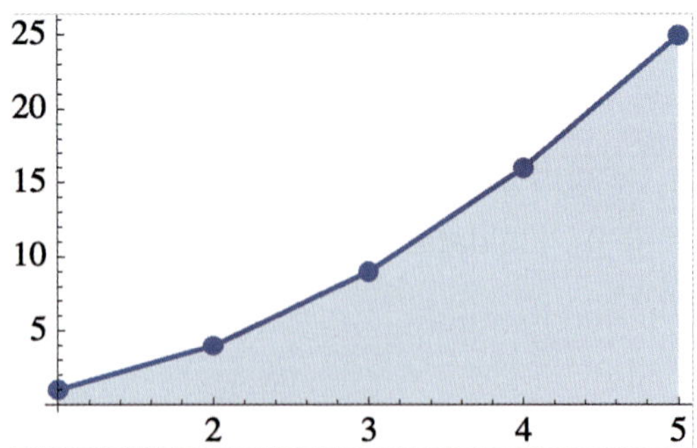

이 경우, 자유 형식 입력 표현은 **ListPlot** 대신에 **ListLinePlot** 명령과 몇 가지 옵션을 사용하였다. **ListPlot**과 **ListLinePlot**은 비슷하지만, **ListPlot**은 점을 사용해 그래프를 그리고 **ListLinePlot**은 데이터의 각 점을 선으로 연결하여 그린다.

> 자유 형식 입력에 의해 반환된 그래프 옵션이 **Mesh→All** 대신 **Mesh->All**처럼 보이는 그래프 옵션을 인지한 독자도 있을 것이다. 이 두 표현은 같은 표현이며 둘 다 문제없이 작동한다. 옵션이 하이픈과 부등호를 사용하여 입력된 경우 Mathematica는 자동으로 이 두 기호를 **StandardForm**의 **→** 기호로 변환한다. 이 **StandardForm**은 Mathematica 입력 셀의 기본 형식이다. 그러나 식이 **InputForm**으로 표시될 때는 **→** 대신 **->** 로 표시된다. 이 책에서 이러한 차이는 중요하지 않다. **Mesh->All** 및 **Mesh→All**과 같은 옵션은 동일하게 작동한다는 것을 기억해두면 충분하다.

ListPlot, **ListLinePlot** 등의 명령에 사용되는 구문은 동일하다. 따라서 **Manipulate** 문을 사용하면 이러한 데이터 그래프 작성 명령에서 생성된 출력을 쉽게 비교할 수 있다. 모든 데이터 명령은 전달인자에 대한 값의 목록을 필요로 하므로, 여기서도 **Initialization** 옵션을 이용하여 일부 값을 정의한다.

```
Manipulate[
  lplot[data],
  {lplot, {ListPlot, ListLinePlot, ListLogPlot, ListLogLogPlot}},
  Initialization :→ (data = {1, 4, 9, 16, 25})
]
```

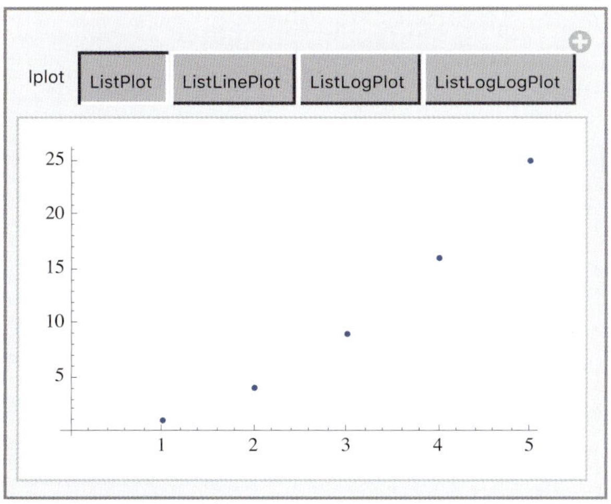

기호 표시에 대해 얘기해 보자. **Initialization** 옵션의 :→ 기호는 Esc :> Esc 로 생성한다. 물론 :→ 대신 :>를 사용해도 같은 결과를 얻을 수 있다.

지금까지의 예는 단일 데이터 집합의 시각화에 관해 설명했지만, 시각화 명령은 여러 데이터 집합의 시각화에도 사용할 수 있다. 여러 데이터 집합은 다수의 목록을 정리해 하나의 "상위" 목록에 넣어 구축한다. 이 대형 목록을 **ListPlot** 등의 명령에 입력하면 각각의 하위 목록을 별도의 데이터 집합으로 시각화 할 수 있다. 다음 예는 **ListPlot**을 사용하여 두 개의 데이터 집합을 그래프로 나타낸다. 각 데이터 집합의 구별을 쉽게 할 수 있도록 Mathematica는 자동으로 데이터 집합을 다른 색으로 표시한다.

```
ListPlot[{{3, 5, 7, 9}, {1, 4, 9, 16, 25}}]
```

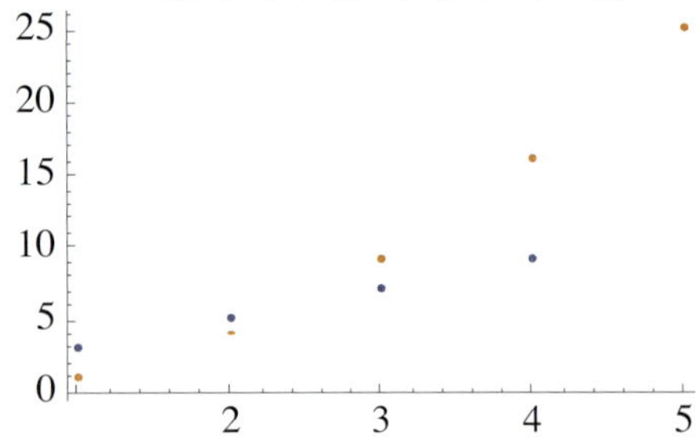

하위 목록을 변수로 나타내어 중첩된 목록을 대체한 각 변수로 구성할 수 있다. 다음 예는 세 개의 목록을 생성한 후, 그 목록을 각 변수에 할당하였다. 세 개의 목록은 변수 이름을 참조하여 하나의 목록으로 표시하고 그 목록을 그래프 명령의 전달인자로 입력하였다.

```
dataset1 = {1, 4, 9, 16, 25};
dataset2 = {3, 5, 7, 9};
dataset3 = {2, 5, 9, 14, 20};
ListLinePlot[{dataset1, dataset2, dataset3}]
```

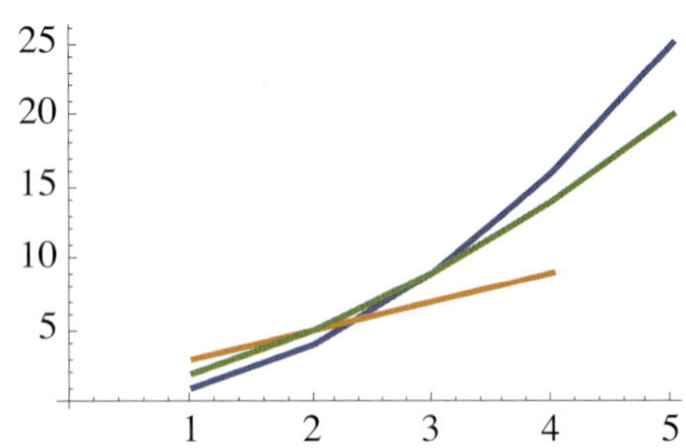

위의 예는 Mathematica에서 생성된 그래프의 자동 색상 지정의 또 다른 예이다. 그래픽의 기본 스타일은 아름다우면서도 알아보기 쉽도록 색상을 지정하지만, 자신이 좋아하는 색과 스타일 요소를 선택하여 그래픽을 사용자 정의 할 수 있다. 이와 관련된 더 자세한 내용은 **12장 그래픽의 스타일 지정 및 사용자 정의**에서 볼 수 있다.

많은 그래픽 명령은 여러 개의 함수, 데이터 집합 또는 곡면을 하나의 좌표에 그리기 위해 전달인자를 목록으로 사용한다. 하지만 때로는 일련의 개별 그래프를 만든 후 나중에 이를 결합하는 것이 유용할 때가 있다. **Show** 명령이 그런 경우 유용하게 사용된다. **Show**는 입력으로 여러 개의 그래픽을 가지며, 이를 결합하여 하나의 그래픽으로 출력한다. 다음의 예는 **Show**를 사용하여 **ListPlot**으로 데이터를 시각화하고 **Plot**으로 함수의 시각화를 결합한다.

Show[Plot[x^2, {x, 0, 5}], ListPlot[{1, 4, 9, 16, 25}]]

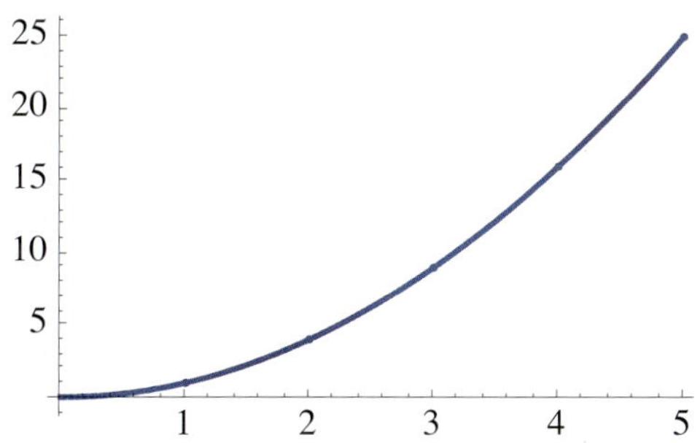

아마도 이제 다음 장에서 그래픽 옵션에 대한 설명이 나올 것이라 예상했을 것이다. 하지만 위의 예는 **ListPlot**에 의한 데이터 점의 색을 **Plot**에서 그려진 곡선의 색과 달리하면 매우 유용하다는 것을 나타내는 좋은 예이므로 옵션에 대해 살짝 짚고 넘어가 보자. **PlotStyle**이라는 옵션을 **ListPlot**에 추가하여 데이터 점을 빨간색으로, 그리고 점의 크기를 medium으로 변경하면 점을 더 눈에 띄게 만들 수 있다.

Show[Plot[x^2, {x, 0, 5}], ListPlot[{1, 4, 9, 16, 25}, PlotStyle → {Red, PointSize[Medium]}]]

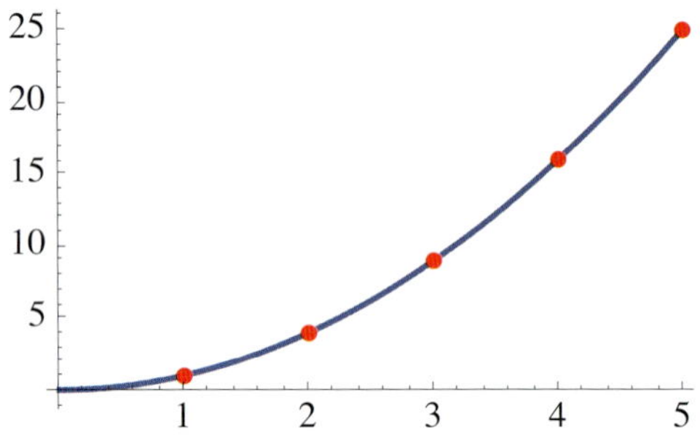

이차원 데이터의 시각화

지금까지의 예는 일차원 데이터 집합을 이용했지만, 일반적으로 대부분의 측정값은 이차원 데이터 집합으로 표현된다. Wolfram 언어의 데이터 시각화 명령은 일차원뿐만 아니라 다차원 데이터도 쉽게 다룰 수 있도록 설계되었다.

ListPlot과 같은 명령은 일차원의 목록을 주면 x값 1, 2,...에 해당하는 y값의 목록으로 가정한다. **ListPlot**은 좌표에 대한 높이의 값만 취하는 것이 아니라 순서쌍 (x, y)의 목록을 취하기도 한다. 다음 두 개의 예는 똑같은 결과를 출력한다.

ListPlot[{1, 4, 9, 16, 25}]

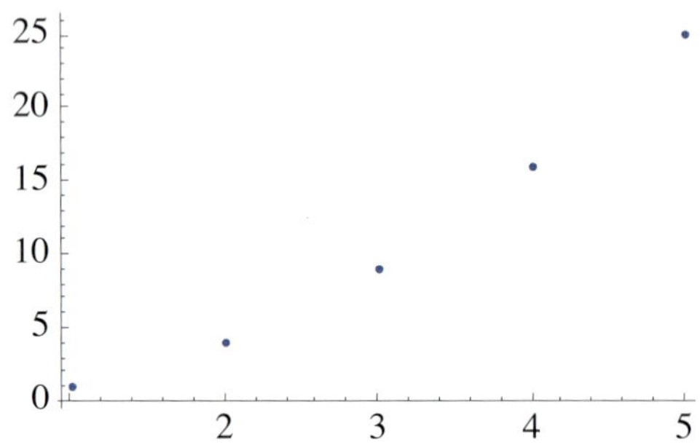

```
ListPlot[{{1, 1}, {2, 4}, {3, 9}, {4, 16}, {5, 25}}]
```

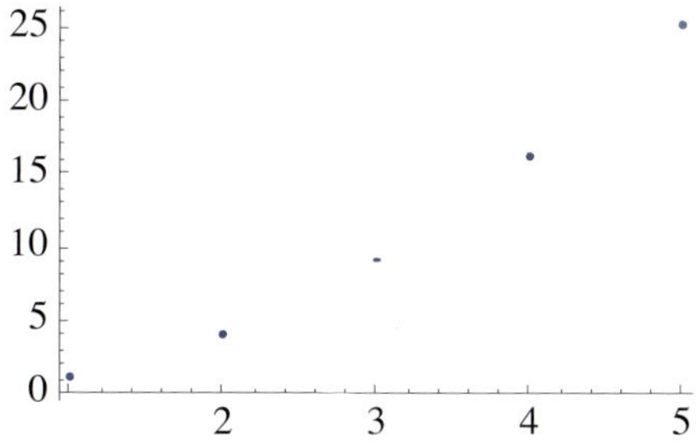

하지만 **ListPlot**의 더 상세한 형식은 (1, 1), (3, 9), (5, 25) 형식의 데이터 집합처럼 순차적이지 않은 데이터의 목록도 그래프로 나타낼 수 있다.

```
ListPlot[{{1, 1}, {3, 9}, {5, 25}}]
```

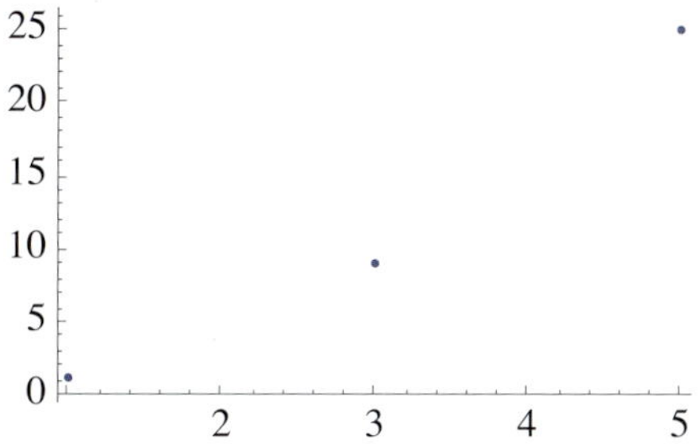

이전 부분에서 사용한 명령어 중에는 이 밖에도 **ListLinePlot**처럼 이차원 데이터 집합을 입력으로 취하는 것이 있다. 다음 예는 변수로 세 개의 데이터 집합을 저장한 뒤, 그 변수를 목록으로 하여 **ListLinePlot** 명령의 전달인자로 쓴 경우이다.

```
dataset1 = {{1, 1}, {2, 4}, {3, 9}, {4, 16}, {5, 25}};
dataset2 = {{1, 3}, {2, 5}, {3, 7}, {4, 9}};
dataset3 = {{1, 2}, {2, 5}, {3, 9}, {4, 14}, {5, 20}};
ListLinePlot[{dataset1, dataset2, dataset3}]
```

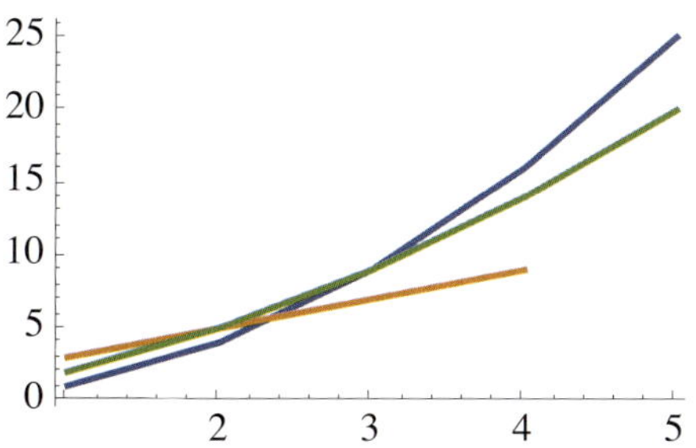

데이터 집합을 변수로 저장하지 않는다면, **ListLinePlot**의 전달인자로 목록을 입력할 때, 많은 양의 목록을 복사하여 붙여넣어야 하는데 이러한 작업은 많은 공간을 차지하며 입력 셀이 매우 길어지므로 번거로운 작업이 될 가능성이 있다.

다른 Wolfram 언어 함수와 마찬가지로, 데이터 시각화 명령은 **Manipulate**를 이용하여 데이터와 관련된 동작을 탐색하는 대화형 모델을 만들 수 있다. **Manipulate**의 사용은 데이터 집합의 값이 점차 증가함에 따라 그래프가 어떻게 그려지는지 살펴볼 수 있다. 다음 예에서, 5번째 소수가 11이므로 이것을 (5, 11)의 순서쌍으로 만들 듯, 정수 x의 값과 x번째 소수를 y 값으로 하여 나타내는 순서쌍의 목록이 어떻게 구성되는지 볼 수 있다. 참고로 소수를 찾는 명령은 **Prime**이다.

```
Manipulate[
  ListLinePlot[Table[{n, Prime[n]}, {n, 1, max, 1}], PlotRange → {{0, 50}, {0, 250}}],
  {max, 1, 50, 1}]
```

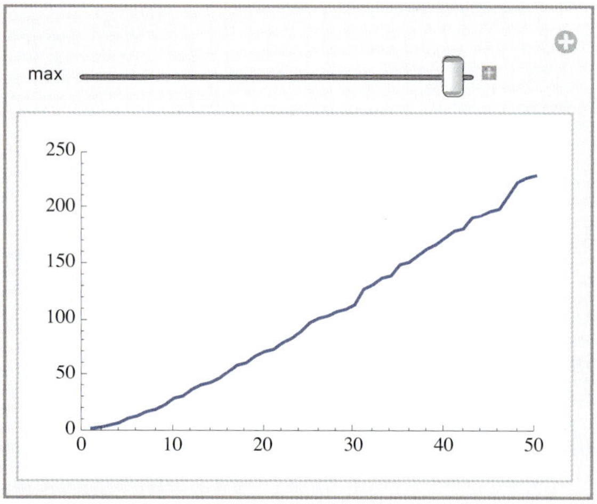

Manipulate 슬라이더의 오른쪽에 있는 더하기 아이콘을 클릭하면 애니메이션 제어기가 열린다. 애니메이션 제어기에 입력 필드가 포함되어 있어, 매개변수의 특정값을 입력할 수 있다. 미리 정의된 범위를 초과하는 값을 선택하면 슬라이더 막대가 빨간색으로 강조 표시되어, 제어기의 값이 범위를 초과하는 값임을 알려준다.

삼차원 데이터의 시각화

삼차원의 목록 및 데이터 집합의 시각화는 일차원과 이차원의 시각화만큼 간단하게 할 수 있다. 지금까지 살펴본 그래프 명령의 대부분은 **ListPlot**에 대응하는 명령인 **ListPlot3D**와 같이 삼차원용 명령을 가지고 있다.

여기서는 앞에서 사용한 데이터 집합보다 큰 데이터 집합을 사용하므로 다음의 예와 같이 데이터 집합의 예를 효율적으로 생성하는 **Table** 명령을 사용한다.

```
data3 =
    Table[
      N[Sin[x] Cos[y]],
      {x, -3, 3, 1},
      {y, -3, 3, 1}];
```

변수 **data3**의 값을 **ListPlot3D** 명령의 전달인자로 하여 다른 삼차원 객체와 마찬가지로 대화형 삼차원 곡면을 만들었다.

```
ListPlot3D[data3]
```

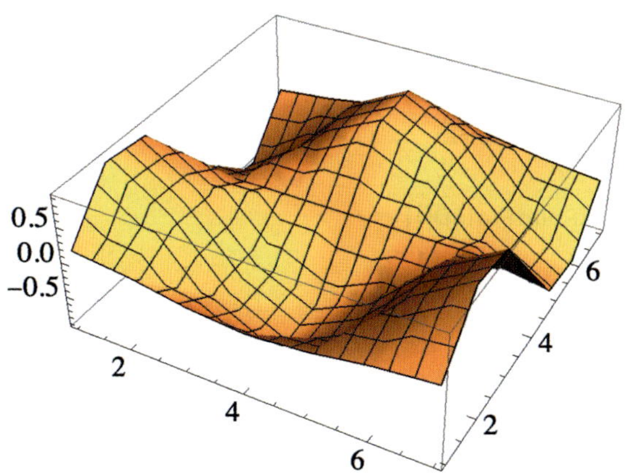

위의 그래프는 사용된 점의 개수가 매우 적기 때문에 그다지 매끄럽게 보이지 않는다. **data3**에 값을 할당한 **Table** 문의 폭을 1에서 0.1로 줄이면 렌더링 되는 점의 수가 늘어나므로 더 매끄러운 그래픽을 표시 할 수 있다.

이산점만 시각화하고 점과 점 사이를 연결하는 메시는 시각화하지 않으면 **ListPointPlot3D**를 사용할 수 있다. 각 점은 중첩된 하나의 목록의 요소이므로 같은 색이 적용된다.

```
ListPointPlot3D[data3]
```

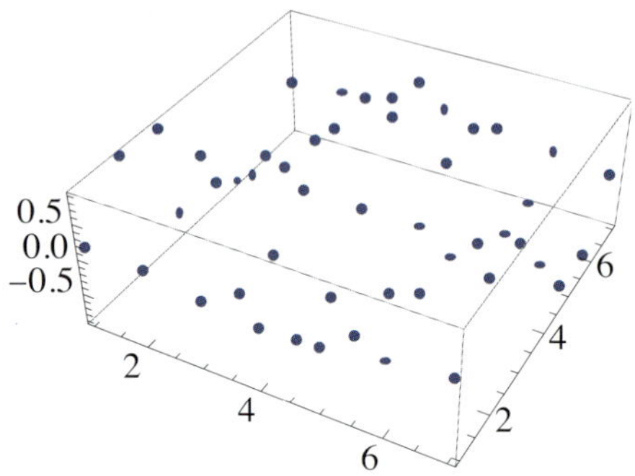

앞의 예에서 살펴본 것처럼 **Manipulate**를 사용하면 삼차원 데이터 그래프를 만드는 다양한 기능을 쉽게 비교할 수 있다. 이 장의 앞에서 사용한 **Table**의 예를 확장하여 데이터 집합의 폭을 지정하기 위한 네 번째 전달인자를 추가한다. 다음 예에서는 더 많은 점의 샘플을 사용하면 시각화가 어떻게 변하는지 확인할 수 있다.

```
Manipulate[
  func[Table[N[Sin[x] Cos[y], 10], {x, -3, 3, incr}, {y, -3, 3}]],
  {{incr, 1, "step size"}, 1, 0.05},
  {{func, ListPlot3D, "function"}, {ListPlot3D, ListPointPlot3D}}]
```

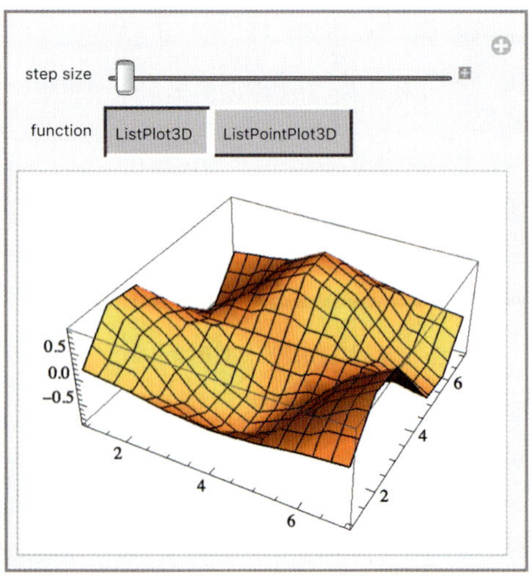

이 장의 첫 번째 절에서 만든 **Manipulate** 문은 목록을 그래프화할 때 사용할 변수 **data**를 **Initialization** 옵션을 사용하여 정의했다. 반면, 이 절의 **Manipulate** 문은 변수 정의를 사용하지 않는 대신 **Table** 함수를 사용하여 데이터 집합을 생성한다. 변수가 정의되어 있지 않기 때문에 이 **Manipulate** 문은 **Initialization** 옵션이 필요하지 않다.

행렬의 시각화

벡터와 행렬은 특별한 시각화 함수 **ArrayPlot**을 이용한다. 이 함수는 값이 클수록 어두운색의 사각형으로 배열을 그린다.

```
ArrayPlot[{{1, 2, 3, 4}, {5, 6, 7, 8}}]
```

MatrixPlot도 같은 논리에 따라 그려져 있다. 행렬의 요솟값의 위치가 그래프의 해당 위치의 색을 결정한다. 음수 값은 파란색 등의 차가운 계열로, 양수 값은 주황색 등의 따뜻한 계열의 색으로 표시하며, 값이 클수록 해당 위치의 색도 진해진다.

```
MatrixPlot[{{-10, -5, -1}, {2, 4, 6}, {20, 30, 40}}]
```

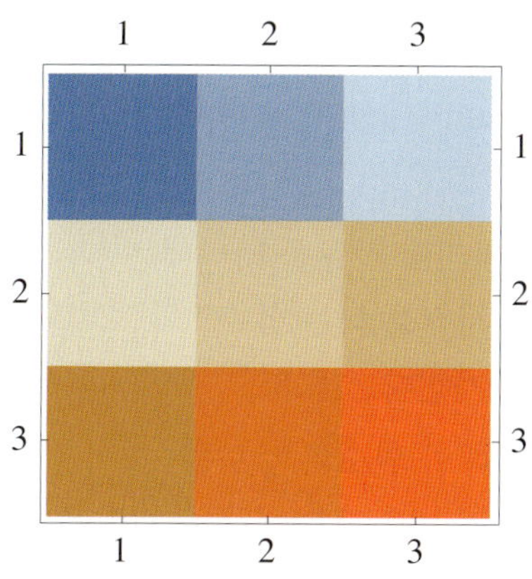

행렬값의 크기만 알아내는 것이 목적이라면, **ArrayPlot**이 좋은 선택이라 할 수 있다. 하지만, 값의 부호에 대해 아는 것도 중요한 사항이라면, 채색을 통해 추가적인 정보를 얻을 수 있는 **MatrixPlot**을 사용하는 것이 합리적인 선택이 될 것이다. 다음 예는 **RandomInteger**를 사용하여 -100부터 100까지의 정수 범위에서 25×25의 난수를 생성하여 행렬을 만들고, **ArrayPlot**과 **MatrixPlot**으로 같은 데이터 집합을 시각화하여 나란히 나타낸 것이다.

```
d = RandomInteger[{-100, 100}, {25, 25}];
{ArrayPlot[d, Frame → False], MatrixPlot[d, Frame → False]}
```

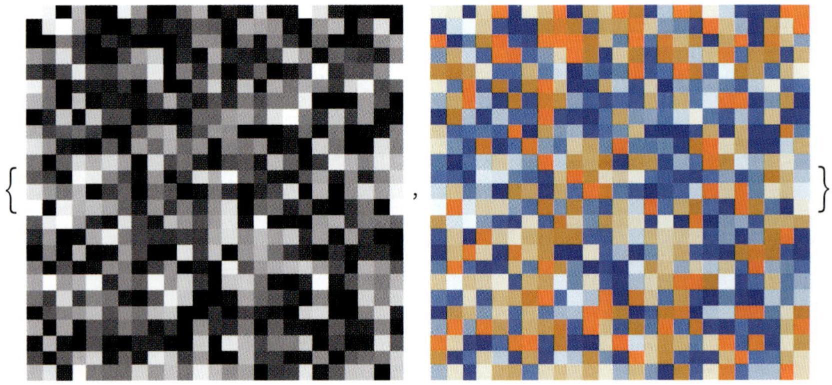

RandomInteger, **RandomReal**, **RandomPrime** 등은 난수 데이터 집합을 생성하는 이상적인 명령이다. **?*Random***를 평가하면 "Random"과 같은 문자열에 일치하는 명령과 기호의 목록을 얻을 수 있다.

지리 관련 그래픽

Mathematica는 도시, 국가 그리고 관심 영역을 강조하는 등 지리적 정보를 나타내는 그래픽을 생성할 수 있다. 함수 **GeoGraphics**는 특수 데이터를 시각화 하는 함수로 Mathematica로부터 접근 가능한 선별 자료와 밀접한 관계를 가진다.

다음 예는 **GeoPosition**을 이용하여 캘리포니아주의 산호세에 대한 위도와 경도를 표시하고 **GeoGraphics**를 사용하여 지도로 나타낸 것이다.

```
GeoGraphics[Point[GeoPosition[{37.2969, -121.819}]]]
```

지도의 점이 배경과 잘 구분되지 않는다. **GeoGraphics**는 옵션으로 지도의 점의 크기와 색을 바꿀 수 있다. 중괄호를 사용하여 {*color*, *size*, *geoposition*} 형식의 목록으로 생성한다.

```
GeoGraphics[{Purple, PointSize[Large], Point[GeoPosition[{37.2969, -121.819}]]}]
```

GeoGraphics의 목록에 여러 가지 위치를 지정할 수 있다. 다음은 캘리포니아의 도시인 샌프란시스코, 산호세, 오클랜드를 지도에 표시한 것이다.

```
GeoGraphics[{Red, PointSize[Large], Point[GeoPosition[{37.7699, -122.226}]],
    Point[GeoPosition[{37.2969, -121.819}]],
    Point[GeoPosition[{37.7599, -122.437}]]}]
```

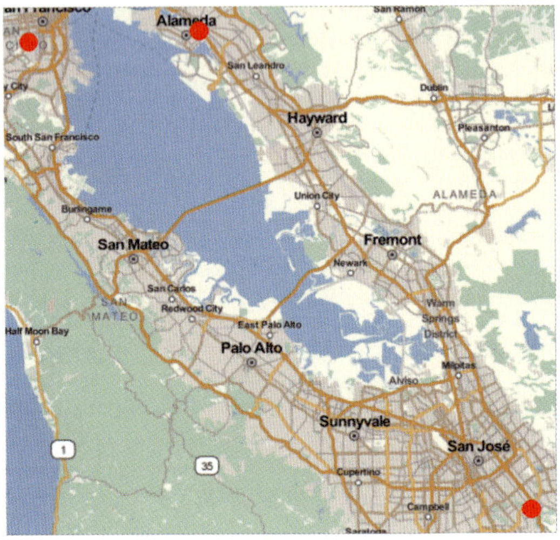

13장 그래픽 기본 요소를 이용한 다이어그램과 도형 생성하기에서 점이나 선과 같은 그래픽 기본 요소로 작업하는 방법을 소개할 것이다. 이러한 그래픽 기본 요소를 **GeoGraphics**와 함께 사용하여 사용자 정의 지도를 만들 수 있다.

데이터의 도표화

Wolfram 언어는 Mathematica에서 막대그래프, 원그래프, 버블 차트, 상자 수염 그림 그래프를 생성할 수 있는 유용한 여러 도표 명령을 가지고 있다. 게다가 이런 도표 함수는 그래프 위에 마우스 포인터를 놓으면 그에 해당하는 값을 나타내는 말풍선과 같은 추가적인 정보를 나타내는 기능을 포함하고 있다. 예를 들어 **BarChart**는 일차원 데이터 집합을 전달인자로 하여 막대의 길이가 다른 막대그래프를 만든다.

BarChart[{1, 4, 5, 2}]

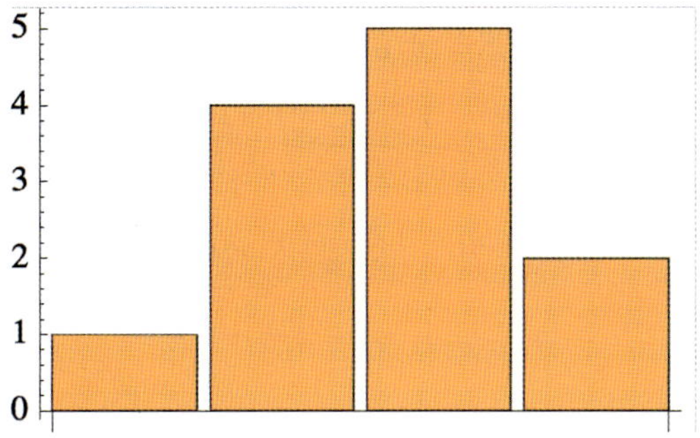

출력의 막대 위에 마우스 포인터를 놓으면 작은 말풍선 창이 그 막대의 높이 값을 목록으로 나타낸다. 이전 예는 막대가 많지도 않고 높이가 쉽게 확인되기 때문에 말풍선이 필요하지 않았지만, 다음 스크린 샷처럼 복잡한 막대그래프에서는 말풍선 기능이 매우 유용하다.

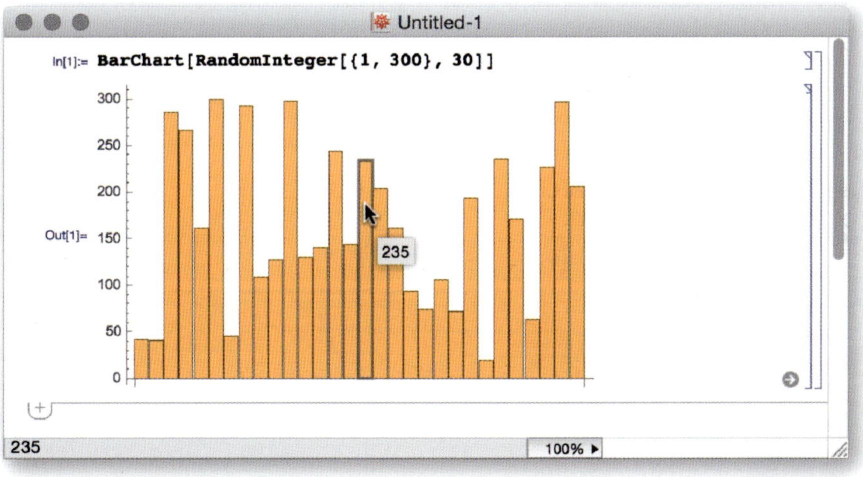

자유 형식 입력은 간단한 도표를 만드는 데도 이용할 수 있다. 자유 형식 입력은 차트 생성 초기의 좋은 출발점이 될 수는 있지만, 정교하고 복잡한 그래픽을 만들기 위해서는 Wolfram 언어를 직접 사용하는 것이 더 좋다.

BarChart는 중첩 목록의 사용이 가능하다. 각 하위 목록은 여러 데이터 집합에 해당하는 큰 목록의 요소로 사용된다. 다음 예에서 1, 3, 5, 7을 하나의 데이터 집합의 요소로, 2, 4, 6, 8을 또 다른 데이터 집합의 요소로 취급하였다. 그 결과, 홀수로 구성된 값과 짝수로 구성된 값이 다른 색으로 표시되었다.

```
BarChart[{{1, 2}, {3, 4}, {5, 6}, {7, 8}}]
```

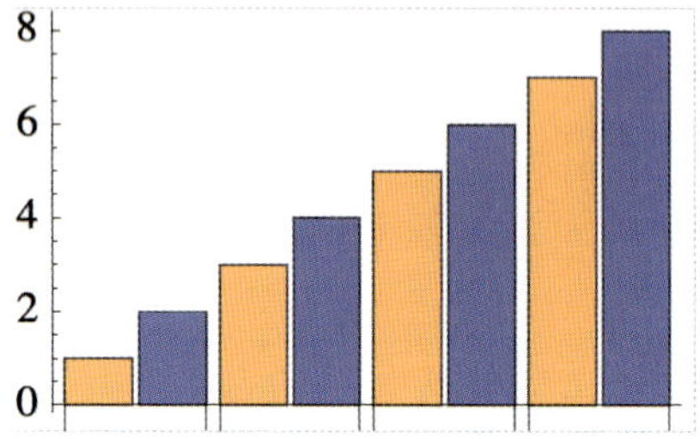

원그래프와 같은 다른 일반적인 도표 명령은 삼차원에도 사용할 수 있다. 앞의 예처럼 **Manipulate**를 사용하여 같은 데이터에 각기 다른 명령을 적용하면 어떻게 출력되는지 살펴 보자.

```
Manipulate[
  function[{{1, 2}, {3, 4}, {5, 6}, {7, 8}}],
  {function, {PieChart, PieChart3D, SectorChart, BarChart, BarChart3D}}]
```

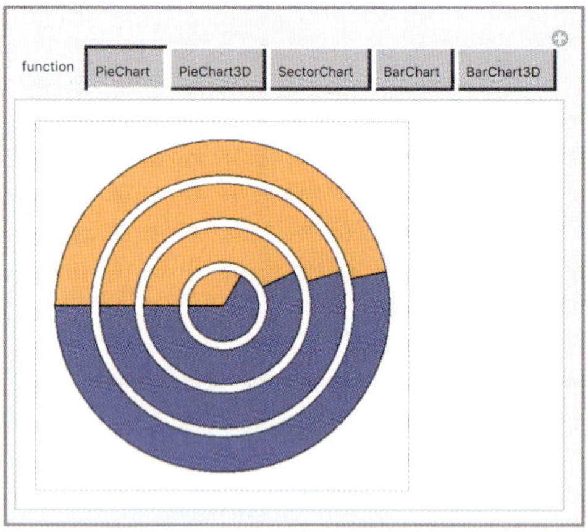

SectorChart3D는 왜 위 예의 목록에 없는지 궁금할 것이다. **SectorChart**는 두 개로 이루어진 순서쌍의 목록을 가져오지만, **SectorChart3D**는 세 개로 이루어진 목록을 가져오기 때문에 같은 데이터 집합을 이용할 수 없다. **PieChart**와 **BarChart** 그리고 그에 해당하는 삼차원 그래프는 여러 데이터 집합으로 사용하기 때문에 임의의 길이를 갖는 목록을 가져올 수 있다.

또 다른 일반적인 데이터 시각화 명령으로 **Histogram**이 있다. 이 명령은 값의 목록을 가져와서 값을 차례대로 저장하고 결과를 도표로 나타낸다. 지금까지의 다른 도표 명령과 마찬가지로 히스토그램은 막대 위에 마우스 포인터를 두면 그 값을 표시하는 말풍선이 나타난다.

```
Histogram[{1, 2, 2, 3, 3, 3, 4, 4, 4, 4, 5, 5, 5, 5, 5}]
```

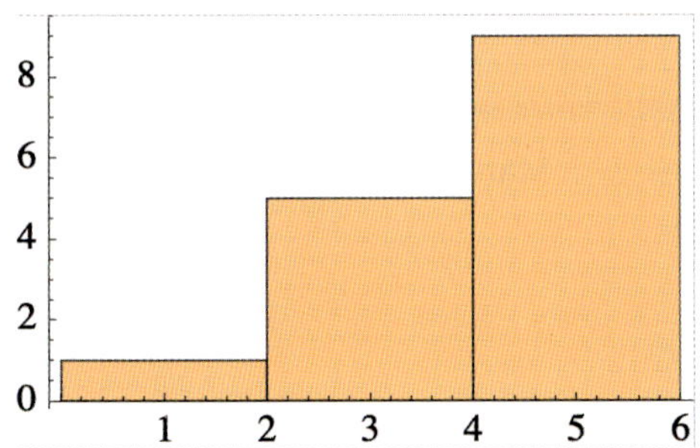

Histogram은 두 번째 전달인자가 없으면 자동으로 폭을 제어한다. 다음 예는 1부터 6까지 3씩 증가시켜 도표를 그린 것이다.

```
Histogram[{1, 2, 2, 3, 3, 3, 4, 4, 4, 4, 5, 5, 5, 5, 5}, 3]
```

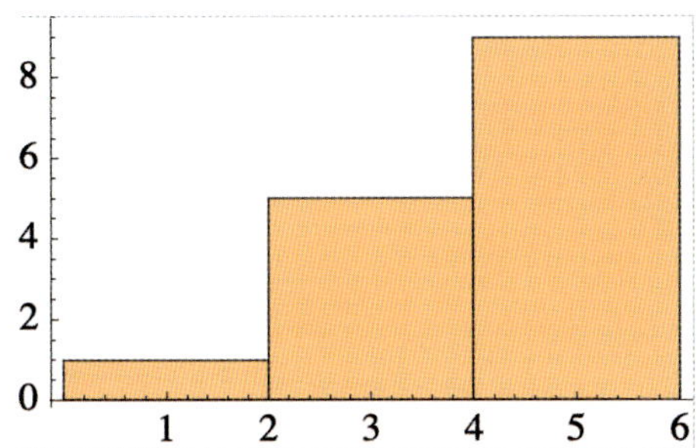

막대의 폭이 똑같을 필요는 없다. 다음 예는 1부터 3, 3부터 4, 4부터 6까지 각기 다른 폭을 사용한다. 결과를 시각화하면 각기 다른 크기의 직사각형을 가진 고르지 못한 막대의 크기를 볼 수 있다.

```
Histogram[{1, 2, 2, 3, 3, 3, 4, 4, 4, 4, 5, 5, 5, 5, 5}, {{1, 3, 4, 6}}]
```

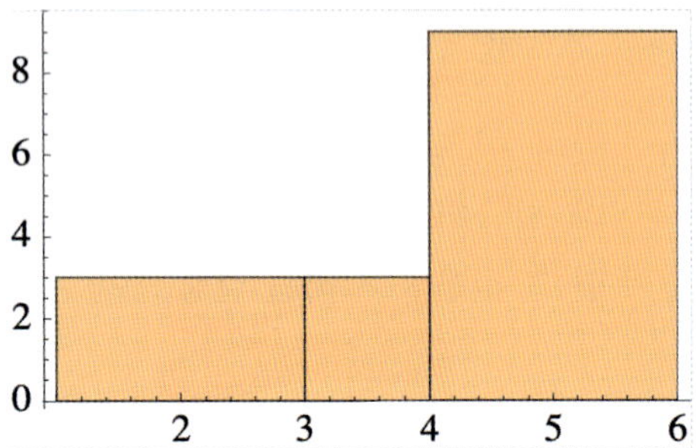

히스토그램의 폭 조정을 위해 **Manipulate**를 사용할 수 있다. **Manipulate**는 최적의 막대 폭을 예측하기 곤란한 큰 데이터 집합을 처리할 때 유용하다.

히스토그램과 마찬가지로 **WordCloud**는 가장 일반적인 요소의 목록을 시각화하는데 사용하는 함수이다. **WordCloud**는 모든 유형의 요소 목록을 가지고 각각의 요소가 목록에 나타나는 횟수에 따라 그 크기를 결정하여 표시한다. 가장 많이 나타나는 요소는 크게, 많이 나타나지 않는 요소는 작게 표시한다.

다음 예에서 변수 **cloudNum**은 10까지의 정수에 대한 난수 목록을 저장한 것이다.

```
cloudNum = RandomInteger[{1, 10}, 10]
```

```
{6, 9, 6, 3, 7, 2, 5, 10, 7, 3}
```

```
WordCloud[cloudNum]
```

> **WordCloud**는 어떠한 종류의 식을 포함하는 목록에도 사용할 수 있지만, 문자열이 포함된 목록에서 가장 자주 사용된다. 스프레드시트와 같은 텍스트 처리와 시각화에 대해 관심이 있다면 **19장 데이터 가져오기와 내보내기**를 반드시 읽어보기 바란다.

마지막으로 소개할 도표 명령은 **BoxWhiskerChart**이다. 이 명령은 도표의 각 막대 위에 마우스 포인터를 놓으면 데이터 집합의 최솟값, 25% 분위수, 중간값, 75% 분위수 그리고 최댓값을 말풍선에 나타낸다. 이런 유형의 시각화는 별도 측정 연산을 할 필요가 없다. 다음 예는 **RandomInteger**를 이용하여 0부터 10 사이의 정수의 난수로 10개의 행과 열의 데이터 집합을 구성하고, 상자 수염 그림을 사용해 결과를 시각화하였다.

```
BoxWhiskerChart[RandomInteger[{0, 10}, {10, 10}]]
```

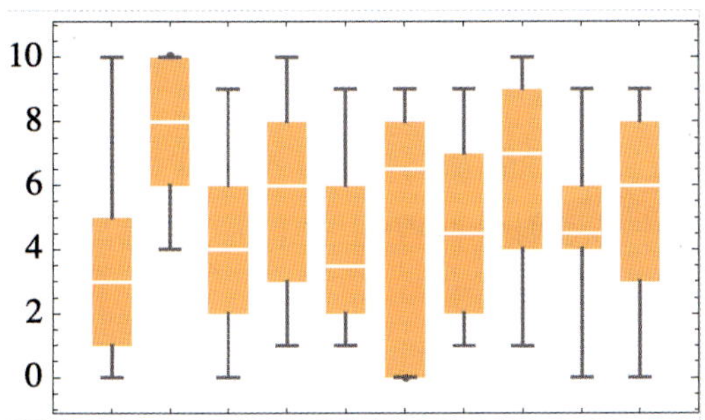

Clear를 사용하여 이 장에서 사용된 모든 변수의 값과 함수의 정의를 삭제한다.

```
Clear[data, dataset1, dataset2, dataset3, data3, d, cloudNum]
```

정리

Wolfram 언어는 간단한 막대그래프에서부터 산점도의 시각화 그리고 데이터 집합에 의한 삼차원 곡면 그래프에 이르기까지 프로젝트를 위한 여러 데이터 시각화 명령을 포함하고 있다. 모든 함수의 공통된 특징은 Wolfram 언어의 일관된 설계로 하나의 데이터 집합에 다양한 시각화 명령을 적용하여 목적에 필요한 특정 그래픽 출력을 만들 수 있다는 것이다. 대화형 동작, 말풍선, 통곗값의 자동 연산과 같은 데이터 시각화 명령의 동적 요소는 Mathematica가 데이터 시각화 작업에 이상적인 플랫폼임을 보여준다.

연습 문제

1. 자유 형식 입력을 이용하여 데이터 집합 {1, 6, 10, 13, 15}를 시각화하여라.
2. 연습 문제 1을 Wolfram 언어 표현을 이용하여 각 점의 연결선과 채우기를 없애고 데이터 집합의 점만 시각화하여 좌표의 축을 원점 (0, 0)으로 하여라.
3. {{0, 0}, {1, 1}, {2, 3}, {3, 6}, {5, 15}}로 변수 **res1**를 정의하고, {{0, 3}, {1, 7}, {2, 10}, {3, 13}, {4, 15}, {5, 16}}으로 변수 **res2**를 정의하여라. 그리고 할당한 변수를 함께 출력한 다음 Wolfram 언어로 두 데이터 집합을 시각화하는 단일 그래프를 그려라.
4. Wolfram 언어의 **Manipulate**를 이용하여 데이터 집합 {{1, 1}, {2, i}, {3, 10}}을 시각화하여라. 이때 i는 1부터 15까지 변화한다. 그리고 옵션을 이용하여 그래프의 범위를 0부터 20까지 나타나도록 하여라.
5. Wolfram 언어를 이용하여 i가 −50부터 50의 범위일 때, $i^3 - i^2 + 1$의 형식의 데이터 집합을 변수 **points17**로 정의하고, 할당된 변수를 출력하여 Wolfram 언어 명령으로 각 점을 시각화하여라.

6. Wolfram 언어를 사용하여 −10부터 10까지 범위의 a와 b에 대한 $\cos(a) + \sin(b)$ 형식의 데이터 집합을 변수 **points21**로 정의하고 할당된 변수를 출력하여라. 그리고 Wolfram 언어 명령을 이용하여 그래픽의 메시를 제거하는 옵션을 추가하여 데이터 집합의 점을 시각화하여라.

7. 점의 데이터 집합을 작성하는 폭을 0.1로 바꾸어 연습 문제 6을 다시 풀어보아라. 데이터의 수가 10배로 증가하고 데이터 집합이 시각화될 때 그래픽이 더 매끄럽게 나타나는지 확인하여라.

8. 데이터 집합 {1, 6, 10, 13, 15, 25}를 시각화하는 히스토그램을 만들고 폭을 12로 지정하여라.

9. 연습 문제 8의 데이터 집합을 이용하여, 값을 1부터 5, 5부터 15, 15부터 30까지 폭으로 저장하여라.

10. **ThermometerGauge**와 **Manipulate** 명령을 이용하여 $6x$ 표현을 계측기로 시각화하여라. 계측기의 범위의 값은 0부터 20까지로, x는 1부터 3까지 0.1 단위로 생성하여라.

12장

그래픽의 스타일 지정 및 사용자 정의

소개

지금까지 소개한 대부분의 그래픽은 결과의 스타일 지정에 Mathematica의 기본 옵션을 사용했다. 이처럼 기본 스타일도 편리하고 유용하지만, 그래픽에 따라 정보나 특징을 강조하고, 스타일 지침을 맞추기 위해 어느 정도의 사용자 정의가 필요할 수 있다. 이 장에서는 색, 테마, 눈금, 라벨, 테두리, 범위의 변경이나 범례, 격자, 채우기, 질감의 추가를 포함한 그래픽의 사용자 지정 방법에 관해 설명한다.

그래픽의 옵션 이용하기

Mathematica에서는 결과의 모양을 상당히 자유롭게 제어 할 수 있다. 이러한 제어는 명령에 옵션을 전달인자로 추가하여 얻을 수 있다. 옵션은 색, 테마, 스타일 요소의 변경 등 결과의 동작을 제어하기 위해 사용할 수 있다.

예를 들어, 다음과 같이 sin(x)의 그래프를 0부터 2π까지 기본 보기로 그려 보자.

```
Plot[Sin[x], {x, 0, 2 π}]
```

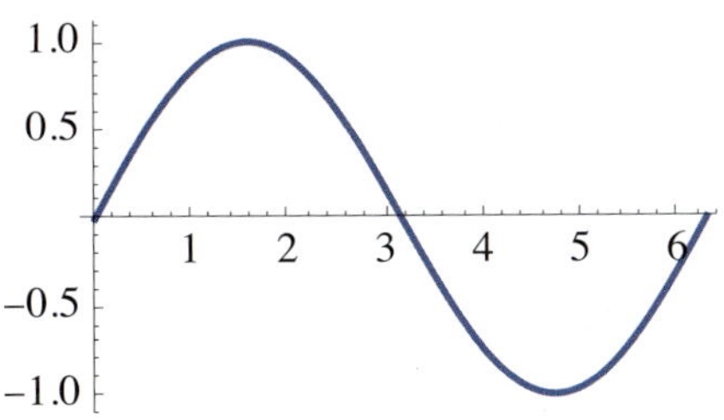

PlotTheme 등의 옵션을 사용하여 기본색을 변경할 수 있다. 옵션은 명령어 구문에 추가로 입력하여 사용하며, 쉼표로 다른 전달인자와 구분한다. 옵션은 **OptionName→OptionValue**의 형식을 취한다. 다음 예에서는 그래프의 모양에 과학적 테마를 적용하였다.

```
Plot[Sin[x], {x, 0, 2 π}, PlotTheme → "Scientific"]
```

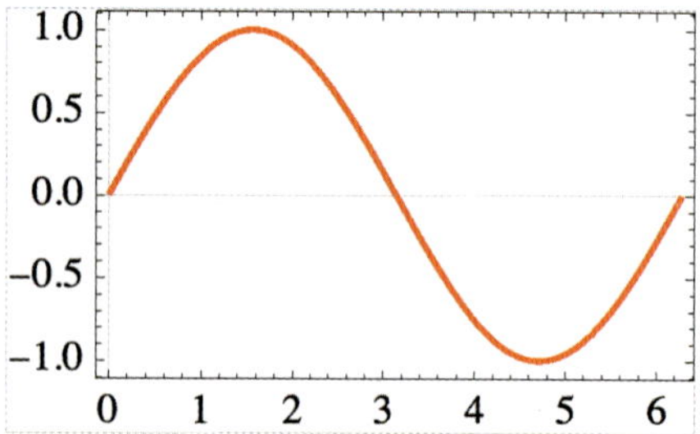

위의 명령어를 입력하면 다양한 형태의 그래프 테마에 대해 시각적인 목록이 제시된다. Mathematica의 코드 완성 도우미(Code Assistance) 기능은 옵션값의 자동보완까지 확장되어 있기 때문에 그래프나 다른 유형의 명령에 옵션을 추가할 때 매우 편리하다.

하나의 명령에 여러 옵션을 사용할 수 있다. 예를 들어, 곡선의 모양을 변경하는 옵션 **PlotStyle**을 사용하여 그래프 테마로 선정된 기본색 대신에 보라색을 지정할 수 있다. 그래프에 여러 옵션을 추가하려면, 쉼표로 구분한다.

```
Plot[Sin[x], {x, 0, 2 π}, PlotTheme → "Scientific",
  PlotStyle → Purple]
```

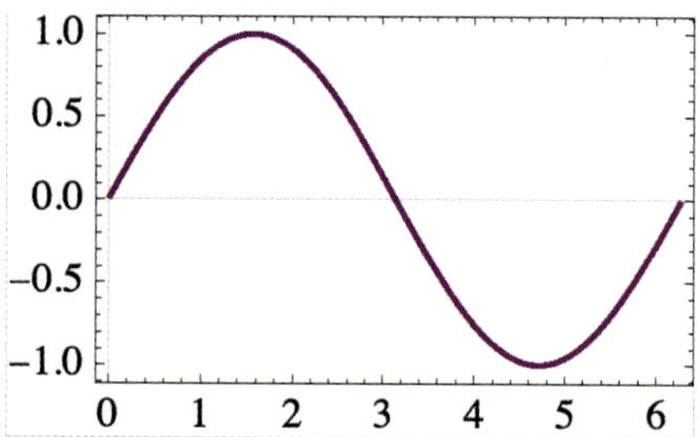

PlotTheme의 옵션 설정은 문자열 **"Scientific"**으로 주어지지만, **PlotStyle**은 이와 다른 **Purple**이 주어진 이유가 궁금할 것이다. 옵션 설정이 명칭일 경우에는 문자열 형식으로 제공되지만, **Purple**처럼 단어 자체로 의미를 나타내는 기호일 수도 있다. 입력 셀에 **Purple**을 넣어 평가해 보면, 그 출력 결과는 보라색을 나타내는 RGB 값이고, **Purple**이 기호임을 확인할 수 있다.

두 번째 옵션은 **PlotStyle**로 색 지정을 변경했지만, 그래프 주위의 테두리 등 **PlotTheme**의 다른 요소는 그대로 유지되는 점에 주목하기 바란다. 여기에 채우기 및 그래프 라벨 등 더 많은 옵션을 추가하여 사용할 수 있다.

```
Plot[Sin[x], {x, 0, 2 π}, PlotTheme → "Scientific",
  PlotStyle → Purple, Filling → Bottom, PlotLabel → "my plot of sin(x)"]
```

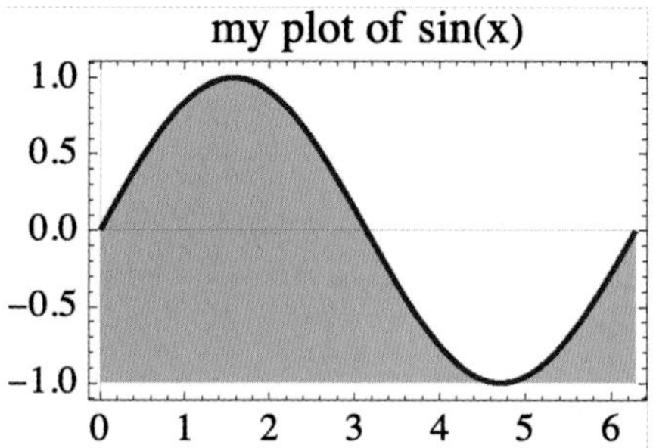

하나의 명령에 다수의 옵션을 추가하려면, 옵션마다 줄 바꿈을 하거나 옵션의 그룹마다 줄 바꿈을 하면 알아보기 쉽다. 이러한 방법의 사용은 개인의 취향 문제이다. Mathematica는 입력 셀에 있는 공백을 무시하므로 자신의 취향에 맞추어 코드의 형식을 자유롭게 할 수 있다.

옵션 중에는 여러 전달인자를 취하는 것도 있다. 이 경우 전달인자는 목록으로 입력해야 한다. 예를 들어, **PlotStyle**에서 사용자가 하나의 명령으로 색, 선의 굵기, 선의 종류 등 다양한 스타일 제어를 지정할 수 있다. 원하는 옵션값은 중괄호로 둘러싸인 목록 형식으로 만든다.

```
Plot[Sin[x], {x, 0, 2 π}, PlotTheme → "Scientific",
  PlotStyle → {Purple, Thick, Dashed}, Filling → Bottom, PlotLabel → "my plot of sin(x)"]
```

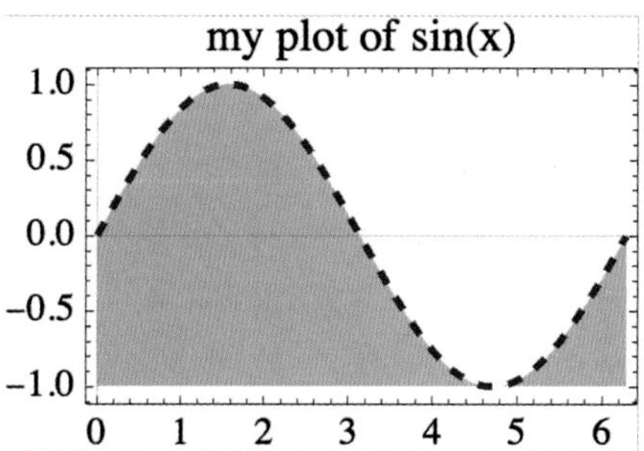

> **Purple**과 마찬가지로, **Dashed**와 **Thick** 역시 기호이며, 입력 셀에서 이들을 평가하면 그 내부 구조를 알 수 있다. 이 장에서는 색, 선의 굵기 그리고 선의 스타일 선택법과 고급 사용자 정의 방법도 설명한다.

자유 형식 입력으로도 제한적이긴 하지만 옵션 지정을 할 수 있다. 다음 예는 자유 형식 입력을 이용하여 그래프의 보기를 조정한 것이다.

plot sin(x) with thick, red dashing »

Result

```
Show[Plot[Sin[x], {x, -6.6, 6.6},
    PlotStyle -> Directive[Thick, Red, Dashing[Medium]]]]
```

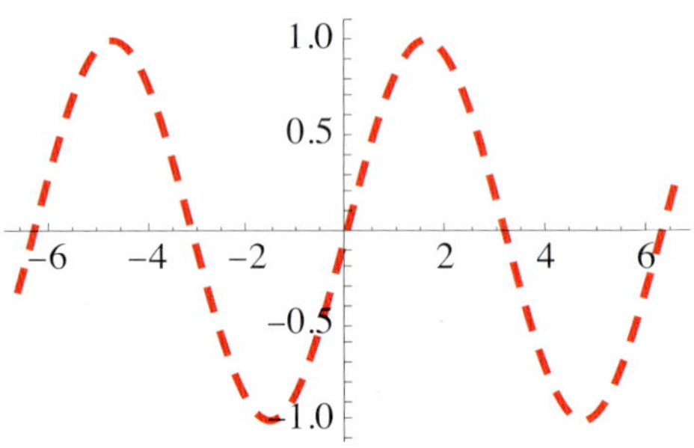

> 자유 형식 입력으로 모든 옵션을 지정 수 있는 것은 아니지만, 색이나 선의 스타일 등 간단한 조정은 가능하다. 물론, 특정 Wolfram 언어 옵션 이름에 대한 구문을 알고 있다면 그 옵션을 직접 사용하는 것이 더 좋은 방법이다.

그래픽에 옵션을 적용하는 방법은 여러 가지가 있지만, 이 장에서는 제안 막대(Suggestions Bar)를 사용한 대화형 사용자 정의, 그리기 도구를 사용한 대화형 사용자 정의, 도우미 팔레트를 사용한 옵션 서식 생성, 그리고 Wolfram 언어 명령을 사용한 옵션의 직접 사용의 네 가지 방법에 관해 설명한다.

제안 막대(Suggestions Bar)를 이용한 대화형 사용자 정의

앞장에서 소개한 것처럼 제안 막대는 어떤 조작이 완료되면 다음에 적용 가능한 명령을 자동으로 제안한다. 출력에 그래픽이 포함되는 경우 제안 막대는 테두리의 추가, 축의 변경, 그래프 자체의 스타일 변경 등의 일반적인 스타일 지정 옵션을 제안한다.

그래프에서 자주 사용되는 옵션은 동시에 여러 스타일 요소를 변경하는 **PlotTheme**이다. 그래프 테마의 변경은 그래프의 출력을 선택할 때, 제안 막대에서 자주 제시되는 것 중 하나이다. 제안 막대의 목록에 있는 "theme..."을 클릭하면 **PlotTheme**의 다양한 설정과 미리 보기가 나타난다. 이중에 원하는 것을 선택하고 Done을 클릭하면 해당 옵션이 적용되며 Wolfram 언어의 구문이 표시된다.

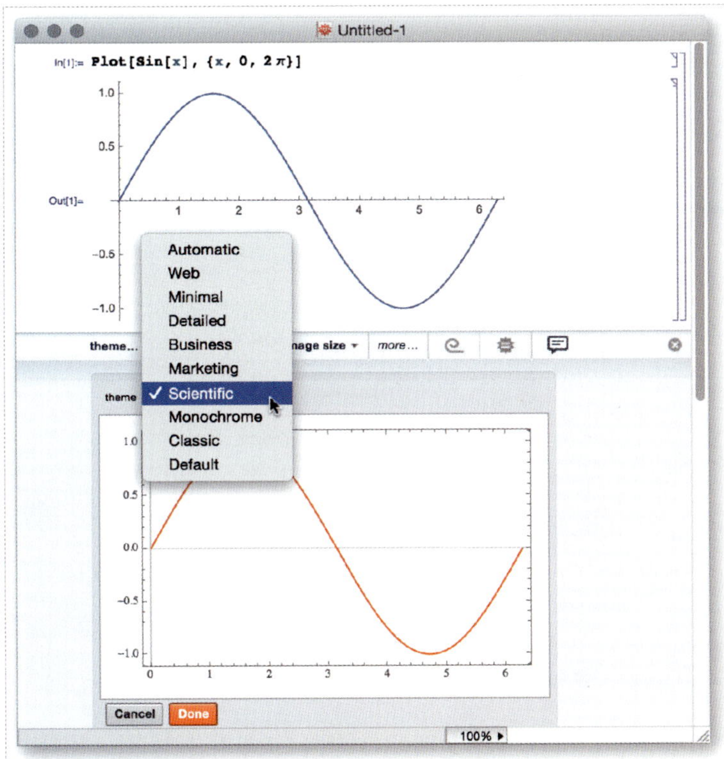

제안 막대의 제안 중에는 라벨과 같은 요소를 추가하기 위한 대화형 메뉴를 여는 것도 있으며, 축과 배경색 변경, 크기 조정, 곡선의 굵기와 선의 종류 변경 등의 선택을 표시하는 것도 있다.

제안 막대(Suggestions Bar)에서 그래픽 옵션을 적용하면 **Show** 명령과 %를 사용한 새로운 셀이 생성된다. 일련의 입출력이 작성된 후에, 제안 막대의 오른쪽에 있는 입력을 결합하는 아이콘을 클릭하면, 모든 옵션을 적용한 상태에서 입력을 하나의 셀에 통합 할 수 있다.

그리기 도구를 이용한 대화형 사용자 정의

포인트 앤 클릭을 선호하는 사용자에게 **그리기 도구(Drawing Tools)** 팔레트는 그래픽의 사용자 정의를 위한 훌륭한 인터페이스가 될 것이다. **그래픽(Graphics)** 메뉴에서 **그리기 도구**를 선택하면 색과 선의 굵기 등 기존의 그래픽을 변경 할 수 있는 다양한 버튼이 있는 팔레트가 열린다.

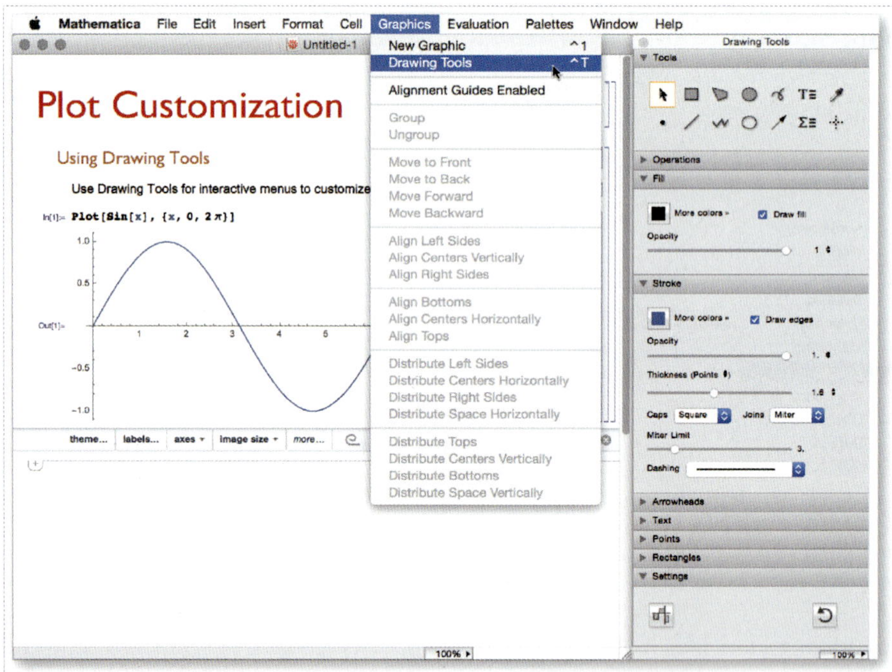

기존의 그래픽을 편집하려면 먼저 편집할 그래픽을 선택해야 한다. 그래픽을 한 번 클릭하면 크기를 조정할 수 있는 사각형 표시가 붙은 주황색 테두리를 두른 상자가 나타나며, 그래픽을 두 번 클릭하면 편집하려는 그래픽이 선택된다. 이처럼 그래픽을 두 번 클릭해야만 곡선 자체에 대한 편집이 가능하다.

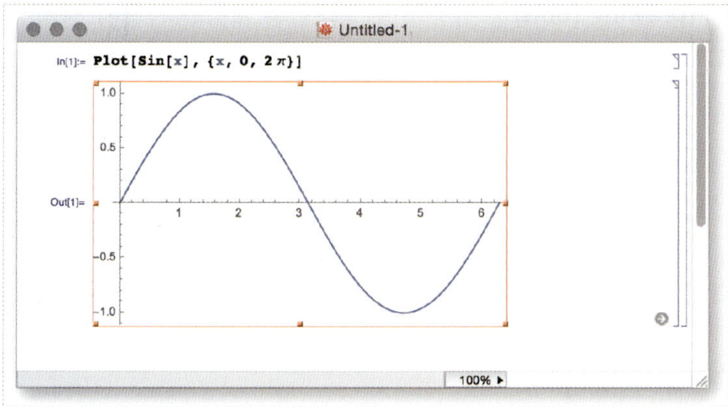

그래픽을 한번 클릭하면 전체 그래픽을 둘러싸는 주황색 테두리 상자가 나타난다.

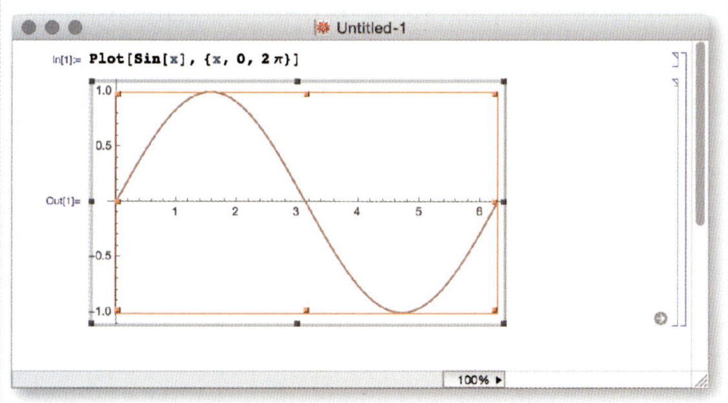

그래픽을 두 번 클릭하면 선택한 그래픽을 둘러싸서 강조 표시한 주황색과 회색의 경계 상자가 나타난다.

그래픽은 반드시 두 번 클릭해야만 편집 할 수 있다면 한 번 클릭이 필요한 이유는 무엇일까? 두 번 클릭하면 **그리기 도구(Drawing Tools)**를 사용한 사용자 정의를 포함하는 편집이 가능하지만, 그래픽 안의 곡선이나 개체를 뜻하지 않게 움직여서 원래의 방정식에 대응하지 않게 될 가능성이 있다. 한 번의 클릭으로는 개별 요소가 아닌 그래픽 전체가 선택되기 때문에, 그래픽을 원래의 위치에서 실수로 움직여 버리는 일이 발생하지 않는다. 그러므로, 복사 및 붙여넣기 할 때는 한 번 클릭, 요소의 편집은 두 번 클릭하기를 기억해두면 좋을 것이다.

그래픽을 선택한 후 **그리기 도구(Drawing Tools)**를 사용하여 그래픽의 모양을 사용자 정의할 수 있다. 예를 들어, **선 그리기 설정**(Stroke) 도구를 사용하면 색, 불투명도, 굵기, 점선 및 파선을 변경할 수 있다.

Plot[Sin[x], {x, 0, 2 π}]

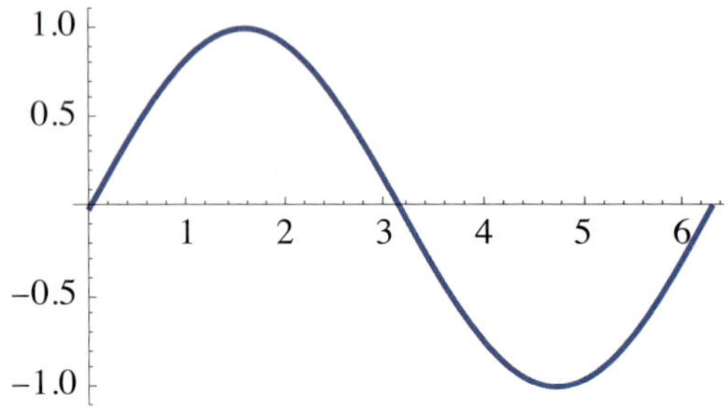

그리기 도구 팔레트를 이용하여 위의 그래프를 보라색의 굵은 점선으로 바꾸어 보자. 그 결과는 다음의 스크린샷과 비슷하게 나타날 것이다.

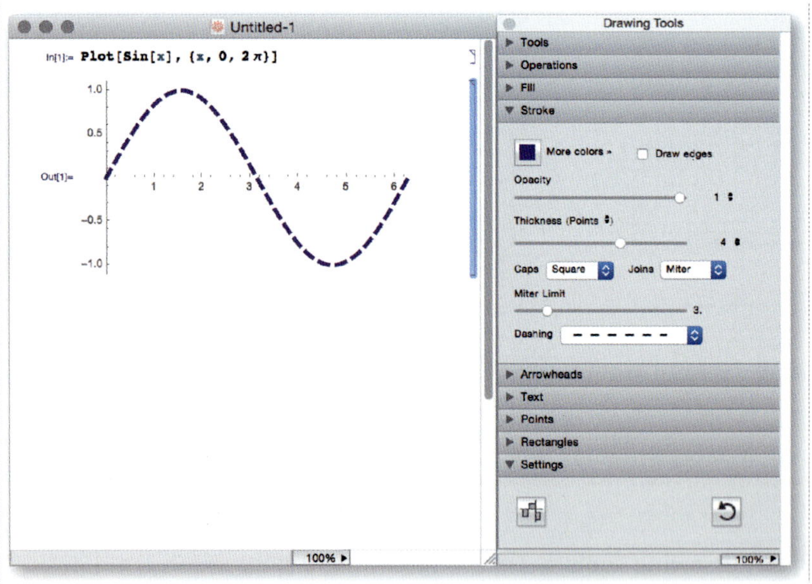

편집한 그래픽을 선택하여 **그리기 도구**의 **설정**(Settings) 부분에 있는 복귀(reset) 버튼을 클릭하면 그래픽을 기존의 모양으로 되돌릴 수 있다. 이 기능은 선의 굵기 등 변경된 설정은 그대로 남겨둔 채로, 같은 그래픽에 새로운 요소를 추가 적용할 때 특히 유용하다. 이 경우, 새로 추가된 구성 요소를 선택하고 복귀 버튼을 클릭하면 기본 설정이 적용되어 사용자 지정된 점선 등의 설정이 무효화 된다.

그리기 도구(Drawing Tools) 대신 제안 막대(Suggestions Bar)를 사용하면 어떤 장점이 있을까? 제안 막대의 한 가지 장점은 **그리기 도구**에서는 볼 수 없는 적용할 옵션에 대한 Wolfram 언어 구문이 출력된다는 점을 꼽을 수 있다.

그리기 도구는 그래픽을 편집할 때뿐만 아니라 그래픽에 다른 그래픽 또는 텍스트 구성 요소를 추가할 때도 사용할 수 있다. 이 기능은 그래픽에 화살표, 설명, 수학적 조판 등의 주석을 대화형으로 추가 할 수 있어, 유인물, 보고서, 출판용 간행물의 그래픽을 작성하기 매우 편리하다. 다음의 예는 **그리기 도구**를 사용하여 작성한 화살표와 텍스트 요소의 주석이 포함된 그래프이다.

```
Plot[Sin[x], {x, -2 π, 2 π}]
```

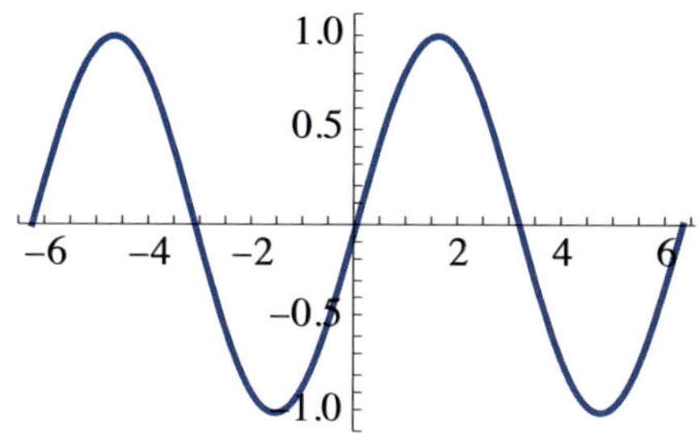

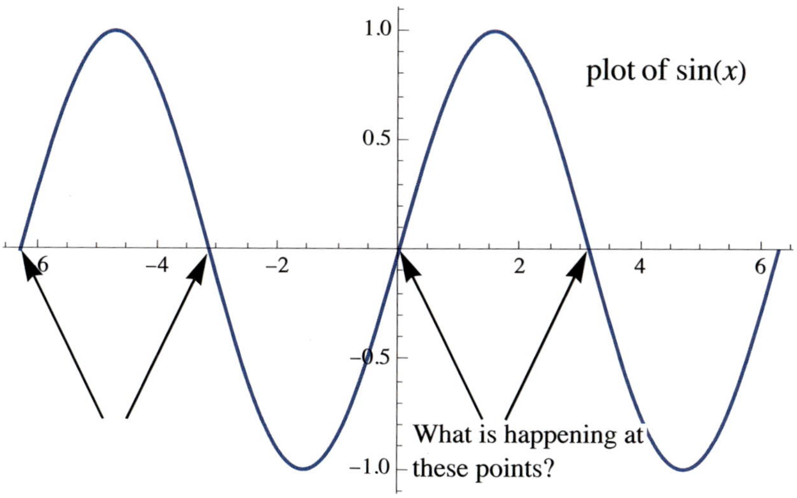

그리기 도구(Drawing Tools)는 다이어그램이나 차트 전체를 만드는 데 사용할 수 있다. 새로운 그래픽을 만들려면 **그래픽(Graphics)** 메뉴에서 **새로운 그래픽(New Graphic)**을 선택하고 빈 그리기 공간을 만든다. 필요에 따라 캔버스 크기를 변경하고 **그리기 도구**를 사용하여 구성 요소를 추가하고 편집한다. 다음은 **그리기 도구**를 사용하여 만든 다이어그램의 예이다.

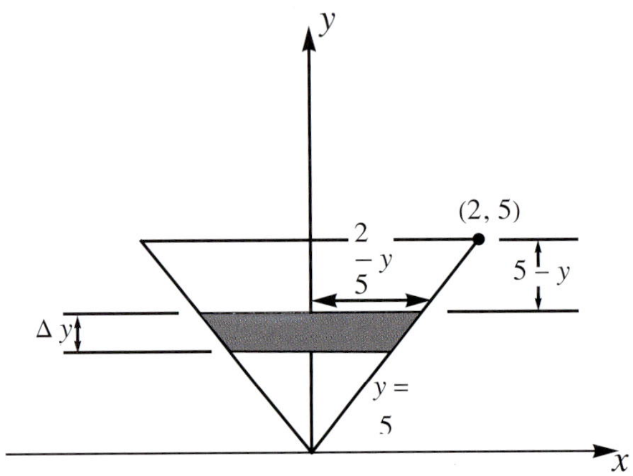

새로운 그림에 선을 그릴 때는 Shift 키를 누른 상태에서 드래그하면 깨끗한 직선을 그릴 수 있다. 개체를 드래그할 때 나타나는 파란색 선에 주의하자. 이 선은 정렬 보 조선으로, 구성 요소를 정렬하고 중심에 두거나, 다시 정렬하는 데 도움이 된다. 정렬 보조선이 표시되지 않으면 **그리기 도구**의 **설정**(Settings) 부분을 열고, 왼쪽의 정렬 보조선 버튼을 클릭하면 이 기능을 사용할 수 있다.

그리기 도구로 추가된 각 구성 요소는 모두 개별적으로 선택해서 편집, 이동 및 삭제가 가능하다. 이것은 기존 그림의 요소를 변경하거나 새로운 요소를 추가하여 기존의 그래프를 편집할 때 사용하면 유용하다.

구성 요소 간의 거리가 너무 가까워 각각의 요소를 선택하기 어려운 경우, 우선 다른 구성 요소를 선택하고 **작업**(Operations) 부분의 도구를 사용하여 그것을 뒤로 보낸다. 그러면 층이 정렬되어, 선택하고 싶은 구성 요소가 전면에 배치되어 선택이 쉬워진다.

도우미 팔레트를 이용한 옵션 서식

지금까지 제안 막대(Suggestions Bar)와 **그리기 도구(Drawing Tools)**를 사용하여 그래픽에 옵션을 적용하는 방법을 몇 가지 예를 통해 알아보았다. 이 외에도 팔레트를 사용하여 옵션 서식을 작성하는 방법이 있다. 팔레트의 사용은 자유 형식 입력과 Wolfram 언어 명령을 직접 입력하여 사용하는 것 사이의 중간 단계와 같다고 할 수 있다. 즉, **그리기 도구**의 대화형 편집 기능의 사용에서 옵션을 직접 적용하여 세부적인 제어를 하는 단계로 발전해 가는 중간 역할을 수행한다.

그래프는 **기본 수학 입력 도우미(Basic Math Assistant)** 팔레트 또는 **수업 도우미(Classroom Assistant)** 팔레트를 사용해 간단하게 사용자 정의할 수 있다. 먼저 그래프를 생성하고, 그래프의 명령어를 포함한 셀에 커서를 두고, 팔레트의 2D 또는 3D 부분을 선택한 후 **옵션**(Options)의 드롭다운 버튼에서 원하는 것을 고르면 된다.

다음 두 개의 그래프 예를 보자. 첫 번째 그래프는 아무 옵션이 없는 것이고 두 번째 그래프는 **기본 수학 입력 도우미** 팔레트의 **옵션**에서 옵션을 선택하여 적용한 것이다.

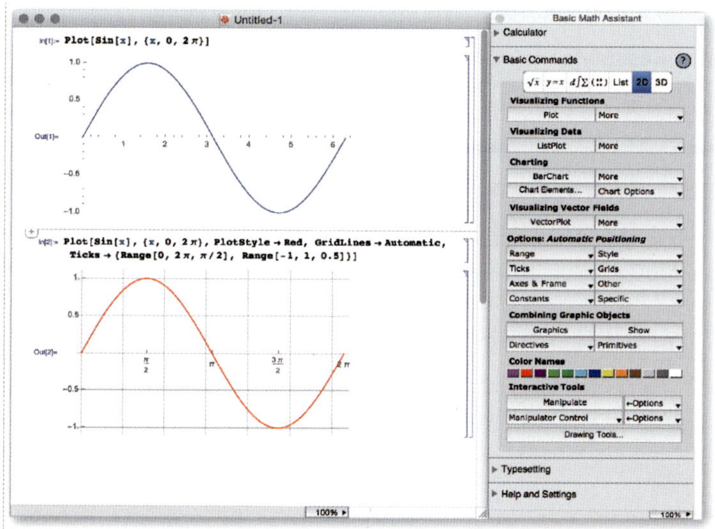

> 팔레트를 사용하여 옵션 서식을 추가하는 이유가 무엇일까? 시각적인 메뉴를 선호하는 사용자에게, 팔레트는 가장 자주 사용되는 옵션 중 일부를 골라 보여준다. 제안 막대와는 달리, 이용할 수 있는 출력 유형과 관계없이 팔레트의 버튼은 항상 동일하다. 같은 메뉴를 보는 것이 편한 사용자에게는 팔레트가 더 적합할 것이다.

Wolfram 언어 명령을 사용한 옵션의 직접 이용

그래픽 출력을 사용자 정의하는 가장 효율적인 방법은 Wolfram 언어를 사용하여 직접 옵션을 지정하는 것이다. 이 방법은 보이는 요소를 더욱 세세한 부분까지 관리 할 수 있다. 또한 제안 막대(Suggestions Bar), **그리기 도구(Drawing Tools)**, 팔레트 메뉴에 나타나는 옵션뿐만 아니라 모든 옵션을 사용할 수 있다.

옵션 찾기

특정 명령에 사용할 수 있는 옵션을 찾는 것은 간단하다. **옵션(Options)** 명령을 특정 함수에 대해 평가하면, 전체 목록을 얻을 수 있다. 이 목록에는 사용 가능한 옵션과 기본값이 포함되어 있다. 예를 들어, **Plot**에서 사용할 수 있는 첫 10개의 옵션을 살펴 보자.

```
Take[Options[Plot], 10]
```

$$\left\{\text{AlignmentPoint} \to \text{Center}, \text{AspectRatio} \to \frac{1}{\text{GoldenRatio}}, \text{Axes} \to \text{True}, \text{AxesLabel} \to \text{None}, \text{AxesOrigin} \to \text{Automatic}, \text{AxesStyle} \to \{\}, \text{Background} \to \text{None}, \text{BaselinePosition} \to \text{Automatic}, \text{BaseStyle} \to \{\}, \text{ClippingStyle} \to \text{None}\right\}$$

Take는 목록의 첫 *n*개의 요소를 표시할 때 유용한 명령이다. 여기서는 **Plot** 명령에서 사용할 수 있는 60개의 모든 옵션 목록에서 첫 10개의 옵션만 표시하기 위해 사용했다. **Take**에 대해서는 **17장 선형대수**에서 자세히 설명한다.

그러나 일반적으로 옵션에 관한 보다 포괄적인 목록은 문서의 각 함수 페이지에서 볼 수 있다. **Plot** 등의 명령에 대한 함수 페이지에서 "옵션" 부분을 열면, 관련된 옵션의 목록을 볼 수 있으며, 특정 옵션을 열면 해당 옵션을 적용하는 예를 볼 수 있다.

문서 센터에서 명령에 관한 함수 페이지로 이동하는 가장 빠른 방법은 명령 이름을 선택한 다음 **도움말(Help)** 메뉴에서 **선택 명령 검색**(Find Selected Function)을 선택하는 것이다.

Mathematica의 코드 완성 도우미(Code Assistance)는 명령에 옵션을 추가할 때 사용하면 편리하다. 옵션이 입력 셀에 입력될 때, 옵션에 대한 가장 일반적인 설정이 제안되며, 이때 이 제안을 선택하여 클릭하면 입력 셀에 복사된다.

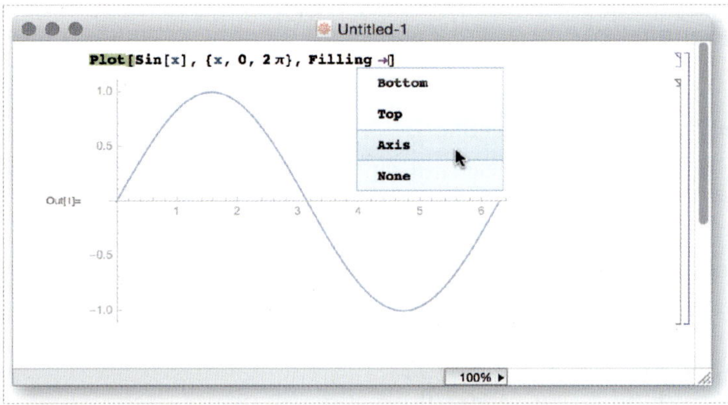

사용자 정의 그래픽을 위한 유용한 옵션

그래프에 사용하기 편리한 모든 옵션을 설명하는 것은 문서 센터의 모든 관련 부분을 재현하지 않는 한 불가능하다. 따라서 여기서는 가장 많이 사용되는 옵션과 편리한 옵션 중 일부에 대한 개요만 설명한다. 그래픽 옵션에 관심이 있다면 독자 스스로 더 살펴보기를 권한다.

PlotTheme

PlotTheme 옵션은 그래프의 전체적인 모양을 변경하는 데 사용할 수 있으며, 색, 굵기, 좌표축, 테두리 등의 특성에 영향을 준다. 이 옵션을 사용하면 다른 유형의 그래프에 같은 테마를 적용 할 수 있는 각 명령에 대해서 개별 옵션 설정을 사용하지 않아도 일관된 그래프 모양을 유지할 수 있기 때문에 매우 편리하다. 다음의 **"Business"** 설정을 사용한 두 개의 그래프 예를 살펴 보자.

```
GraphicsRow[{
    Plot[{Sin[x], Cos[x]}, {x, 0, 2 π}, PlotTheme → "Business"],
    Plot3D[Sin[x y], {x, -2, 2}, {y, -2, 2}, PlotTheme → "Business"]
  }]
```

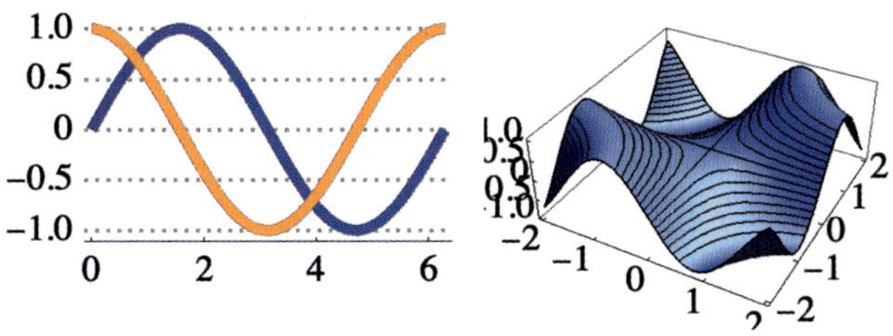

다음은 두 개의 그래프에는 **"Scientific"** 설정을 사용하였다.

```
GraphicsRow[{
    Plot[{Sin[x], Cos[x]}, {x, 0, 2 π}, PlotTheme → "Scientific"],
    Plot3D[Sin[x y], {x, -2, 2}, {y, -2, 2}, PlotTheme → "Scientific"]
  }]
```

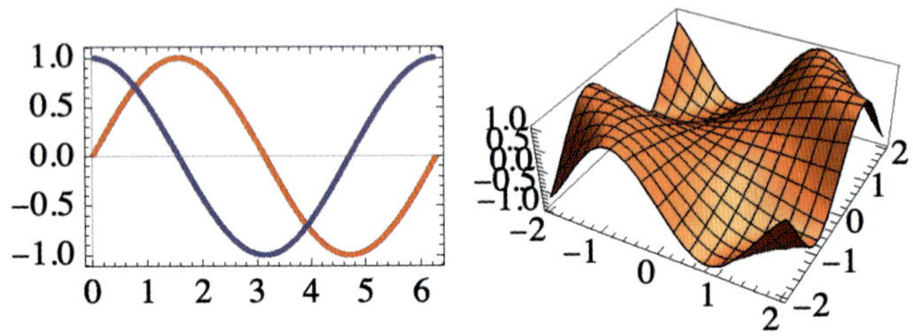

PlotTheme 옵션이 설정된 그래프에 또 다른 옵션을 적용하여 특정 특성을 변경하고 결과를 사용자 정의 할 수 있다.

> **PlotTheme→"Classic"** 옵션 설정을 사용하면 이전 버전의 Mathematica에서 사용하던 기본 설정으로 전환할 수 있다.

PlotStyle

PlotStyle 옵션은 점선, 색, 굵기 등 다양한 특성을 제어하는 데 사용할 수 있다. 이러한 특성은 대부분의 경우 기호 형식 또는 수칫값으로 지정할 수 있다. 다음 예는 옵션 설정에 특별히 명명된 **Orange**와 **Dashed**를 사용하여 옵션을 설정한다.

```
Plot[Sin[x], {x, 0, 2 π}, PlotStyle → {Orange, Dashed}]
```

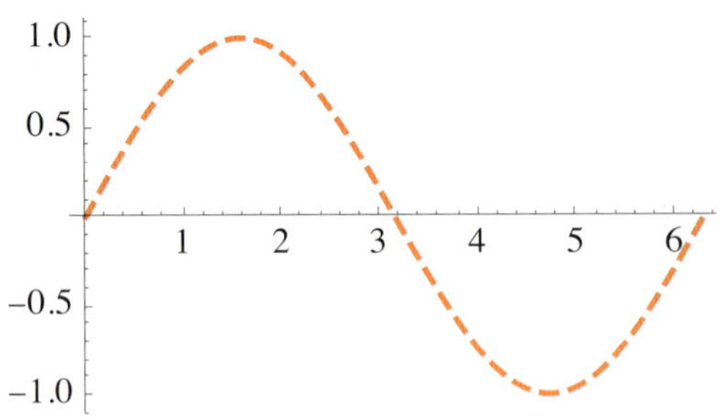

또는 **Orange** 대신 **RGBColor**, **Dashed** 대신 **Dashing**을 사용하여 이러한 기호에 대해 일반적인 설정 대신 수칫값을 전달하여 사용할 수도 있다.

```
Plot[Sin[x], {x, 0, 2 π}, PlotStyle → {RGBColor[1, 0.5, 0], Dashing[{0.017, 0.017}]}]
```

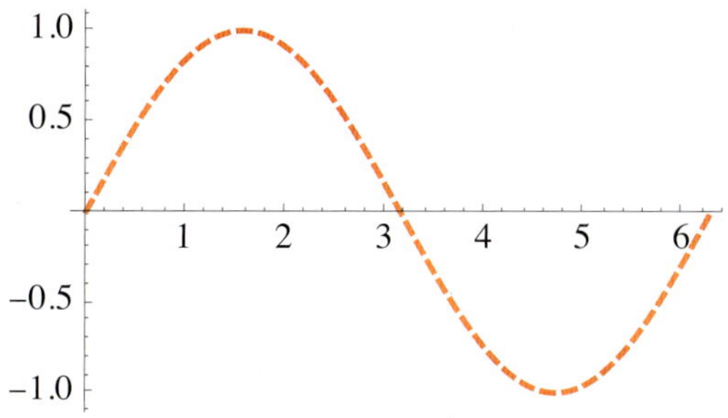

스타일이 다른 여러 그래프를 같은 좌표축에 표시하고 싶을 때 **PlotStyle**을 사용하면 각 그래프의 특성을 독자적 목록으로 정리하여 실현할 수 있다. Mathematica는 각각의 하위 목록을 가지고, 주어진 전달인자의 순서에 해당하는 곡선에 변경 내용을 적용한다. 다음 예는 sin(x)의 곡선을 굵은 빨간색 선으로 그리고, cos(x)의 곡선은 파란색 점선으로 나타낸다.

```
Plot[{Sin[x], Cos[x]}, {x, 0, 2 π}, PlotStyle → {{Red, Thick}, {Blue, Dashed}}]
```

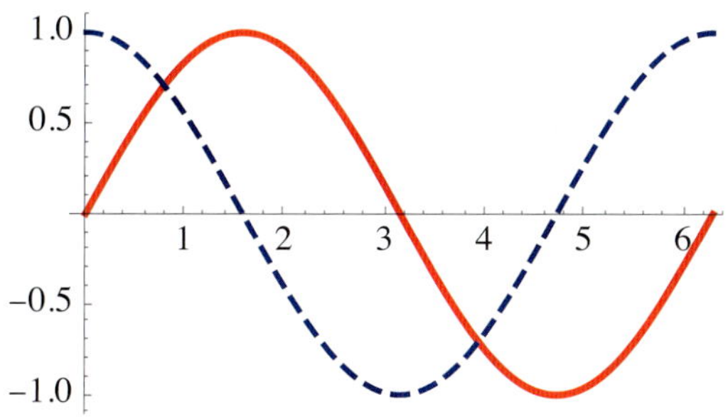

초보 사용자는 흔히 비슷한 요소를 함께 묶어 정리하는 실수를 하기 쉽다. 이렇게 하면, 위와 같은 명령은 아래와 같이 잘못 작성된다.

```
Plot[{Sin[x], Cos[x]}, {x, 0, 2 π}, PlotStyle → {{Red, Blue}, {Thick, Dashed}}]
```

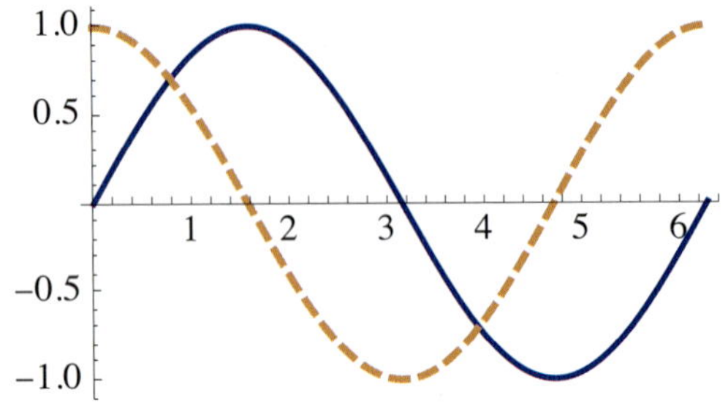

사용자는 Mathematica가 색 목록을 가져와 첫 번째 곡선에 빨간색, 두 번째 곡선에 파란색을 적용하고, 마찬가지로 첫 번째 곡선은 굵게, 두 번째 곡선은 점선으로 그린다고 예상할 것이다. 그러나 Mathematica는 첫 번째 하위 목록인 **{Red, Blue}**를 $\sin(x)$의 곡선에 빨간색과 파란색을 적용하는 지시어로 해석한다. 이 모순을 해결하기 위해 그래프의 색은 마지막 전달인자로 결정한다. 마찬가지로 두 번째 하위 목록 **{Thick, Dashed}**는 $\cos(x)$의 곡선에 굵은 점선을 적용하는 지시어로 해석된다. 이 지시어는 서로 모순되지 않기 때문에 모두 적용된다.

> Mathematica의 기본 스타일을 그대로 사용하거나, **PlotThemes** 옵션을 사용하면 서로 다른 색을 가진 두 개의 곡선을 얻을 수 있다.

다음과 같이 **Directive**를 사용하면 조금 전에 살펴본 $\sin(x)$의 곡선은 굵은 빨간색 선, $\cos(x)$의 곡선은 파란 점선으로 그린 예와 같은 결과를 얻을 수 있다.

```
Plot[{Sin[x], Cos[x]}, {x, 0, 2 π}, PlotStyle → {Directive[Red, Thick], Directive[Blue, Dashed]}]
```

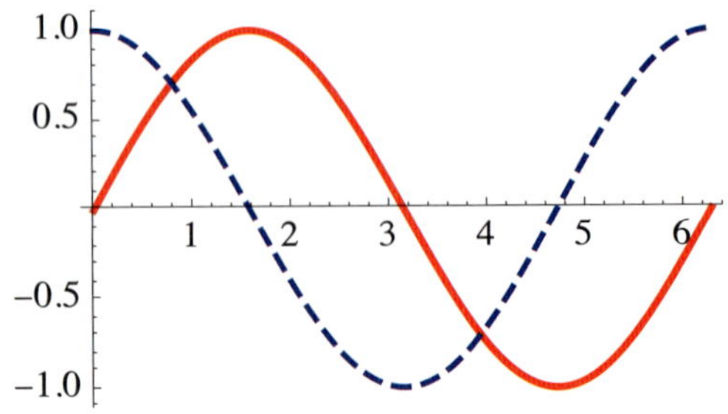

이 경우, 각각의 옵션 집합이 **Directive** 문의 내부에 정리되어 있기 때문에 이 구문이 더 이해하기 쉽다.

> 항상 같은 그래프 옵션을 사용할 수 있는 몇 가지 다른 방법을 알아 보자. 먼저 공통된 옵션의 목록을 만들고, 그 변수를 그래프 명령에 저장하여 입력하거나, 원하는 설정을 모두 명령에 입력한 사용자 정의 명령을 만들어 이용하거나, **Plot** 등 명령의 기본 설정을 **SetOptions** 명령을 사용하여 변경하여 사용할 수도 있다. 이 방법을 사용하면 **Plot**이 나올 때마다 출력에 같은 옵션이 적용된다.

ColorFunction

ColorFunction 옵션은 그래픽으로 색을 입히는 함수를 지정하기 위해 사용한다. 이는 이차원 그래픽에도 사용하지만, **Plot3D**로 반환된 삼차원 그래픽에 사용하면 매우 돋보이는 결과를 얻을 수 있다.

```
Plot3D[Sin[x y], {x, 0, 3}, {y, 0, 3}, ColorFunction → ColorData["Rainbow"]]
```

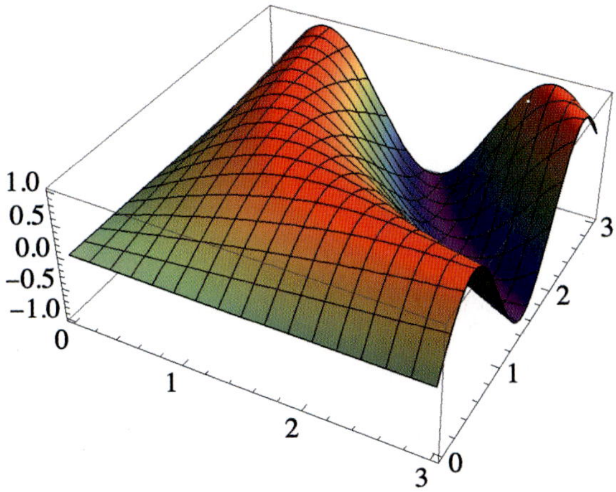

ColorFunction은 사용자에 의한 정의가 가능하지만, 바로 사용할 수 있는 미리 정의된 함수도 많이 있다. 이처럼 정의된 함수는 **팔레트(Palettes)** 메뉴의 **Color Schemes**를 선택하면 볼 수 있다.

PlotRange와 AxesOrigin

많은 그래프 명령은 그래프를 그릴 표현식과 영역 등 최소한의 정보만을 필요로 한다. 그래프 보기 범위의 선택 등 그 외의 부분은 Mathematica가 결정해 주기 때문이다. 기본 설정만으로도 만족스러운 결과를 얻는 경우가 대부분이지만, 옵션을 사용하여 제어하면 더 바람직한 결과를 얻을 수 있다. 다음 예를 그래프 범위에 주의하여 살펴 보자.

```
Plot[x^3 - x, {x, -3, 3}]
```

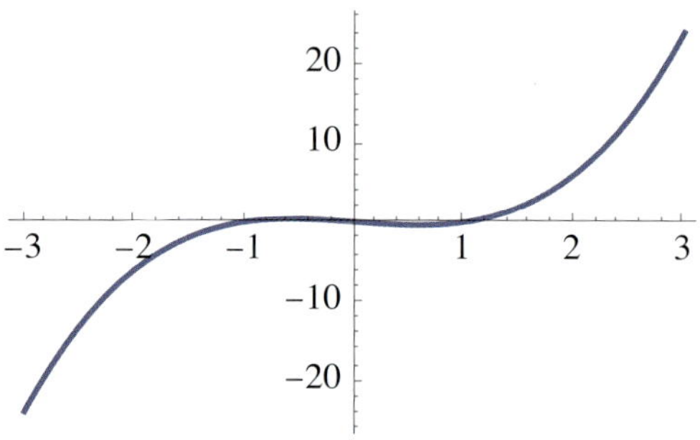

$x^3 - x$의 세 개의 근을 강조하려면, **PlotRange**를 사용하여 제약된 그래프 범위를 나타낼 수 있다.

```
Plot[x^3 - x, {x, -3, 3}, PlotRange → {-3, 3}]
```

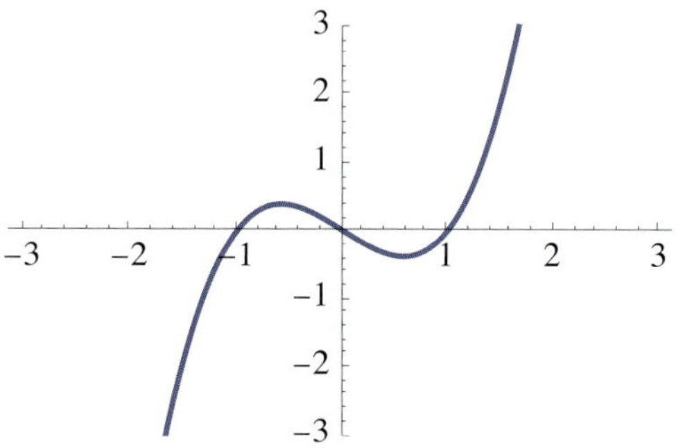

이와 관련된 다른 옵션으로 **AxesOrigin**이 있다. 이것은 곡선이 원점(0, 0)을 통과하거나 교차하는지를 알아보는 데 효과적이다. 다음 함수를 자세히 보지 않으면 포물선이 (0, 0)을 통과하는 것처럼 보인다.

```
Plot[x^2 + 3, {x, -3, 3}]
```

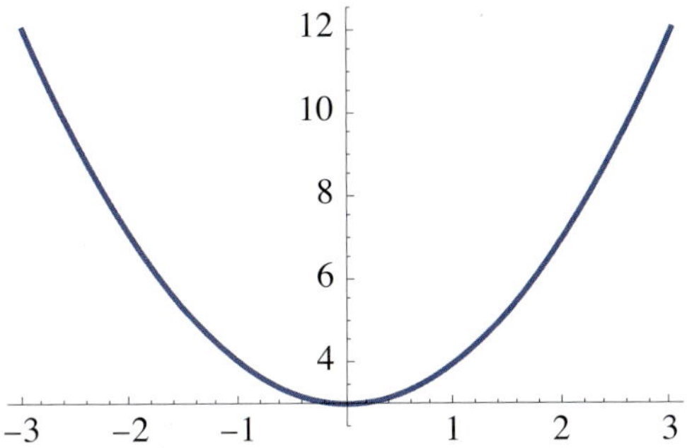

하지만, (0, 0)에서 교차하는 좌표축을 그리면 포물선이 원점을 통과하지 않는 것을 볼 수 있다.

```
Plot[x^2 + 3, {x, -3, 3}, AxesOrigin → {0, 0}]
```

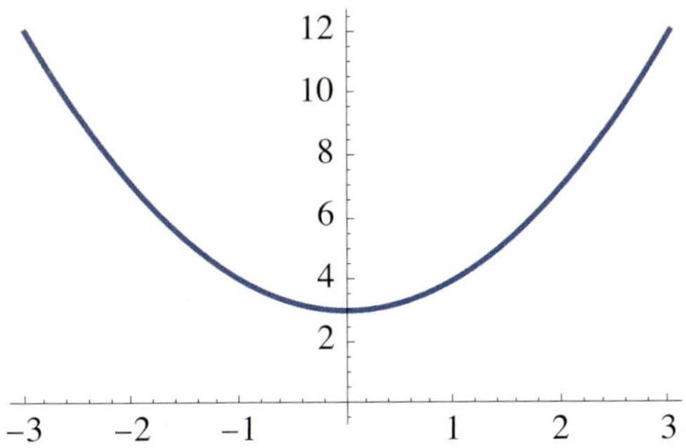

PlotRange를 사용해도 이와 비슷하게 동작한다.

그래프의 원점 (0, 0)은 항상 표시해야 할까? Mathematica는 그래프의 가장 보기 좋은 범위를 선택하지만, 그래프의 중요한 부분이 그래프의 원점과는 무관한 경우도 많다. 원점 (0, 0)을 항상 표시하면, 다른 중요한 부분이 눈치채지 못할 정도로 작아질 가능성이 있다.

Ticks

삼각 함수를 그릴 때 π의 단위에 해당하는 눈금을 사용하는 등 다른 간격의 측정 방법이나 측정 단위를 사용하는 경우 기본 눈금 마크를 변경하면 편리하다. **Ticks** 옵션은 여러 가지 다른 구문 형식을 취하지만, x와 y의 방향에 대한 특정 값의 목록이 주어졌을 때 가장 효과적으로 제어 할 수 있다.

하나의 축에만 사용자 정의 눈금 표시를 할 수 있다. 예를 들어, 다음 그래프는 x축에 대한 눈금은 π와 2π 위치에 표시하고 y축에 대한 눈금은 Mathematica가 자동으로 선택하도록 하였다.

```
Plot[Sin[x], {x, 0, 2 π}, Ticks → {{π, 2 π}, Automatic}]
```

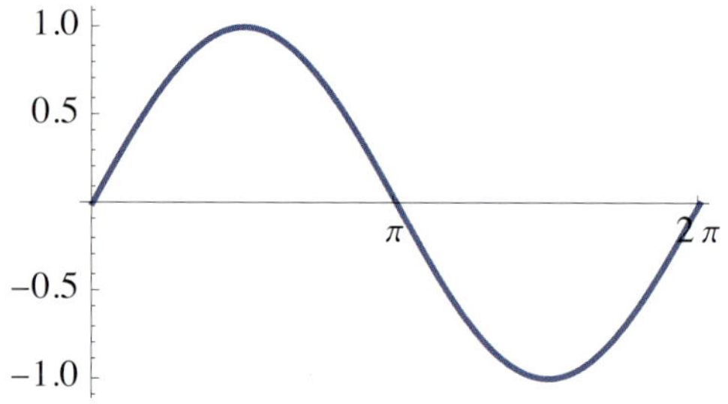

두 축의 눈금에 대한 지정은 **Ticks** 명령에 두 개의 목록으로 작성한다. 첫 번째 목록은 x축의 눈금 표시 위치를 포함하고 두 번째 목록은 y축에 대한 눈금 표시 위치를 포함한다.

```
Plot[Sin[x], {x, 0, 2 π}, Ticks → {{π, 2 π}, {-1, -0.5, 0.5, 1}}]
```

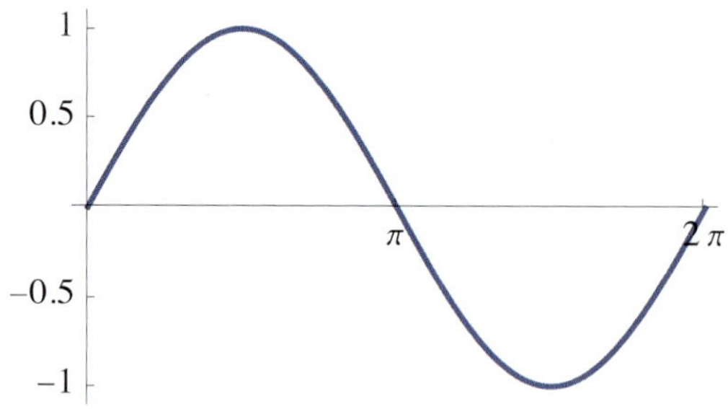

값의 목록으로 입력하는 대신, **Range** 명령으로 시작 값과 마지막 값을 특정 단위로 입력한 목록을 생성하여 이용할 수도 있다. **Range**는 눈금을 일정한 간격으로 표시하고 싶을 때 매우 훌륭한 명령이다.

```
Plot[Sin[x], {x, 0, 2 π}, Ticks → {Range[0, 2 π, π/4], Range[-1, 1, 0.25]}]
```

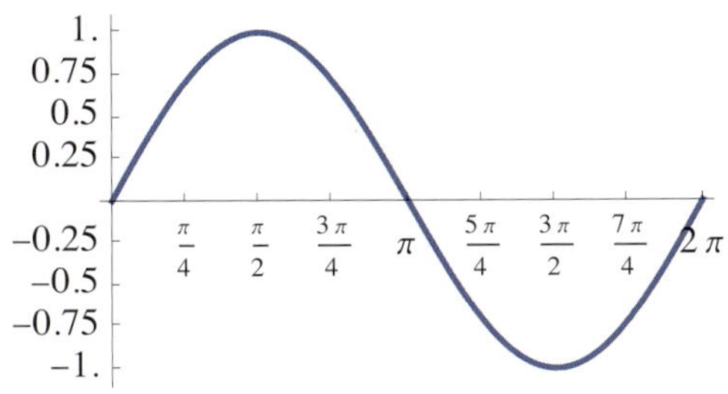

> **Table**과 같은 명령은 눈금 표시 위치에 대한 복잡한 목록을 생성할 때 사용된다.

PlotLabel과 AxesLabel

PlotLabel은 그래프에 전체적으로 라벨을 넣을 때, **AxesLabel**은 각 축의 안쪽 끝에 특정 라벨을 넣을 때 사용한다. **PlotLabel**은 하나의 전달인자를 가지지만, **AxesLabel**은 라벨이 붙은 축의 수에 따라 전달인자의 수가 정해진다. 두 옵션 모두 문자열로 옵션을 설정한다.

```
Plot[Sin[x], {x, 0, 2 π}, PlotLabel → "sin(x)", AxesLabel → {"x", "y"}]
```

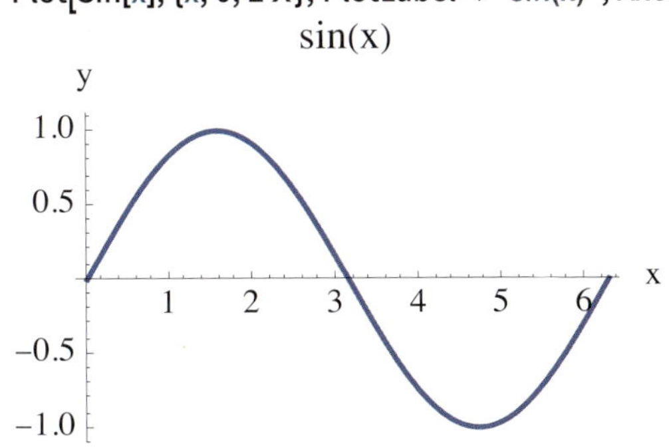

라벨 자체의 사용자 정의가 필요한 경우, **Style** 명령을 사용하여 글씨체, 크기, 배경색, 글자색 및 다수의 옵션을 제어 할 수 있다. **Style**의 이러한 편리함 때문에 **PlotLabel**과 **AxesLabel**에서 그래픽을 사용자 정의할 때 자주 사용한다. **Style**은 문자열을 전달인자로 하며, 그 문자열의 글자 모양을 제어하는 옵션값을 취한다. 다음 예의 그래프 라벨은 파란색 Arial로, 좌표축 라벨은 14 크기의 굵은 글씨체로 지정하였다.

```
Plot[Sin[x], {x, 0, 2 π},
  PlotLabel → Style["sin(x)", FontSize → 14, FontFamily → "Arial", FontColor → Blue],
  AxesLabel → {Style["x", FontSize → 14, Bold], Style["y", FontSize → 14, Bold]}]
```

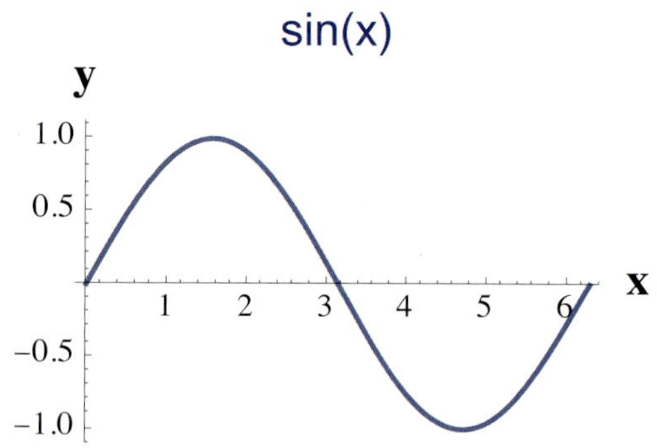

> **Style**에서는 옵션값을 좀 더 쉽게 입력할 수 있다. **FontColor → Blue**와 **FontSize → 14**를 입력하는 대신 **Blue**와 **14**만 입력해도, **Style**은 이 값을 글자의 색과 크기를 변경하는 설정으로 자동 해석한다.

PlotLegends

여러 곡선을 그릴 때는 각 곡선을 구별하기 쉬워야 한다. Mathematica의 기본 스타일은 각각의 함수에 자동으로 다른 색이 지정되지만 **PlotLegends** 옵션을 사용하면 각 곡선의 라벨을 표기하는 범례를 생성해 추가할 수 있다. **PlotLegends**에는 다양한 설정을 제공할 수 있지만 **"Expressions"**이 자주 사용되며, 그래프를 나타내는 표현식을 **TraditionalForm**으로 하여 범례의 라벨을 생성한다. 사용자가 최소한의 지침을 주는 것만으로 보기 쉬운 범례를 얻을 수 있다.

```
Plot[{Sin[x], Sin[2 x]}, {x, 0, 2 π},
  PlotLegends → "Expressions"]
```

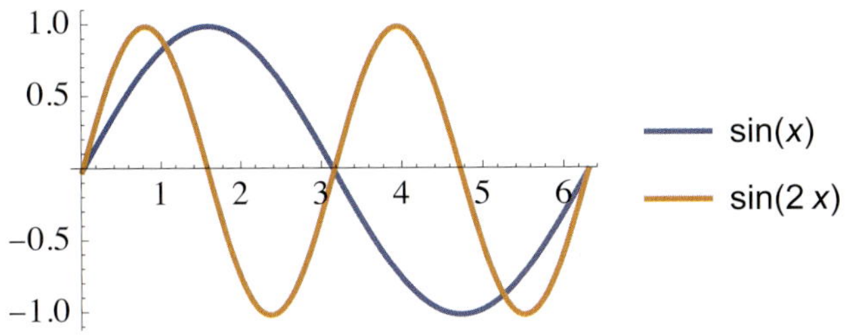

TraditionalForm은 입출력 셀 모양 변경을 포함한 다양한 작업에 유용한 형식이다. **셀(Cell)** 메뉴의 **형식변환(Convert To)**에서 **TraditionalForm**을 선택하면 셀을 **TraditionalForm**으로 바꿀 수 있다. **셀** 메뉴의 **형식변환**에서 **StandardForm**을 선택하면 기본 모양으로 다시 되돌릴 수 있다.

PlotLegend는 라벨에 대한 명시적인 설정도 허용한다. 여러 곡선을 그릴 때, 여러 라벨을 목록으로 정의한다.

```
Plot[{Sin[x], Sin[2 x]}, {x, 0, 2 π},
  PlotLegends → {"first curve", "second curve"}]
```

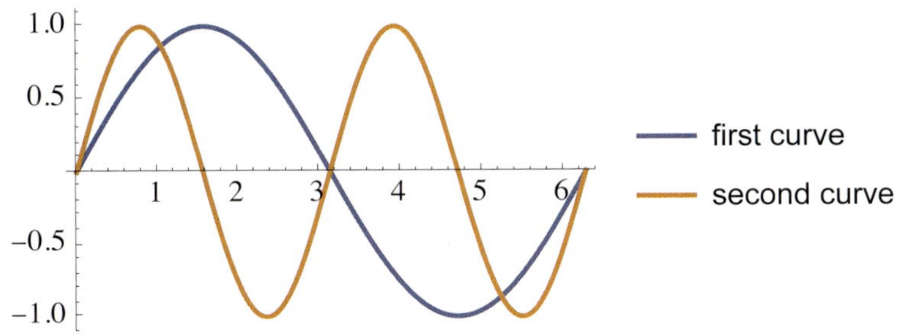

범례 스타일은 그래프 자체 양식에 근거하므로 그래프의 사용자 정의에 맞추어 범례도 자동으로 적용되어 나타난다.

```
Plot[{Sin[x], Cos[x]}, {x, 0, 2 π},
  PlotStyle → {Directive[Red, Thick], Directive[Gray, Thick, Dashed]},
  PlotLegends → "Expressions"]
```

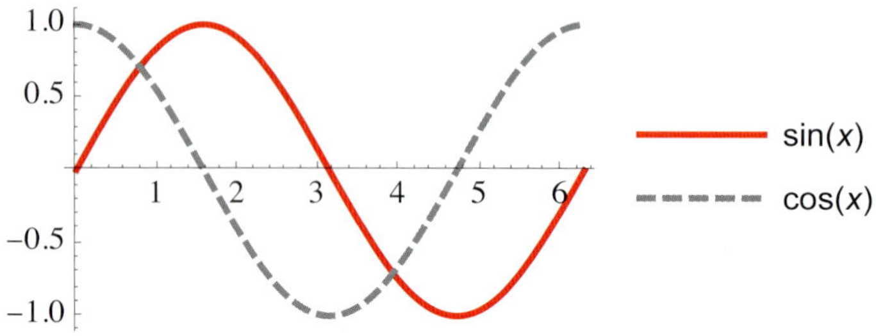

범례는 높은 수준의 사용자 정의와 스타일 적용이 가능하다. 초보 사용자라면 **Placed**의 옵션 설정에 의한 범례의 위치 변화가 매우 흥미로울 것이다. 다음 예는 **Placed**를 사용하여 그래프의 상단에 범례를 위치시킨 것이다.

```
Plot[{Sin[x], Cos[x]}, {x, 0, 2 π},
  PlotStyle → {Directive[Red, Thick], Directive[Gray, Thick, Dashed]},
  PlotLegends → Placed["Expressions", Top]]
```

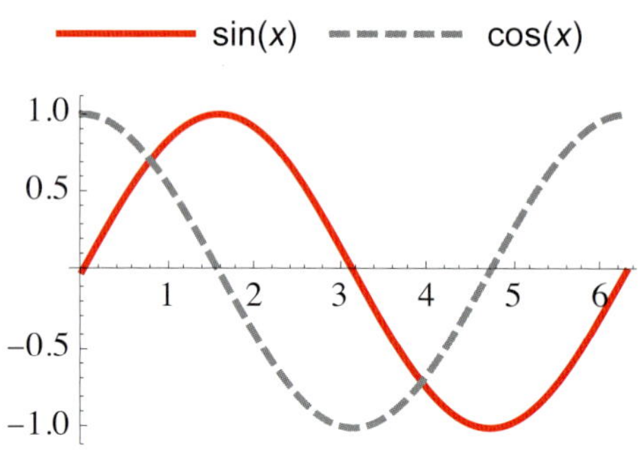

Placed는 **Bottom**과 **Left** 같은 다른 설정도 가능하다.

범례를 만드는 다른 방법으로 함수 **Callout**이 있으며, 그래픽 내의 지정된 위치에 라벨을 만들 때 유용하게 사용된다. **Callout**은 **Plot** 문의 끝부분에 옵션으로 나열하는 것이 아니라 그래프를 그릴 함수를 첫 번째 요소로 하여 중괄호로 묶고, 두 개의 전달인자를 갖는다. 하나는 그래프를 그릴 함수 또는 데이터, 다른 하나는 일반 문자열로 된 라벨을 위한 표현식이다.

```
Plot[{Callout[Sin[x], "sin(x)"], Callout[Cos[x], "cos(x)"]}, {x, 0, 2 π},
  PlotStyle → {Directive[Red, Thick], Directive[Gray, Thick, Dashed]}]
```

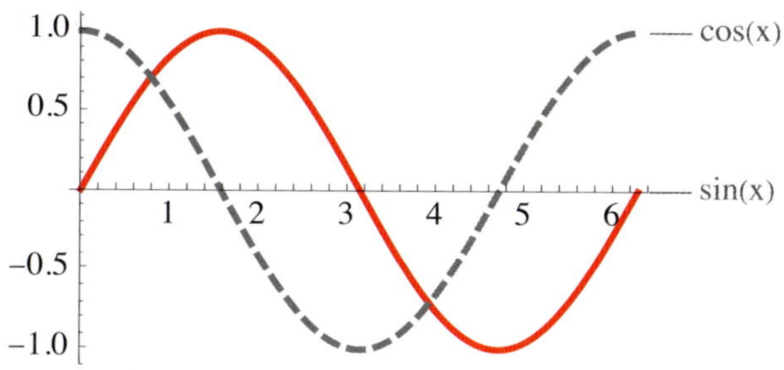

Callout은 위치 지정을 위한 세 번째 전달인자를 추가로 가질 수 있다. 이 전달인자는 **PlotLegends** 옵션에서 사용한 **Top**, **Bottom**, **Left** 그리고 **Right**와 같은 값을 사용한다.

```
Plot[{Callout[Sin[x], "sin(x)", Top], Callout[Cos[x], "cos(x)", Bottom]}, {x, 0, 2 π},
  PlotStyle → {Directive[Red, Thick], Directive[Gray, Thick, Dashed]}]
```

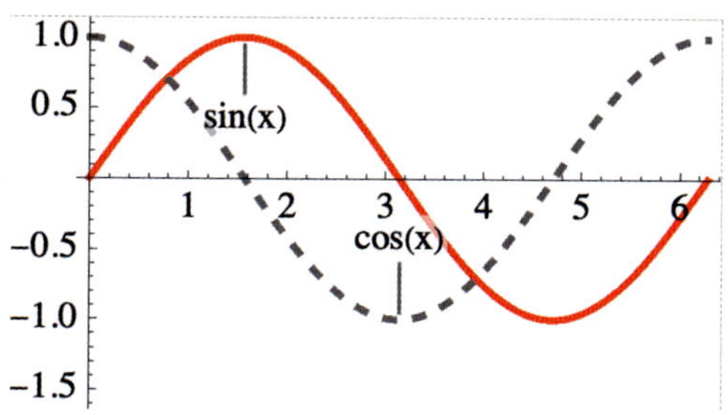

자동화는 이 책의 공통된 주제이다. **Callout**의 세 번째 전달인자로 **Bottom** 혹은 **Right**와 같은 값의 이름을 이용하면 Mathematica는 라벨을 위한 그래프의 위치를 미적으로 만족스러운 결과를 가져오도록 자동으로 선택한다. 하지만 정확한 라벨 위치를 위해 여기서도 **Callout**의 세 번째 전달인자로 **Bottom** 혹은 **Right** 등의 명명된 값을 사용하면 Mathematica는 그래프의 적합한 부분을 선택하여 라벨을 자동으로 붙여준다. 다음 예에서 함수와 라벨은 x의 탄젠트 그래프가 보이도록 $x = 2.5$의 위치에 함수 라벨이 표시되는 **Callout**이 사용되었다.

```
Plot[Callout[Tan[x], "tan(x)", 2.5], {x, 0, 2 π}]
```

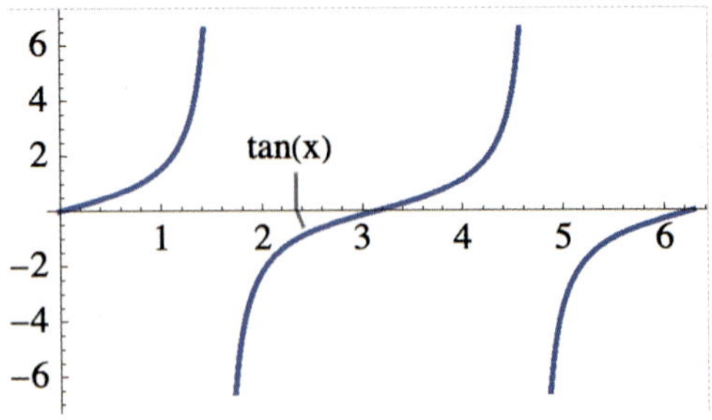

세 번째 전달인자는 π와 같은 값에 해당하는 기호로 주어진다.

```
Plot[Callout[Tan[x], "tan(x)", π], {x, 0, 2 π}]
```

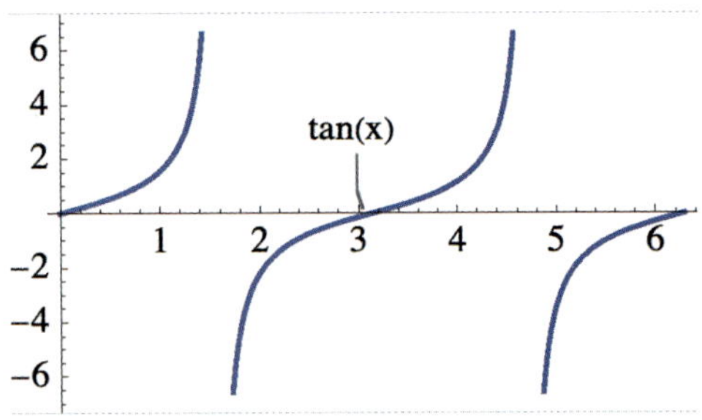

이 장에서는 **Plot**이나 **Plot3D** 등의 명령을 사용하여 그려지는 함수나 곡면의 예를 살펴보았다. 여기에 명령 **Epilog**를 사용하면 시각화된 출력에 점이나 선 등의 형상을 추가할 수 있다. **Epilog**는 뒷장에서 자세히 설명하는 그래픽 기본 요소라 불리는 객체와 함께 사용한다. 이제 **Epilog**를 사용하여 이전 예에 그려진 탄젠트 곡선의 좌표 $(\pi, 0)$에 점을 추가해 보자.

```
Plot[Callout[Tan[x], "tan(x)", π], {x, 0, 2 π}, Epilog → Point[{π, 0}]]
```

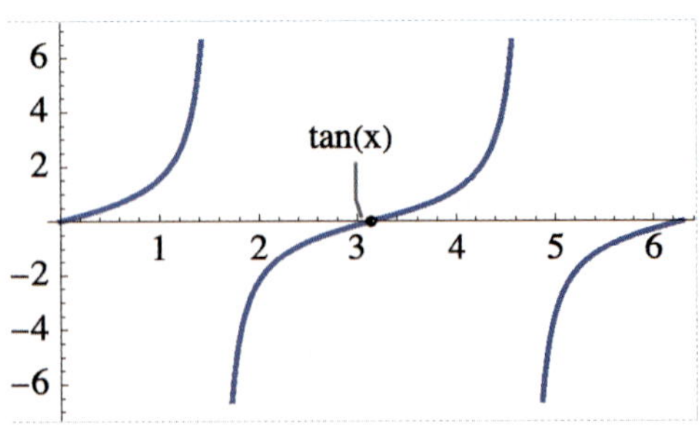

점의 크기는 **PointSize**를 이용하여 변경할 수 있다. **Epilog** 옵션은 여러 명령을 사용할 수 있으므로 중괄호로 묶어 목록으로 나타내어 보자.

```
Plot[Callout[Tan[x], "tan(x)", π], {x, 0, 2 π}, Epilog → {PointSize[Large], Point[{π, 0}]}]
```

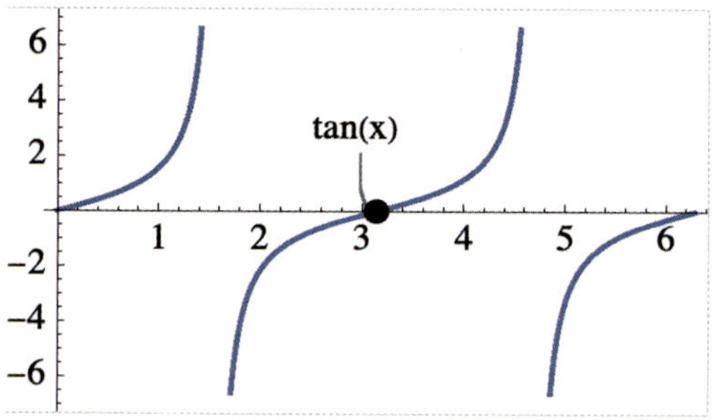

Mesh와 Opacity

많은 삼차원 그래픽은 메시 표시를 기본으로 한다. 메시는 곡면이 어떻게 그려지 는지 판단할 때는 도움이 되지만, 곡면을 자세히 조사할 때는 방해가 되며, 미적 관점에서 삭제가 필요한 경우가 있다. 메시는 설정 **Mesh → None**에서 쉽게 삭제할 수 있다.

```
Plot3D[Sin[x y], {x, 0, π}, {y, 0, π}, Mesh → None]
```

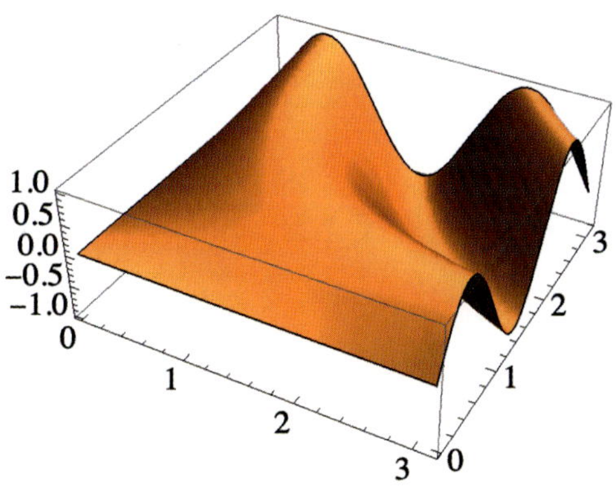

삼차원 곡면 작업에 유용한 또 다른 옵션으로 **Opacity**가 있다. 이 옵션은 완전히 투명한 0부터 완전히 불투명한 1 사이에서 그래픽의 불투명도를 설정할 수 있다. **Opacity**는 객체의 내부를 볼 때 사용한다. 이 경우 메시를 해제해 두는 것이 효과적이다.

```
ParametricPlot3D[{Cos[u], Sin[u] + Cos[v], Sin[v]}, {u, 0, 2 π}, {v, -π, π},
  PlotStyle → Opacity[0.3], Mesh → None]
```

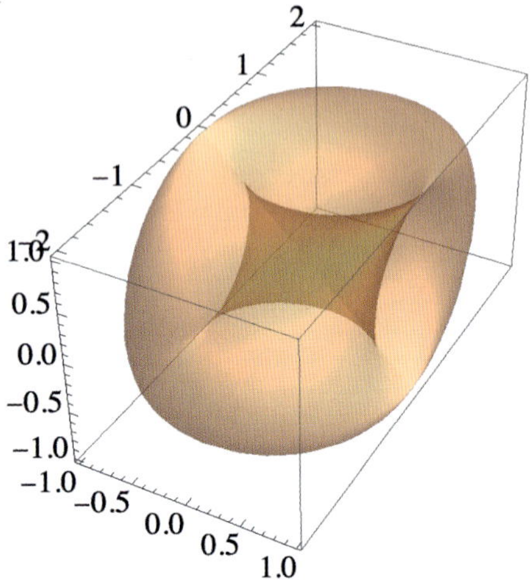

Texture

Mathematica는 질감 매핑을 지원하므로 곡면 위에 특정 질감을 줄 수 있다. 질감 매핑은 그래프의 다른 옵션과 결합하여 사용하면 더욱 효과적인 결과를 얻을 수 있다.

```
SphericalPlot3D[1 + Sin[5 ϕ] Sin[10 θ] / 10, {θ, 0, π}, {ϕ, 0, 2 π}]
```

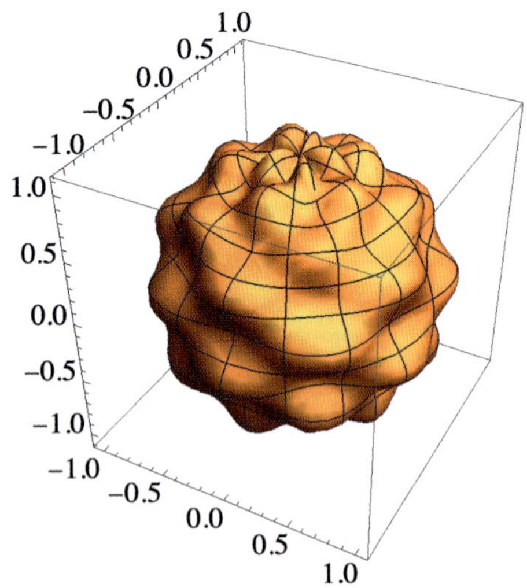

이번에는 같은 곡면에 좌표축, 메시, 경계 상자를 제거하는 옵션을 설정하고 배경색을 변경한 후 조명을 자연스럽게 설정하여 그래프를 그려본다.

```
SphericalPlot3D[1 + Sin[5 ϕ] Sin[10 θ] / 10, {θ, 0, π}, {ϕ, 0, 2 π}, Axes → False,
  Mesh → None, Boxed → False,
  Background → Black, Lighting → "Neutral"]
```

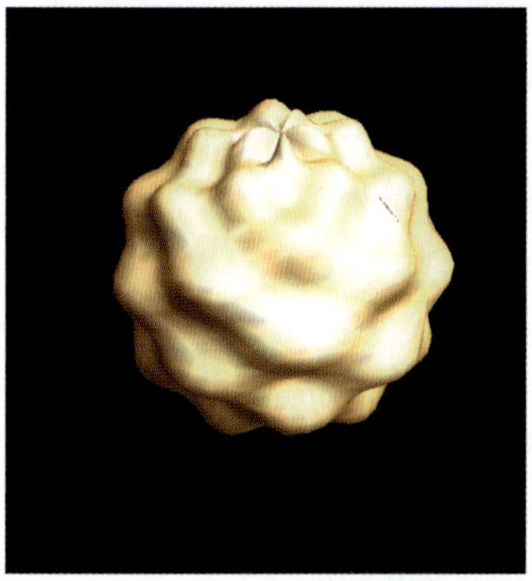

마지막으로, **Texture** 명령을 **PlotStyle** 옵션과 함께 사용하여 그래프의 곡면에 그래픽을 겹쳐 표시한다.

```
SphericalPlot3D[1 + Sin[5 ϕ] Sin[10 θ] / 10, {θ, 0, π}, {ϕ, 0, 2 π}, Axes → False,
  Mesh → None, Boxed → False, Background → Black, Lighting → "Neutral",
```

PlotStyle → {Texture[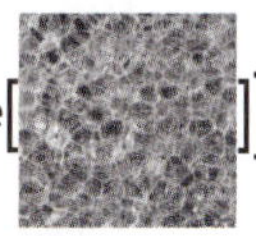]}]

Mathematica노트북에 이미지를 드래그 앤 드롭하면 입력으로 직접 사용할 수 있다.

ExampleData["Texture"]를 평가하면 내장된 흑백 질감의 모든 목록을 볼 수 있으며, 그 값을 **ExampleData** 명령에 전달하면 특정 질감을 얻을 수 있다.

```
ExampleData["Texture"]
{{Texture, Bark}, {Texture, Bark2}, {Texture, Bark3}, {Texture, Bricks}, {Texture, Bricks2},
  {Texture, Bricks3}, {Texture, Bricks4}, {Texture, Bricks5}, {Texture, Bricks6},
  {Texture, Bricks7}, {Texture, Bricks8}, {Texture, BrickWall}, {Texture, Bubbles},
  {Texture, Bubbles2}, {Texture, Bubbles3}, {Texture, Cloth}, {Texture, Cloth2},
  {Texture, Cloth3}, {Texture, Grass}, {Texture, Grass2}, {Texture, Grass3},
  {Texture, Grass4}, {Texture, Grass5}, {Texture, Gravel}, {Texture, Herringbone},
  {Texture, Herringbone2}, {Texture, Herringbone3}, {Texture, HexagonalHoles},
  {Texture, Leather}, {Texture, Leather2}, {Texture, Leather3}, {Texture, MetalGrates},
  {Texture, Mosaic}, {Texture, Mosaic2}, {Texture, Mosaic3}, {Texture, Mosaic4},
  {Texture, Mosaic5}, {Texture, Mosaic6}, {Texture, Pigskin}, {Texture, Pigskin2},
  {Texture, Pigskin3}, {Texture, Raffia}, {Texture, Raffia2}, {Texture, Raffia3},
  {Texture, Sand}, {Texture, Sand2}, {Texture, Sand3}, {Texture, Sand4},
  {Texture, Sand5}, {Texture, Sand6}, {Texture, Shingles}, {Texture, Shingles2},
  {Texture, Straw}, {Texture, Straw2}, {Texture, Straw3}, {Texture, TileRoof},
  {Texture, Wall}, {Texture, Water}, {Texture, Water2}, {Texture, Water3},
  {Texture, Wood}, {Texture, Wood2}, {Texture, Wood3}, {Texture, WoodFence}}
```

```
ExampleData[{"Texture", "Bark"}]
```

마찬가지로, **ExampleData["ColorTexture"]**를 평가하여 색채 질감을 찾을 수 있다.

그래프 옵션을 이용하여 함수 정의하기

자신이 원하는 양식을 찾을 때까지 다양한 그래프 스타일을 시도해 보자. 그 과정에서 일련의 새로운 그래프에 동일한 옵션을 재사용 할 수 있으면 유용할 것이다. 이러한 그래프 옵션의 값을 저장하는 새로운 함수를 정의하는 방법을 알아 보자.

예를 들어, 일련의 그래프가 각각 같은 범례를 갖고, 곡선을 구별하는 양식이 지정되어있는 경우 다음의 함수를 사용하면 같은 옵션을 쉽게 반복 사용할 수 있다.

```
myPlot[eq1_, eq2_] :=
  Plot[{eq1, eq2}, {x, 0, 2 π},
    PlotStyle → {Directive[Red, Thick], Directive[Gray, Thick, Dashed]},
    PlotLegends → Placed["Expressions", Above]]
```

두 가지 함수의 그래프를 시각화할 때 **Plot** 대신 이제 위의 함수를 사용할 수 있다.

```
myPlot[Sin[x], Cos[x]]
```

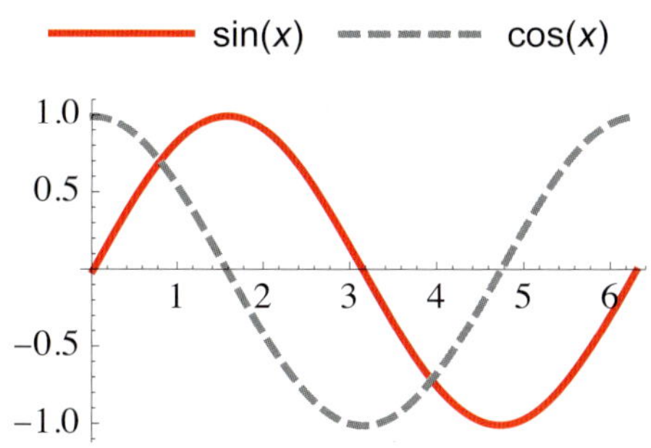


```
myPlot[Sin[x], x^2 - 5 x + 6]
```

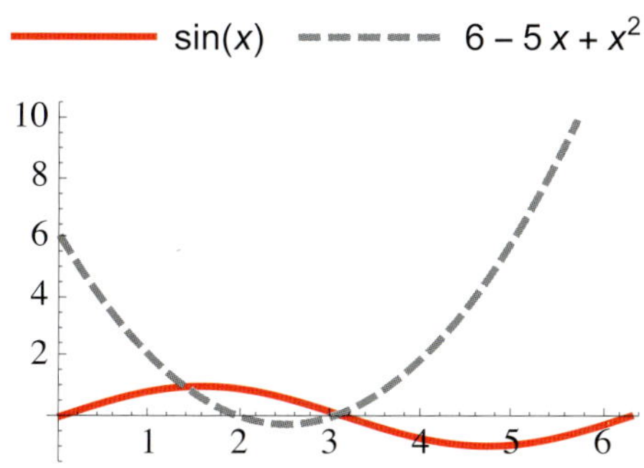

이 접근법에는 한 가지 단점이 있다. x의 범위가 **myPlot**의 정의에 코딩되어 있기 때문에, **myPlot**을 사용하는 특정 함수를 시각화할 때 코드로 정의된 정의역은 제약이 될 수도 있다.

옵션값을 목록에 저장하고 함수가 사용될 때 그 목록을 전달하는 다른 접근 방식도 있다. 예를 들어, **PlotStyle** 값을 목록으로 저장하고 **mySettings**라는 변수에 할당하는 것이다.

```
mySettings = PlotStyle → {Directive[Red, Thick], Directive[Gray, Thick, Dashed]};
```

이렇게 해두면, 이러한 설정이 필요할 때 언제든지 옵션으로 명령에 전달할 수 있다. 이때, **Evaluate** 명령어를 사용해야 한다는 점을 주의하자. 하지만 지금은 신경 쓰지 않아도 된다.

```
Plot[{Sin[x], x^2 - 2 x - 1}, {x, -6, 6}, PlotRange → 3, Evaluate[mySettings]]
```

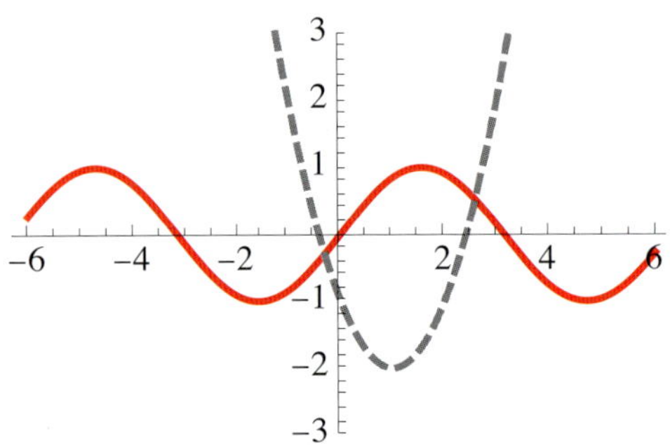

Clear를 사용하여 이 장에서 사용된 모든 변수의 값과 함수의 정의를 삭제한다.

```
Clear[myPlot, mySettings]
```

정리

이 장에서는 그래픽을 사용자 지정하는 네 가지 방법을 살펴보았다. 그중에서 자신의 필요에 알맞은 방법을 찾고, 그들을 조합하여 사용하면 된다. 물론 Mathematica의 기본 출력이 충분히 만족스러운 결과를 제공하므로, 사용자 지정을 하지 않고 그대로 사용해도 무관하다.

연습 문제

1. Wolfram 언어를 이용하여 x의 범위가 -6부터 3인 $x^3 + 5x^2 - 11$의 그래프를 그려라. 이 때 좌표축까지 채울 수 있는 그래프 옵션을 추가하여라.

2. 자유 형식 입력을 이용하여 $\frac{\sin(x)}{x}$의 곡선을 굵은 빨간색으로 그려라.

3. Wolfram 언어를 이용하여 x의 범위가 -10부터 10까지일 때 $\frac{\sin(x)}{3}$와 $\frac{\cos(x)}{5}$의 그래프를 그려라. 제안 막대를(Suggestions Bar) 사용하여 축과 테두리를 없애고 입력 셀과 출력 셀을 하나의 쌍으로 생성하도록 코드를 접어서 나타내어라.

4. Wolfram 언어를 이용하여 x의 범위가 -5부터 5 일 때, $x^2 - 5$, $2x^2 + 3x - 5$, $x + 2$를 같은 좌표축에 그리고 "1", "2", "3"의 라벨로 범례를 생성하여 나타내어라.

5. Wolfram 언어 명령으로 x와 y의 범위가 $-\pi$부터 π 일 때, $\sin(x^2 - y)$의 그래프를 그려라. 메시와 경계 상자, 좌표축을 없애고 점의 크기가 100까지의 크기로 점점 커지도록 하는 옵션을 적용하여라.

6. 자유 형식 입력을 사용하여 $x^3 - x^2 + y^3 - 4y^2 - 3y < 5$에 의한 영역을 시각화하고 그 영역을 주황색으로 바꾸어 나타내어라.

7. Wolfram 언어를 사용하여 $\sin(3x)$와 $\sin(y - 5)$를 곱한 밀도 그래프를 만들어라. 그리고 그래프 범례를 자동으로 하여 옵션을 적용하여라.

8. **Graph** 명령을 이용하여 $a \to b$, $a \to c$, $b \to a$, $b \to 3$, $c \to d$, $c \to e$, $d \to e$, $e \to a$, $e \to d$, $e \to e$의 규칙을 근거로 하는 네트워크를 생성하여라. 끝점에 방향을 표시하고 꼭짓점에 라벨을 표시하는 옵션을 사용하여라.

9. **ListPlot** 명령을 이용하여 {0, 0}, {1, 0}, {2, 1}, {3, 3}, {4, 3}, {5, 7}, {6, 13}, {7, 15}, {8, 16}, {9, 12}, {13, 0}의 점을 시각화하고 좌표축에 "seconds"와 "temp"로 라벨을 표시하고 점의 색은 빨간색으로 그리고 그래프 범위는 0부터 30으로 하는 옵션을 사용하여라.

10. Wolfram 언어를 이용하여 5개의 실수 난수의 10개 묶음에 대한 삼차원 막대그래프를 생성하여라. 실수 난수의 범위는 0부터 5사이이며 도표에 막대그래프를 쌓는 옵션을 사용하여라.

13장

그래픽 기본 요소를 이용한 다이어그램과 도형 생성하기

소개

지금까지 Mathematica를 사용하여 표현식, 방정식, 곡면 및 데이터를 시각화하는 방법에 대해 중점을 두고 설명했지만, Wolfram 언어는 도형, 다이어그램 및 모델을 만드는 데 사용할 수 있는 풍부한 그래픽 기본 요소 역시 제공한다. 이러한 그래픽 기본 요소는 Wolfram 언어의 명령 자체이기 때문에, 프로그램을 사용하여 현상을 그래픽으로 나타낼 수 있다.

12장에서 배운 대로 **그리기 도구(Drawing Tools)**를 사용해 다이어그램을 작성할 수 있을지 궁금한 것이다. 물론 **D그리기 도구**를 사용할 수 있다. 하지만, **그리기 도구**는 그래픽 기본 요소와는 전혀 다른 접근법이다. **그리기 도구**는 "수작업"으로 그림을 만들기 위한 대화형 인터페이스를 제공하는 반면, 그래픽 기본 요소를 사용하면 그림을 "프로그램"을 사용해 만들 수 있다. 두 방법 모두 장단점이 있으므로, 작업 스타일에 적합한 방법을 선택할 필요가 있다. 그러나 그래픽 기본 요소를 사용하면 객체의 모양을 매우 세밀하게 제어할 수 있으므로, 예의 재현도 간단해진다.

이차원 기본 요소로 작성하기

이차원 그래픽 기본 요소는 점, 직선, 화살표, 다각형, 원판, 원, 직사각형, 결합 곡선, 채워진 곡선, 스플라인 곡선, 삼각형 등 여러 가지가 있다. 이 기본 요소는 일반적으로 전달인자로서 여러 좌푯값을 취하지만, 사용하는 기본 요소에 따라 다른 전달인자를 추가로 갖기도 한다. 또한 기본 요소 중에는 전달인자가 빈 상태에서도 사용할 수 있는 것이 있다. 이때, Mathematica는 필요한 좌표쌍을 (0, 0)으로 간주한다. 예를 들어 **Disk** 명령에 전달인자가 주어지지 않은 경우 (0, 0)을 중심으로 한 단위 원판이 생성된다.

```
Disk[]
```

```
Disk[{0, 0}]
```

그래픽 기본 요소를 평가했을 때의 출력 자체는 그다지 흥미로운 것은 아니지만, 기본 요소를 **Graphics** 명령으로 묶으면 그래픽 이미지로 그려진다. 예를 들어, 위의 예와 같은 **Disk** 명령에 **Graphics**를 함께 사용하면 단위 원판의 그래픽 표현이 생성된다.

```
Graphics[Disk[]]
```

Disk는 반지름과 중심점 위치를 명시하는 다른 구문 형식의 입력도 가능하다. 중심점 위치를 지정하는 전달인자는 (x, y) 값의 목록에서, 반지름은 숫자로 주어진다. 다음 예는 반지름이 2이고, 중심 위치가 (0, -3)인 원판을 만든다.

```
Graphics[Disk[{0, -3}, 2]]
```

이 출력은 흡사 이전 출력과 같아 보일 것이다. 이것은 **Plot** 명령 등을 사용해 보여준 것과 마찬가지로 그래픽을 그릴 범위를 Mathematica가 자동으로 선택하기 때문이다.

이 그리기 범위는 **PlotRange** 옵션으로 제어 할 수 있다. 12장 **그래픽의 스타일 지정 및 사용자 정의**에서 설명했듯이, **PlotRange**의 값을 특정 범위로 설정하면 그래픽에 사용할 표현 범위를 제어 할 수 있다.

또한 **Frame→True** 옵션을 추가하면 눈금과 라벨이 달린 테두리가 그려진다. 이는 그리기 범위에 대한 **Disk**의 크기와 위치를 이해하는 데 도움이 된다.

이 옵션을 사용하여 중심 위치 (0, 0)의 단위 원판을 시각화한다.

```
Graphics[Disk[], PlotRange → 6, Frame → True]
```

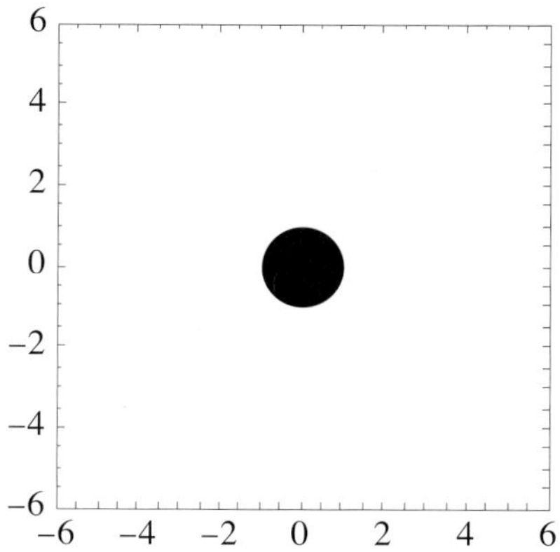

같은 옵션을 사용하여 반지름 2, 중심 위치 (0, −3)의 원판을 시각화한다.

```
Graphics[Disk[{0, −3}, 2], PlotRange → 6, Frame → True]
```

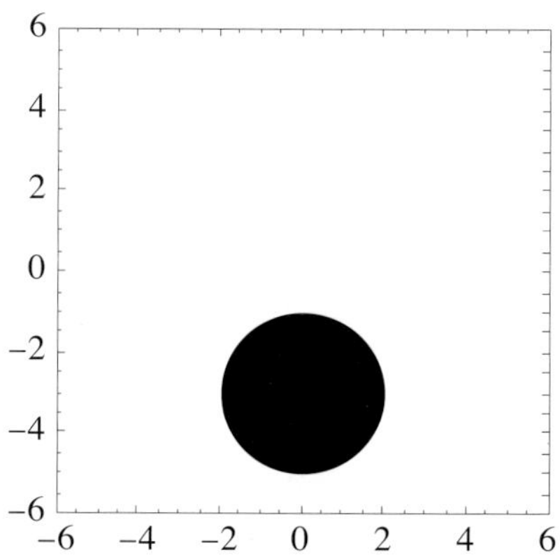

이제 앞서 똑같아 보이던 두 원판이 실제로 꽤 다르다는 것을 확인할 수 있다.

Disk의 기본 요소와 **Circle**의 기본 요소의 차이는 무엇일까? **Disk**는 색을 채워 나타내지만, **Circle**은 색을 채워 나타내지 않는 차이가 있다.

또 다른 이차원 그래픽 기본 요소로 **Rectangle**이 있다. 이것은 구문 형식이 조금 다르다. 가장 일반적인 형식은 전달인자로 두 개의 목록을 취하는 것이다. 첫 번째는 직사각형의 왼쪽 하단에 있는 좌표 (x, y)를 지정하고 두 번째는 직사각형의 오른쪽 상단의 꼭짓점 좌표 (x, y)를 지정한다. 위와 같이 **PlotRange**와 **Frame**을 사용하면 전체 범위에 대한 직사각형(이 예에서는 정사각형)의 크기와 위치를 알 수 있다.

```
Graphics[Rectangle[{0, 0}, {3, 3}], PlotRange → 4, Frame → True]
```

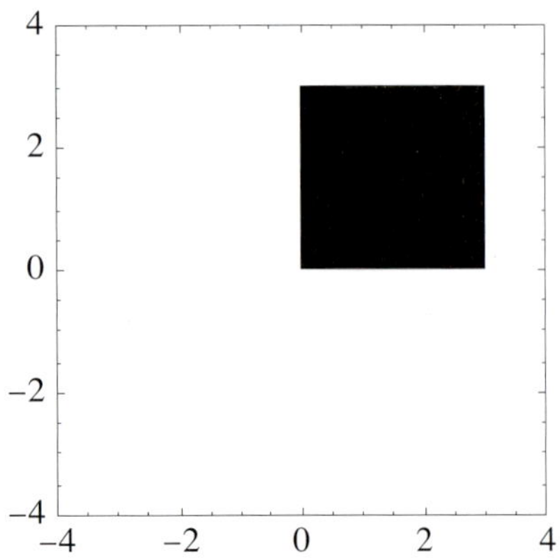

다중 기본 요소로 다이어그램 만들기

그림, 다이어그램, 모델을 구축할 때, 다수의 그래픽 기본 요소를 구성 요소로 사용하는 일이 자주 있다. 이러한 그림을 만들려면 **Graphics** 명령에 여러 기본 요소 목록을 전달한다. 이 기본 요소는 하나의 그래픽 이미지로 그려진다.

```
Graphics[{Disk[{0, 0}, 1], Rectangle[{1, 1}, {2, 2}]}, PlotRange → 2, Frame → True]
```

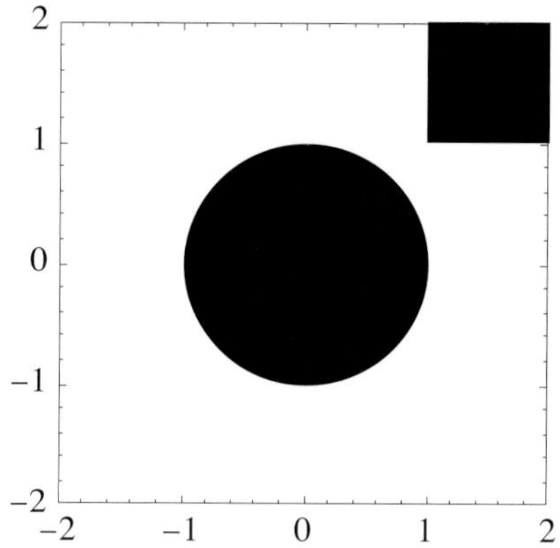

그래픽 기본 요소를 사용하면 간단한 자유 낙하 운동 등의 개념을 시각화하는 그림을 만들 수 있다. 다음 예는 공을 50미터 높이에서 떨어뜨려 $t = 2$초 후 공의 최종 높이를 **Graphics**, **Disk**, **Rectangle**을 사용해 모델을 구축한 것이다.

```
t = 2;
d = 1/2 (−9.8) t^2 + 50;
Graphics[{Disk[{10, d}], Rectangle[{0, −0.5}, {20, 0}]}, PlotRange → {{0, 20}, {−1, 50}},
  Axes → {False, True},
  PlotLabel → ToString[d] <> " meters"]
```

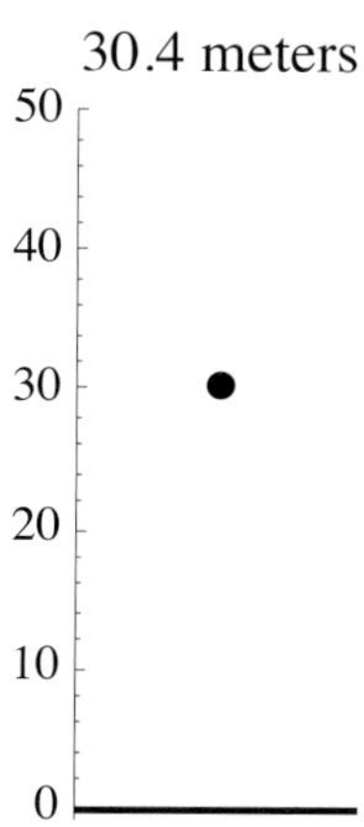

다른 조건을 사용하여 새로운 그림을 만들어 보자. $t = 3$ 등의 새로운 조건의 다이어그램은 t 값을 변경하고 재평가하는 것만으로 간단하게 얻을 수 있다.

```
t = 3;
d = 1/2 (-9.8) t^2 + 50;
Graphics[{Disk[{10, d}], Rectangle[{0, -0.5}, {20, 0}]}, PlotRange → {{0, 20}, {-1, 50}},
  Axes → {False, True},
  PlotLabel → ToString[d] <> " meters"]
```

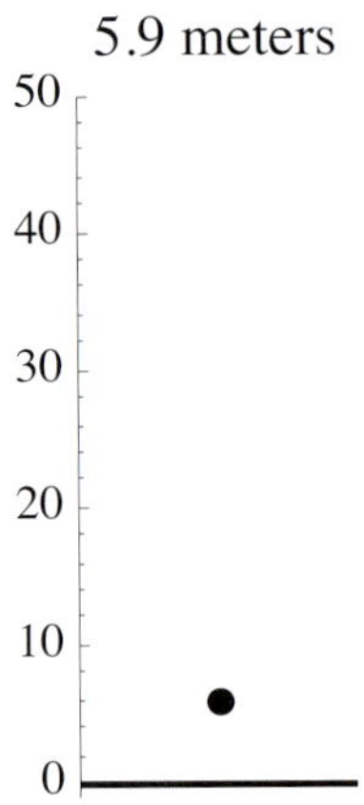

물론 **그리기 도구(Drawing Tools)**를 사용하여 이러한 다이어그램을 수동으로 만들 수도 있다. 그러나 매번 새로운 다이어그램을 만들어야 하며, 복사 및 붙여넣기를 반복하는 다소 번거로운 작업이 될 것이다.

위의 예는 아래의 코드처럼 함수로 패키지를 만들고 그것을 조작하면 더 흥미롭게 만들 수 있다.

```
DynamicModule[{d, t},
 Manipulate[Graphics[{Disk[{10, d[t]}], Rectangle[{0, -0.5}, {20, 0}]},
   PlotRange → {{0, 20}, {-1, 50}}, Axes → {False, True},
   PlotLabel → ToString[d[t]] <> " meters"],
  {t, 0, 3.2},
  Initialization :→ (d[t_] := 1/2 (-9.8) t^2 + 50)]]
```

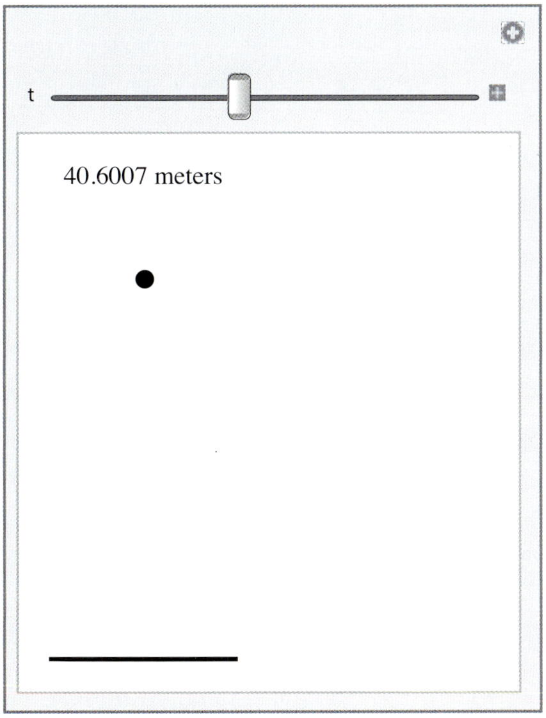

이 예는 지역 변수 **d**와 **t**를 작성하기 위해 **DynamicModule**을 사용한다. 따라서 **d**와 **t**는 이전 다른 예에서 정의되어 있음에도 불구하고, 정의되지 않은 것처럼 사용할 수 있다. **Manipulate** 구문을 평가하기 전에 **Clear**를 사용하여 **d**와 **t** 값을 제거 할 수 있다. 그러나 나중에 사용할 수 있도록 변수의 값을 남긴 채 일시적으로 다른 용도로 사용하고자 할 경우, **DynamicModule**을 사용하여 이러한 변수에 대해 새로운 지역적 정의를 만들 수 있다.

이차원 그래픽 기본 요소 꾸미기

Wolfram 언어의 다른 명령과 마찬가지로 그래픽 기본 요소의 출력도 옵션을 사용하여 색상과 윤곽선 형식 등의 스타일과 모양 요소를 사용자 정의 할 수 있다. 다음 예는 옵션을 사용하여 검은 윤곽선을 가진 노란 원판을 그린다.

```
Graphics[{Yellow, EdgeForm[{Black}], Disk[]}]
```

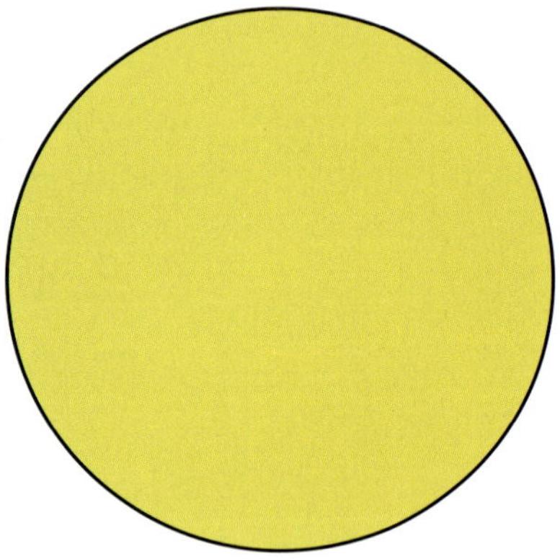

여러 개의 값을 가질 수 있는 옵션도 있다. 다음의 예는 하늘색 정사각형의 윤곽선을 회색의 굵은 점선으로 설정해 그린다.

```
Graphics[{LightBlue, EdgeForm[{Gray, Thick, Dashed}], Rectangle[]}]
```

Thick와 **Dashed** 등의 옵션이 낯익은 사용자도 있을 것이다. 그래프의 스타일을 제어하는 옵션 중에는 그래픽 기본 요소에도 사용할 수 있는 것이 있다. 이것은 Wolfram 언어의 뛰어난 장점이라 할 수 있다. Wolfram 언어는 고도의 일관성을 가지고 설계되었기 때문에, 어떤 명령이나 옵션의 사용법을 배우면, 같은 방법을 다른 상황에도 적용 할 수 있다.

하나의 **Graphics** 명령에 여러 개의 그래픽 기본 요소를 사용하는 일이 자주 있다. 따라서 이러한 기본 스타일을 적절하게 설정하는 방법을 배우는 것이 중요하다. **Graphics** 명령을 사용하면 주어진 첫 번째 그래픽 기본 요소가 기존에 지정된 스타일 설정으로 그려진다. 스타일이 지정되어 있지 않으면 기본값이 사용된다. 다음에 오는 그래픽 기본 요소도 모두 같은 방식으로 그려진다. 즉, 각 기본 요소에 다른 모양을 원하는 경우 **Graphics**의 전달인자로서 스타일 지시자와 그래픽 기본 요소를 차례로 입력한다.

다음 예는 기본 스타일을 사용하여 세 개의 그래픽 기본 요소를 그린다.

```
Graphics[{Disk[{-1, 1}, 1], Rectangle[{1, 1}, {2, 2}], Circle[{1, -1}, 1]}]
```

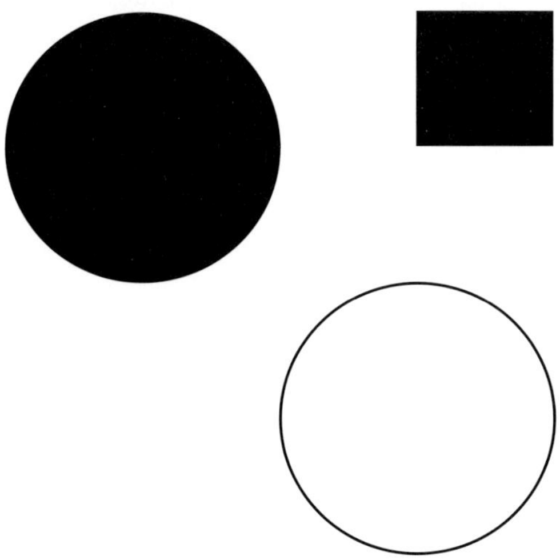

이제 **Disk** 기본 요소 뒤에, 그리고 **Rectangle**과 **Circle** 앞에 옵션을 입력한다. 이렇게 하면, 원판은 기본 스타일로 그려지고 정사각형과 원은 파란색으로 그려진다.

```
Graphics[{Disk[{-1, 1}, 1], Blue, Rectangle[{1, 1}, {2, 2}], Circle[{1, -1}, 1]}]
```

일단 스타일 옵션을 삽입하면, 그 스타일은 같은 옵션으로 새로운 설정이 이루어지지 않는 한 그 후에 오는 모든 기본 요소에 적용된다. 다른 스타일 옵션을 삽입하면 새로운 옵션 설정은 뒤에 오는 모든 기본 요소에 적용된다. 다음 예에서 이미 삽입된 **Blue** 옵션은 **Rectangle** 기본 요소에 적용되지만, 뒤에 삽입한 **Red** 옵션은 **Circle** 그래픽 기본 요소에만 적용된다.

```
Graphics[{Disk[{-1, 1}, 1], Blue, Rectangle[{1, 1}, {2, 2}], Red, Circle[{1, -1}, 1]}]
```

충돌하지 않는 여러 옵션이 사용되는 경우, 그래픽 기본 요소는 그래프를 그릴 때 이러한 옵션을 결합하여 적용한다. 다음 예는 **EdgeForm** 옵션을 사용하여 **Disk** 기본 요소와 **Rectangle** 기본 요소 모두에 굵은 회색 점선의 윤곽선을 그린다. 또한, **Graphics** 명령 중 세 가지 색상을 지정하고, 원판을 초록색, 정사각형을 파란색, 원을 빨간색으로 그린다. **Graphics** 명령의 각각 다른 부분에 **EdgeForm**과 **Blue** 설정이 삽입되었지만, 이 모든 설정이 정사각형에 적용된 점에 주목하자.

```
Graphics[{EdgeForm[{Thick, Dashed, Gray}], Green, Disk[{-1, 1}, 1], Blue,
    Rectangle[{1, 1}, {2, 2}], Red, Thickness[0.01], Circle[{1, -1}, 1]}]
```

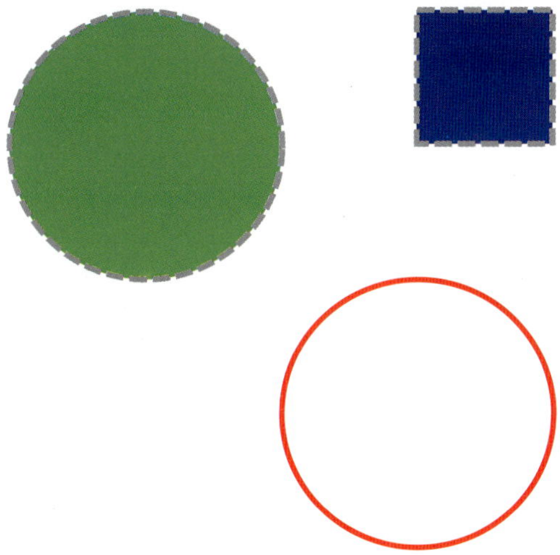

원에만 굵은 회색 점선의 윤곽선이 적용되지 않는 것이 이상하게 생각될지도 모르겠다. 이것은 **EdgeForm**이 **Circle**에 작용하지 않기 때문이다. 원은 그 특성상 윤곽선을 갖지 않기 때문에 **EdgeForm**이 적용되지 않는다. 그러나 원주에 색상을 지정하고(이 예에서는 빨간색), **Thick** 또는 **Thickness[0.01]** 등을 사용하여 두께를 지정하는 것은 가능하다. 두께 설정은 그래픽 전체에 적용되지만, 그래픽이 원인 경우 그 효과가 원주에만 나타난다.

앞의 예는 그래픽 기본 요소 목록의 스타일 변경이 간단하며, 스타일 옵션은 연속되는 목록에 있는 모든 그래픽 기본 요소에 적용되는 것을 보여주었다. 각 그래픽 기본 요소 앞에 스타일 옵션을 삽입하면 표시되는 모양마다 다른 스타일을 지정할 수 있다.

스타일 옵션은 그래픽 기본 요소에 차례대로 적용되고, 그래픽 기본 요소는 주어진 순서에 따라 표현된다는 것을 설명했다. 중첩되는 그래픽 기본 요소가 있는 경우, 출력의 결과는 그 기본 요소의 입력 순서에 따라 달라진다. 첫 번째 기본 요소가 최하위 단계에 그려지며, 그다음의 기본 요소는 그 위에 그려지는 순서로 계속된다. 다음 예는 겹쳐진 두 개의 그래픽 기본 요소를 보여준다. **Graphics** 명령에서 원판이 직사각형 앞에 놓여 있기 때문에 먼저 원판이 그려지고, 직사각형(이 예에서는 실제로 정사각형)은 원판 위에 그려진다.

```
Graphics[{Red, Disk[{0, 0}, 1], Black, Rectangle[{0, 0}, {1, 1}]}]
```

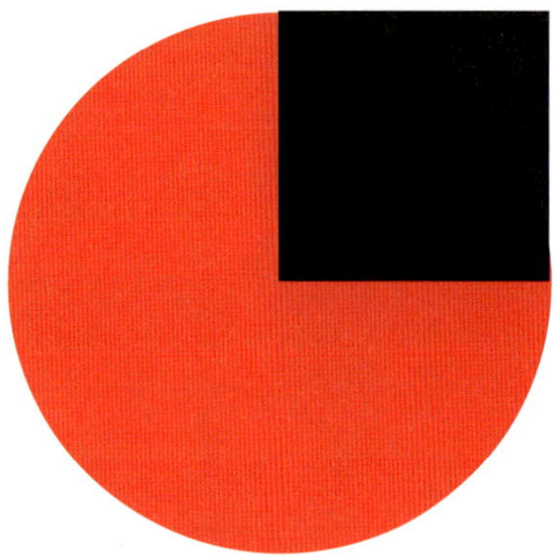

다음 예는 기본 요소의 순서가 바뀌어 있기 때문에 사각형이 먼저 그려지고 원판이 그 위에 그려진다.

```
Graphics[{Black, Rectangle[{0, 0}, {1, 1}], Red, Disk[{0, 0}, 1]}]
```

> 이 장 앞부분의 예에서 자유 낙하 운동 모델을 만들었다. 이때 낙하하는 물체를 마지막에 그리는 것이 중요하다. 낙하하는 물체가 이 예에서 가장 중요한 부분이기 때문에, 그려지는 다른 그래픽에 가려져서는 안 된다. **Graphics** 구문에서 기본 요소는 복사 및 붙여넣기로 순서를 바꿀 수 있다. 또한 **그리기 도구(Drawing Tools)**의 **연산**(Operations) 부분에 있는 버튼을 사용해도 기본 요소의 순서를 바꿀 수 있다.

삼차원 기본 요소 작성

이차원 기본 요소에는 점, 직선, 다각형, 화살표 등 삼차원 그래픽의 구축에 사용할 수 있는 것이 있다. 또한, 구, 원통, 원뿔, 직육면체, 원기둥을 위한 특별한 삼차원 기본 요소도 있다. 이차원 기본 요소와 마찬가지로 삼차원 기본 요소도 일반적으로 전달인자로서 여러 좌푯값을 취하지만, 사용하는 기본 요소에 따라 다른 전달인자를 추가로 가질 수 있다.

기본 요소를 **Graphics** 명령으로 둘러싸고 이차원에서 그린 것처럼, 삼차원 기본 요소의 그리기에는 **Graphics3D** 명령을 사용한다.

```
Graphics3D[Sphere[]]
```

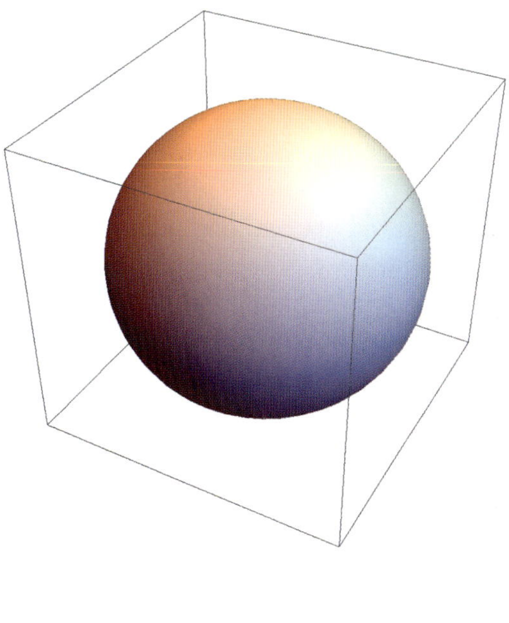

Graphics3D의 출력은 삼차원 그래픽 명령에서 얻은 출력과 마찬가지로 회전, 이동 및 확대가 가능하다. 회전은 삼차원 객체에 마우스 포인터를 두면 아이콘이 회전 화살표로 변경되며, 이때 클릭 앤 드래그하여 실행한다. 그래픽의 이동은 Shift 키를 누른 상태에서 그래픽을 드래그하면 이동할 수 있으며, 확대 및 축소는 Alt 키를 누른 상태에서 그래픽을 드래그한다.

지금까지의 예와 같이, 삼차원 그래픽 그리기에도 좌표 체계 인식과 그릴 범위가 명시적으로 지시되지 않으면 Mathematica가 자동으로 적절한 범위를 선택한다는 것을 기억하는 것이 중요하다. 다음 예는 중심점 (0, 0, 0)을 중심으로 하는 반지름 0.5의 구를 그린다.

```
Graphics3D[Sphere[{0, 0, 0}, 0.5]]
```

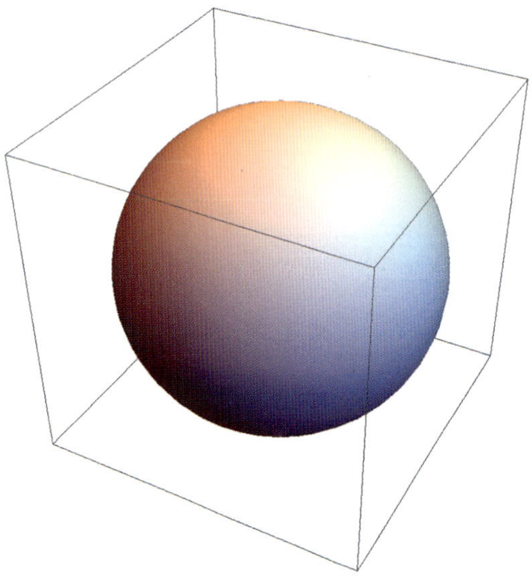

PlotRange를 사용해 렌더링 범위를 지정하는 방법을 여기서도 똑같이 사용할 수 있다. 구체는 삼차원에서 렌더링 되므로 **PlotRange**는 세 개 차원의 최솟값과 최댓값을 제공한다.

```
Graphics3D[Sphere[{0, 0, 0}, 0.5], PlotRange → {{-1, 1}, {-1, 1}, {-1, 1}}]
```

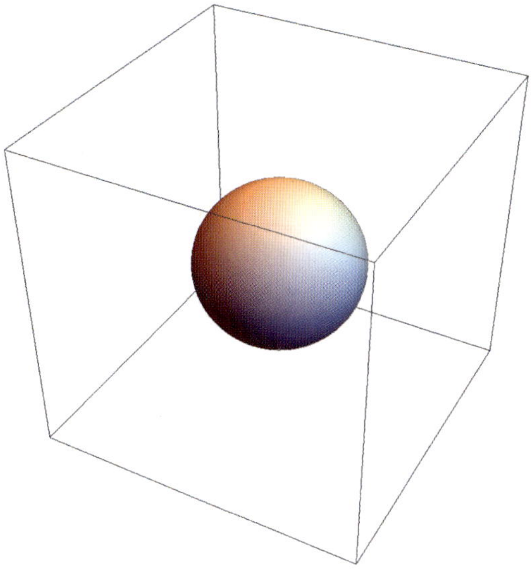

이차원 그래픽에 관해 설명할 때 **Frame** 옵션을 사용하여 개체와 이를 둘러싼 공간과의 관계를 알기 쉽게 나타내었다. **Graphics3D**에는 **Frame** 옵션을 사용할 수 없지만, 축을 포함하여 유용한 정보를 얻을 수 있다. **Graphics3D**의 기본 설정은 **Axes → False**이지만 **Axes → True**로 하면 축과 일부 수치가 표시되어 도움이 될 수 있다.

삼차원 그래픽 기본 요소의 스타일 설정

스타일을 설정하는 절차는 이차원 그래픽과 삼차원 그래픽 모두 동일하다. 기본 요소는 주어진 순서대로 그려지며, 스타일 옵션은 별도의 옵션 설정이 이루어지지 않는 한, 뒤에 오는 모든 기본 요소에 적용된다.

계층 순서에 의해 이차원 그래픽이 겹쳐 나타나듯이, 삼차원 그래픽의 겹침은 서로 결합된 것처럼 표시된다. 이 현상을 다음의 예에서 살펴 보자. 먼저 지정된 파란 공이 그려지고, 다음으로 지정된 초록색 공이 그려진다. 이들은 서로 결합되어 있는 것처럼 표시된다.

```
Graphics3D[{Blue, Sphere[{0, 0, 0}, 0.5], Green, Sphere[{-0.5, -0.5, -0.5}, 1]}]
```

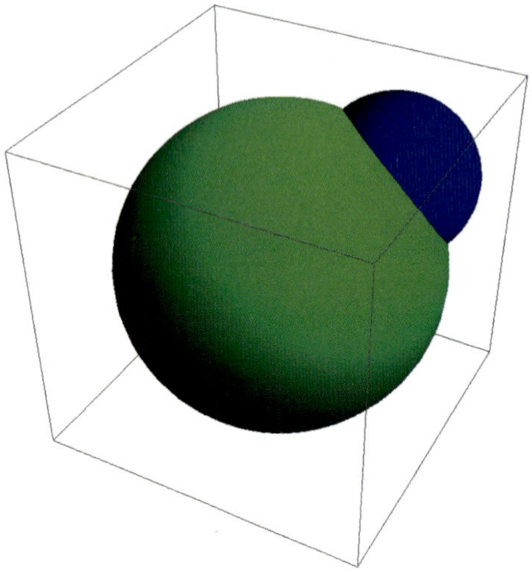

삼차원 그래픽에 특히 유용한 옵션으로 **Opacity**가 있다. 이것은 중복이 발생한 경우 그래픽 구조의 숨겨진 구조를 살펴볼 때 사용할 수 있다. 위의 그래픽을 생성한 구문에 **Opacity** 옵션을 추가하면 두 개의 공이 다른 객체임이 명확하게 보이는 출력을 얻을 수 있다.

```
Graphics3D[{Blue, Opacity[0.5], Sphere[{0, 0, 0}, 0.5], Green, Sphere[{-0.5, -0.5, -0.5}, 1]}]
```

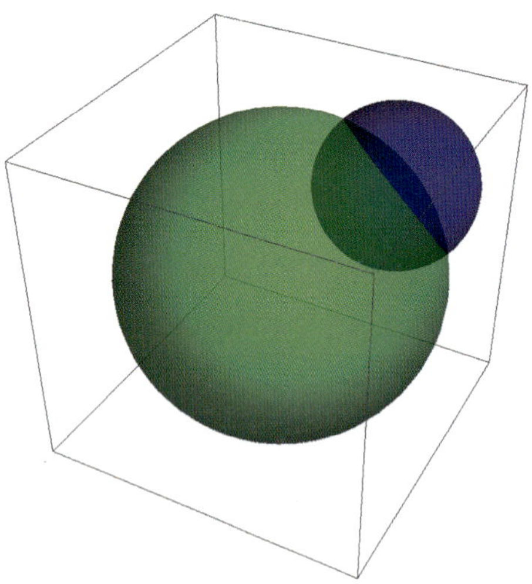

Opacity[0.5]의 설정을 **Green** 옵션 뒤 그리고 두 번째 **Sphere** 앞에 넣을 수도 있지만, 같은 불투명도를 두 그래픽에 적용하고 싶을 때 이 방법은 불필요한 반복이 된다. 그러나 기본 요소를 완전히 불투명하게 하는 **Opacity[1]**을 포함하여 별도의 불투명도 설정을 지정하려면 각 기본 요소 앞에 원하는 다른 설정을 삽입한다.

기본적으로 삼차원 그래픽은 경계 상자와 함께 반환된다. 이 상자는 기본 요소와 그리기 범위 전체의 관계를 파악하는 데 유용하다. 그러나 그래픽 기본 요소를 사용하여 모델을 구축할 때 경계 상자가 방해가 되기도 한다. 이 경우 다음과 같이 **Boxed → False**로 설정하여 상자를 제거 할 수 있다.

```
Graphics3D[{Blue, Opacity[0.5], Sphere[{0, 0, 0}, 0.5], Green, Opacity[0.5],
    Sphere[{-0.5, -0.5, -0.5}, 1]}, Boxed → False]
```

모든 Wolfram 언어 명령뿐만 아니라 그래픽 기본 요소 역시 Wolfram 언어의 명령으로 견고하게 통합되어 있다. 이러한 통합을 통해 객체와 수학적 값의 관계성도 그래픽 기본 요소를 사용하여 간단히 표현할 수 있다. 다음 **Manipulate** 구문에서 초록색 구의 중심점 좌표값을 변경하여 그 중심점을 움직일 수 있다.

```
Manipulate[
  Graphics3D[{Blue, Opacity[0.5], Sphere[{0, 0, 0}, 1], Green, Opacity[0.5],
      Sphere[{x, y, z}, 1]},
    PlotRange → 2, Boxed → False],
  {x, -1, 1},
  {y, -1, 1},
  {z, -1, 1}
]
```

물체를 어떤 높이에서 떨어뜨렸을 때의 동작을 나타낸 위의 예에서는 이차원 그래픽 기본 요소를 사용했다. 이차원과 삼차원 그래픽 기본 요소를 위한 언어 체계는 매우 유사하므로 이 예의 기본 요소를 변경하고, 필요한 전달인자를 추가하는 것만으로 쉽게 삼차원으로 변환 할 수 있다.

예를 들어 **Disk**는 **Sphere**로 변경하고 **Rectangle**은 **Polygon**으로 변경한다. 또한, **PlotRange** 옵션 설정도 삼차원의 그리기 범위에 맞게 변경한다.

```
DynamicModule[{d, t},
  Manipulate[
    Graphics3D[{Sphere[{10, 10, d[t]}], Polygon[{{0, 0, 0}, {0, 20, 0}, {20, 20, 0}, {20, 0, 0}}]},
      PlotRange → {{0, 20}, {0, 20}, {0, 50}}, PlotLabel → ToString[d[t]] <> " meters",
      Boxed → False],
    {t, 0, 3.2},
    Initialization :→ (d[t_] := 1/2 (-9.8) t^2 + 50)]]
```

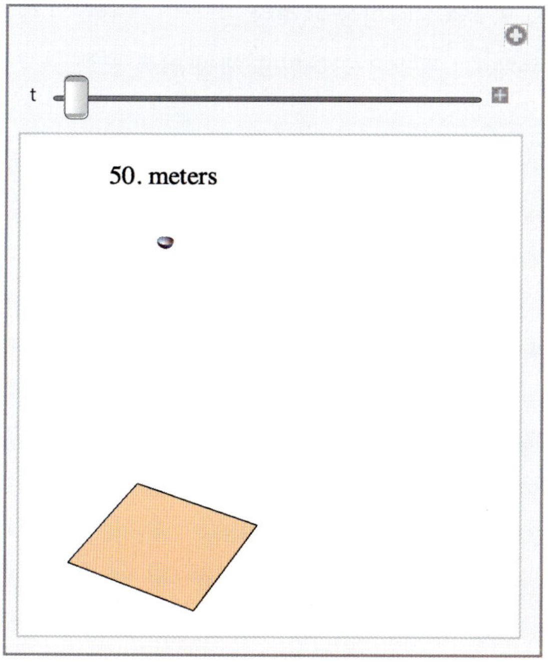

Clear를 사용하여 이 장에서 사용된 모든 변수의 값과 함수의 정의를 삭제한다.

```
Clear[d, t]
```

정리

그래픽 기본 요소를 사용하면 매우 간단한 것부터 고도로 복잡한 다이어그램, 도형 및 모델을 만들 수 있다. 그래픽 기본 요소는 Wolfram 언어의 명령으로서, 시스템의 다른 부분과 견고하게 통합되어 있기 때문에 현상의 모델화, 시뮬레이션, 다이어그램과 도형 만들기에 적합한 그래픽 출력을 프로그램에 의해 생성할 수 있다.

연습 문제

1. 자유 형식 입력을 사용하여 변의 길이가 3, 4, 5인 삼각형을 그려라.
2. Wolfram 언어를 이용하여 크기가 연습 문제 1과 똑같은 삼각형을 제일 왼쪽 점의 좌표를 (0, 0)에 맞추어 그려라.
3. Wolfram 언어를 이용하여 연습 문제 2의 삼각형의 색을 검은색에서 분홍색으로 바꾸어라.
4. Wolfram 언어를 이용하여 연습 문제 3의 삼각형의 테두리 색을 검은색으로 바꾸어라.
5. Wolfram 언어를 이용하여 연습 문제 4의 삼각형에 반지름이 1, 중심점이 (3, 4)인 파란색 원을 추가하여라.
6. Wolfram 언어를 이용하여 $3\,x$의 그래프를 그려라. 단, x의 범위는 $-\pi$부터 π까지로 한다.
7. **Epilog**와 **Point** 명령을 이용하여 $3\,x$의 그래프 위에 점 (0, 0)을 그려라.
8. **PointSize** 옵션을 이용하여 그래픽 기본 요소 **Point**의 크기를 바꾸어라.
9. 점의 색을 빨간색으로 바꾸어라.
10. **Manipulate**를 이용하여, 점의 x가 $-\pi$부터 π까지 변하는 대화형 모델을 생성하여라. 단, 점의 x, y 모두를 조작하는 변수를 생성하지 말고, x값에만 초점을 두고 이를 사용하여 함수 $3\,x$에서 y의 값을 계산하여라.

14장

대수적 조작과 방정식 풀이

서론

Wolfram 언어는 다항식의 전개와 인수 분해, 분모가 서로 다른 분수의 합, 그리고 같은 변수를 포함한 항을 모으는 것과 같이 대수적으로 수식을 조작하는 작업을 돕는 다양한 명령을 제공한다. 앞에서 살펴본 Wolfram 언어의 관례에 따라, 이 장에서 소개하는 명령의 이름도 자신의 역할을 정확히 나타내고 있으므로 새로운 사용자가 원하는 함수를 직관적으로 찾을 수 있다. 이번 장에서는 대수적 조작과 방정식 풀이에 가장 일반적으로 쓰는 함수를 다루고, 이러한 명령을 사용해서 얻은 출력에서 결과를 추출하는 몇 가지 세부적인 방법을 설명한다.

기본적인 대수 작업

Mathematica는 일일이 손으로 써 내려가기에는 지루한 계산에 안성맞춤인 도구이다. Mathematica는 식을 단순화하고 풀어내는 일을 자동으로 처리해주는데, 다음의 예를 보면 *b*가 자동으로 상쇄되는 것을 알 수 있다.

$$\frac{2\,a\,b}{b\,c}$$

$$\frac{2\,a}{c}$$

하나의 식을 특정한 표현에서 다른 형태로 변형해야 할 때가 종종 있다. 예를 들어, 일련의 기호를 곱하면, Mathematica는 가장 간단한 형태를 반환할 것이다. 아래와 같이 이미 잘 정리된 식이 입력으로 주어질 수도 있다. 실제로 어떻게 작동하는지 살펴 보자.

```
(a+b) (a+c) (b+c)
```

```
(a + b) (a + c) (b + c)
```

위의 예와 같이 **Expand** 명령을 사용해서 여러 식의 곱으로 된 표현을 전개할 수 있다.

```
Expand[(a+b) (a+c) (b+c)]
```

$a^2 b + a b^2 + a^2 c + 2 a b c + b^2 c + a c^2 + b c^2$

이제 식이 전개되었으므로 또 다른 형식으로 변경하라는 지시가 없는 한 Mathematica는 더는 식에 손을 대지 않는다. 반대로 **Factor** 명령을 사용하여 다항식을 인수분해할 수도 있다.

Factor$[a^2 b+a b^2+a^2 c+2 a b c+b^2 c+a c^2+b c^2]$

$(a + b) (a + c) (b + c)$

초보자는 **Factor**를 사용하여 정수를 소인수 분해하려고 시도하는 실수를 흔히 범한다. 정수를 소인수 분해하고자 한다면, **FactorInteger**를 사용해야 한다.

식을 다른 형태로 변경하고자 할 때 쓸 수 있는 명령이 이 밖에도 몇 가지가 있다. **Together**는 분모가 서로 다른 분수를 통분하여 더해주고, **Apart**는 반대로 유리식의 부분분수분해를 담당한다.

Together$\left[\frac{1}{(x+1)}+\frac{1}{(x-1)}\right]$

$$\frac{2 x}{(-1 + x) (1 + x)}$$

Apart$\left[\frac{2 x}{(-1+x) (1+x)}\right]$

$$\frac{1}{-1 + x} + \frac{1}{1 + x}$$

세심한 독자라면, **Together**에 준 식의 형태는 $\frac{1}{(x+1)}+\frac{1}{(x-1)}$ 이었는데 **Apart**가 반환한 형태는 $\frac{1}{-1+x}+\frac{1}{1+x}$인 것을 눈치챘을지도 모르겠다. 이것은 **StandardForm**이 식을 표현하는 방식 때문이다. 앞서 논의한 방식(예를 들어, 메뉴에서 **Cell**을 클릭하고 **Convert To**로 들어가서 **TraditionalForm**을 선택)으로 결과를 **TraditionalForm**으로 바꾸고 식의 표현이 어떻게 바뀌는지를 살펴 보자.

다항식을 다룰 때 매우 유용한 명령으로 특정 기호의 차수별로 항을 모아주는 **Collect**가 있다. 예를 들어, $a\,x^2+b\,x^2\,y+c\,x\,y$에서 x를 포함하는 항을 모으고자 한다면 다음과 같이 **Collect** 명령을 사용한다.

```
Collect[a x^2 + b x^2 y + c x y, x]
```

$c\,x\,y+x^2\,(a+b\,y)$

y를 포함하는 항을 모두 모으고 싶으면, 두 번째 전달인자를 x에서 y로 바꿔준다.

```
Collect[a x^2 + b x^2 y + c x y, y]
```

$a\,x^2+\left(c\,x+b\,x^2\right)y$

Collect의 두 번째 전달인자로 기호 목록을 주어 여러 개의 기호를 한꺼번에 모을 수 있다. 다음의 명령은 y와는 무관하게 x를 포함하는 항을 먼저 모은 후에, x에 관해 정리된 각 항에서 다시 y를 포함한 항을 모아준다.

```
Collect[a^2 y + 2 a b y + b^2 y + 2 a x y + 2 b x y + x^2 y + c^2 x^2 y + 2 c d x^2 y + d^2 x^2 y, {x, y}]
```

$\left(a^2+2\,a\,b+b^2\right)y+(2\,a+2\,b)\,x\,y+\left(1+c^2+2\,c\,d+d^2\right)x^2\,y$

Mathematica는 대수계산과 조작을 손쉽게 다루기 때문에 매우 복잡한 식으로 쉽게 확장할 수 있다. 이러한 계산 결과를 다시 입력으로 삼아 계산을 하다 보면 식이 금세 복잡해진다. 이런 일이 벌어지면 식을 단순하게 정리해주는 **Simplify**나 **FullSimplify**와 같은 명령이 좋은 해결책이 된다. 두 명령 모두 식을 입력받아서 해당 식의 단순한 형태를 반환한다.

```
Simplify[Sin[x]^2 + Cos[x]^2]
```

1

```
FullSimplify[(a^2 + 2 a b + b^2) y + (2 a + 2 b) x y + (1 + c^2 + 2 c d + d^2) x^2 y]
```

$((a + b)^2 + 2 (a + b) x + (1 + (c + d)^2) x^2) y$

Simplify와 **FullSimplify**의 차이가 무엇일까? 두 명령 모두 식을 받아서 더 단순한 형태로 반환하는 역할을 한다. 하지만, **FullSimplify**는 더 다양한 변환과 대입을 시도하기 때문에 매우 복잡한 식에 적용하면 수행하는데 더 오랜 시간이 걸릴 수 있다. 우선 **Simplify**를 적용해보고, 결과가 마음에 들지 않을 때 **FullSimplify**를 시도하는 것이 일반적으로 사용되는 방법이다.

더욱더 세밀한 단순화를 수행하고자 한다면, **Simplify**와 **FullSimplify**에 가정을 둘 수도 있다. 다음의 예에서, $\sqrt{x^2}$ 에 **Simplify**를 적용해도 입력보다 더 단순한 형태를 얻을 수 없다.

```
Simplify[Sqrt[x^2]]
```

$\sqrt{x^2}$

하지만, **Simplify**에 $x > 0$과 같은 추가 정보를 주면 더 단순한 형태를 얻을 수 있다.

```
Simplify[Sqrt[x^2], x > 0]
```

x

삼각함수에 사용할 수 있는 **TrigExpand**와 **TrigReduce** 같이 특수한 전개 및 단순화를 담당하는 함수도 있다.

```
TrigExpand[Sin[x^2]*Cos[2 x]]
```

$\text{Cos}[x]^2\ \text{Sin}[x^2] - \text{Sin}[x]^2\ \text{Sin}[x^2]$

기본적인 방정식 풀이

특정 영역에서 해를 찾는 것부터 방정식의 근을 찾는 일반적인 해결책을 제공하는 것까지 방정식의 풀이를 위한 다양한 명령이 준비되어 있다. 초보자도 자주 사용되는 몇 가지 명령만 기억하면 다양한 유형의 문제를 해결할 수 있다.

Solve 명령은 이름이 의미하는 바로 그 일을 한다. 연립방정식을 풀거나 다수의 변수나 특정 변수의 부등식을 풀어낸다. 단일 변수의 방정식을 풀려면 **Solve**에 풀고자 하는 식과 변수를 넘겨주기만 하면 된다.

```
Solve[x^2 + 2 x - 1 == 0, x]
```

$\{\{x \to -1 - \sqrt{2}\}, \{x \to -1 + \sqrt{2}\}\}$

> **Solve** 등을 사용해서 동등함을 검사하려 한다면, 이중 등호(**==**)를 사용한다. 단일 등호(**=**)는 변수에 값을 할당하는 용도로 사용되므로, **Solve** 명령 안에서 사용하면 오류가 발생한다.

여러 변수를 포함한 방정식을 풀고자 한다면 연립방정식을 하나의 목록으로 나타내고, 변수를 또 다른 목록으로 나타내어서 **Solve**에 넘겨주면 된다.

```
Solve[{2 x + y == 12, x + 4 y == 34}, {x, y}]
```

{{x → 2, y → 8}}

Solve의 결과 이용하기

초보자 대부분이 **Solve**(및 유사한 방식으로 결과를 내놓는 다른 명령)가 반환한 결과를 조금 더 익숙한 형태로 만드는 데에 어려움을 겪는다. **Solve** 명령의 출력은 변환 규칙의 목록으로 이루어져 있어서, 앞의 예에서 **Solve**가 반환한 **{{x → 2, y → 8}}**은 x의 값으로 2를, y의 값으로 8을 넣으면 방정식을 만족한다는 것을 의미한다. 이 값을 원래의 연립방정식에 대입하여 검증해 볼 수 있다.

```
{2 (2) + 8 == 12, 2 + 4 (8) == 34}
```

```
{True, True}
```

x의 값으로 2를, y의 값으로 8을 갖는다는 결과를 이용하려면, 사용자가 x와 y에 해당하는 변수를 일일이 생성해서 직접 할당하면 된다. 간단한 경우에는 문제가 없지만, 변수의 개수가 너무 많거나, 결과가 너무 길고 복잡해서 일일이 입력하기 곤란하다면 어떨까? 이러한 상황에서 규칙을 이용하는 방법을 알고 있다면, 이후 계산에서 화살표의 오른쪽에 있는 값을 이용할 수 있도록 풀어내는 과정을 자동화할 수 있다.

> Mathematica가 **Solve**와 같은 명령에 대해서 그냥 변수 할당 목록을 반환할 수도 있지 않을까? 출력으로 **x = 2**와 **y = 8**이라고 적힌 셀을 반환하는 것처럼 말이다. 아마도 Mathematica가 이렇게 하지 않는 데에는 정말 많은 이유가 있겠지만, 우리의 관점에서 분명한 한 가지는 사용자가 노트북에 **x**와 **y**를 이미 정의했다면 무슨 일이 벌어질지 생각해 보자. 이러한 상황에서 **Solve**를 사용한다면 이미 할당된 값을 덮어쓰게 될 것이고, 아마도 온갖 종류의 대혼란이 벌어질 것이다.

ReplaceAll 명령은 규칙 또는 규칙 목록에서 우변을 뽑아내는 가장 간단한 방법이다. **ReplaceAll**은 두 개의 전달인자를 받는데, 첫 번째는 변환할 식이고, 두 번째는 적용할 규칙이나 규칙 목록이다. 아래의 예는 변수 **x**를 2로 변환하여 목록에 대입하고, 이러한 치환의 결과를 출력한다.

```
ReplaceAll[{x, x + 1, x + 2}, x → 2]
```

```
{2, 3, 4}
```

흔히 **ReplaceAll**은 **/.** 형태의 빠른 표기법으로 나타내는데, 이 표현을 이용하면 치환 작업을 거의 생각나는 대로 덧붙여 쓸 수 있다. 결과가 변환 규칙의 목록으로 되어있다면, 적용할 지점에 **/.** 연산자와 변환 규칙 목록을 넣는 방식으로 편리하게 사용할 수 있다.

```
x /. x → y^2
```

y^2

> 앞의 표현이 낯설다면, **/.**를 "~에서"로, **→**를 "~에 ~을(를) 대입하라"로 해석하면 도움이 된다. 위의 마지막 입력은 "이 식에서 x에 y^2을 대입하라"라고 이해할 수 있다.

ReplaceAll은 규칙 목록을 포함하는 표현을 받을 수 있으므로, **Solve**가 반환하는 결과와 함께 사용할 수 있다. 먼저, **Solve**가 결과를 반환하는 방식을 다시 살펴 보자.

```
Solve[x^2 + 2 x - 1 == 0, x]
```

$\{\{x \to -1 - \sqrt{2}\}, \{x \to -1 + \sqrt{2}\}\}$

이제 **ReplaceAll** 명령을 이용하면 한 번의 입력만으로 규칙의 우변에 있는 값을 가져올 수 있다.

```
x /. Solve[x^2 + 2 x - 1 == 0, x]
```

$\{-1 - \sqrt{2}, -1 + \sqrt{2}\}$

결과를 나중에 사용할 수 있도록 변수로 저장하고 싶다면, 아래와 같이 변수 할당까지 같이할 수도 있다.

```
results = x /. {{x → -1 - √2}, {x → -1 + √2}}
```

$\{-1 - \sqrt{2}, -1 + \sqrt{2}\}$

이제 이 값을 **results**라는 변수에 저장했으므로, 이후 계산에서 사용할 수 있다.

```
results*√3
```

$\left\{\sqrt{3}\left(-1-\sqrt{2}\right), \sqrt{3}\left(-1+\sqrt{2}\right)\right\}$

이 방법을 **Solve**가 여러 값을 반환하는 상황으로 확장할 수 있는데, 변수들의 이름을 목록 안에 집어넣고 **ReplaceAll** 명령을 적용하면 된다.

```
result = {x, y} /. Solve[{2 x + y == 12 && x + 4 y == 34}, {x, y}]
```

{{2, 8}}

Solve를 이용해서 연립방정식의 해를 구하면, 각각의 해 집합을 별도의 목록으로 하는 중첩된 목록으로 결과가 반환된다. 앞의 예와 같이 결과에 하나의 해 집합만 있다면, 여분의 중괄호는 쓸모가 없다. 여분의 괄호는 목록에서 첫 번째 원소를 취하는 **First** 명령을 이용하여 없앨 수 있다.

```
First[result]
```

{2, 8}

새로운 변수 정의의 우변에 기존에 정의한 변수를 사용하여 변수의 값을 갱신할 수 있다. 앞의 입력을 **result=First[result]**로 바꾸면 목록의 첫 번째 원소를 골라서 **result** 변수의 값으로 다시 할당한다.

방정식을 푸는 다른 명령들

Solve는 방정식과 연립방정식의 해를 찾는데 매우 탁월하지만, 몇몇 종류의 문제에는 좀 더 특수한 명령이 적합하다. 예를 들어, 방정식 $x^2 - y^3 = 1$의 해를 찾는 데 **Solve**를 사용하면, 두 개의 결과를 내놓기는 하지만 "모든 해를 찾지 못했을 수도 있다"는 경고도 보여준다.

```
Solve[x^2 - y^3 == 1, {x, y}]
```

··· Solve: Equations may not give solutions for all "solve" variables.

$$\left\{\left\{x \to -\sqrt{1+y^3}\right\}, \left\{x \to \sqrt{1+y^3}\right\}\right\}$$

Reduce와 같은 명령은 다른 접근법을 사용하는데, 완전히 일반적인 결과를 얻고자 할 때 이용할 수 있다.

```
Reduce[x^2 - y^3 == 1, {x, y}]
```

$y == (-1+x^2)^{1/3} \,||\, y == -(-1)^{1/3} (-1+x^2)^{1/3} \,||\, y == (-1)^{2/3} (-1+x^2)^{1/3}$

앞의 결과는 **StandardForm**으로도 꽤 읽을 만하지만, **TraditionalForm**을 이용하여 조판형으로 바꾸면 더욱 보기 좋다. **TraditionalForm**으로 바꾸는 방법을 다시 한번 말하자면, 해당 셀의 브래킷을 강조하고 마우스 오른쪽 버튼을 클릭하여 팝업 메뉴를 띄운 후, **Convert To** 메뉴에서 **TraditionalForm**을 선택하면 된다.

Reduce가 완전히 일반적인 결과를 내놓는다면, **Solve**는 왜 사용하는 것일까? 한 가지 이유는 결과가 반환되는 형태에 있다. **Solve**는 유한한 개수의 해를 반환하므로 결과를 규칙 목록의 형태로 반환하고, 이는 우변의 값을 쉽게 풀어내기에 좋은 형태이다. 반면에 **Reduce**는 동치 관계를 기술하는 방식의 닫힌 형태로 된 해를 반환한다. 이러한 형태는 읽기에는 좋지만, 초보자가 결과를 추출해서 사용하기에는 쉽지 않은 면이 있다.

방정식 풀이에 사용할 수 있는 다른 명령으로, 변수별로 주어진 초깃값 근처에서 근을 찾는 **FindRoot**가 있다. 다음 명령은 $x = \pi$ 근처에서 시작해서 $\sin(x^2) - \cos(x)$의 근을 찾는다.

```
FindRoot[Sin[x^2] - Cos[x], {x, π}]
```

{x → 3.29304}

FindRoot는 오직 하나의 근을 찾기 때문에, 무한한 개수의 해를 갖는 식과 같이 **Solve**가 적합하지 않은 종류의 문제에 대한 해도 찾을 수 있다. 하지만 무한히 많은 해의 집합도 다룰 수 있는 **Reduce**를 제쳐놓고 **FindRoot**를 이용해야 할 이유가 있을까? 이것도 결과의 형태와 관련이 있다. **Reduce**는 해 집합의 일반적인 형태를 제공하는 데 매우 뛰어나지만, **FindRoot**는 **Reduce**로는 얻을 수 없는 해의 수치를 제공한다.

아래의 예는 **Solve**를 이용하여 $x + e^x = \frac{1}{2}$의 해를 찾을 때 만나게 되는 경고를 보여준다.

```
Solve[x + ⅇ^x == 1/2, x]
```

Solve: Inverse functions are being used by Solve, so some solutions may not be found; use Reduce for complete solution information.

$\left\{\left\{x \to \frac{1}{2}\left(1 - 2\,\text{ProductLog}\left[\sqrt{e}\right]\right)\right\}\right\}$

Reduce를 사용해서 일반 해를 찾을 수 있다.

```
Reduce[x + ⅇ^x == 1/2, x]
```

$C[1] \in \text{Integers} \,\&\&\, x == \frac{1}{2} - \text{ProductLog}\left[C[1], \sqrt{e}\right]$

그리고 **FindRoot**는 $x = 0$ 근처에서 처음으로 찾은 근의 수치를 보여준다.

```
FindRoot[x + ⅇ^x == 1/2, {x, 0}]
```

{x → -0.266249}

Clear를 사용하여 이 장에서 사용된 모든 변수의 값과 함수의 정의를 삭제한다.

```
Clear[results, result]
```

정리

대수식을 조작하고 방정식을 푸는 것은 많은 Wolfram 언어의 내부 명령어와 연관된 광범위한 주제이다. 이번 장에서 그중 일부만 간략하게 다루었다. 다루지 못한 다른 명령과 이들의 더욱 특수한 사용법은 문서 센터에서 자세한 내용을 찾을 수 있다.

연습 문제

1. Wolfram 언어를 사용하여 $x^3 + 3x^2 + x + 3$을 인수분해 하여라.
2. **TraditionalForm** 명령을 사용하여 연습 1의 결과를 조판형으로 나타내어라.
3. 자유 형식 입력을 사용하여 $x^2 + 7x - 8 = 0$의 해를 구하여라.
4. 자유 형식 입력을 사용하여 연립방정식 $3x + 5y = 8$과 $x - 2y = 7$의 해를 구하여라.
5. Wolfram 언어를 사용하여 연습 문제 4의 결과를 10자리 수로 근사하여라.
6. Wolfram 언어를 사용하여 $x^2 + 5x + 9 = 14$의 해를 구하여라.
7. Wolfram 언어를 사용하여 연습 문제 6의 결과로부터 x의 우변을 구하여라.
8. Wolfram 언어를 사용하여 연습 문제 7의 결과를 4자리 수로 근사하여라.
9. **Reduce** 명령을 사용하여 $3x^4 - 5y^3 = 11$을 만족하는 일반 해의 집합을 구하여라.
10. Wolfram 언어를 사용하여 −5부터 5까지의 x에 대해, $3\sin(3x) + 2\cos(x^2)$의 그래프를 그려라. 또한 **FindRoot** 명령을 이용하여 $x = 0$에 가장 가까운 해를 구하여라.

15장

미분과 적분

소개

Mathematica를 가장 많이 활용하는 과목 중 하나는 미적분학으로, 고등학교에서 대학의 AP (Advanced Placement, 미국의 대학 입시에 필요한 시험을 시행하는 College Board에서 주관하는 대학 과정 인증 시험 및 고급 교과 과정 - 위키백과) 시험을 준비하는 수업에서부터 대학 수업에 이르기까지 Mathematica는 중요한 학습 도구로 활용된다. Mathematica를 활용하면 종이와 연필을 이용한 계산으로는 시도하기 어려운 주제를 탐구할 수 있으며, Wolfram 언어가 제공하는 미적분 명령은 기본적으로 닫힌 형식으로 표현되는 모든 결과를 구할 수 있다.

이 장에서는 미분, 극한, 적분에 관한 명령의 기본적인 기능을 소개한다.

미분

Mathematica에서 도함수를 구하는 명령은 두 개가 있다. 하나는 편미분을 수행하는 **D**이고, 다른 하나는 상미분을 수행하는 **Dt**이다. 두 명령 모두 첫 전달인자로 함수를 받고 다음으로 증분에 관여하는 변수(또는 변수들)를 받는다. 예를 들어, **D**를 사용해서 $x^2 \sin(x)$를 x에 대하여 미분할 수 있다.

```
D[x^2 Sin[x], x]
```

```
x^2 Cos[x] + 2 x Sin[x]
```

고계 도함수는 두 번째 매개변수에 목록을 넣어서 계산할 수 있다. 이 목록에는 해당 변수와 함께 미분의 횟수가 들어간다. 다음 명령은 x에 대한 $x^2 \sin(x)$의 삼계 도함수를 구한다.

```
D[x^2 Sin[x], {x, 3}]
```

```
6 Cos[x] - x^2 Cos[x] - 6 x Sin[x]
```

상미분은 ' 기호를 이용하여 프라임 표기법으로 수행할 수도 있다. 예를 들어, **Sin'[x]**는 sin(x)의 도함수를 반환한다.

```
Sin'[x]
Cos[x]
```

사용자 정의 함수의 이름을 수학계 관례에 따라서 지었다면, 프라임 표기법을 유용하게 사용할 수 있다.

```
f[x_] := x^3 - 2 x^2 - 5 x + 6
```

```
f'[x]
-5 - 4 x + 3 x^2
```

D 명령과 단축형 '는 같은 의미로 사용된다.

```
{D[f[x], x], f'[x]}
{-5 - 4 x + 3 x^2, -5 - 4 x + 3 x^2}
```

> 출력을 **TraditionalForm**으로 변환하면 지수의 내림차순으로 항을 나열하는 것을 포함해서, 조금 더 관습적인 모양새를 갖추도록 할 수 있다.

마찬가지로 빠른 표기인 ''를 이용한 이중 프라임 표기법으로 이계 도함수를 구할 수 있으며, 같은 방식으로 다른 고계 도함수도 구할 수 있다.

```
{D[f[x], {x, 2}], f''[x]}
{-4 + 6 x, -4 + 6 x}
```

다음 예는 **Plot** 명령을 이용하여 함수와 이 함수의 일계 도함수, 그리고 이계 도함수를 시각화한다. 이처럼 프라임 표기법을 Wolfram 언어의 다른 명령과 함께 사용할 수도 있다. **PlotLegend**를 사용하기에 적합한 예이기도 하다.

```
Plot[{f[x], f'[x], f''[x]}, {x, -3, 3}, PlotLegends → "Expressions"]
```

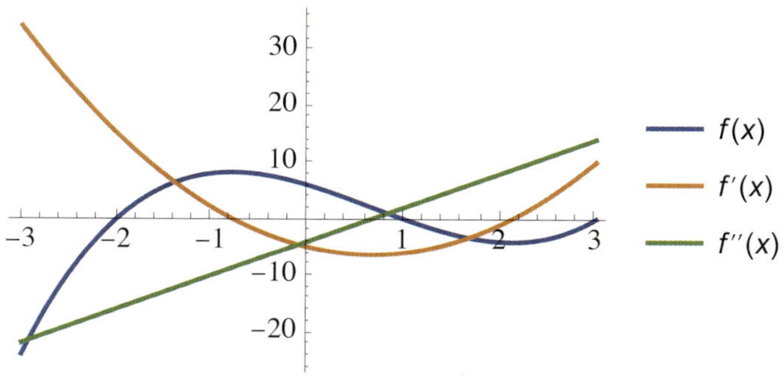

프라임 표기법은 **Table** 명령을 사용하여 $f(x)$, $f'(x)$, $f''(x)$의 값에 대한 표를 생성할 때에도 유용하게 사용할 수 있다.

```
Table[{x, f[x], f'[x], f''[x]}, {x, 1, 10}] // TableForm
```

1	0	-6	2
2	-4	-1	8
3	0	10	14
4	18	27	20
5	56	50	26
6	120	79	32
7	216	114	38
8	350	155	44
9	528	202	50
10	756	255	56

기억을 상기해보면, **//** 연산자를 사용하면 출력에 후위 연산을 적용할 수 있다. 즉, **TableForm[list]**는 **list // TableForm**과 같다. 이는 **TableForm**을 이용해서 데이터 세트를 표로 표시하거나 **MatrixForm**을 이용해서 중첩 목록을 행렬로 표현할 때와 같이 결과의 모습을 바꾸고 싶을 때 유용하게 사용할 수 있다.

D는 다수의 변수에 대한 미분도 지원한다.

```
D[x^2 Cos[x y] + y^2 Sin[x y], x, y]
```

$-x^3\, y\, \text{Cos}[x\, y] + 3\, y^2\, \text{Cos}[x\, y] - 3\, x^2\, \text{Sin}[x\, y] - x\, y^3\, \text{Sin}[x\, y]$

D가 반환한 결과는 단순하게 정리된 형식이 아닐 수도 있다. 더 단순한 형식이 있을 것으로 짐작한다면 **Simplify**와 같은 단순화 명령을 적용해서 확인해 볼 수 있다.

```
D[Sin[x]^10, {x, 4}]
```

$5040\,\text{Cos}[x]^4\,\text{Sin}[x]^6 - 4680\,\text{Cos}[x]^2\,\text{Sin}[x]^8 + 280\,\text{Sin}[x]^{10}$

```
Simplify[%]
```

$10\,(141 + 238\,\text{Cos}[2\,x] + 125\,\text{Cos}[4\,x])\,\text{Sin}[x]^6$

도함수를 순수하게 기호 형태로도 구할 수 있으며, 이는 미분의 형태에 관해 논할 때 도움이 된다. 여기에서는 기호 **g[x]**를 정의하지 않은 상태로 $x\,g(x)$의 일계 도함수를 사용한다.

```
D[x g[x], x]
```

g[x] + x g′[x]

앞의 예와 마찬가지로 고계 도함수도 사용할 수 있다.

```
D[x g[x], {x, 2}]
```

2 g′[x] + x g″[x]

도함수의 형식을 파악하고 나면, 규칙을 이용한 치환으로 결과에 특정 함수를 대입해 볼 수 있다.

```
D[g[x^2] g''[x], x] /. g → Sin
```

$-2\,x\,\text{Cos}[x^2]\,\text{Sin}[x] - \text{Cos}[x]\,\text{Sin}[x^2]$

극한

극한은 **Limit** 명령으로 구할 수 있다. 이 명령은 입력으로 식, 변수, 그리고 변수가 접근할 값을 받아, 출력으로 극한값을 반환한다. 두 번째 전달인자는 **변수 → 값** 형식의 규칙으로 입력한다. 예를 들어 x가 1에 접근할 때, $\frac{1}{x}$의 극한을 구하려면 다음의 명령을 사용한다.

```
Limit[1/x, x → 1]
```

1

값이 무한대로 접근하는 극한을 다루어야 할 때가 종종 있으며, Mathematica는 이러한 계산도 지원한다. 무한대라는 개념을 사용하여 계산하는 세 가지 방법에 대해 알아 보자. 내장 기호인 **Infinity**를 입력하는 방법, 팔레트를 이용하여 입력하는 방법, 그리고 Esc inf Esc와 같이 키보드 단축키를 이용하는 방법이 있다. **Infinity**와 **∞**는 같은 의미로 취급된다.

```
Limit[√x , x → Infinity]
```

∞

```
Limit[√x , x → ∞]
```

∞

Limit 명령은 극한의 접근 방향을 선택할 수 있다. **Direction → "FromBelow"**를 선택 사항으로 주면 왼쪽으로부터 접근하는 좌극한을 구하고, **Direction → "FromAbove"**를 주면 오른쪽으로부터 접근하는 우극한을 구한다. 접근 방향이 주어지지 않으면 Mathematica는 좌극한과 우극한을 모두 구한 후, 값을 비교한다. 아래는 함수 $\frac{1}{x}$의 그래프로 $x = 0$에서 좌극한과 우극한의 값이 다르다.

```
Plot[1/x, {x, -3, 3}]
```

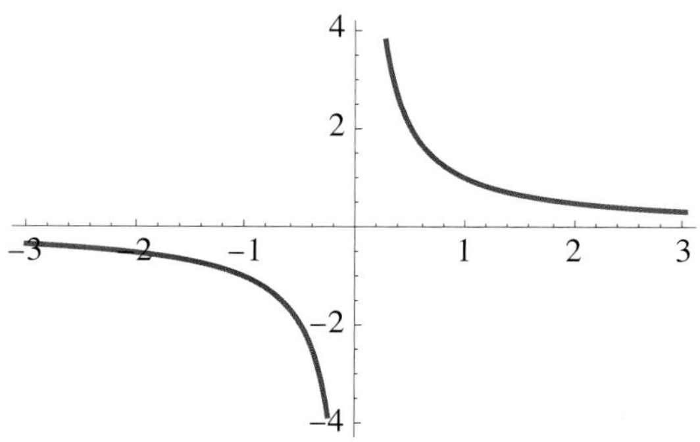

Direction → "FromBelow"를 선택하면 좌극한을 구한다.

```
Limit[1/x, x → 0, Direction → "FromBelow"]
```

$-\infty$

Direction → "FromAbove"를 선택하면 우극한을 구한다.

```
Limit[1/x, x → 0, Direction → "FromAbove"]
```

∞

접근 방향을 지정하지 않으면 Mathematica가 극한을 구할 방향을 선택하고, 양쪽 극한이 존재하지 않으면 표현식은 부정형으로 나타난다.

```
Limit[1/x, x → 0]
```

Indeterminate

불연속적인 결합으로 이루어진 조각 함수에서 극한을 구하려 한다면 극한의 접근 방향이 특히 중요하다.

$$f[x\_] := \begin{cases} x & x < -1 \\ x^2 & x \geq -1 \end{cases}$$

```
Plot[f[x], {x, -2, 1}]
```

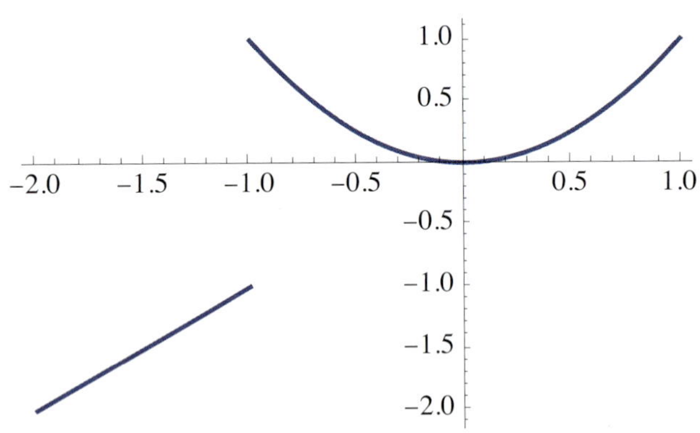

```
Limit[f[x], x → -1, Direction → "FromAbove"]
```

1

```
Limit[f[x], x → -1, Direction → "FromBelow"]
```

-1

Limit 명령이 특정 제한 조건 아래에서만 주어진 식의 극한을 구할 수 있다면, **ConditionalExpression**을 사용하여 제한 조건과 해당 조건 아래에서의 극한값을 함께 반환한다.

```
Limit[x^a, a → ∞]
```

ConditionalExpression[∞, Log[x] > 0]

극한이 존재한다고 추측되는 상황이라면, **Limit** 명령에 적용할 가정을 넘겨줄 수 있다. 이렇게 하면 **Limit** 명령은 추가 정보를 고려하여 극한을 계산한다. $x > 1$라는 가정을 추가하면 a가 ∞로 접근할 때 x^a의 극한을 찾을 수 있다.

```
Limit[x^a, a → ∞, Assumptions → x > 1]
```

∞

다른 가정을 사용하면 극한의 값이나 극한 자체의 존재 여부가 달라질 수 있다.

```
Limit[x^a, a → ∞, Assumptions → x == 1]
```

1

```
Limit[x^a, a → ∞, Assumptions → -1 < x < 0]
```

0

적분

Wolfram 언어에는 적분을 수행하는 강력한 두 가지 명령이 있다. **Integrate**는 정적분과 부정적분을 계산하고, **NIntegrate**는 적분의 수치 근사를 구할 때 사용한다.

부정적분

Integrate 명령은 ∫로 표현되는 기호 형식으로 입력할 수도 있다. 적분의 기호 형식은 팔레트나 Esc int Esc로 입력한다. 이러한 **Integrate**의 형식은 번갈아 사용할 수 있어서, $x^2 + 2x + 1$을 x에 대해 적분하는 아래의 두 예는 같은 결과를 반환한다.

```
Integrate[x^2 + 2 x + 1, x]
```

$$x + x^2 + \frac{x^3}{3}$$

$$\int (x^2 + 2x + 1) \, dx$$

$$x + x^2 + \frac{x^3}{3}$$

> **Integrate**의 기호 형식을 사용하려면, ***d*** 연산자를 이용해서 적분 변수를 지칭해야 한다. 팔레트를 이용해서 적분 기호를 입력하면 ***d***가 포함된 서식을 얻게 된다. 키보드 단축키를 선호한다면, Esc int Esc로 적분 기호를 입력하고 Esc dd Esc로 ***d***를 입력할 수 있다.

Integrate의 기호 형식을 이용할 때는, 피적분함수를 괄호로 둘러싸서 Mathematica가 입력을 정확하게 해석할 수 있도록 해야 한다. 피적분함수가 $\sin(x)$처럼 단일 항으로 이루어져 있다면 이러한 괄호는 필요 없다.

$$\int \text{Sin}[x] \, dx$$

-Cos[x]

피적분함수가 복수의 항으로 이루어져 있다면, 모든 항을 괄호 안에 넣어야 한다. 그렇지 않으면 Mathematica는 오류를 반환한다.

$\int$Sin[x] + Cos[x] dx

··· Integrate: $\int$Sin[x] cannot be interpreted. Integrals are entered in the form $\int$f dx, $\int_a^b$f dx, or $\int_{\text{vars}\in\text{region}}$ f, where d is entered as ESC dd ESC.

앞선 예는 ∫가 **Sin[x]**하고만 연관되어 있으므로 계산에 실패했다. 피적분함수 전체를 괄호 안에 넣음으로써, Mathematica에게 완전한 적분 형태를 넘겨줄 수 있다.

$\int$(Sin[x] + Cos[x]) dx

-Cos[x] + Sin[x]

초보자가 적분할 때 주로 하는 질문은 '잠깐, 적분 상수는 어디 갔지?'일 것이다. 예를 들어 Mathematica가 함수 **f**의 적분을 계산할 때는, 결과 집합을 모두 반환하는 대신에 수학적으로 미분이 **f**와 같은 역도함수를 하나만 반환한다. 더욱이 Mathematica는 적분을 계산할 때, 결과가 간단해지도록 상수를 생략한다.

Mathematica가 제공하는 다른 많은 연산과 마찬가지로 적분도 자유 형식 언어 입력으로 수행할 수 있다.

integral of sin(x) * cos(x)

Integrate[Sin[x] * Cos[x], x]

$-\frac{1}{2}\text{Cos}[x]^2$

자유 형식 입력이 반환한 적분 결과를 열어보면 급수 전개 및 대체 형식과 같은 흥미로운 정보를 찾아볼 수 있다.

정적분

Integrate를 이용해서 정적분을 계산할 수도 있다. 명령의 형식은 첫 전달인자로 함수를 받고, 두 번째 전달인자로 적분 변수와 적분 구간을 목록의 형식으로 넘겨주게 된다. 적분 구간은 수치 형식이나 기호 형식으로 줄 수 있으며, 이 두 가지를 조합해서 사용할 수도 있다. 예를 들어, 아래의 명령은 0부터 1까지의 구간에서 $x^2 e^x$의 적분을 구한다.

```
Integrate[x^2 e^x, {x, 0, 1}]
```

$-2 + e$

e는 팔레트를 이용하거나 Esc ee Esc로 입력할 수 있다.

두 번째 전달인자에 기호로 된 적분 구간 목록을 줄 수 있다.

```
Integrate[x^2 e^x, {x, a, b}]
```

$-(2 + (-2 + a)\,a)\,e^a + (2 + (-2 + b)\,b)\,e^b$

Integrate 명령을 포함한 입력을 **TraditionalForm**으로 변환해서 조판형식으로 표시할 수 있다. 이렇게 조판형식으로 표시된 명령도 여전히 적분을 수행한다.

적분 구간은 수치나 기호를 포함할 수 있다. 아래의 명령은 $x^2 e^x$을 0부터 a까지 적분한다.

```
Integrate[x^2 e^x, {x, 0, a}]
```

$-2 + (2 + (-2 + a)\,a)\,e^a$

적분 구간에 기호를 사용하면 **Manipulate**를 사용해서 a 값의 변화가 끼치는 영향을 살펴볼 수 있다.

```
Manipulate[
  Integrate[x^2 ⅇ^x, {x, 0, a}],
  {a, 0, 8}]
```

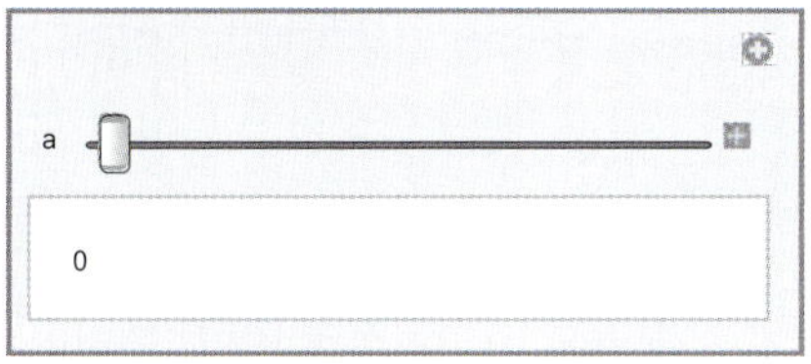

적분에 관해 논할 때 **Filling**을 선택해서 곡선 아래의 면적을 계산한다는 적분의 개념을 표현하면 유용하다.

```
Plot[x^2 ⅇ^x, {x, 0, 2}, Filling → Axis]
```

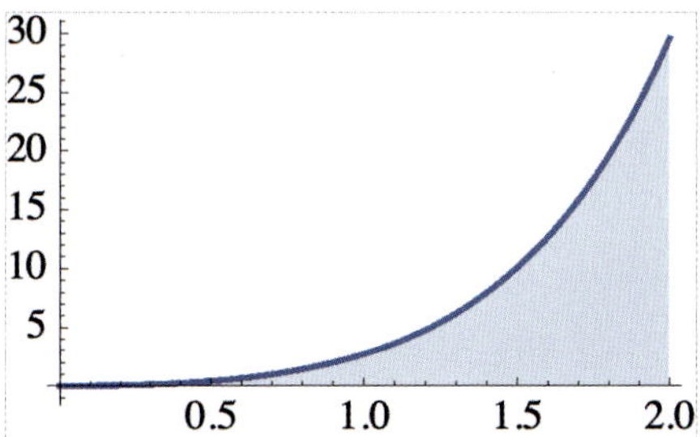

앞선 두 예제를 함께 활용하면 정적분을 계산해서 결과를 시각화하는 **Manipulate** 명령을 만들 수 있다. 먼저, **Manipulate**를 이용해서 상호작용하는 그래프를 만든다.

```
Manipulate[
  Plot[x^2 ⅇ^x, {x, 0, a}, Filling → Axis],
  {a, 0.1, 8}]
```

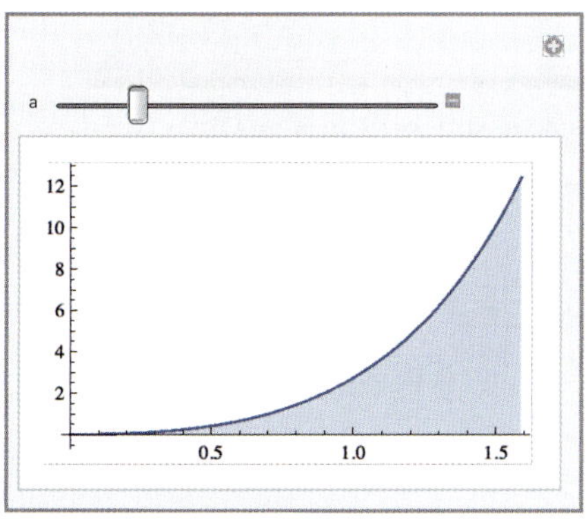

이제 적분 결과를 표시하는 데에 **PlotLabel**을 사용한다. 아래에서는 슬라이더 막대로 조작하는 a의 값에 대해서 $x^2\ e^x$을 0부터 a까지 적분한 결과를 **ToString**으로 변환하여 그래프의 제목을 만드는 데 이용했다.

```
Manipulate[
  Plot[x^2 ⅇ^x, {x, 0, a}, Filling → Axis,
    PlotLabel → "The area under the curve is: " <>
        ToString[Integrate[x^2 ⅇ^x, {x, 0, a}]]],
  {a, 0.1, 8}]
```

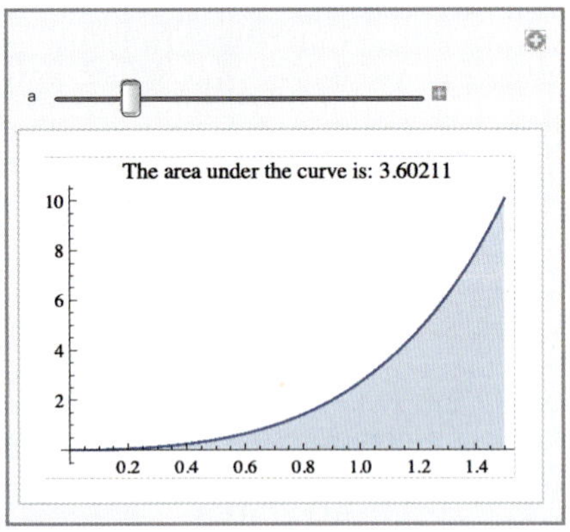

정적분의 기호 형식은 팔레트나 Esc dintt Esc를 이용하여 입력할 수 있는데, 이를 이용하면 적분의 조판형식을 쉽고 빠르게 완성할 수 있다.

$$\int_a^b \mathrm{Sin}[x]\, dx$$

Cos[a] – Cos[b]

키보드 단축키를 사용하여 정적분 템플릿을 생성하는 경우, 부정 통합을 위해 기호 형식을 사용할 때처럼 ***d*** 기호를 추가해야한다.

Integrate는 넘겨받은 함수의 정확한 역도함수를 제공하는 것을 목표로 한다. 이를테면 **Integrate**는 아래의 예처럼 정적분을 계산하더라도 정확한 결과를 산출한다.

```
Integrate[x^2 ⅇ^x, {x, 0, 1}]
```

–2 + ⅇ

수치 근사를 원한다면 **N** 명령을 사용하여 얻을 수 있다.

```
N[%]
```

0.718282

원하는 결과가 수치 근사라면, **Integrate** 명령 대신에 **NIntegrate** 명령을 사용할 수 있다.

NIntegrate$[x^2\, e^x, \{x, 0, 1\}]$

0.718282

> **N[Integrate[expr]]**과 **NIntegrate[expr]**이 같은 결과를 내놓는다면, 어느 것을 우선해서 사용해야 할까? **NIntegrate**는 닫힌 형식의 해를 찾는 데 시간을 소비하지 않고, 오직 수치적 방법에만 초점을 맞춘다. 하지만 닫힌 형식의 해를 찾으려면, **Integrate**를 사용해야 한다. 나중에 이 해를 수치로 근사하고자 한다면 언제든지 **N**을 사용할 수 있다.

Integrate의 명령 이름을 바로 사용하거나 기호 형식을 사용하여 중적분을 계산할 수 있다. 마지막에 오는 적분 변수가 가장 안쪽에서 수행되는 적분이자, 가장 먼저 계산되는 적분임을 고려해서 순서에 맞추어 입력해야 한다. 아래의 예는 피적분함수를 y에 대해서 -2부터 x까지 적분하고, 그다음으로 x에 대해서 -1부터 1까지 적분한다.

Integrate$[x^3\, \text{Sin}[y] + y^2\, \text{Cos}[x^2], \{x, -1, 1\}, \{y, -2, x\}]$

$$\frac{8}{3}\sqrt{2\pi}\ \text{FresnelC}\left[\sqrt{\frac{2}{\pi}}\right]$$

아래의 명령은 앞선 명령과 같지만, 적분 변수의 적용 순서가 훨씬 잘 드러난다.

$$\int_{-1}^{1}\int_{-2}^{x}(x^3 \text{Sin}[y] + y^2 \text{Cos}[x^2])\, dy\, dx$$

$$\frac{8}{3}\sqrt{2\pi}\ \text{FresnelC}\left[\sqrt{\frac{2}{\pi}}\right]$$

중적분의 적분 변수 입력이 혼란스럽다면 단일 변수에 대한 **Integrate** 함수를 중첩하여 호출하도록 만들어 보는 게 도움이 될 것이다. 아래의 예는 위의 중적분 명령과 같지만, 첫 번째 **Integrate**의 출력을 두 번째 **Integrate**의 입력으로 전달하는 구조를 파악하는 데 도움이 된다.

```
Integrate[
  Integrate[x^3 Sin[y] + y^2 Cos[x^2], {y, -2, x}],
  {x, -1, 1}]
```

$$\frac{8}{3}\sqrt{2\pi}\ \text{FresnelC}\left[\sqrt{\frac{2}{\pi}}\right]$$

Clear를 사용하여 이 장에서 사용된 모든 변수의 값과 함수의 정의를 삭제한다.

```
Clear[f]
```

정리

이번 장이 미분과 극한, 그리고 적분에 관련한 명령의 간략한 개요를 제공하지만, 미적분과 관련한 주제를 자세히 탐구하려는 이를 위한 더 많은 논의와 수천 가지의 예가 문서 센터를 통해 제공된다. 다음 장에서는 Wolfram 언어에서 미분방정식의 풀이에 관해 제공하는 명령을 소개하면서 이와 관련한 주제를 집중적으로 살펴본다.

연습 문제

1. 자유 형식 입력을 이용하여 $x^3 + 4x^2 - x$의 미분을 구하여라.
2. Wolfram 언어를 이용하여 $7x^3 + \sin(x)$와 $x^2 + \tan(x)$의 미분을 구하는 단일 입력을 작성하여라.
3. Wolfram 언어를 이용하여 함수 $f(x) = x^3 + 5x^2 - 4$를 정의한 다음, 프라임 표기법을 사용해서 이 함수의 이계도함수를 구하는 복합 명령을 작성하여라.
4. 자유 형식 입력을 사용하여 $\frac{x^2+2x}{x^2}$의 극한을 구하여라.
5. 연습 문제 4에서 자유 형식 입력을 사용하면 Mathematica는 x가 접근할 수를 추정해서 계산한다. Wolfram 언어를 사용해서 x가 무한으로 갈 때 해당 식의 극한을 구하여라.
6. Wolfram 언어를 사용하여 x가 10으로 갈 때 $\frac{\sin\left(\sqrt{x}\right)}{x}$의 극한을 구하여라.
7. 연습 문제 6의 입력 셀과 출력 셀을 모두 복사해서 **TraditionalForm**으로 변환하여라.
8. 자유 형식 입력을 이용해서 $\sin(x) + 3x^2 - 9$의 부정적분을 구하여라.
9. Wolfram 언어를 사용해서 x가 0부터 1까지 변할 때 $\cos(x^2) + \sin(x)$의 정적분에 대한 수치 근사를 구하여라.
10. Wolfram 언어를 사용하여 x와 y가 0부터 1까지 변할 때, $5x^5 + 3\sin(x^3) - 4y^4 + 9\cos(y^2)$을 y에 대해 적분한 후 다시 x에 대해 적분한 값의 수치 근사를 구하여라.

16장

미분방정식

소개

Mathematica는 상미분방정식, 편미분방정식, 미분대수방정식, 지연미분방정식 등의 미분방정식을 기호적으로나 수치적으로 풀 수 있다.

미분방정식을 푸는 명령은 Wolfram 언어가 내장하고 있는 자동화된 기능의 좋은 예이다. 사용자는 적합한 알고리즘이 무엇인지 고민할 필요 없이 풀고자 하는 방정식 혹은 연립 방정식만 입력하면 된다. 그러면 Mathematica는 방정식을 분석해서 사용할 알고리즘을 결정하고, 가끔은 작동 중간에 다른 알고리즘이 더욱 적합하다고 판단하면 알고리즘을 바꾸기도 한다.

DSolve로 기호적 해 구하기

DSolve 명령은 선형과 비선형 상미분방정식, 선형과 약한 비선형 편미분방정식, 그리고 미분대수방정식을 푸는데 이용할 수 있다. 이 명령은 단일 방정식은 물론이고, 연립방정식도 입력으로 받을 수 있다. 아래의 예는 독립변수 x를 갖는 함수 y에 대해 $y'(x) = x^2 \sin(x)$를 푼다.

```
DSolve[y'[x] == x^2 Sin[x], y[x], x]
```

```
{{y[x] → C[1] - (-2 + x^2) Cos[x] + 2 x Sin[x]}}
```

방정식을 풀이할 때 이중 등호 **==**를 이용하는 것을 명심하자. 단일 등호는 변수에 값을 할당하는 역할을 한다.

앞선 예는 초기 조건을 포함하지 않으므로, **DSolve**의 결과에 매개변수가 들어갈 자리를 표시하는 **C[1]**과 같은 표현을 포함하고 있다. 이 매개변수에 값을 대입하여 특정 조건을 만족하는 해를 얻을 수 있다. 자세한 예는 이 장의 후반부에서 다룬다.

방정식에 초기조건을 추가하려면, 방정식과 초기조건을 목록 안에 넣어서 **DSolve**의 첫 번째 전달인자로 넘기도록 한다. 아래는 앞의 예를 기반으로 하지만 첫 번째 전달인자에 초기조건을 포함한 목록을 사용하고 있다.

```
DSolve[{y'[x] == x^2 Sin[x], y[1] == 1}, y[x], x]
```

```
{{y[x] → 1 - Cos[1] + 2 Cos[x] - x^2 Cos[x] - 2 Sin[1] + 2 x Sin[x]}}
```

이번에는 주어진 초기조건을 만족하는 특정 해를 반환한다.

> 첫 번째 예에서 **C[1]**에 1을 대입하면 두 번째 예의 출력과 정확히 일치하는 결과 식을 얻을 수 있다.

DSolve의 결과는 규칙으로 반환되므로 14장에서 논의한 방법대로 결과를 추출하여 다른 명령에 사용할 수 있다. 하지만, **DSolveValue**를 사용하면 추가적인 처리 없이도 결과에서 값을 추출할 수 있으므로, 많은 경우에 이 함수를 유용하게 사용할 수 있다.

```
soln = DSolveValue[{y'[x] == x^2 Sin[x], y[1] == 1}, y[x], x]
```

```
1 - Cos[1] + 2 Cos[x] - x^2 Cos[x] - 2 Sin[1] + 2 x Sin[x]
```

출력이 식의 형태로 주어지기 때문에, 이를테면 결과를 **Plot** 명령에 다시 넘겨서 시각화하는 것처럼, 다른 명령과 함께 사용할 수 있다.

```
soln = DSolveValue[{y'[x] == x^2 Sin[x], y[1] == 1}, y[x], x];
Plot[soln, {x, 0, 25}]
```

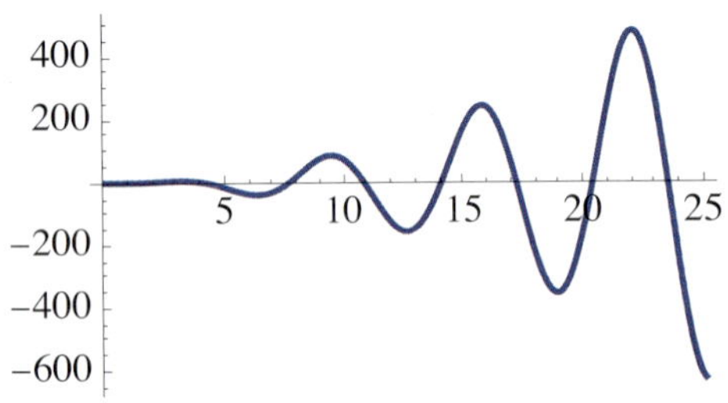

고계방정식도 같은 방식으로 풀 수 있다. 아래의 예는 특수해를 한정하기 위해 두 개의 초기조건을 사용하고 있다.

```
soln = DSolveValue[{y''[x] + y'[x] + y[x] == 0, y[0] == 0, y'[1] == 1}, y[x], x]
```

$$\frac{2 e^{\frac{1}{2}-\frac{x}{2}} \mathrm{Sin}\left[\frac{\sqrt{3}\,x}{2}\right]}{\sqrt{3}\,\mathrm{Cos}\left[\frac{\sqrt{3}}{2}\right] - \mathrm{Sin}\left[\frac{\sqrt{3}}{2}\right]}$$

이제 결과를 시각화해 보자.

```
Plot[soln, {x, -2, 10}]
```

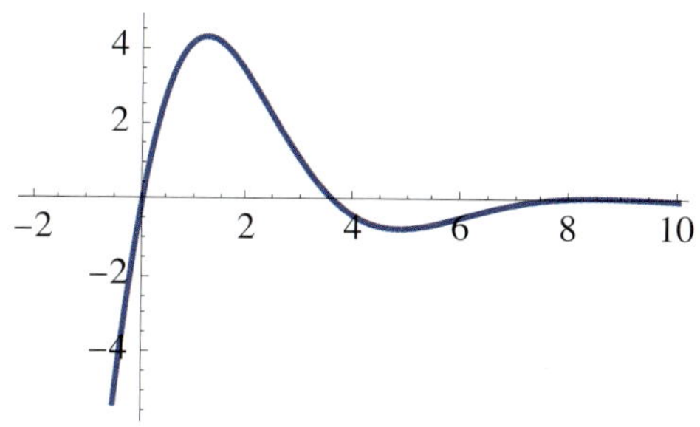

초기조건이 없다면 **DSolveValue**는 일반해를 반환한다. 예를 들어 앞의 예에서 초기조건을 제거하면 두 매개변수의 자리가 **C[1]**과 **C[2]**로 표시된다.

```
soln = DSolveValue[{y''[x] + y'[x] + y[x] == 0}, y[x], x]
```

$$e^{-x/2}\,\mathrm{C}[2]\,\mathrm{Cos}\left[\frac{\sqrt{3}\,x}{2}\right] + e^{-x/2}\,\mathrm{C}[1]\,\mathrm{Sin}\left[\frac{\sqrt{3}\,x}{2}\right]$$

특수해를 얻으려면 **C[1]**과 **C[2]**에 값을 부여해야 한다. 또한, 몇 개의 다른 해를 한 번에 탐색해야 할 수도 있다. 이렇게 하려면 **Table** 명령이 유용하며, **C[1]**을 **i**로 **C[2]**를 **j**로 바꾼 다음에 **i**와 **j**에 대해 반복해서 해의 목록을 생성할 수 있다. 이 결과를 **solnTable**이라는 새로운 변수에 저장한다.

```
solnTable = Table[soln /. {C[1] → i, C[2] → j},
    {i, -1, 1, 1}, {j, -1, 1, 1}]
```

$$\left\{\left\{-e^{-x/2}\text{Cos}\left[\frac{\sqrt{3}\,x}{2}\right]-e^{-x/2}\text{Sin}\left[\frac{\sqrt{3}\,x}{2}\right],\right.\right.$$
$$-e^{-x/2}\text{Sin}\left[\frac{\sqrt{3}\,x}{2}\right],\ e^{-x/2}\text{Cos}\left[\frac{\sqrt{3}\,x}{2}\right]-e^{-x/2}\text{Sin}\left[\frac{\sqrt{3}\,x}{2}\right]\right\},$$
$$\left\{-e^{-x/2}\text{Cos}\left[\frac{\sqrt{3}\,x}{2}\right],\ 0,\ e^{-x/2}\text{Cos}\left[\frac{\sqrt{3}\,x}{2}\right]\right\},\left\{-e^{-x/2}\text{Cos}\left[\frac{\sqrt{3}\,x}{2}\right]+e^{-x/2}\text{Sin}\left[\frac{\sqrt{3}\,x}{2}\right],\right.$$
$$\left.\left.e^{-x/2}\text{Sin}\left[\frac{\sqrt{3}\,x}{2}\right],\ e^{-x/2}\text{Cos}\left[\frac{\sqrt{3}\,x}{2}\right]+e^{-x/2}\text{Sin}\left[\frac{\sqrt{3}\,x}{2}\right]\right\}\right\}$$

이제 실제로는 수식 뭉치와 다름없는 해의 목록이 생성되었으니, 그래프로 시각화해 볼 수 있다.

```
Plot[solnTable, {x, -2, 6}, PlotRange → All]
```

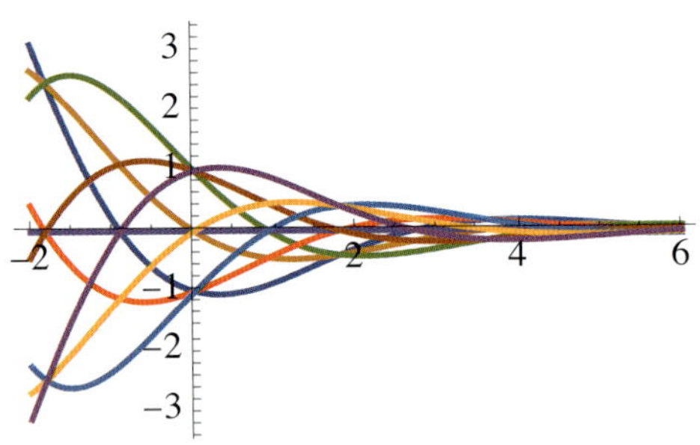

물론 결과의 목록을 생성해서 그래프로 그리는 것을 한 단계로 처리할 수도 있지만 이렇게 하면 언뜻 보기에 이해할 수 없는 현상이 나타난다.

```
Plot[
  Table[soln /. {C[1] → i, C[2] → j},
    {i, -1, 1, 1}, {j, -1, 1, 1}],
  {x, -2, 6}, PlotRange → {-3, 3}]
```

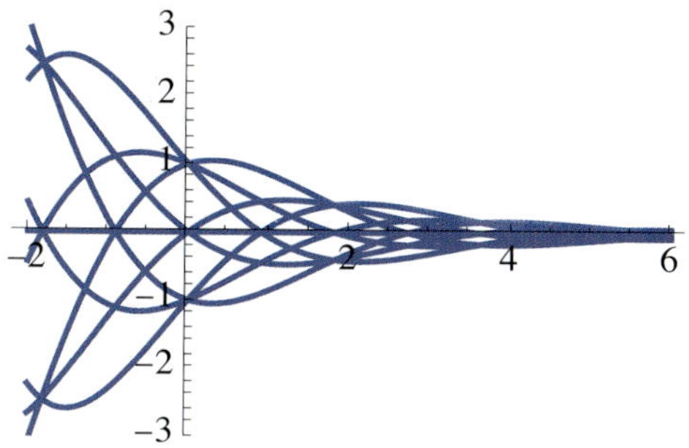

앞선 예에서는 모든 함수가 기본 색상 모음의 각기 다른 색으로 표현되지 않고 한 가지 색으로만 표현되었다. 이 현상은 Mathematica의 내부 연산 순서 및 그래프 루틴이 구현되는 방식과 관련이 있다. 이러한 현상이 일어나는 이유를 설명하는 대신, 이 문제를 해결하는 방법을 살펴 보자. **Evaluate** 명령을 사용하여 전달인자가 **Plot**에 넘어가기 전에 평가되도록 강제할 수 있다. 이렇게 하면 각각의 함수가 개별 곡선으로 처리되어 자동으로 다른 색으로 표현된다.

```
Plot[
  Evaluate[
    Table[soln /. {C[1] → i, C[2] → j},
      {i, -1, 1, 1}, {j, -1, 1, 1}]],
  {x, -2, 6}, PlotRange → {-3, 3}]
```

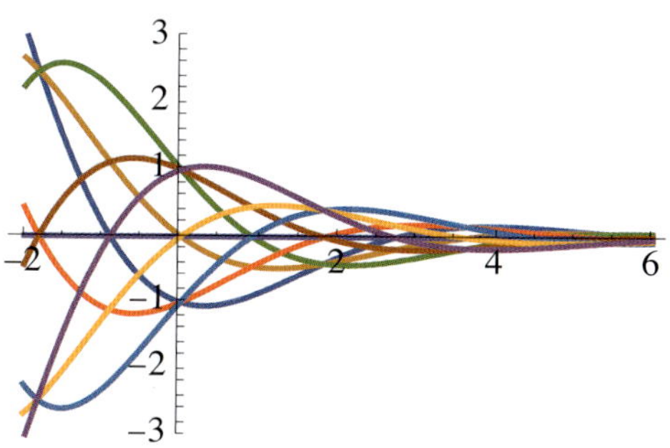

Mathematica에서는 정적 목록으로 표현되는 모든 것을 **Manipulate**를 사용해서 훨씬 더 흥미롭게 나타낼 수 있으며, 미분방정식의 해를 대화식으로 탐색하도록 할 수도 있다. 다음의 예는 미분방정식의 특정해를 하나만 표시하고, 대신에 사용자가 슬라이더 막대를 조정해서 **C[1]**과 **C[2]**의 값을 지정할 수 있도록 하였다.

```
Manipulate[
  Plot[
    soln /. {C[1] → i, C[2] → j},
    {x, -2, 6}, PlotRange → {-3, 3}],
  {i, -1, 1, 1},
  {j, -1, 1, 1},
  Initialization :→ (soln = DSolveValue[{y''[x] + y'[x] + y[x] == 0}, y[x], x])]
```

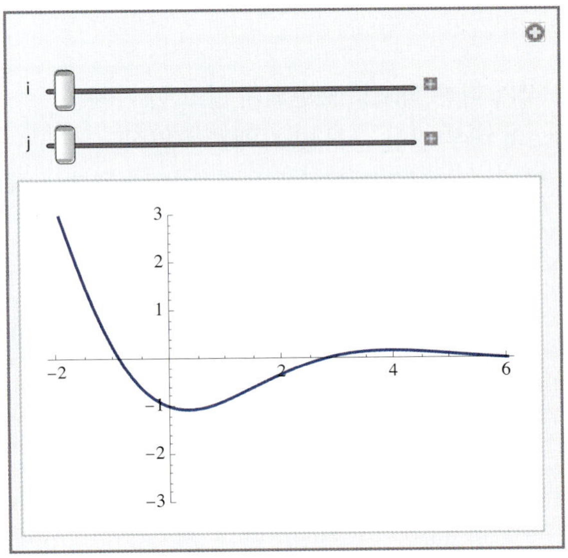

NDSolve로 수치적 해 구하기

NDSolve 명령은 상미분방정식, 편미분방정식, 그리고 지연미분방정식을 푸는 데 사용할 수 있다. **NDSolve**의 입력은 해를 특정할 수 있는 적절한 초기조건이나 경계조건을 반드시 포함해야 한다. 또 다른 함수로 **NDSolveValue**는 추가적인 처리 없이 바로 사용할 수 있는 결과를 반환한다. 아래의 예는 경계조건 $y(1) = 1$과 함께 독립변수 x가 0부터 10까지 변화할 때 방정식 $y'(x) = x^2 \sin(x)$를 만족하는 함수 y를 구한다.

```
NDSolveValue[{y'[x] == x^2 Sin[x], y[1] == 1}, y, {x, 0, 10}]
```

```
InterpolatingFunction[ Domain: {{0., 10.}} Output: scalar ]
```

NDSolveValue는 결과를 **InterpolatingFunction** 객체로 반환한다. 이 객체는 보간법을 이용하여 근삿값을 구하는 함수로, 규칙 목록에서 추출해서 다른 함수와 마찬가지로 사용할 수 있다.

```
nSoln = NDSolveValue[{y'[x] == x^2 Sin[x], y[1] == 1}, y, {x, 0, 10}]
```

```
InterpolatingFunction[ Domain: {{0., 10.}} Output: scalar ]
```

변수 **nSoln**에 저장한 해는 Wolfram 언어의 다른 명령과 함께 사용할 수 있다. 여느 수학 함수와 마찬가지로 특정 값에서 평가할 수도 있다.

```
nSoln[5]
```

```
-17.3367
```

그래프를 그려서 시각화해 볼 수도 있다.

```
Plot[nSoln[x], {x, 0, 10}]
```

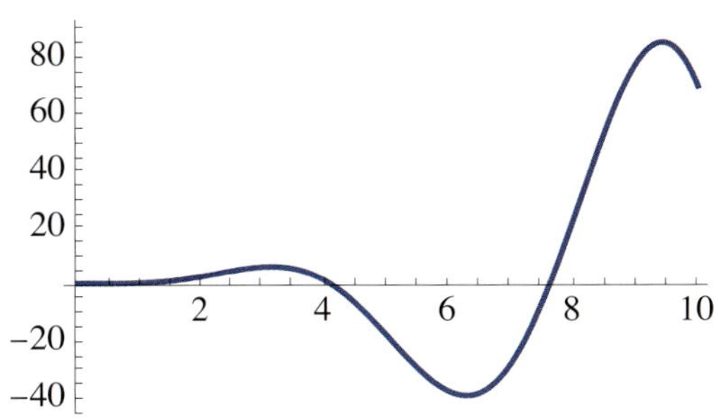

적분할 수도 있다.

```
NIntegrate[nSoln[x], {x, 0, 10}]
72.4684
```

필요한 모든 초기조건과 경계조건만 전달인자로 주어지면 **DSolveValue**와 마찬가지로 **NDSolveValue** 명령도 연립미분방정식을 풀 수 있다. 아래는 연립미분방정식을 푸는 예이다.

```
sysSoln =
  NDSolveValue[{x'[t] - 4 x[t] + y''[t] == t^2/2, x'[t] + 2 x[t] + 2 y'[t] == 0, x[0] == 0, x[1] == 1, y[0] == 0},
   {x[t], y[t]}, {t, 0, 5}]
```

```
{InterpolatingFunction[ Domain: {{0., 5.}} Output: scalar ][t],

  InterpolatingFunction[ Domain: {{0., 5.}} Output: scalar ][t]}
```

반환받은 두 개의 **InterpolatingFunction** 객체는 **ParametricPlot**을 이용해서 위상평면에 나타낼 수 있다.

```
ParametricPlot[sysSoln, {t, 0, 5}]
```

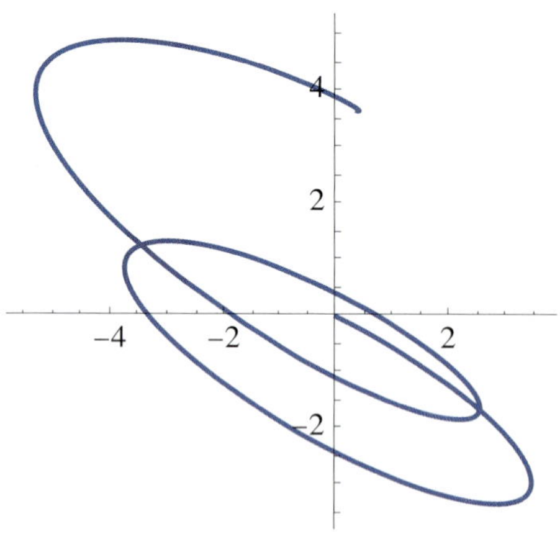

편미분방정식의 풀이도 비슷한 접근법을 따른다. 다변수 방정식과 함께 적절한 경계조건과 영역을 지정해서 **NDSolveValue**에 넘기면 된다.

```
pdeSoln = NDSolveValue[{D[u[t, x], t] == D[u[t, x], x, x], u[0, x] == 0, u[t, 0] == Sin[t], u[t, 5] == 0},
    u[t, x], {t, 0, 20}, {x, 0, 5}]
```

```
InterpolatingFunction[ Domain: {{0., 20.}, {0., 5.}}
                       Output: scalar ][t, x]
```

앞의 예와 마찬가지로, **InterpolatingFunction** 객체로 결과를 반환받았으므로, **Plot3D** 등 다른 명령의 입력으로 사용할 수 있다.

```
Plot3D[pdeSoln, {t, 0, 20}, {x, 0, 5}, PlotRange → All, ColorFunction → "DeepSeaColors"]
```

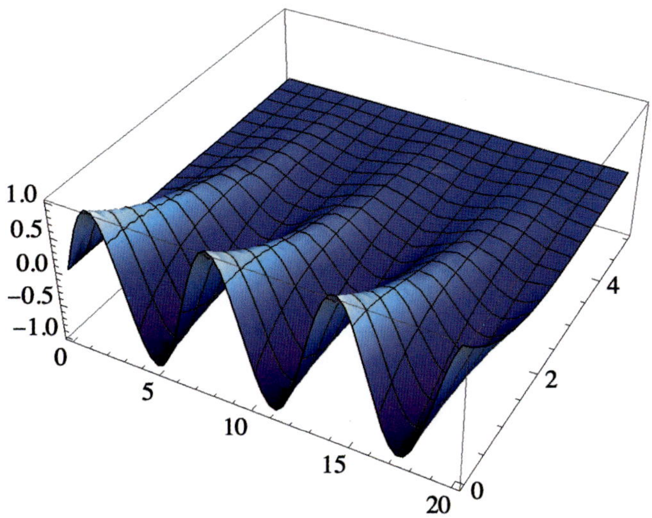

앞선 예에서 기본 스타일 대신에 **ColorFunction**을 선택한 이유는 무엇일까? 물결과 같은 파동 방정식의 해를 표현하기 위해 깊은 바다의 색을 사용했기 때문이다. (농담이다. 하지만 이처럼 가벼운 마음으로 자유롭게 다른 선택 사항을 골라보기 바란다. 시도해 볼 만한 색상 조합으로 **"BeachColors"**, **"IslandColors"**, 그리고 **"LakeColors"**를 추천한다.)

Clear를 사용하여 이 장에서 사용된 모든 변수의 값과 함수의 정의를 삭제한다.

```
Clear[soln, solnTable, nSoln, sysSoln, pdeSoln]
```

정리

Mathematica를 이용하여 미분방정식을 풀면 손으로 풀 때 써야 하는 기법을 도입하지 않고서도 다양한 물리적 현상을 모형화해 볼 수 있다. 미분방정식을 푸는 명령은 Wolfram 언어에서 가장 정교하고 복잡한 함수로, 이들 명령의 전반적인 내용을 다루는 문서와 함께 출력물로 수백 쪽에 이르는 학습 문서가 문서 센터를 통해 제공된다. 이 책은 참고서라기보다 이러한 명령의 사용법 및 반환된 결과를 이용하는 기본적인 방법을 소개하는 데 목적을 두고 있다.

연습 문제

1. 미분방정식 $y'(x) = x^3 \cos(x)$의 기호적 해를 구하여라.
2. 이번에는 $y(3) = 6$의 조건을 추가해서 연습 문제 1의 해를 구하여라.
3. 0에서 10까지의 x에 대해 연습 문제 2의 해를 그래프로 나타내어라.
4. 미분방정식 $y''(x) + y'(x) = x^2 \sqrt{x}$의 해를 기호적으로 구하여라.
5. $C[1] = 3$과 $C[2] = 6$일 때 연습 문제 4의 특수해를 추출하여라.
6. 0부터 1까지의 x에 대해서 연습 문제 5의 특수해를 그래프로 나타내어라.
7. 연습 문제 4의 해에 대해 $C[1] \to i$와 $C[2] \to j$로 변경하고, **Table**을 사용하여 i를 -1부터 1까지 0.25 단계로, j를 0부터 1까지 0.25 단계로 변화해가며 해의 목록을 생성하여라.
8. 연습 문제 7의 해 집합을 그래프로 나타내어라. (도움을 주자면 **Evaluate**를 사용하면 각각 해 집합이 개별 곡선으로 인식되도록 할 수 있다.)
9. 0부터 5까지 범위의 x에 대해 미분방정식 $y'(x) = x^3 \cos(x)$와 $y(3) = 6$의 수치적 해를 구하여라.
10. 1부터 3까지 범위의 x에 대해 연습 문제 9의 해를 그래프로 나타내어라.

17장

선형대수

소개

Mathematica는 선형대수를 위한 매우 효율적인 라이브러리를 제공하며 이를 사용하여 벡터와 행렬을 수치적 또는 기호적으로 다룰 수 있다. Mathematica에서 벡터와 행렬은 모두 목록으로 표현되므로 벡터와 행렬 모두에 같은 데이터 필터링 명령 모음을 사용할 수 있다. 이와 더불어 벡터와 행렬의 결과를 시각화하는데 특화된 그래픽 명령이 제공된다. 모든 표준 선형대수 연산은 기호 계산과 함께 임의의 정밀도에 대한 수치적 계산을 지원하며, 일부 다른 소프트웨어와는 달리 열벡터와 행벡터를 따로 구분할 필요가 없다.

벡터

Mathematica에서 벡터는 목록으로 표현된다. 특정 벡터가 행벡터인지 아니면 열벡터인지를 지정할 필요가 없다. 그러므로 벡터의 수학적 의미를 신경 쓸 필요 없이 결과에 집중할 수 있다.

명시적으로 벡터를 만들 수도 있고, 프로그래밍 방식으로 만들 수도 있다. 손수 벡터를 만들려면 목록을 생성하면 된다.

```
vec1 = {1, 3, 5, 7, 9, 11, 13, 15, 17, 19}
```

```
{1, 3, 5, 7, 9, 11, 13, 15, 17, 19}
```

프로그래밍 방식으로 벡터를 만들고자 한다면 **Table**을 이용한다.

```
vec2 = Table[i^2, {i, 1, 10}]
```

```
{1, 4, 9, 16, 25, 36, 49, 64, 81, 100}
```

Array라는 함수는 주어진 함수를 이용해서 벡터를 생성한다. **Table**은 반복자를 명시해줘야 하지만, **Array**는 반복자를 추정하기 때문에 경계만 지정하면 된다.

```
myFunction[x_] := x Sin[x]
vec3 = Array[myFunction, 5]
```

{Sin[1], 2 Sin[2], 3 Sin[3], 4 Sin[4], 5 Sin[5]}

벡터의 원소로 정확한 수, 어림수, 기호 등을 섞어서 사용할 수 있다.

```
vec4 = {a, c, π, ⅇ, 1, 2, 3, 4.5, 5.6}
```

{a, c, π, ⅇ, 1, 2, 3, 4.5, 5.6}

객체가 벡터인지 검사하려면 판정 함수인 **VectorQ**를 사용한다. 이번 장에서 정의한 모든 벡터(**vec1**, **vec2**, **vec3**, **vec4**)를 검사해 보자.

```
{VectorQ[vec1], VectorQ[vec2], VectorQ[vec3], VectorQ[vec4]}
```

{True, True, True, True}

덧셈, 뺄셈, 곱셈, 나눗셈과 거듭제곱 등의 수학 연산은 길이가 같은 벡터끼리 적용할 수 있다. 연산은 원소별로 이루어진다. 즉, 양측 벡터의 첫 번째 원소에 대해 먼저 연산이 수행된 다음 두 번째 원소에 대한 연산을 수행하는 순으로 연산이 이루어진다.

```
vec1 + vec2
```

{2, 7, 14, 23, 34, 47, 62, 79, 98, 119}

```
vec1 * vec2
```

{1, 12, 45, 112, 225, 396, 637, 960, 1377, 1900}

때때로 초보 사용자는 두 벡터의 곱셈을 원소별 곱셈이 아닌 내적으로 여기는 실수를 범하곤 한다. 내적을 계산하려면 **Dot** 명령을 사용하거나 단축형으로 **.**을 사용해야 한다.

```
Dot[{a, f}, {c, d}]
a c + d f
```

```
{a, f}.{c, d}
a c + d f
```

보편적으로 사용하는 벡터 연산으로 외적과 노름이 있다. 외적은 **Cross**, 혹은 단축형인 × 를 사용해서 계산한다. 노름은 **Norm** 명령으로 계산한다.

> **Cross** 연산자를 찾는다면, 실수로 **Times** 연산자를 사용하지 않도록 주의해야 한다. 이 둘은 매우 비슷하지만, 외적(×)이 **Times** (×)보다 조금 더 작은 기호를 쓴다. **Cross**는 도우미 팔레트에는 포함되어 있지 않지만, **팔레트(Palettes)** 메뉴로 들어가서 **특수 문자(Special Characters)** 팔레트를 선택하면 기호 탭에서 찾을 수 있다. Esc cross Esc를 이용하여 **Cross** 연산자를 입력할 수도 있다.

```
Cross[{1, 3, 5}, {π, ⅇ, 0}]
{-5 ⅇ, 5 π, ⅇ - 3 π}
```

```
{1, 3, 5} × {π, ⅇ, 0}
{-5 ⅇ, 5 π, ⅇ - 3 π}
```

```
Norm[vec3]
```

$\sqrt{(\mathrm{Sin}[1]^2 + 4\,\mathrm{Sin}[2]^2 + 9\,\mathrm{Sin}[3]^2 + 16\,\mathrm{Sin}[4]^2 + 25\,\mathrm{Sin}[5]^2)}$

정확한 결과를 얻었다면, **N** 명령을 사용해서 수치 근사를 얻을 수 있다.

```
N[{1, 3, 5} × {π, ⅇ, 0}]
{-13.5914, 15.708, -6.7065}
```

```
N[Norm[vec3]]
6.02885
```

벡터 공간에서 벡터 사이의 각을 재고(**AngleVector**, **VectorAngle**), 벡터를 정규화하고 (**Normalize**), 벡터를 사영하고(**Projection**), 직교화하고(**Orthogonalize**), 거리의 측도를 계산하는 함수 역시 이용할 수 있다.

행렬

Wolfram 언어는 중첩 목록을 사용해서 행렬을 표현한다. 벡터와 마찬가지로, 행렬도 기호, 숫자, 문자와 영상, 심지어 이들을 혼합하여 구성할 수 있다.

행렬 생성하기

행렬은 중첩된 목록으로 표현한다. 작은 행렬은 손수 타자해서 입력할 수 있으며, 가장 간단한 방법은 목록 표기법을 이용해서 일차원 형식으로 중첩된 목록을 만드는 것이다. 이 예는 중첩된 목록을 생성하고 변수 **mat1**에 할당한 다음 **MatrixForm**을 사용하여 이차원 형식으로 결과를 표시하고 있다.

```
mat1 = {{1, 2, 3}, {4, 5, 6}, {7, 8, 9}};
MatrixForm[mat1]
```

$$\begin{pmatrix} 1 & 2 & 3 \\ 4 & 5 & 6 \\ 7 & 8 & 9 \end{pmatrix}$$

행렬은 **기본 수학 입력 도우미(Basic Math Assistant)**와 같은 팔레트를 이용하여 입력할 수도 있다. 팔레트의 **기본 명령**(Basic Commands) 부분을 열어보면 행렬 명령에 관한 탭이 있고, 탭을 선택하면 노트북에 2×2 행렬 서식을 넣어주는 버튼을 찾을 수 있다. 새로 만든 행렬에 행이나 열을 추가하는 버튼이 있어 더 큰 행렬을 위한 서식을 대화형 방식으로 만들 수도 있다. 예를 들어 행렬 버튼을 클릭해서 2×2 행렬 서식을 만들고 **열 추가**(Add Row)와 **행 추가**(Add Column) 버튼을 한 번씩 클릭하면 아래와 같은 3×3 행렬 서식을 만들 수 있다.

$$\begin{pmatrix} \square & \square & \square \\ \square & \square & \square \\ \square & \square & \square \end{pmatrix}$$

대각원소를 모두 같은 입력으로 채우는 등의 특정한 성질을 갖는 행렬이나 커다란 행렬을 위한 서식은 특별한 메뉴 항목으로 더욱더 쉽게 만들 수 있다. **입력(Insert)** 메뉴에서 **표/행렬(Table/Matrix)**을 고른 다음 **신규 작성(New)**을 선택해 보자. 이 메뉴를 이용하면 행과 열의 크기를 정하고 특정 값으로 행렬을 채우거나 대각원소를 다른 값으로 채우는 등의 일을 할 수 있다. 이 메뉴를 이용하면 아래와 같이 대각원소는 9로 나머지 원소는 1로 채운 10×10 행렬을 쉽게 만들 수 있다.

$$\begin{pmatrix} 9 & 1 & 1 & 1 & 1 & 1 & 1 & 1 & 1 & 1 \\ 1 & 9 & 1 & 1 & 1 & 1 & 1 & 1 & 1 & 1 \\ 1 & 1 & 9 & 1 & 1 & 1 & 1 & 1 & 1 & 1 \\ 1 & 1 & 1 & 9 & 1 & 1 & 1 & 1 & 1 & 1 \\ 1 & 1 & 1 & 1 & 9 & 1 & 1 & 1 & 1 & 1 \\ 1 & 1 & 1 & 1 & 1 & 9 & 1 & 1 & 1 & 1 \\ 1 & 1 & 1 & 1 & 1 & 1 & 9 & 1 & 1 & 1 \\ 1 & 1 & 1 & 1 & 1 & 1 & 1 & 9 & 1 & 1 \\ 1 & 1 & 1 & 1 & 1 & 1 & 1 & 1 & 9 & 1 \\ 1 & 1 & 1 & 1 & 1 & 1 & 1 & 1 & 1 & 9 \end{pmatrix}$$

Insert 메뉴로 들어가서 **표/행렬**을 고르고 **신규 작성**을 선택한 후 메뉴 항목에서 상단 부분을 무시하면, 일반적으로 행렬을 둘러싸고 있는 괄호가 없는 **Grid**로 된 출력을 얻게 된다. 여기에서 **MatrixForm**을 사용하면 행렬로 출력을 얻을 수 있다. 다른 방법으로 행렬을 만드는 단계를 되풀이하되 이번에는 대화창에서 Matrix(List of lists)를 선택하면 행렬을 만들 수 있다.

이와 같은 방법을 사용하여 텍스트 셀을 비롯한 다른 종류의 셀에 행렬을 삽입할 수 있다. 이러한 방식은 Mathematica로 기술 문서를 작성할 때 매우 편리하다.

Table과 **Array** 같은 함수를 이용하면 프로그래밍 방식으로 행렬을 만들 수 있다. 예를 들어, **Table**을 이용해서 *i* 행 *j* 열에 값 $i \times j$를 갖는 곱셈표의 행렬을 만들 수 있다.

```
mat2 = Table[i * j, {i, 1, 5}, {j, 1, 5}];
MatrixForm[mat2]
```

$$\begin{pmatrix} 1 & 2 & 3 & 4 & 5 \\ 2 & 4 & 6 & 8 & 10 \\ 3 & 6 & 9 & 12 & 15 \\ 4 & 8 & 12 & 16 & 20 \\ 5 & 10 & 15 & 20 & 25 \end{pmatrix}$$

RandomInteger와 **RandomReal**과 같은 명령은 다차원의 출력을 내놓는데, 이를 활용해서 임의행렬을 만들 수 있다. 두 명령 모두 난수 생성 값의 상계와 하계를 지정하는 첫 전달인자와 행렬의 차원을 지정하는 두 번째 전달인자를 사용할 수 있다. 다음의 명령은 0부터 10까지의 무작위 정수로 채워진 5×5 행렬을 생성한다.

```
mat3 = RandomInteger[{0, 10}, {5, 5}];
MatrixForm[mat3]
```

$$\begin{pmatrix} 3 & 4 & 8 & 6 & 1 \\ 4 & 5 & 9 & 9 & 8 \\ 6 & 8 & 9 & 4 & 10 \\ 10 & 5 & 6 & 3 & 1 \\ 5 & 9 & 6 & 4 & 6 \end{pmatrix}$$

Insert ▸ Table/Matrix 메뉴와 동일한 동작을 하는 **ConstantArray**와 **DiagonalMatrix**와 같은 특별한 명령도 있다. 또한, 단위행렬, 특수 구조의 행렬, 회전 및 크기 변환 등의 기하 연산에 해당하는 행렬을 만들어주는 명령도 있다.

```
MatrixForm[ConstantArray[10, {4, 4}]]
```

$$\begin{pmatrix} 10 & 10 & 10 & 10 \\ 10 & 10 & 10 & 10 \\ 10 & 10 & 10 & 10 \\ 10 & 10 & 10 & 10 \end{pmatrix}$$

```
MatrixForm[DiagonalMatrix[{1, 2, 3, 4}]]
```

$$\begin{pmatrix} 1 & 0 & 0 & 0 \\ 0 & 2 & 0 & 0 \\ 0 & 0 & 3 & 0 \\ 0 & 0 & 0 & 4 \end{pmatrix}$$

마지막으로 스프레드시트에서 다차원 자료를 가져와서 행렬을 만들 수도 있다. 아래는 URL에서 CSV 파일의 내용을 가져오는 데 **Import** 명령을 이용하는 예이다. CSV 파일은 표 형식으로 배열된 데이터를 포함하고 있으며, 이 데이터를 행렬로 시각화할 수 있다.

```
mat4 = Import["http://www.handsonstart.com/RandomMatrix.csv"];
```

```
MatrixForm[mat4]
```

$$\begin{pmatrix} 42 & 30 & 3 & 3 & 45 & 44 & 78 & 1 & 16 & 66 \\ 72 & 54 & 30 & 94 & 60 & 75 & 23 & 92 & 49 & 41 \\ 69 & 100 & 34 & 51 & 56 & 55 & 7 & 47 & 30 & 20 \\ 76 & 9 & 20 & 13 & 49 & 78 & 18 & 68 & 38 & 54 \\ 71 & 51 & 37 & 21 & 68 & 8 & 91 & 51 & 22 & 91 \\ 99 & 22 & 92 & 78 & 88 & 66 & 69 & 61 & 96 & 96 \\ 52 & 44 & 18 & 87 & 42 & 60 & 7 & 53 & 93 & 15 \\ 95 & 79 & 94 & 71 & 75 & 93 & 69 & 95 & 17 & 84 \\ 11 & 40 & 40 & 4 & 15 & 99 & 79 & 68 & 89 & 52 \\ 89 & 29 & 55 & 95 & 6 & 33 & 83 & 77 & 86 & 18 \end{pmatrix}$$

파일 가져오기에 대한 더욱 자세한 내용은 **19장 데이터 가져오기와 내보내기**에서 다룬다.

행렬 일부분에 대한 작업

목록은 Wolfram 언어의 중요한 구성 요소로서 목록의 개별 원소를 추출하는 것을 포함하여 목록 일부를 추출하는 다양한 명령을 갖추고 있다. 그중 가장 많이 사용하는 함수인 **Part**는 주로 단축형인 **⟦ ⟧**을 사용해서 나타낸다. **Part[list, n]** 또는 **list⟦n⟧**은 목록에서 n번째 원소를 추출한다.

```
myList = {1, 2, 3, 4, 5, 6, 7, 8, 9, 10};
Part[myList, 5]
myList⟦5⟧
```

5

5

⟦와 ⟧ 기호는 Esc [[Esc and Esc]] Esc로 입력할 수 있다. [[와]]를 대신 사용할 수도 있다. **Part[list, n]**, **list⟦n⟧**, 또는 **list[[n]]**은 모두 같은 일을 한다. 특수 기호 ⟦ ⟧를 이용하면 목록에서 원소를 추출하는 괄호와 함수 전달인자를 둘러싸는 괄호를 쉽게 구분할 수 있다.

Part를 **Span**과 함께 사용하면 일정 범위의 값을 추출할 수 있다. **Span**을 단축형으로는 **;;**으로 쓸 수 있으므로 **1;;5**는 목록에서 첫 다섯 개의 원소를 추출한다.

```
Part[myList, 1 ;; 5]
```

{1, 2, 3, 4, 5}

```
myList⟦1 ;; 5⟧
```

{1, 2, 3, 4, 5}

목록에서 첫 *n*개의 원소를 추출하는 일은 매우 흔해서, 이를 위한 **Take**라는 특별한 명령이 준비되어 있다. **Take**의 전달인자로 목록과 색인 값을 주면, 목록의 시작부터 색인 값까지의 원소를 반환한다.

```
Take[myList, 5]
```

{1, 2, 3, 4, 5}

Take의 두 번째 전달인자로 목록을 넘겨서 일정 범위를 추출할 수도 있다. 아래의 예는 3번째부터 6번째 위치까지의 값을 추출한다.

```
Take[myList, {3, 6}]
```

{3, 4, 5, 6}

행렬에서 전체 행이나 열을 추출하는 데에도 **Take**를 사용할 수 있다. 명령을 이렇게 이용하려면 두 번째 전달인자로 추출하려는 행 또는 행의 목록을 주고, 세 번째 전달인자로 추출하려는 열 또는 열의 목록을 주는 문법을 따라야 한다. 모든 행이나 열을 추출하고 싶다면 단축형으로 **All**을 사용할 수 있다.

다음 명령은 행렬의 첫 두 개의 행과 해당 행의 모든 열을 택하여 반환한다. 이것은 행렬의 첫 두 개의 행을 택하는 것과 같다.

Take$\left[\begin{pmatrix}1 & 2 & 3\\4 & 5 & 6\\7 & 8 & 9\end{pmatrix}, 2\right]$

{{1, 2, 3}, {4, 5, 6}}

```
Take[(1 2 3
      4 5 6
      7 8 9), 2, All] // MatrixForm
```

$$\begin{pmatrix} 1 & 2 & 3 \\ 4 & 5 & 6 \end{pmatrix}$$

다음 명령은 전달인자의 순서를 뒤바꾸어 첫 두 열의 모든 행을 추출한 결과가 반환된다. 결국, 행렬의 첫 두 열을 추출한 것과 같은 효과가 있다.

```
Take[(1 2 3
      4 5 6
      7 8 9), All, 2] // MatrixForm
```

$$\begin{pmatrix} 1 & 2 \\ 4 & 5 \\ 7 & 8 \end{pmatrix}$$

> 사실 **Take**에서 열을 지칭하는 **All**을 빼도 상관없다. **Take[matrix, 2]**와 **Take[matrix, 2, All]** 모두 같은 결과를 내놓지만, 두 매개변수를 모두 사용하는 편이 코드를 읽는 사람이 느낄 모호함을 없앨 수 있으며, 저자들이 권장하는 방법이기도 하다.

행렬 작업에서 유용하게 쓸 수 있는 또 다른 명령으로 대각원소를 반환하는 **Diagonal**과 행과 열을 맞바꾸는 **Transpose**가 있다.

```
Diagonal[(1 2 3
          4 5 6
          7 8 9)] // MatrixForm
```

$$\begin{pmatrix} 1 \\ 5 \\ 9 \end{pmatrix}$$

```
Transpose[(1 2 3
           4 5 6)] // MatrixForm
```

$$\begin{pmatrix} 1 & 4 \\ 2 & 5 \\ 3 & 6 \end{pmatrix}$$

Transpose 명령은 단축형으로 ᵀ를 사용한다. 단축형은 Esc tr Esc로 입력할 수 있다.

$$\begin{pmatrix} 1 & 2 & 3 \\ 4 & 5 & 6 \end{pmatrix}^{\mathsf{T}} \text{ // MatrixForm}$$

$$\begin{pmatrix} 1 & 4 \\ 2 & 5 \\ 3 & 6 \end{pmatrix}$$

> 행렬 작업을 할 때는 **Postfix** 연산자(//)와 함께 **MatrixForm**을 사용해서 결과를 이차원으로 배치하는 것이 일반적이다. 하지만 행렬을 변수에 할당하면, 변수 할당이 이루어지기에 앞서 후위 연산이 적용되는 점이 문제를 일으킬 수 있으므로 주의가 필요하다. 중첩된 목록을 전달인자로 받는 명령은 **MatrixForm**과 같은 표시 형식으로 둘러싸인 전달인자를 허용하지않는다.
>
> 이 이야기의 교훈은 **MatrixForm**과 **TableForm** 같이 출력 형식을 지정하는 함수는 변수 할당과 같이 쓰면 안 된다는 것이다. 변수에 값을 할당하고 나서 별도의 줄 또는 별도의 입력 칸에서 출력 지정 함수를 적용해야 한다.

$$\text{mat3} = \begin{pmatrix} 1 & 2 & 3 \\ 4 & 5 & 6 \end{pmatrix}^{\mathsf{T}};$$

```
MatrixForm[mat3]
```

$$\begin{pmatrix} 1 & 4 \\ 2 & 5 \\ 3 & 6 \end{pmatrix}$$

행렬 연산

Wolfram 언어는 역원, 행 축소, 행렬식, 대각합이나 고윳값과 같은 표준적인 선형대수 연산을 수행하는 명령을 갖추고 있다. **Inverse**는 행렬을 전달인자로 받아서 해당하는 역행렬을 반환한다.

$$\text{Inverse}\left[\begin{pmatrix} 9 & 4 & 3 & 2 \\ 4 & 6 & 7 & 0 \\ 3 & 0 & 10 & 0 \\ 2 & 6 & 2 & 6 \end{pmatrix}\right]$$

$$\left\{\left\{\frac{1}{7}, -\frac{1}{21}, 0, -\frac{1}{21}\right\}, \left\{-\frac{19}{420}, \frac{229}{1260}, -\frac{7}{60}, \frac{19}{1260}\right\}, \left\{-\frac{3}{70}, \frac{1}{70}, \frac{1}{10}, \frac{1}{70}\right\}, \left\{\frac{1}{84}, -\frac{43}{252}, \frac{1}{12}, \frac{41}{252}\right\}\right\}$$

Inverse는 정확한 출력을 내놓는데, 수치 근사를 얻으려면 **N**을 이용하면 된다. 아래의 예는 역행렬의 다섯 자리 근삿값을 얻은 후, 이를 **MatrixForm**을 이용하여 행렬 형식으로 출력한다.

$$\text{N}\left[\text{Inverse}\left[\begin{pmatrix} 9 & 4 & 3 & 2 \\ 4 & 6 & 7 & 0 \\ 3 & 0 & 10 & 0 \\ 2 & 6 & 2 & 6 \end{pmatrix}\right], 5\right] \text{ // MatrixForm}$$

$$\begin{pmatrix} 0.14286 & -0.047619 & 0 & -0.047619 \\ -0.045238 & 0.18175 & -0.11667 & 0.015079 \\ -0.042857 & 0.014286 & 0.10000 & 0.014286 \\ 0.011905 & -0.17063 & 0.083333 & 0.16270 \end{pmatrix}$$

RowReduce는 행렬을 기약행 사다리꼴로 변환하는 데에 사용한다.

$$\text{RowReduce}\left[\begin{pmatrix} 1 & 2 & 3 & 4 \\ 5 & 6 & 7 & 8 \\ 9 & 10 & 11 & 12 \\ 13 & 14 & 15 & 16 \end{pmatrix}\right] \text{ // MatrixForm}$$

$$\begin{pmatrix} 1 & 0 & -1 & -2 \\ 0 & 1 & 2 & 3 \\ 0 & 0 & 0 & 0 \\ 0 & 0 & 0 & 0 \end{pmatrix}$$

가끔 행렬 방정식을 풀기 위해 행 축약을 사용하기도 하지만, 이러한 용도에 쓸 수 있는 내장 함수로 **LinearSolve**가 있다. **LinearSolve**는 성분 m과 b를 받아서 방정식 $m.x = b$를 만족하는 x를 반환한다. 먼저, 행렬과 벡터에 변수를 할당한다.

$$m = \begin{pmatrix} 1 & 9 & 8 \\ 1 & 2 & 7 \\ 3 & 8 & 4 \end{pmatrix};$$

```
b = {10, 15, 20};
```

LinearSolve는 방정식의 해를 찾는다. 다음의 예는 찾은 해를 새로운 변수 **x**에 저장한다.

```
x = LinearSolve[m, b]
```

$$\left\{\frac{80}{11}, -\frac{10}{11}, \frac{15}{11}\right\}$$

이렇게 찾은 해는 대입해서 검증해볼 수 있다. **m**과 **x**의 내적이 **b**와 같아야 하는데, 우리가 구한 해는 실제로 이를 만족한다.

```
m.x == b
```

True

> **LinearSolve** 대신에 **Solve**를 이용할 수 있을까? 답은 '예'이지만, **Solve**는 벡터의 원소를 일일이 써줘야 해서 다소 투박한 면이 있다. 하지만, 앞의 예에서 정의한 **m**, **b**와 **x**를 이용하면 **Solve[m.{x1,x2,x3}==b,{x1,x2,x3}]**와 같은 형태로 **Solve** 명령을 쓸 수 있고, **LinearSolve**를 이용했을 때와 같은 결과를 얻을 수 있다.

LinearSolve는 방정식의 우변이 벡터가 아닌 행렬인 경우에도 사용할 수 있다.

$$m = \begin{pmatrix} 1 & 9 & 8 \\ 1 & 2 & 7 \\ 3 & 8 & 4 \end{pmatrix};$$

$$b = \begin{pmatrix} 6 & 5 \\ 4 & 3 \\ 2 & 1 \end{pmatrix};$$

```
x = LinearSolve[m, b];
MatrixForm[x]
```

$$\begin{pmatrix} -\frac{82}{121} & -\frac{109}{121} \\ \frac{24}{121} & \frac{26}{121} \\ \frac{74}{121} & \frac{60}{121} \end{pmatrix}$$

Wolfram 언어는 고윳값에 관련한 작업을 수월하게 만들어주는 **Eigenvalues**, **Eigenvectors**와 **Eigensystem** 등의 명령을 제공한다.

$$\text{Eigenvalues}\left[\begin{pmatrix}1 & 2\\ 3 & 4\end{pmatrix}\right]$$

$$\left\{\frac{1}{2}\left(5+\sqrt{33}\right), \frac{1}{2}\left(5-\sqrt{33}\right)\right\}$$

$$\text{Eigenvectors}\left[\begin{pmatrix}1 & 2\\ 3 & 4\end{pmatrix}\right]$$

$$\left\{\left\{\frac{1}{6}\left(-3+\sqrt{33}\right), 1\right\}, \left\{\frac{1}{6}\left(-3-\sqrt{33}\right), 1\right\}\right\}$$

$$\text{Eigensystem}\left[\begin{pmatrix}1 & 2\\ 3 & 4\end{pmatrix}\right]$$

$$\left\{\left\{\frac{1}{2}\left(5+\sqrt{33}\right), \frac{1}{2}\left(5-\sqrt{33}\right)\right\}, \left\{\left\{\frac{1}{6}\left(-3+\sqrt{33}\right), 1\right\}, \left\{\frac{1}{6}\left(-3-\sqrt{33}\right), 1\right\}\right\}\right\}$$

Mathematica는 정확한 고윳값을 구할 수 있으며, 입력에 따라서는 방정식의 정확한 근을 나타내는 **Root** 객체를 출력할 수도 있다. 처음에는 낯설게 보일 수도 있지만, **N** 명령을 사용하면 수치 근사로 변환할 수 있다.

희소배열

Mathematica는 희소배열에 대한 선형대수 연산을 지원하며, 이는 어마어마한 차원의 행렬에서 일부 원소만 0이 아닐 때 행렬을 계산할 수 있도록 해준다. 계산 결과로 반환하는 값에서 희소배열은 **SparseArray**로 출력되는 특수한 객체로 표현된다.

SparseArray와 **InterpolatingFunction** 객체는 비슷한 방식으로 반환된다(더 자세한 내용은 **16장 미분방정식**을 참고하기 바란다.)

SparseArray 명령을 이용해서 희소배열을 만들 수 있다. **SparseArray**는 위치와 값을 나타내는 규칙의 목록을 받아서 희소배열 객체를 만든다. 아래의 명령은 위치 (1, 1)에 값 1을, 위치 (2, 2)에 값 2를, 위치 (3, 3)에 값 3을, 위치 (4, 4)에 값 4를 갖는 희소배열을 만든다. 다른 원소는 명시되어 있지 않으므로, Mathematica는 이들 원소를 0이라고 가정한다.

```
sa = SparseArray[{{1, 1} → 1, {2, 2} → 2, {3, 3} → 3, {4, 4} → 4}]
```

SparseArray[ Specified elements: 4
Dimensions: {4, 4}]

SparseArray 객체는 변수 **sa**에 저장되어 있으므로, 이제 여느 행렬처럼 사용할 수 있다.

```
MatrixForm[sa]
```

$$\begin{pmatrix} 1 & 0 & 0 & 0 \\ 0 & 2 & 0 & 0 \\ 0 & 0 & 3 & 0 \\ 0 & 0 & 0 & 4 \end{pmatrix}$$

```
Dimensions[sa]
```

{4, 4}

```
Det[sa]
```

24

```
b = {40, 30, 20, 10};
LinearSolve[sa, b]
```

$$\left\{40, 15, \frac{20}{3}, \frac{5}{2}\right\}$$

희소배열은 **Normal** 명령을 이용하여 일반(조밀) 행렬로 변환할 수 있다.

```
Normal[sa] // MatrixForm
```

$$\begin{pmatrix} 1 & 0 & 0 & 0 \\ 0 & 2 & 0 & 0 \\ 0 & 0 & 3 & 0 \\ 0 & 0 & 0 & 4 \end{pmatrix}$$

그리고 조밀행렬은 **SparseArray**를 통해서 희소배열로 표현되는 행렬로 변환할 수 있다.

$$\text{SparseArray}\left[\begin{pmatrix} 1 & 0 & 0 & 0 \\ 0 & 2 & 0 & 0 \\ 0 & 0 & 3 & 0 \\ 0 & 0 & 0 & 4 \end{pmatrix}\right]$$

```
SparseArray[ Specified elements: 4
             Dimensions: {4, 4} ]
```

커다란 데이터 집합에서 대부분의 값이 0이라면, 희소배열이 유용하다. 희소행렬은 이러한 데이터를 일반적인 조밀행렬보다 효율적으로 표현할 수 있게 해준다. 조밀행렬을 사용하는 선형 시스템을 푸는 시간과, 희소배열을 사용하는 똑같은 선형 시스템의 푸는 시간을 비교하여 그 효율성을 입증할 수 있다.

아래의 **Table** 명령은 대부분 원소가 0이지만 대각원소는 9이고 그 양쪽의 원소는 1을 갖는 $10,000 \times 10,000$ 행렬을 생성한다. 두 색인, i와 j를 비교하면 이렇게 할 수 있다. 대각원소라면 $i = j$이고, 해당 위치에 9를 놓으면 된다. 대각원소의 양옆은 $|i - j| = 1$이고, 해당 위치에는 1을 놓는다. 이들 이외의 경우에는 모두 0을 놓는다. 이 행렬을 변수 **mNew**에 저장한다.

```
mNew = Table[If[i == j, 9, If[Abs[i - j] == 1, 1, 0]], {i, 1, 10 000}, {j, 1, 10 000}];
```

다음은 0부터 10까지의 무작위 실수, 10,000개로 이루어진 벡터를 생성해서 변수 **bNew**에 저장한다.

```
SeedRandom["CKM"];
bNew = RandomReal[{0, 10}, {10 000}];
```

> **SeedRandom** 명령의 역할이 궁금할지도 모르겠다. **SeedRandom**은 난수 생성기를 재설정하는 데 사용되며, 이는 특정 씨앗 값을 사용한 함수에 의해 생성된 난수는 같은 **SeedRandom** 명령을 사용하는 다른 사용자가 재현할 수 있다는 것을 의미한다. 위의 입력 셀을 평가하면 저자가 이 책을 쓸 당시에 얻었던 값과 똑같은 유사난수 집합을 얻을 것이다.

LinearSolve 명령을 사용하여 **mNew.xNew=bNew**를 만족하는 벡터 **xNew**를 찾을 수 있다. 이 명령은 10,000개의 원소로 이루어진 벡터를 출력하므로, **;** 연산자를 사용하여 출력을 감추었다. 마지막으로 명령 전체를 **AbsoluteTiming** 명령으로 둘러싸서 평가에 필요한 계산 시간을 보여주고 있다.

```
AbsoluteTiming[LinearSolve[mNew, bNew];]
```

```
{9.71387, Null}
```

조밀행렬 표현으로는 9.71 초의 계산 시간이 걸렸다.

> **AbsoluteTiming**은 사용 중인 컴퓨터 시스템의 성능에 따라 결과가 달라지므로, 앞선 예와 다른 결과를 얻게 되더라도 너무 놀라지 말기 바란다.

이제 같은 예를 희소배열 표현으로 다시 시도해본다. 먼저, 조밀행렬 **mNew**를 **SparseArray** 명령에 넘겨서 희소배열을 생성한다.

```
saNew = SparseArray[mNew]
```

```
SparseArray[ Specified elements: 29998
             Dimensions: {10000, 10000} ]
```

벡터 **bNew**를 앞에서 이미 구축했으니 다시 생성할 필요가 없다. 마지막 단계로 행렬 방정식을 풀고, 걸린 시간을 기록한다.

```
AbsoluteTiming[LinearSolve[saNew, bNew];]
{0.00522, Null}
```

이번에는 조밀배열 표현을 사용했을 때보다 훨씬 적은 시간이 걸렸다. 이 예는 비교적 작은 행렬(10, 000×10, 000)을 사용하고 있음에도 조밀행렬과 희소배열을 사용하는 작업의 속도 차이가 명확하게 드러난다.

Clear를 사용하여 이 장에서 사용된 모든 변수의 값과 함수의 정의를 삭제한다.

```
Clear[vec1, vec2, vec3, vec4, myFunction, mat1, mat2, mat3, mat4, myList, m, b,
  x, sa, mNew, bNew]
```

정리

Mathematica의 강력한 선형대수 기능은 무한 자리 정확도의 행렬을 다루는 것부터, 선형대수를 수치로 다루기 위한 최적화된 기능까지 아우른다. 행렬을 목록으로 다루는 구조 덕분에 목록을 조작하는 명령을 개별 원소, 행, 열, 또는 부분행렬의 추출에 쉽게 적용할 수 있다. 이번 장에서 소개한 명령과 기술을 이용하면 Mathematica에서 선형대수를 시작하는 데 부족함이 없을 것이다.

연습 문제

1. 자유 형식 입력을 사용하여 벡터 $\{1, 3, 5, \pi, \sin(2)\}$와 $\{2, 4, 6, 3\pi, x\}$를 더하여라.
2. Wolfram 언어를 사용하여 **vector1**이라는 변수를 만들고 연습 문제 1의 출력을 할당하여라. 그런 다음 i가 0부터 4까지 변할 때 $i^3 + 1$ 형식의 목록을 만들어 **vector2**라는 이름의 두 번째 변수에 할당하여라.
3. **vector1**과 **vector2**의 곱셈과 내적을 계산하는 두 줄짜리 프로그램을 작성하여라.

4. **vector2**의 두 번째 원소를 새로운 변수 **vector3**에 할당하고, **vector1**의 첫 세 개의 원소를 새로운 변수 **vector4**에 할당하여라.
5. **vector4**의 노름을 4자리 수로 수치 근사하여라.
6. **matrix1**이라는 이름의 변수를 만들고 $i^2 - j$로 생성한 목록을 할당하여라. 그리고 **matrix2**라는 이름의 변수를 만들고 $3i - j^2$으로 생성한 목록을 할당하여라. 이때 i와 j는 모두 1부터 3까지 변화한다.
7. **matrix1**의 행렬식을 계산하여라.
8. **matrix1**의 전치행렬을 계산하고 결과를 교과서에서 흔히 볼 수 있는 수학 형식과 유사하게 만들어라.
9. **matrix1**과 **matrix2**의 내적을 계산하여라.
10. m은 **matrix2**이고 b는 **vector4**일 때, 행렬 방정식 $m.x = b$를 만족하는 x의 값을 구하여라.

18장

확률과 통계

소개

Mathematica는 확률과 통계의 계산에 이용할 수 있는 매우 강력한 도구이다. 통계에 특화된 소프트웨어는 매우 제한적인 작업만 수행하도록 설계되지만, Mathematica는 정확한 값의 계산과 수치 계산, 시각화, 다양한 분포 등의 기능을 지원해서 모든 종류의 통계 작업을 아우르는 풍부한 환경을 제공한다.

확률과 분포

자유 형식 입력을 활용해서 다양한 종류의 사건에 대한 확률을 계산해 볼 수 있다.

poker full house

Properties

	number of possible hands	approximate probability	approximate chance
5-card hand	3744	0.001441	≈ 1 in 694
7-card hand	3 473 184	0.02596	≈ 1 in 39

(assuming random selection from a standard 52-card deck)
(the value of a 7-card hand is determined by its best 5-card subset)

rolling a 7 on two 6-sided dice

Distribution of total

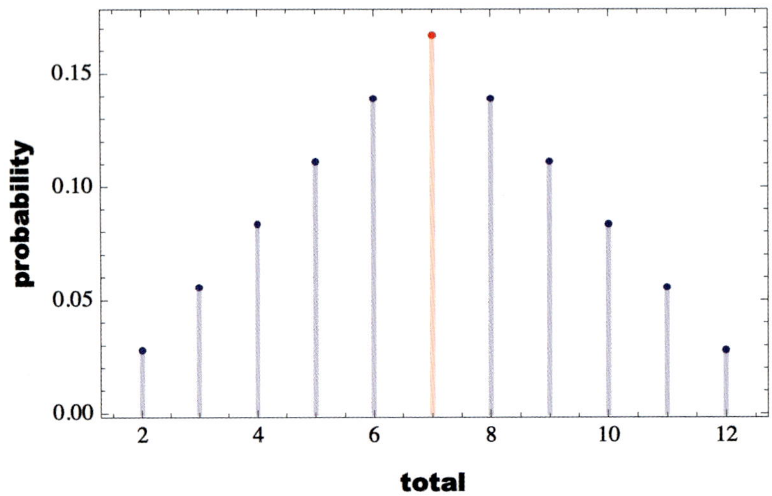

(assuming fair 6-sided dice)

특정 분포 아래에서의 움직임을 고려하는 상황이라면, Wolfram 언어의 **Probability** 명령을 이용해서 해당 사건의 확률을 계산할 수 있다. 예를 들어, 정육면체 주사위를 던져서 3이 나올 확률은 이산균등분포를 이용하여 표현할 수 있으며 **Probability** 명령을 사용해서 이와 같은 사건이 일어날 가능성을 판단할 수 있다. 첫 번째 전달인자는 사건을 기술하는 표현(이 경우에는 **x==3**)이고, 두 번째 전달인자는 x의 표본을 추출할 분포이다.

```
Probability[x == 3, x ≈ DiscreteUniformDistribution[{1, 6}]]
```

$$\frac{1}{6}$$

분포 기호 ≈는 Esc dist Esc로 입력할 수 있다. 함수 이름은 **Distributed**이므로 **x ≈ distribution**은 **Distributed[x, distribution]**과 같다.

앞의 예를 교과서에 나오는 방식으로 표현해 보면 "x가 이산균등분포를 따르는 1부터 6까지의 정수일 때 $x = 3$이 되는 확률은 얼마인가?"와 같이 바꾸어 말할 수 있다.

Probability는 두 개의 정육면체 주사위를 던져서 12를 얻을 확률과 같은 합성문에도 사용할 수 있다. 개별 주사위의 가능한 결과를 나타내는 **DiscreteUniformDistribution** 명령을 두 개 사용하고, 이들 두 개의 사건을 **&&**(**And**의 단축 형식) 연산자로 결합하여 사용한다.

```
Probability[x + y == 12, x ≈ DiscreteUniformDistribution[{1, 6}] &&
    y ≈ DiscreteUniformDistribution[{1, 6}]]
```

$$\frac{1}{36}$$

Probability를 Wolfram 언어의 다른 명령과 함께 사용할 수도 있다. 예를 들어, **Table**과 함께 사용해서 두 개의 주사위를 굴려서 나오는 모든 결과에 대한 확률의 목록을 생성할 수 있다. 2부터 12까지 11개의 결과가 가능하므로 이들을 반복자의 경계로 삼아서 **Table** 명령을 작성한다.

```
probs = Table[
   Probability[x + y == result, x ≈ DiscreteUniformDistribution[{1, 6}] &&
      y ≈ DiscreteUniformDistribution[{1, 6}]],
   {result, 2, 12, 1}]
```

$$\left\{\frac{1}{36}, \frac{1}{18}, \frac{1}{12}, \frac{1}{9}, \frac{5}{36}, \frac{1}{6}, \frac{5}{36}, \frac{1}{9}, \frac{1}{12}, \frac{1}{18}, \frac{1}{36}\right\}$$

&& 기호는 **And** 함수의 단축형이다. **expr1 && expr2**와 **And[expr1, expr2]**는 같은 명령문이므로, 마음에 드는 것을 골라 사용하면 된다. 단순히 두 식을 결합할 때는 **expr1 && expr2**가 편리하지만, 식이 길어진다면 정식 명령 이름을 사용하고 전달인자를 쉼표로 구분하는 편이 눈에 더 잘 들어온다.

결과를 시각적으로 나타내려면 **BarChart**를 사용하는 게 좋다. **Table** 문으로 생성한 결과의 목록(2, 3, 4, …, 12)을 **ChartLabels**로 사용하고 **PlotLabel**도 덧붙인다.

```
BarChart[probs, ChartLabels → Table[i, {i, 2, 12, 1}],
  PlotLabel → "Probability of rolling sums on two dice"]
```

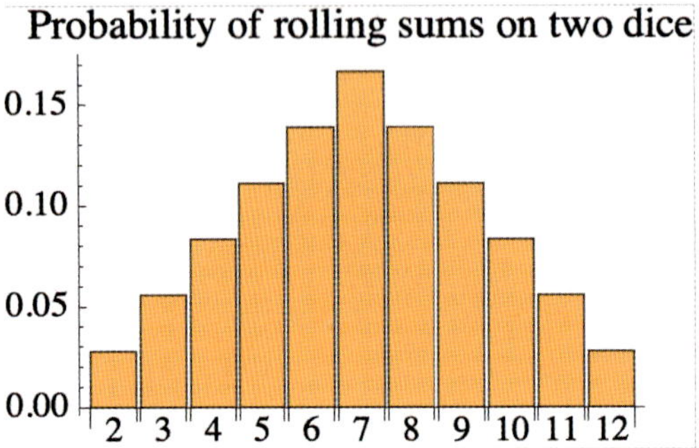

분포를 사용한 계산

앞의 예에서 **Probability** 명령을 소개하고 **DiscreteUniformDistribution** 명령을 사용하여 특정 유형의 사건을 설명하였다. Wolfram 언어는 모든 행동을 취급하고 모형화할 수 있는 놀랄 만큼 다양한 분포를 제공한다. 이들은 단일변량분포, 다변량분포, 연속분포, 이산분포는 물론이고 금융 등의 분야에 특화된 분포도 포함한다.

앞에서 **Probability** 명령을 사용해서 이산균등분포에서 표본을 추출하여 주사위를 굴려 얻을 수 있는 결과를 모형화한 것처럼, 분포에서 표본을 추출할 수 있다. 확률밀도함수(**PDF**), 누적분포함수(**CDF**), 측도, 적률과 같은 분포의 특성을 계산할 수도 있다. 아래의 예는 앞에서 사용한 이산균등분포의 확률밀도함수를 보여준다.

```
PDF[DiscreteUniformDistribution[{1, 6}], x]
```

$$\begin{cases} \frac{1}{6} & 1 \le x \le 6 \\ 0 & \text{True} \end{cases}$$

Wolfram 언어의 모든 분포에 대해 확률밀도함수를 계산할 수 있다. 아래의 예는 평균이 0이고 표준편차가 1인 정규분포에 대한 확률밀도함수를 보여준다.

```
Plot[PDF[NormalDistribution[0, 1], x], {x, -3, 3}, Filling → Axis]
```

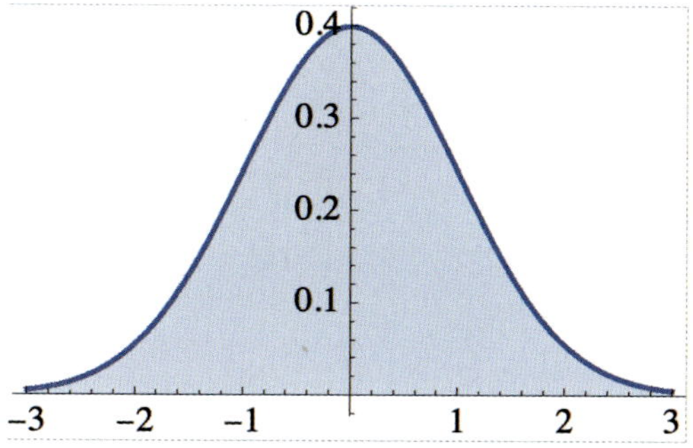

PDF 명령의 출력을 이용하여 사용자 정의 함수를 정의할 수 있다. 아래의 예는 **myFun** 함수를 생성하는데 평균이 0이고 표준편차가 1인 정규분포에 대한 확률밀도함수를 사용한다. 그런 다음 **myFun**을 이용해서 특정 지점에서의 확률밀도함수의 값을 계산한다.

```
myFun[x_] := PDF[NormalDistribution[0, 1], x]
```

```
myFun[0]
```

$$\frac{1}{\sqrt{2\pi}}$$

다음으로 **myFun**을 **Table**과 함께 사용해서 자료점의 목록을 생성한다.

```
points = Table[{x, myFun[x]}, {x, -3, 3, 1}];
ListPlot[points, PlotStyle → {Red, PointSize[Medium]}]
```

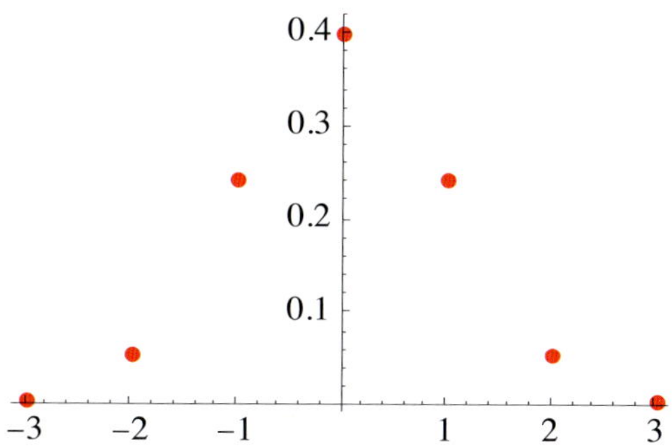

이제 **myFun**을 이용해서 확률밀도함수의 그래프를 그리고, **Show** 명령을 이용해서 자료점과 같은 축 위에 나타낼 수 있다.

```
Show[
  Plot[myFun[x], {x, -3, 3}, Filling → Axis],
  ListPlot[points, PlotStyle → {Red, PointSize[Medium]}]]
```

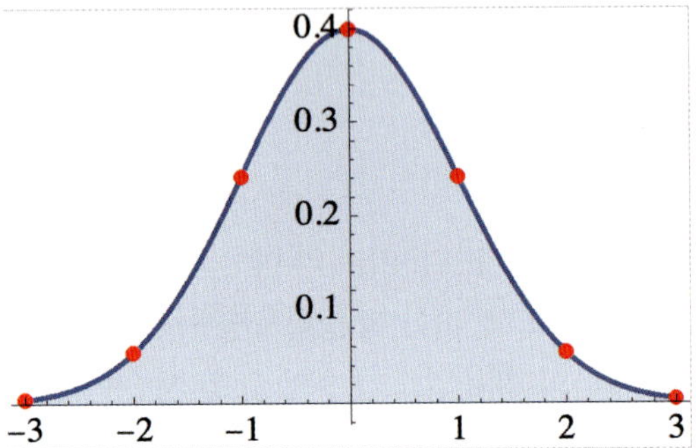

그래픽 기본 요소를 사용하여 다이어그램을 만드는 방법에 관해 설명한 장을 읽어보면 그래픽은 순서대로 생성된다는 점을 알 수 있다. 첫 번째 그래픽을 가장 바닥에 놓고 계속해서 다음 그래픽을 차례로 그 위에 쌓는 순서로 배치한다. **Show** 명령도 이와 같은 방식으로 동작한다. 이 예에서는 **ListPlot**을 두 번째 전달인자로 전달하므로 점이 곡선 위에 나타난다. **Plot**과 **ListPlot** 명령의 위치를 바꾸어 **Show** 명령에 넘기면 점을 볼 수는 있지만, 곡선의 아래(또는 뒤)에 나타난다.

또한, 이와 같은 예는 **Manipulate**와 함께 사용하기에 적합하다. 다음의 명령은 매개변수를 이용해서 정규분포의 평균과 표준편차의 변화에 따른 효과를 탐색할 수 있는 대화형 모형을 생성한다.

```
Manipulate[
  Plot[PDF[NormalDistribution[μ, σ], x], {x, -3, 3}, Filling → Axis, PlotRange → {0, 0.4}],
  {μ, -2, 2}, {σ, 1, 4}]
```

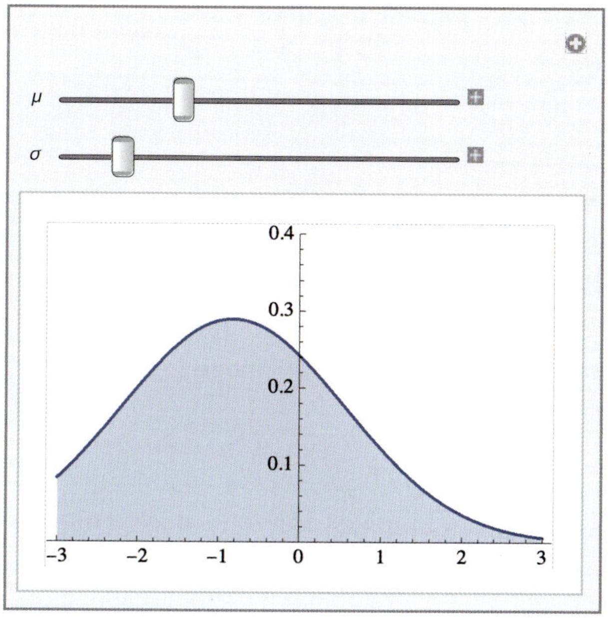

통계

Wolfram 언어는 방대한 통계 연산을 제공하며, 고급 사용자를 위한 정교한 고급 기능 또한 지원한다. 여기서는 통계 정보의 기본적인 측도 계산, 곡선 맞추기, 시각화에 관련한 명령을 알아본다.

기술통계

Mathematica는 평균과 중앙값, 분산, 표준편차, 사분위 범위, 치우침과 뾰족한 정도, 그리고 여러 데이터 집합의 공분산과 상관관계 등을 포함한 모든 종류의 측도를 계산할 수 있다. 통계 명령도 Wolfram 언어의 여느 명령과 마찬가지로 단어가 가진 본연의 의미를 전달하는 명명 방식을 따르기 때문에, 지금까지 사용해 본 적이 없는 명령도 그 이름을 쉽게 유추할 수 있다.

```
data = {1, 2, 2, 3, 3, 3, 4, 4, 4, 4, 5, 5, 5, 5, 5};
```

```
Mean[data]
```

$$\frac{11}{3}$$

```
Median[data]
```

4

```
Commonest[data]
```

{5}

Mode 명령을 설명하지 않는 점이 궁금할 것이다. Wolfram 언어의 작명 규칙을 벗어나는 드문 예가 데이터의 집합에서 모드 즉, 최빈값을 찾는 명령의 이름이다. 이 역할을 하는 명령은 **Commonest**인데, 이는 **Mode**가 시스템에서 다른 목적으로 예약된 기호이기 때문이다. 이 이름을 굳이 사용하고 싶다면 **mode[list_]:=Commonest[list]**와 같이 **mode**라는 이름의 함수를 정의해서 사용할 수 있다.

이들 명령은 기호를 포함하고 있는 데이터 집합을 비롯한 다양한 자료에 대해 작동한다.

```
Mean[{p1, p2, p3, p4, p5}]
```

$$\frac{1}{5}(p1 + p2 + p3 + p4 + p5)$$

```
Commonest[{x, x^2, x^2, x^3, x^3, x^3}]
```

$\{x^3\}$

다른 종류의 측도를 계산하는 명령으로 **Variance**, **StandardDeviation**, **Covariance**, **InterquartileRange**, **Correlation** 등이 있다.

```
data = {1, 2, 2, 3, 3, 3, 4, 4, 4, 4, 5, 5, 5, 5, 5};
Variance[data]
```

$$\frac{5}{3}$$

```
StandardDeviation[data]
```

$$\sqrt{\frac{5}{3}}$$

```
InterquartileRange[data]
```

2

주어진 두 개의 목록에 대해 **Covariance**는 공분산계수를 구하고, **Correlation**은 상관계수를 구한다.

```
list1 = {1, 2, 2, 3, 3, 3, 4, 4, 4, 4, 5, 5, 5, 5, 5};
list2 = {1, 2, 3, 4, 5, 6, 7, 8, 9, 8, 7, 6, 5, 4, 3};
```

```
Covariance[list1, list2]
```

$$\frac{23}{14}$$

```
Correlation[list1, list2]
```

$$\frac{23\sqrt{\frac{3}{7}}}{28}$$

곡선 맞추기

Wolfram 언어는 곡선을 맞추고 선형회귀 모형을 생성하는 명령을 제공한다. 일부 명령은 알맞은 곡선을 찾는 것에만 초점을 맞추지만, **LinearModelFit**, **NonlinearModelFit**과 같은 명령은 모형을 생성한다. 이렇게 찾은 모형은 곡선 맞추기에 이용할 수 있을 뿐만 아니라, 모형의 특성을 탐색해 볼 수 있는 체계를 제공한다. 이러한 명령은 실제로 사용해 볼 때 비로소 그 가치를 몸소 느낄 수 있다.

먼저 데이터 집합을 생성한다. 여기에서는 **CountryData** 명령을 사용해서 1970년부터 2010년까지 아이슬란드의 국내총생산 데이터를 불러온다.

```
myData = CountryData["Iceland", {{"GDP"}, {1970, 2010}}]
```

TimeSeries[Time: 01 Jan 1970 to 01 Jan 2010 Data points: 41]

데이터는 **TimeSeries** 객체로 반환된다. 이 데이터 집합이 시간과 관련되어 있다는 점은 중요하지 않으므로 **TimeSeries** 객체의 **"Values"** 특성을 이용해서 값만 추출하여 사용한다.

```
myData["Values"]
```

{$5.31005 × 10^8 per year , $6.75723 × 10^8 per year ,
$8.46507 × 10^8 per year , $1.16386 × 10^9 per year , $1.52756 × 10^9 per year ,
$1.41836 × 10^9 per year , $1.68312 × 10^9 per year , $2.22654 × 10^9 per year ,
$2.53233 × 10^9 per year , $2.87673 × 10^9 per year , $3.40902 × 10^9 per year ,
$3.52151 × 10^9 per year , $3.2328 × 10^9 per year , $2.78853 × 10^9 per year ,
$2.88783 × 10^9 per year , $3.00841 × 10^9 per year , $4.02219 × 10^9 per year ,
$5.56538 × 10^9 per year , $6.15649 × 10^9 per year , $5.71888 × 10^9 per year ,
$6.52154 × 10^9 per year , $6.96614 × 10^9 per year , $7.13879 × 10^9 per year ,
$6.26935 × 10^9 per year , $6.44162 × 10^9 per year , $7.18179 × 10^9 per year ,
$7.50195 × 10^9 per year , $7.59613 × 10^9 per year , $8.46834 × 10^9 per year ,
$8.92819 × 10^9 per year , $8.92474 × 10^9 per year , $8.12616 × 10^9 per year ,
$9.1618 × 10^9 per year , $1.1297 × 10^{10} per year , $1.37044 × 10^{10} per year ,
$1.67493 × 10^{10} per year , $1.70413 × 10^{10} per year , $2.12938 × 10^{10} per year ,
$1.75307 × 10^{10} per year , $1.28553 × 10^{10} per year , $1.32369 × 10^{10} per year}

결과는 단위를 포함한 형태로 주어지는데, 단지 값의 크기에만 관심이 있으므로 **QuantityMagnitude** 함수를 이용해서 단위를 제거하고 값만 반환받는다.

```
QuantityMagnitude[myData["Values"]]
```

$\{5.31005\times10^{8}, 6.75723\times10^{8}, 8.46507\times10^{8}, 1.16386\times10^{9}, 1.52756\times10^{9}, 1.41836\times10^{9}, 1.68312\times10^{9}, 2.22654\times10^{9}, 2.53233\times10^{9}, 2.87673\times10^{9}, 3.40902\times10^{9}, 3.52151\times10^{9}, 3.2328\times10^{9}, 2.78853\times10^{9}, 2.88783\times10^{9}, 3.00841\times10^{9}, 4.02219\times10^{9}, 5.56538\times10^{9}, 6.15649\times10^{9}, 5.71888\times10^{9}, 6.52154\times10^{9}, 6.96614\times10^{9}, 7.13879\times10^{9}, 6.26935\times10^{9}, 6.44162\times10^{9}, 7.18179\times10^{9}, 7.50195\times10^{9}, 7.59613\times10^{9}, 8.46834\times10^{9}, 8.92819\times10^{9}, 8.92474\times10^{9}, 8.12616\times10^{9}, 9.1618\times10^{9}, 1.1297\times10^{10}, 1.37044\times10^{10}, 1.67493\times10^{10}, 1.70413\times10^{10}, 2.12938\times10^{10}, 1.75307\times10^{10}, 1.28553\times10^{10}, 1.32369\times10^{10}\}$

연산의 결과는 **myData** 변수에 다시 저장하고 **ListLinePlot** 명령을 이용해서 시각화한다.

```
myData = QuantityMagnitude[myData["Values"]];
ListLinePlot[myData]
```

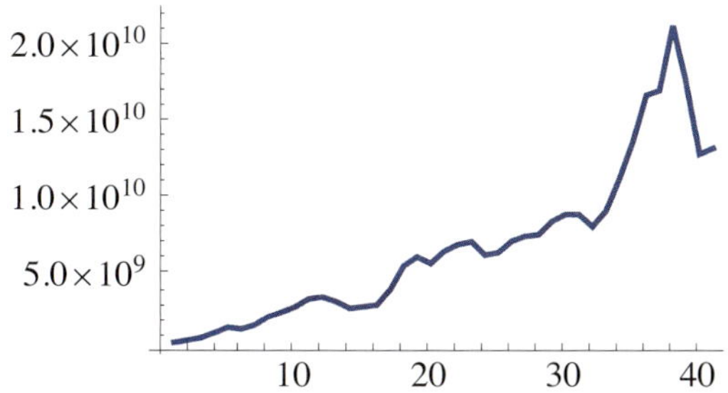

ListPlot 명령을 대신 사용할 수 있다. 기억을 돕자면 **ListPlot**은 데이터 집합을 개별 점으로 나타내고, **ListLinePlot**은 데이터의 모든 점을 연결하여 선으로 나타낸다.

LinearModelFit 명령을 사용해서 이 데이터에 적합한 모형을 찾을 수 있다. 전달인자로 데이터 집합, 맞추어 볼 함수의 목록, 그리고 검사할 변수를 받는 **LinearModelFit**은 이 경우, 8차 다항식을 시도해볼 셈이므로 $\{1, x, x^2, x^3, x^4, x^5, x^6, x^7, x^8\}$과 같은 목록을 두 번째 전달인자로 넘겨준다. **LinearModelFit**의 출력은 **myModel**이라는 이름의 변수에 저장한다.

```
myModel = LinearModelFit[myData, {1, x, x^2, x^3, x^4, x^5, x^6, x^7, x^8}, x]
```

```
FittedModel[ ≪12≫ + 0.316809 x^8 ]
```

myModel은 여느 단일변수 함수와 다름없이 동작하므로, 특정 값에서 평가해보거나 **Plot** 명령으로 그래프를 그려볼 수 있다.

```
myModel[1]
```

8.23834×10^8

```
Plot[myModel[x], {x, 0, 40}]
```

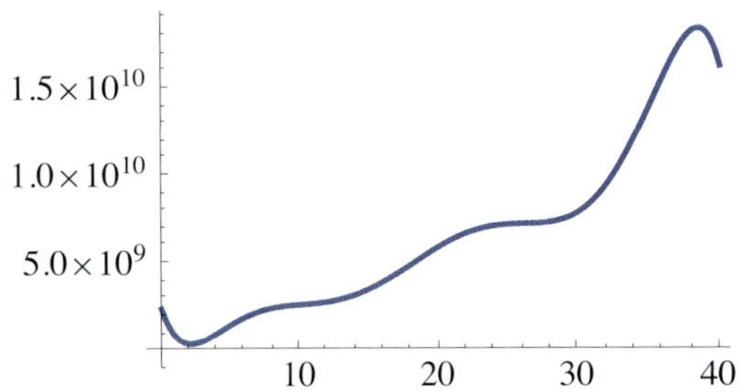

Show 명령을 이용하면 **ListPlot**으로 만든 자료점과 **Plot** 명령으로 만든 적합 곡선의 그래프를 겹쳐 놓을 수 있다.

```
Show[
  ListPlot[myData],
  Plot[myModel[x], {x, 0, 40}, PlotStyle → Red]
]
```

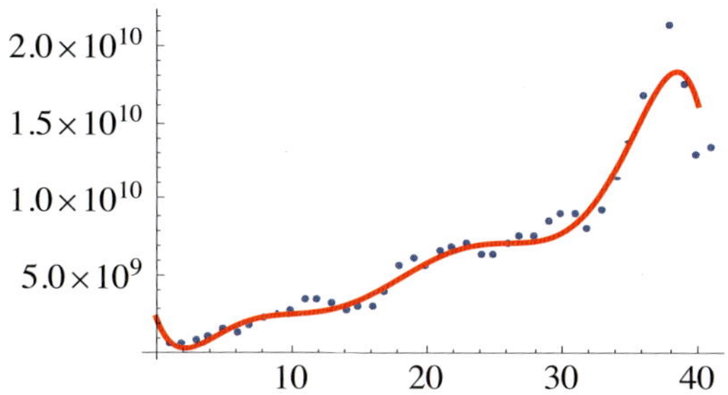

최적합 곡선의 식과 같은, 선형 모형의 다른 특성도 계산할 수 있다. 이러한 특성은 **myModel**을 함수처럼 다루어 접근할 수 있는데, 평가할 때 숫자 대신에 문자열로 된 특성을 넘겨줘야 한다. 예를 들어, **"BestFit"** 특성은 최적합 곡선의 식을 반환한다.

```
TraditionalForm[myModel["BestFit"]]
```

$$0.316809\, x^8 - 98.8321\, x^7 + 9684.09\, x^6 - 444\,163.\, x^5 + 1.07227 \times 10^7\, x^4 - 1.38376 \times 10^8\, x^3 + 9.03512 \times 10^8\, x^2 - 2.32711 \times 10^9\, x + 2.37552 \times 10^9$$

이 밖에도 사용할 수 있는 특성이 많이 있다. 특성의 전체 목록을 보려면 특성값으로 **"Properties"**를 넘겨주면 된다. 아래 명령은 번잡하지 않게 그중 일부만 보여주고 있다.

```
Short[myModel["Properties"], 10]
```

```
{AdjustedRSquared, AIC, AICc, ANOVATable, ANOVATableDegreesOfFreedom,
  ANOVATableEntries, ≪52≫, SinglePredictionConfidenceIntervalTable,
  SinglePredictionConfidenceIntervalTableEntries, SinglePredictionErrors,
  StandardizedResiduals, StudentizedResiduals, VarianceInflationFactors}
```

위에 나열한 특성을 **myModel**의 값으로 넘기면 바로 값을 얻을 수 있다. 예를 들어, 다음 명령은 모형의 조정결정계수를 계산한다.

```
myModel["AdjustedRSquared"]
```

```
0.955542
```

통계의 시각화

데이터의 시각화는 이전 장에서도 어느 정도 자세히 다루었지만, 통계의 시각화에 특화된 명령을 짚고 넘어가자. 데이터를 이차원 또는 삼차원으로 시각화해주는 도표 관련 명령이 많이 있다.

```
data = {1, 2, 3, 4, 5};
GraphicsGrid[{
    {BarChart[data], BarChart3D[data]},
    {PieChart[data], PieChart3D[data]}
  }]
```

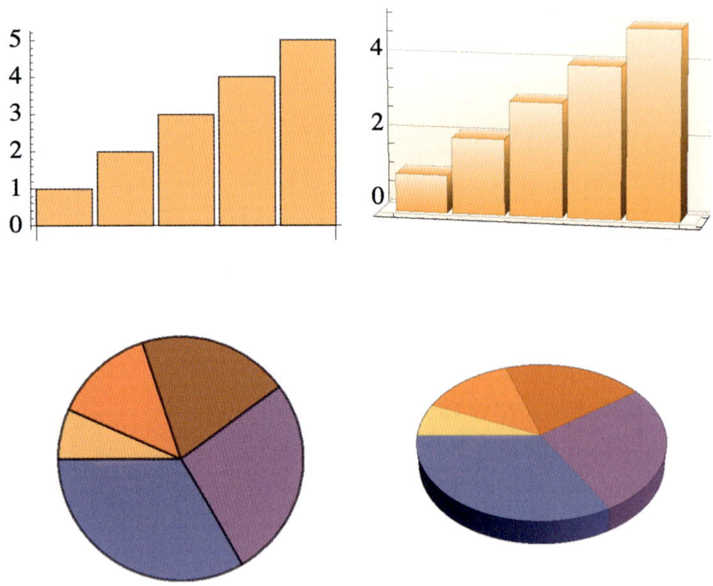

Palettes 메뉴를 선택해서 **도표 요소 계획(Chart Element Schemes)**으로 들어가면 도표의 양식을 쉽게 꾸밀 수 있는 특별한 팔레트를 찾을 수 있다.

```
BarChart[data, ChartElementFunction → "GlassRectangle"]
```

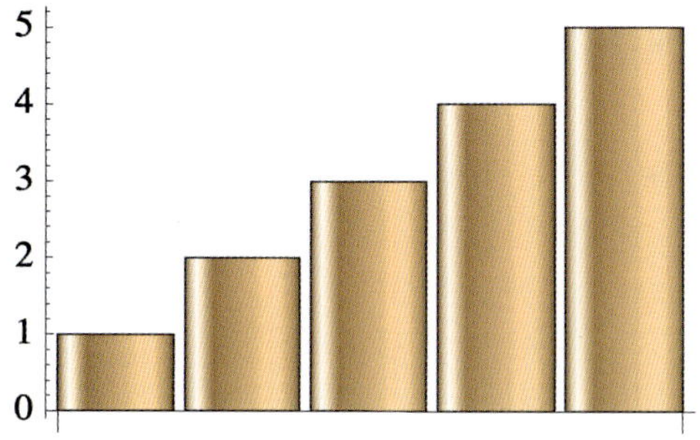

이 밖에도 통계 시각화 명령으로 **PairedBarChart**, **Histogram**, **BoxWhiskerChart** 등이 있다. 도표는 대화형 요소를 포함하는데, 일례로 도표 위로 마우스 포인터를 움직이면 말풍선으로 상세 정보를 보여준다.

```
boxData = RandomInteger[{0, 4}, {4, 5}];
BoxWhiskerChart[boxData]
```

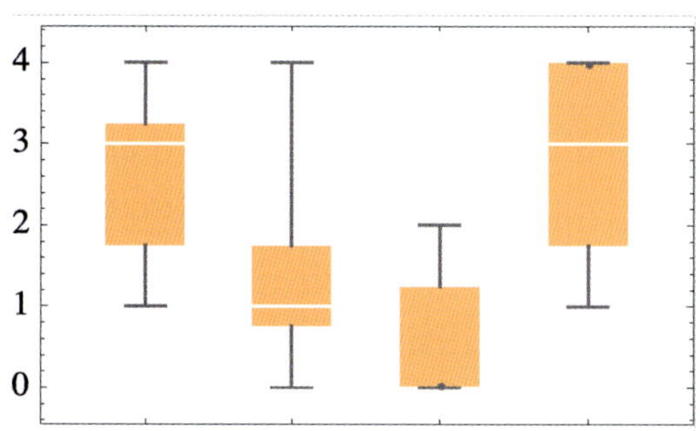

Clear를 사용하여 이 장에서 사용된 모든 변수의 값과 함수의 정의를 삭제한다.

```
Clear[probs, myFun, points, data, list1, list2, myData, myModel, boxData]
```

정리

Mathematica는 데이터 집합의 분석에서부터 분포의 확률 및 기댓값 계산에 이르기까지 광범위한 통계 작업에 사용할 수 있다. 통계 기능은 매우 광범위하므로 이번 장은 가장 일반적으로 사용하는 통계 명령에 익숙해지도록 소개한 맛보기에 불과하다. Mathematica를 이용한 통계 작업에 대해 더욱 깊이 알고자 한다면 문서 센터, Wolfram 데모 프로젝트, Wolfram 트레이닝 코스와 같은 데이터를 추천한다.

연습 문제

1. 자유 형식 입력을 사용해서 다음 시험 점수의 평균을 계산하여라: 93, 86, 68, 94, 91, 88, 74.
2. Wolfram 언어를 사용해서 연습 문제 1의 결과를 두 자릿수로 수치 근사하여라.
3. Wolfram 언어를 사용해서 두 개의 명령문으로 구성된 프로그램을 작성하여라. 첫 번째 명령문은 i가 0에서 5까지 변할 때 $i - 1$의 목록을 만들어 **steps1** 변수에 저장하여 출력은 숨기도록 하고, 두 번째 명령문은 방금 생성한 목록의 중앙값을 수치로 근사를 구하여라.
4. Wolfram 언어를 사용해서 세 개의 정육면체 주사위를 굴려서 합이 11 또는 12가 나올 확률의 수치 근사를 구하여라.
5. **BinomialDistribution** 명령은 n번의 시행에서 성공 확률이 p일 때의 사건에 사용할 수 있다. 이 명령을 사용해서 80%의 자유투 성공률을 가진 농구 선수가 경기에서 자유투를 네 번 던져서 세 번을 성공할 확률을 구하여라.
6. 자유 형식 입력을 이용해서 래리 버드(Larry Bird)의 1985-86년도 NBA 자유투 성공률(free throw percentage)을 구하여라. 그런 다음 Wolfram 언어를 사용해서 해당 기간에 래리 버드가 한 경기에서 네 번의 자유투를 던진다고 가정하고 자유투를 3번 혹은 4번 성공할 확률을 구하여라.

7. 다음과 같은 세 개의 명령문으로 구성된 프로그램을 작성하여라. 첫 번째 명령문에서는 i가 1부터 25까지 변할 때 $(2\,i-1,\, i^2-5\,i+1)$의 표를 **labresults1** 이라는 변수에 저장하여라. 두 번째 명령문에서는 이 자료에 적합한 선형함수를 찾아서 **linearfit1**에 저장하여라. 세 번째 표현에서는 역시 같은 자료에 적합한 이차함수를 찾아서 **quadfit1**에 저장하여라.

8. 다음과 같은 세 개의 명령문으로 구성된 프로그램을 작성하여라. 첫 번째 명령문에서는 **labresults1**의 점그래프를 그리고 이를 **vislabresults1**이라는 변수에 저장하여라. 두 번째 명령문에서는 0부터 50까지의 범위에 대해 **linearfit1**의 점그래프를 그려서 **vislinearfit1**에 저장하여라. 세 번째 명령문에서는 0부터 50까지의 범위에 대해서 **quadfit1**의 점그래프를 그려서 **visquadfit1**에 저장하여라.

9. Wolfram 언어를 사용해서 연습 문제 8의 모든 그래프를 같은 축에 나타내어라.

10. 다음과 같은 두 개의 명령문을 작성하여라. 첫 번째 명령문에서는 정육면체 주사위를 던졌을 때 나오는 결과를 표현하는 목록 {1, 2, 3, 4, 5, 6}에서 100번의 무작위 선택을 한 결과를 **rolls** 변수에 저장하여라. 두 번째 명령에서는 결과를 히스토그램으로 나타내어라. ("무작위" 명령을 사용하므로 프로그램을 실행할 때마다 다른 결과가 나오는 점을 유념한다.)

19장
데이터 가져오기와 내보내기

소개

이전 장에서는 Mathematica에서 목록을 표현하는 방법 및 그래프와 도표를 만드는 함수에서 목록을 사용하여 데이터를 시각화하는 방법에 대해 다루었다. 이 과정에서 다룬 예는 특정 명령의 기능을 보여줄 때 **Table**과 같은 함수를 이용해서 데이터를 생성했지만, 실생활에서는 작업할 데이터를 외부에서 가져와 사용하는 일이 흔하다. Mathematica는 다양한 파일 형식을 가져오거나 내보낼 수 있어서 스프레드시트 응용 프로그램, 디지털 카메라, 음향 수집기나 어떠한 전문 하드웨어에서 생성한 데이터도 문제없이 처리할 수 있다. Mathematica처럼 하나의 토대 위에 데이터 분석 및 시각화를 할 수 있는 환경은 매우 유용하다. 더욱이 더 복잡한 분석을 위해 데이터 집합을 결합하거나 분해할 수 있는 Mathematica의 자료 처리 능력으로 인하여 이 유용성은 더욱 배가된다.

외부 파일 가져오기

Mathematica는 매우 다양한 파일 형식을 읽을 수 있는데, 아래 기호를 평가하면 지원하는 파일 형식의 목록을 보여준다.

```
$ImportFormats
```

```
{3DS, ACO, Affymetrix, AgilentMicroarray, AIFF, ApacheLog, ArcGRID, AU, AVI,
  Base64, BDF, Binary, Bit, BMP, Byte, BYU, BZIP2, CDED, CDF, Character16,
  Character8, CIF, Complex128, Complex256, Complex64, CSV, CUR, DAE, DBF,
  DICOM, DIF, DIMACS, Directory, DOT, DXF, EDF, EML, EPS, ExpressionJSON,
  ExpressionML, FASTA, FASTQ, FCS, FITS, FLAC, GenBank, GeoTIFF, GIF, GPX,
  Graph6, Graphlet, GraphML, GRIB, GTOPO30, GXL, GZIP, HarwellBoeing,
  HDF, HDF5, HIN, HTML, ICC, ICNS, ICO, ICS, Integer128, Integer16, Integer24,
  Integer32, Integer64, Integer8, JCAMP-DX, JPEG, JPEG2000, JSON, JVX, KML,
  LaTeX, LEDA, List, LWO, MAT, MathML, MBOX, MDB, MESH, MGF, MIDI, MMCIF,
  MOL, MOL2, MP3, MPS, MTP, MTX, MX, NASACDF, NB, NDK, NetCDF, NEXUS,
  NOFF, OBJ, ODS, OFF, OGG, OpenEXR, Package, Pajek, PBM, PCX, PDB, PDF,
  PGM, PLY, PNG, PNM, PPM, PXR, QuickTime, Raw, RawBitmap, RawJSON,
  Real128, Real32, Real64, RIB, RSS, RTF, SCT, SDF, SDTS, SDTSDEM, SFF,
  SHP, SMILES, SND, SP3, Sparse6, STL, String, SurferGrid, SXC, Table, TAR,
  TerminatedString, Text, TGA, TGF, TIFF, TIGER, TLE, TSV, UnsignedInteger128,
  UnsignedInteger16, UnsignedInteger24, UnsignedInteger32, UnsignedInteger64,
  UnsignedInteger8, USGSDEM, UUE, VCF, VCS, VTK, WAV, Wave64, WDX,
  WebP, WLNet, XBM, XHTML, XHTMLMathML, XLS, XLSX, XML, XPORT, XYZ, ZIP}
```

지원하는 파일의 범위는 수치 데이터부터 영상, 소리, 마크업 언어, 메타 데이터를 포함하는 특수 형식까지 포괄한다. 문서 센터는 각 파일 형식의 종류에 따른 간단한 예를 제공하므로, 특정 파일 형식을 검색하면 해당 종류의 데이터를 다루는 예를 쉽게 찾을 수 있다.

각 파일의 종류마다 각기 다른 가져오기 명령을 제공하는 대신, 파일의 위치를 주요 전달인자로 받는 **Import**라는 단일 명령을 제공한다. 사용자 자신이 보유한 데이터를 사용할 수도 있지만, Mathematica와 함께 설치되는 예제 데이터 파일을 이용해서 기능을 살펴보거나 시험해볼 수 있다. 다음 예와 같이 **Import** 명령과 파일의 경로를 사용해서 이러한 데이터 파일 중의 하나로 제공되는 CSV 파일을 불러올 수 있다.

```
Import["ExampleData/numberdata.csv"]
```

```
{{1.2, 4.5, 6.7}, {5.4, 1., 0.}, {0., 2.1, 3.1}}
```

문서 센터에서 **ExampleData**를 검색하면, 제공되는 여러 가지 파일과 함께 시도해 볼 수 있는 예를 찾아볼 수 있다. **ExampleData[All]**을 평가하여 사용할 수 있는 예제 파일의 목록을 볼 수도 있다.

사용하는 파일 형식이 Mathematica가 지원하는 것이라면, **Import**가 복잡하고 성가신 일은 알아서 처리하고, 이후 연산에 활용할 수 있는 형식으로 노트북 안으로 가져온다. 예를 들어, 아래의 명령은 삼차원 기하 파일을 불러와서 화면에 보여주며, 이를 여느 삼차원 객체와 같이 회전시켜 볼 수도 있다.

```
Import["ExampleData/spikey.dxf"]
```

일반적 형식의 파일 가져오기

외부 파일을 가져올 때 숫자 목록 또는 값의 배열을 포함한 데이터를 가져오는 경우가 가장 흔하다. 이러한 파일은 글로 된 머리말이나 설명을 포함하고 있기도 하다. 스프레드시트 응용 프로그램은 일반적으로 수치 근사를 표시하거나 저장하는 일을 하므로 스프레드시트 파일을 가져오면 보통은 근삿값의 목록이 생성된다.

이는 1, 4, 10과 같은 정수를 포함하고 있는 스프레드시트를 가져온다고 하더라도, 근삿값인 **1.**, **4.**, **10.**으로 표현된다는 것을 의미한다. 값이 실제로 정수이고 소수점이 거슬린다면 목록을 **Round** 명령의 전달인자로 넘겨서 정수로 변환할 수 있다.

Wolfram 언어에서 글은 문자열로 표현되며, 글을 시스템으로 가져오면 기본적으로 문자열로 표현된다. 목록을 변수에 바로 할당하는 것이 가능하므로, **Import** 명령이 반환한 목록을 변수에 할당할 수 있다. 아래의 예는 스프레드시트 파일에서 가져온 실수와 문자열의 중첩 목록을 기호 **data1**에 할당한다.

```
data1 = Import["ExampleData/population.xls", {"Data", 1}]
```

```
{{1.31397 × 10^9, China}, {1.09535 × 10^9, India},
  {2.98444 × 10^8, United States}, {2.45453 × 10^8, Indonesia},
  {1.88078 × 10^8, Brazil}, {1.65804 × 10^8, Pakistan}, {1.47365 × 10^8, Bangladesh},
  {1.42894 × 10^8, Russia}, {1.3186 × 10^8, Nigeria}, {1.27464 × 10^8, Japan}}
```

앞선 예에서 **Import** 명령의 두 번째 전달인자는 스프레드시트의 첫 번째 작업 시트만 가져오도록 지정한다. 이 주제에 대해서는 데이터 조작에 관한 장에서 더욱 자세히 다룬다.

Length와 **Dimensions** 명령을 이용해서 중첩 목록을 구성하는 원소의 양을 확인할 수 있다. **Length** 명령은 목록의 원소 개수를 알려주고, **Dimensions** 명령은 차원을 알려준다. 가져온 데이터가 예상한 대로 표현되어 있는지를 검증할 때 이들 명령을 활용한다.

```
Length[data1]
```

10

```
Dimensions[data1]
```

{10, 2}

가져온 데이터의 길이가 10(각각이 하위목록인 10개의 원소)이고, 차원이 {10, 2}인(10개의 원소로 구성되어 있으며, 각 원소는 다시 2개의 원소로 구성된) 것을 확인할 수 있다.

> **Dimensions**가 **Length**보다 더 많은 정보를 주지만, 최상위 목록의 원소 개수만 알고 싶거나 일차원 목록을 다루고 있다면 **Length**로도 충분하다. 그렇지만 가져온 데이터 파일의 구조를 완벽히 그려보고 싶다면 **Dimensions**를 이용해야 한다.

커다란 데이터 집합을 작업할 때, 세미콜론을 사용하여 출력을 감추면 의도치 않게 화면에 엄청난 양의 데이터를 출력하는 상황을 피할 수 있다. 데이터 집합의 구조를 눈으로 파악하기 어려운 상황에서도 **Dimensions** 명령을 사용하여 가져온 데이터가 기대하는 형식에 부합하는지 확인할 수 있다.

```
data2 = Import["ExampleData/population.xls", {"Data", 1}];
Dimensions[data2]
```

{10, 2}

앞에서 언급한 대로, 글로 된 데이터를 Mathematica로 불러오면 문자열 혹은 문자열의 목록으로 표현된다. 아래의 명령을 평가해서 글로 된 데이터를 가져와서 변수에 저장해 보자.

```
data3 = Import["ExampleData/USConstitution.txt"];
Dimensions[data3]
```

{}

가져온 데이터가 목록이 아닌 문자열로 저장되어 있으므로 **Dimensions** 명령은 빈 목록을 반환한다. 이는 전달인자의 기호적 표현을 알려주는 **Head** 명령을 사용하여 확인할 수 있다. **Head**를 변수 **data3**에 적용하면 정보가 문자열로 저장되어있는 것을 알 수 있다.

```
Head[data3]
```

String

Head를 목록에 사용하면 **List**를 값으로 반환한다.

```
Head[{1, 2, 3}]
```

List

목록이 문자열의 목록인 경우에도 같은 결과를 얻는다. 최상위 단계에서는 결국 문자열의 목록도 목록이기 때문이다.

```
Head[{"a", "b", "c"}]
```

List

즉, 변수 **data3**에 저장된 정보는 하나의 문자열이며, **Length**와 **Dimensions** 같은 명령을 이 변수에는 사용할 수 없다는 것을 의미한다. 그러나 **StringLength**라는 명령을 사용하면 단일 문자열에 포함된 문자의 개수를 확인할 수 있다.

```
StringLength[data3]
```

44 808

이쯤에서 자신의 파일을 어떻게 가져오면 좋을지 궁금할 것이다. 이 장에서는 Mathematica와 함께 설치되는 견본 데이터 집합을 사용하고 있지만, 이 장의 후반부에서 사용 중인 장치 내부 파일 시스템 또는 클라우드에 있는 파일의 경로를 지정하는 방법에 관해 설명한다.

영상과 소리 가져오기

Mathematica가 영상을 가져오면, 그 데이터를 **Image**로 표현한다. 하부 데이터를 추출할 수 있기는 하지만 기본적으로 영상 자체를 화면에 보여준다. 예를 들어, 아래의 명령은 가로 200픽셀과 세로 200픽셀의 영상을 불러와서, 화소값의 목록이 아니라 영상을 화면에 출력한다.

```
data4 = Import["ExampleData/ocelot.jpg"]
```

앞선 문자열 예에서 문자열이 **String** 표현식으로 저장된 것과 마찬가지로 영상도 **Image** 표현식으로 저장되므로 **Dimensions** 명령이 작동하지 않는다.

```
Dimensions[data4]
```

```
{}
```

하지만 **ImageDimensions** 명령을 사용하면 영상의 크기를 알아낼 수 있다.

```
ImageDimensions[data4]
```

```
{200, 200}
```

> Wolfram 언어는 영상 처리에 관한 많은 명령을 제공하지만, 그 주제는 이 책에서 더 깊이 다루지 않는다. 문서 센터의 영상 처리와 분석에 관한 안내 문서에서 이러한 작업에 사용할 수 있는 기능을 포괄적으로 소개한다.

음향 파일을 Mathematica로 가져오면, 파일을 들어볼 수 있도록 내장된 음향 재생기를 생성한다.

```
Import["ExampleData/rule30.wav"]
```

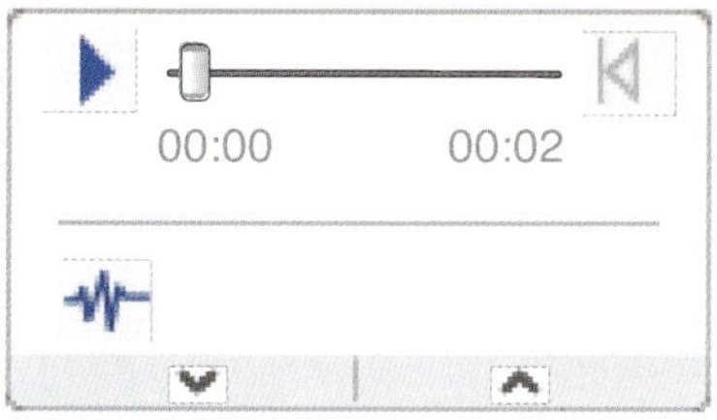

음향 재생기는 외부 파일을 올바르게 가져왔는지를 검증하는 쉽고 효율적인 방법이다. 더불어 **AudioPlot**은 음향 파일의 재생 시간에 걸친 음향의 크기를 그래프로 보여준다. 앞선 음향 재생기 출력에서 음향 자료 아이콘 위로 마우스 포인터를 가져다 놓아도 이와 같은 **AudioPlot**을 볼 수 있다.

```
AudioPlot[Import["ExampleData/rule30.wav"]]
```

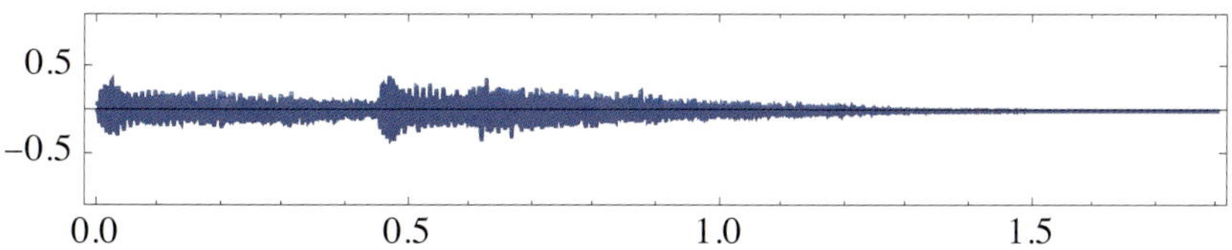

하부 데이터에 관심이 있다면, **Import** 명령에 두 번째 전달인자를 추가해서 데이터를 추출할 수 있다. 출력에 따르면 **data5**는 79,830개의 원소를 가진 단일 목록임을 알 수 있다.

```
data5 = Import["ExampleData/rule30.wav", "Data"];
Dimensions[data5]
```

```
{79 380}
```

이처럼 하부 데이터를 추출하는 방법은 영상과 같은 다른 파일 유형에도 적용할 수 있다. 읽어 들인 파일에 **ImageData**를 적용하여 하부 데이터에 접근하는 대신에 하부 데이터를 직접 가져올 수도 있다.

```
data6 = Import["ExampleData/ocelot.jpg", "Data"];
Dimensions[data6]
{200, 200}
```

Mathematica의 모든 기능은 서로 연결되어 있다. 예를 들어, 일단 영상을 화소 값의 자료집합으로 표현하면, 자료를 시각화하는 어떤 함수라도 모두 이 자료집합에 적용할 수 있다. 여기에서는 **MatrixPlot**을 사용하여 변수 **data6**에 저장된 오셀롯 영상의 화소 값을 시각화한다.

```
MatrixPlot[data6]
```

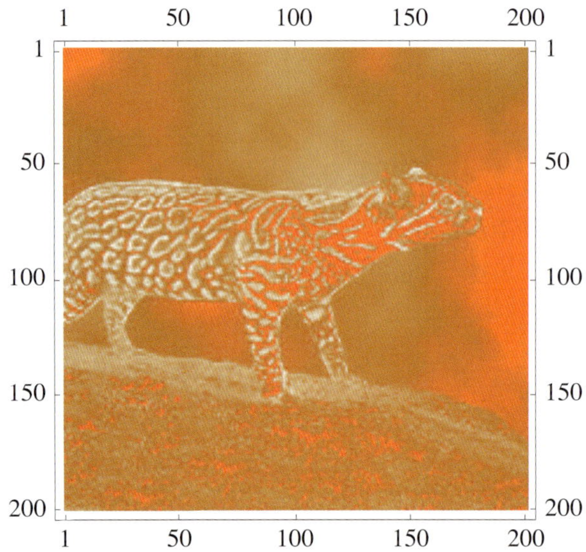

장치 내부의 파일 가져오기

파일을 둘러볼 수 있는 메뉴 항목을 이용하면 장치 내부의 파일을 손쉽게 가져올 수 있다. 커서를 **Import** 명령 안으로 옮기고, **삽입**(Insert) 메뉴에서 **파일 경로**(File Path)를 선택하면 컴퓨터의 파일 시스템을 둘러보며 파일을 선택할 수 있는 대화창이 열린다.

비어있는 **Import[]** 명령을 생성하고 커서를 괄호 안으로 옮겨 보자. **삽입(Insert)** 메뉴에서 **파일 경로**(File Path)를 선택하고 파일 시스템을 탐색해서 가져올 적절한 파일을 찾는다. 파일을 선택했다면 명령을 평가해서 결과를 살펴 보자. 원하는 결과가 아니라고 걱정할 필요는 없다. 데이터 조작과 재구성을 다음 장에서 논의할 것이다.

```
Import[]
```

위의 예는 구체적이지 못한데, 이는 Mathematica가 설치된 장치의 파일 경로가 장치마다 다르기 때문이다. 하지만, **삽입** 메뉴는 여러분의 파일 시스템에서 파일을 찾아볼 출발점을 제공한다.

다른 방법으로는 Code Assist 자동 완성 기능을 장치 내부 파일 시스템을 탐색하는데 사용할 수 있다. **Import** 명령에 전달인자를 입력할 때, 자동완성 알림창이 폴더와 파일 이름을 제안해서 올바른 파일을 더 쉽게 고를 수 있도록 돕는다. 알림창은 **삽입** 메뉴를 사용할 때 나오는 파일 탐색 창으로 바로 갈 수 있는 링크도 제공한다.

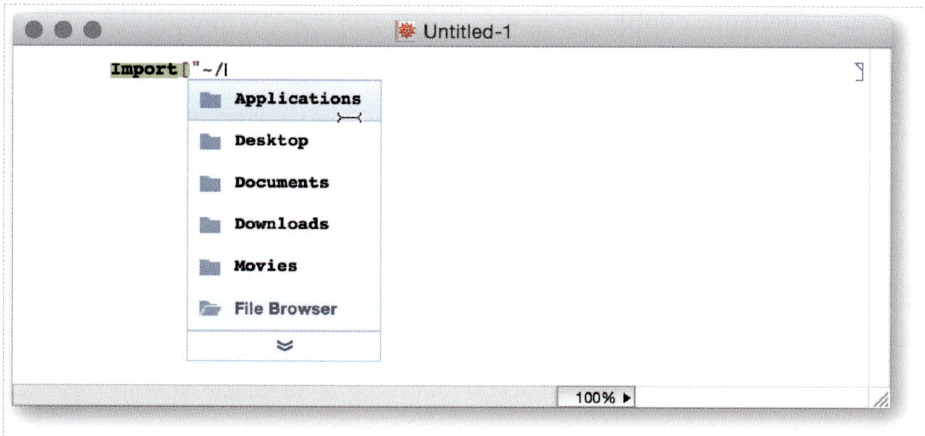

Import와 같은 명령에 전체 파일 경로를 주지 않으면, Mathematica는 현재 작업 디렉터리에서 파일을 찾아본다. 파일을 찾았다면 가져오고, 찾지 못했다면 오류를 표시한다.

현재 작업 디렉터리를 알고 싶다면 **Directory** 명령을 사용한다. 이처럼 전달인자를 전혀 받지 않는 함수도 있다.

```
Directory[]
/Users/michael/Desktop
```

많은 Mathematica 사용자가 적절한 디렉터리에 해당하는 파일을 관리하는 형태의 폴더 구조를 사용할 것이다. 이러한 경우라면 외부 파일을 이용할 때 **SetDirectory**를 사용해서 기본으로 사용할 작업 디렉터리를 지정할 수 있다. **SetDirectory** 명령을 체계적인 파일 구조와 함께 이용하면 파일의 절대 경로를 사용하지 않고 파일 이름만으로 파일을 가져오거나 내보낼 수 있어서 타자수를 줄일 수 있을 뿐만 아니라 운영체계의 자세한 디렉터리 구조를 기억해야 하는 불편을 줄일 수 있다.

> 몇몇 추가적인 명령을 이용하면 **SetDirectory**를 더욱 편리하게 이용할 수 있다. 입력 셀에 **SetDirectory[FileNameDrop[]]**이라고 입력하고 커서를 안쪽 괄호 안에 위치시킨 다음, **삽입(Insert)** 메뉴의 **파일 경로(File Path)**를 선택해 보자. 작업 디렉터리로 정하고 싶은 디렉터리 안의 파일을 아무거나 고른 다음 명령을 평가해 보자. 이렇게 하면 디렉터리 이름을 타자하거나 심지어 기억할 필요도 없이 작업 디렉터리를 설정할 수 있다.

웹에서 파일 가져오기

이번 장에서 지금까지 Mathematica가 설치된 장치에 저장되어있는 파일을 가져오는 방법에 대해 다루었다. 네트워크 공유된 드라이브를 파일 경로로 지정해서 원격 장치나 파일 서버에 있는 파일을 가져올 수도 있다. 파일 서버가 보안 연결을 요구한다면 Mathematica는 파일을 가져오기 전에 사용자에게 계정명과 접속 암호를 요청할 것이다.

Import 명령은 HTTP와 FTP를 포함해서 URL을 입력으로 받을 수 있다. 많은 파일이 온라인에 저장되고 배포되면서 이러한 파일을 Mathematica로 바로 가져오는 기능은 일관된 작업 흐름을 만들 수 있도록 해준다.

다음의 예는 HTTP를 이용해서 공개 웹사이트의 문서 파일을 불러온다.

```
data7 = Import["http://www.handsonstart.com/ExampleDataScores.txt"]
```

```
Joe Smith 94
Jane Smith 85
Bob Example 82
Bill Student 83
Michelle Abacus 98
```

다른 정보 없이 파일 이름만 **Import** 명령에 넘겨서 파일을 가져오면 Mathematica는 가져온 데이터를 어떻게 표현할 것인가를 스스로 결정한다. 이 예에서는 글과 숫자를 구분하는 구분자를 사용하고 있지 않기 때문에 82개의 문자로 된 단일 문자열로 표시한다. 이는 앞에서 살펴본 방법에서도 확인해 볼 수 있다.

```
Dimensions[data7]
```

```
{}
```

```
StringLength[data7]
```

```
82
```

원천 파일은 대부분 작업하기 편리한 형식으로 되어있지 않다. 다행히도 Mathematica는 이전에 소개한 방법을 사용하여 원천 파일의 하부 데이터를 쉽게 추출할 수 있다.

```
data8 = Import["http://www.handsonstart.com/ExampleDataScores.txt", "Data"]
```

```
{{Joe, Smith, 94}, {Jane, Smith, 85},
  {Bob, Example, 82}, {Bill, Student, 83}, {Michelle, Abacus, 98}}
```

하부 데이터에 대한 Mathematica의 표현 형식은 글을 분리해서 문자열로 바꾸고 수치 데이터를 실제 값으로 표현하므로 훨씬 유용하다.

```
Dimensions[data8]
```

```
{5, 3}
```

데이터를 작업하기 쉬운 형식으로 변환하는 추가적인 전략과 방법은 다음 장에서 다룬다.

데이터를 글자로만 표현하는 것이 어떤 경우에 도움이 되는지 의문이 들지도 모르지만, 텍스트 형식이 필요한 때가 있다. 예를 들어, 미국 헌법 파일을 가져와서 특정 단어의 사용 빈도나 공백의 정도를 알고 싶다고 가정해 보자. 이럴 때에는 하나의 데이터 집합을 문자열로 나타내는 것이 편리하다.

SemanticImport 사용하기

이 책은 Wolfram 언어의 다양한 부분이 견고하게 통합되어 있는 점에 대해 반복해서 언급하고 있다. 이러한 통합은 데이터를 가져올 때 매우 중요한 역할을 한다. **SemanticImport**를 이용하면 단순히 파일에 포함된 데이터를 가져오는 것을 넘어서, Wolfram Knowledgebase의 엄선된 데이터 집합과 비교해볼 수 있다.

SemanticImport를 이용하면 데이터에서 식별된 개체와 연계해서 훨씬 풍부한 데이터 집합을 만들 수 있다. **SemanticImport**는 단지 "New York City"라는 글을 불러와서 단순히 문자열로 저장하는 것을 넘어서 뉴욕시와 관련한 온갖 정보를 담고 있는 개체로 저장한다. 이러한 정보에는 집값, 범죄율, 인구, 판매 세율 등등 많은 것들이 포함된다. **SemanticImport** 명령을 사용하면 Wolfram Knowledgebase에서 해당하는 개체를 찾아 상관관계를 도출하기 위해 자동으로 비교를 수행한다.

Wolfram Knowledgebase는 Mathematica, Wolfram|Alpha 그리고 다양한 제품의 동력이 되는 엄선된 데이터 집합의 모음이다.

Import 명령을 이용해서 데이터를 가져오면, 일반적으로 수치, 문자열, 영상, 또는 소리 중 하나로 표현된다. 아래의 예는 미국의 50개 주의 이름을 담고 있는 문서 파일을 불러온다. **First** 명령은 데이터 집합의 첫 번째 원소를 불러오기 위해 사용하고 있다.

```
data9 = Import["ExampleData/50states.txt", "Data"];
First[data9]
```

```
Alabama
```

반면에 **SemanticImport**는 같은 문서 파일을 입력으로 받아서 각 주를 **Entity**로 표현한 목록을 반환한다. 개체는 일반 데이터와 구별할 수 있도록 특별한 형식으로 표시된다. **Entity**에 대한 정확한 Wolfram 언어 표현은 상자 위에 마우스 포인터를 놓으면 볼 수 있다.

```
data10 = SemanticImport["ExampleData/50states.txt"];
First[data10]
```

Alabama, United States

Mathematica는 이 실체의 형식에 따라 "Alabama"가 일반 문자열이 아닌 미국의 특정 주를 가리키는 것을 인지하고, 제안 막대(Suggestions Bar)에 Alabama(앨라배마주)에 관련한 접근 가능한 추가 데이터 목록을 제안한다.

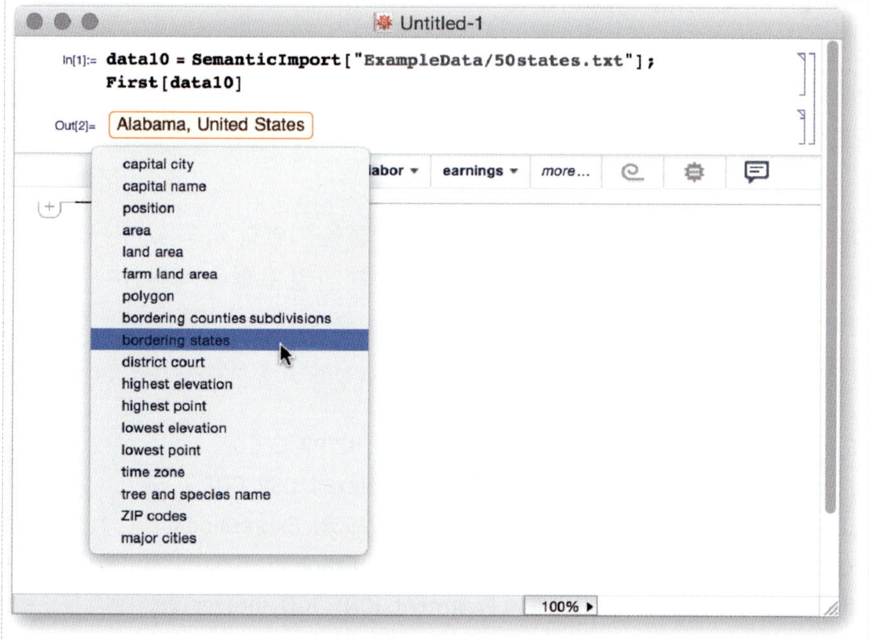

"bordering states(인접한 주)"를 선택하면 제안 막대를 사용해서 계산하는 것처럼 새로운 입력 셀이 나타난다. 입력의 앨라배마주에 대한 표현과, 출력의 인접한 주에 대한 표현에서 모두 **Entity** 함수를 이용하고 있다. 이와 같은 개체 표현은 관련된 계산을 이어가기에 수월하게 해준다.

```
AdministrativeDivisionData[ Alabama, United States ADMINISTRATIVE DIVISION ,
  "BorderingStates"]
```

{ Florida, United States , Georgia, United States ,
 Mississippi, United States , Tennessee, United States }

> 일단 **SemanticImport**가 개체를 식별하고 나면 제안 막대(Suggestions Bar)를 사용하여 어떤 특성을 사용할 수 있는지 쉽게 찾아볼 수 있다. 다른 장에서 Wolfram Knowledgebase의 자료에 대해 꼼꼼히 살펴본다.

Mathematica에서 데이터 내보내기

Mathematica는 생각을 실험해서 해결책을 찾고 결과를 기술하고 시연하는 것에 이르는 기술적 작업의 완벽한 흐름을 구성할 수 있다. 실제로 이러한 모든 작업을 Mathematica 하나로 해결함으로써, 여러 응용 프로그램을 사용할 필요 없이 단일 환경에서 모든 작업을 수행할 수 있으므로 작업 흐름을 간소화한다.

물론 Mathematica에서 데이터를 내보내서 다른 곳에서 작업을 이어갈 수도 있다. 데이터 내보내기 기능도 가져오기 기능만큼 강력하며, 다양한 파일 유형을 지원한다. 아래 명령을 평가하면 지원하는 모든 파일 유형의 목록을 볼 수 있다.

```
$ExportFormats
```

```
{3DS, ACO, AIFF, AU, AVI, Base64, Binary, Bit, BMP, Byte, BYU, BZIP2, C, CDF,
  Character16, Character8, Complex128, Complex256, Complex64, CSV, CUR,
  DAE, DICOM, DIF, DIMACS, DOT, DXF, EMF, EPS, ExpressionJSON, ExpressionML,
  FASTA, FASTQ, FCS, FITS, FLAC, FLV, GIF, Graph6, Graphlet, GraphML, GXL,
  GZIP, HarwellBoeing, HDF, HDF5, HTML, HTMLFragment, ICNS, ICO, Integer128,
  Integer16, Integer24, Integer32, Integer64, Integer8, JPEG, JPEG2000, JSON,
  JVX, KML, LEDA, List, LWO, MAT, MathML, Maya, MGF, MIDI, MOL, MOL2, MP3,
  MTX, MX, NASACDF, NB, NetCDF, NEXUS, NOFF, OBJ, OFF, OGG, Package, Pajek,
  PBM, PCX, PDB, PDF, PGM, PICT, PLY, PNG, PNM, POV, PPM, PXR, QuickTime,
  RawBitmap, RawJSON, Real128, Real32, Real64, RIB, RTF, SCT, SDF, SND,
  Sparse6, STL, String, SurferGrid, SVG, SWF, Table, TAR, TerminatedString,
  TeX, TeXFragment, Text, TGA, TGF, TIFF, TSV, UnsignedInteger128,
  UnsignedInteger16, UnsignedInteger24, UnsignedInteger32, UnsignedInteger64,
  UnsignedInteger8, UUE, VideoFrames, VRML, VTK, WAV, Wave64, WDX, WebP,
  WLNet, X3D, XBM, XHTML, XHTMLMathML, XLS, XLSX, XML, XYZ, ZIP, ZPR}
```

수로 이루어진 목록 내보내기

Export 명령을 사용해서 목록, 그래픽, 소리 등의 표현을 새로운 파일에 쓸 수 있다. 이 명령 하나로 지원하는 모든 파일 유형으로 내보낼 수 있다.

Export의 가장 간단한 형식은 데이터를 내보낼 파일 이름과 데이터의 표현식으로 이루어지며, 표현식에는 변수를 사용할 수도 있다.

$$\texttt{data11} = \begin{pmatrix} 3\pi & \frac{1}{7} & 5 \\ 4.5 & 4.75 & 4.875 \\ e & 5! & \texttt{N}[\pi,\ 10] \end{pmatrix};$$

다음의 **Export** 구문은 myExportedFile.xlsx라는 새로운 파일을 생성하고, 변수 **data11**에 저장된 값으로 내부를 채운다. **Export** 명령은 파일 이름을 출력으로 내놓는다. 전체 파일 경로를 주지 않으면 현재 작업 디렉터리에 파일을 저장한다.

```
Export["myExportedFile.xlsx", data11]
```

myExportedFile.xlsx

여기서 변수 정의가 꼭 필요할까? 아니다. **Export** 명령의 두 번째 전달인자로 변수를 쓰는 대신에 목록을 직접 입력할 수 있다. 하지만, 변수를 사용하면 목록을 일일이 입력하는 수고를 덜 수 있다.

외부 스프레드시트 프로그램을 사용해서 새로 만든 파일의 내용을 확인하는 대신에 Mathematica에서 파일을 다시 불러올 수 있다.

```
Import["myExportedFile.xlsx"]
```

{{{9.42478, 0.142857, 5.}, {4.5, 4.75, 4.875}, {2.71828, 120., 3.14159}}}

이 값은 내보내기 전 원래 목록에 있는 수의 수치 근사이다. Mathematica는 3π와 $\frac{1}{7}$과 같은 정확한 양을 인식하고 계산할 수 있지만, 외부 파일로 내보낼 때는 해당 파일 형식의 규약 및 제한을 따르기 때문이다. 예를 들어, Mathematica에서 π는 원주율의 정확한 양을 나타내지만 XLSX 형식은 수치 근사만을 지원하기 때문에, 이 양은 수치 근사로 변환된다.

XLSX 또는 다른 파일 형식의 한계로 여러분의 프로젝트에 지장이 있다면 Mathematica는 사용 중인 데이터 구조와 정확한 값을 그대로 유지하도록 노트북 파일 형식으로 내보낼 수도 있다.

그래픽을 영상으로 내보내기

그래픽을 내보내는 작업은 목록을 내보내는 방식과 매우 유사하다. **Export** 명령은 첫 번째 전달인자로 파일 이름을, 두 번째 전달인자로 내보낼 표현을 취한다. 내보낼 표현은 변수, 명령의 출력 또는 명령 자체가 될 수도 있다. 예를 들어, 아래와 같은 그래프를 그리는 명령의 결과를 내보내 보자.

```
Plot[Sin[x], {x, -2 π, 2 π}]
```

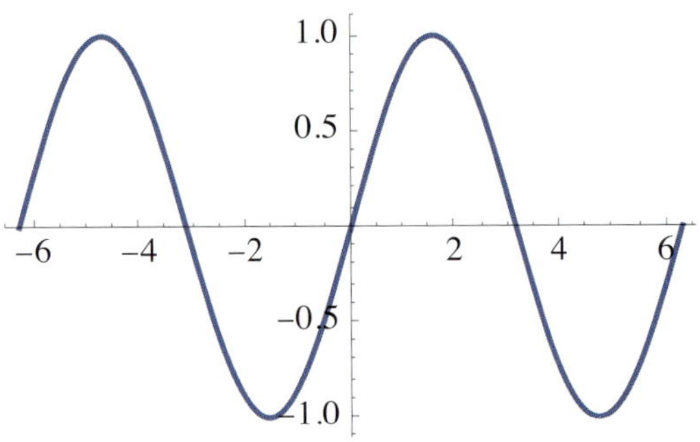

아래의 명령문 세 개는 모두 같은 결과를 내놓는다.

```
Export["data12-A.png", Plot[Sin[x], {x, -2 π, 2 π}]]
```

data12-A.png

Export["data12-B.png", 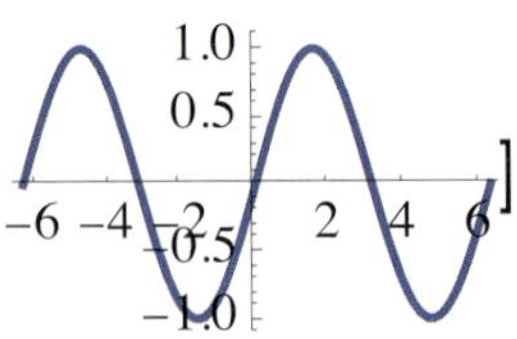]

data12-B.png

```
myPlot = Plot[Sin[x], {x, -2 π, 2 π}];
Export["data12-C.png", myPlot]
```

data12-C.png

여기서 잠깐 멈추고 내보낸 파일을 다른 프로그램에서 열어서 Mathematica 이외의 프로그램에서는 어떻게 보이는지 살펴 보자.

그래픽을 내보낼 때는 선택 사항을 사용하여 그래픽을 세밀하게 제어할 수 있다. 예를 들어, 비트맵 형식으로 내보낼 때 그래프 작성 명령에 **ImageSize**나, **Export** 명령에 **ImageResolution**을 선택할 수 있다. 여기에서는 **Plot**에 **ImageSize→800**을 추가하여 그래프 자체의 크기가 커진 그래프를 내보낸다.

```
Export["data12-D.png",
  Plot[Sin[x], {x, -3 π, 3 π}, ImageSize → 800]]
```

data12-D.png

아래의 명령은 **Export** 명령에 **ImageResolution→800**을 덧붙여서 높은 해상도의 영상을 생성한다.

```
Export["data12-E.png",
  Plot[Sin[x], {x, -3 π, 3 π}, ImageSize → 800],
  ImageResolution → 300]
```

data12-E.png

data12-D.png와 **data12-E.png**를 다른 프로그램에서 열어서 이 두 파일의 다른 점을 비교해 보자. 앞선 예에서 내보낸 파일과도 비교해보기 바란다.

영상을 저장하는 단축키

Export 명령이 제공하는 선택 사항을 이용하면 차원과 해상도 등의 속성을 제어해서 영상을 효율적으로 저장할 수 있다. 그러나 이러한 속성을 제어할 필요가 없는 경우에는 영상을 우클릭하여 **형식 선택 후 그래픽 저장**(Save Graphic As)을 선택하면 대화 상자를 열어서 파일을 저장할 위치와 저장할 파일 형식을 편리하게 선택할 수 있다.

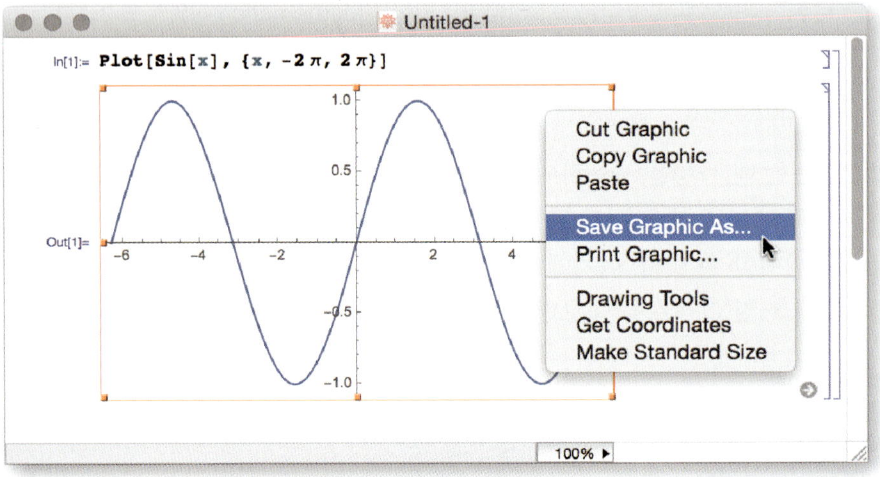

물론 그래픽을 복사해서 다른 프로그램에 붙여넣을 수도 있다. 결과는 여러분이 어떤 프로그램에 붙여넣느냐에 따라 다르지만, 입력으로 영상을 받는 것을 지원하는 대부분의 현대적인 프로그램이라면 간단한 그래픽은 문제없이 붙여넣을 수 있다.

삼차원 인쇄용 그래픽 내보내기

이전 절에서 다른 소프트웨어 환경에서 사용할 수 있도록 파일을 내보내는 방법을 알아보았다. 삼차원 인쇄는 손으로 만져볼 수 있는 물리적 객체를 만들어내는 방식으로 시각화를 하기에 점차 주목받는 수단이 되어가고 있다. **Export** 명령이 삼차원 프린터에서 사용할 수 있는 파일 형식을 지원하기는 하지만, Mathematica는 인쇄 과정에서 발생할 수 있는 잠재적 오류를 제거한 파일을 생성하도록 특화된 함수도 제공한다.

Mathematica는 내장된 이차원 영상의 데이터 집합을 제공했던 것처럼 삼차원 영상의 표본 데이터 집합도 제공한다. 이용할 수 있는 데이터 집합의 목록은 아래와 같은 방식으로 **ExampleData** 함수를 호출해서 얻을 수 있다.

```
ExampleData["Geometry3D"]
```

```
{{Geometry3D, BassGuitar}, {Geometry3D, Beethoven}, {Geometry3D, CastleWall},
  {Geometry3D, Cone}, {Geometry3D, Cow}, {Geometry3D, Deimos},
  {Geometry3D, Galleon}, {Geometry3D, HammerheadShark}, {Geometry3D, Horse},
  {Geometry3D, KleinBottle}, {Geometry3D, MoebiusStrip}, {Geometry3D, Phobos},
  {Geometry3D, PottedPlant}, {Geometry3D, Seashell}, {Geometry3D, SedanCar},
  {Geometry3D, SpaceShuttle}, {Geometry3D, StanfordBunny}, {Geometry3D, Torus},
  {Geometry3D, Tree}, {Geometry3D, Triceratops}, {Geometry3D, Tugboat},
  {Geometry3D, UtahTeapot}, {Geometry3D, UtahVWBug}, {Geometry3D, Vase},
  {Geometry3D, VikingLander}, {Geometry3D, Wrench}, {Geometry3D, Zeppelin}}
```

예로 제공되는 모든 모형은 **ExampleData** 함수에 넘겨서 객체를 화면에 삼차원으로 그려볼 수 있다. 다음 입력은 체펠린 비행선의 삼차원 모형을 반환해서 **zeppelinModel** 이라는 이름의 변수에 저장한다.

```
zeppelinModel = ExampleData[{"Geometry3D", "Zeppelin"}]
```

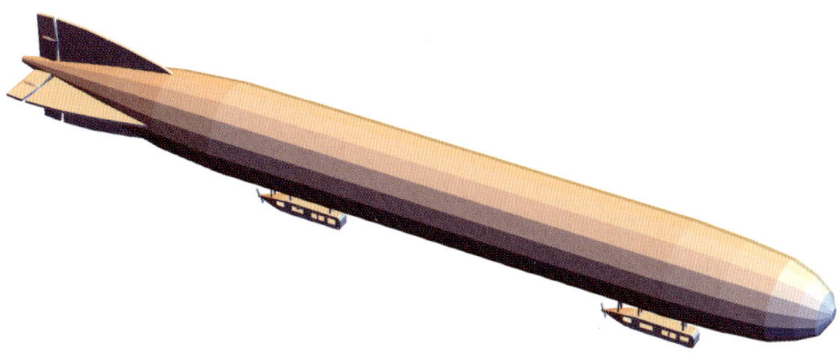

Export 함수를 사용하는 대신에 **Printout3D** 함수를 사용하면 삼차원 프린터에 최적화한 파일을 생성할 수 있다. **Printout3D**의 출력은 모형 파일의 개요를 보여준다.

```
Printout3D[zeppelinModel]
```

```
FE`TypeSystem`NestedGrid`PackagePrivate`$grid$$220
```

Mathematica와 연결된 삼차원 프린터가 없다면, **Printout3D**의 두 번째 전달인자에 외부의 삼차원 인쇄 서비스를 지정할 수도 있다. 요금을 받고 인쇄와 배송을 맡아주는 몇몇 외부 회사 중 하나를 선택할 수 있다. 다음의 예는 Sculpteo라는 회사에 제공할 수 있는 최적화된 인쇄 파일을 생성해주며, 인쇄에 사용할 재료와 가격, 그리고 주문을 넣을 URL을 출력으로 알려준다.

```
Printout3D[zeppelinModel, "Sculpteo"]
```

Status	Successful
Service	sculpteo
Image	
Size	QuantityUnits`Private`ToQuantity[QuantityUnits`Private`UnknownQuantity[3.1, Inches]
Material	WhitePlastic
Price	$6.21
URL	http://www.sculpteo.com/gallery/design/ext/A7bPYqi...
Report	...

이번 예는 삼차원 인쇄의 개념을 살펴보기 위해서 내장된 데이터 집합을 사용했지만, Mathematica의 삼차원 인쇄 기능은 해당 형식을 따르는 모든 출력을 다룰 수 있다. 추가 정보는 문서 센터의 삼차원 인쇄에 관한 안내 문서에서 찾을 수 있다.

Clear를 사용하여 이 장에서 사용된 모든 변수의 값과 함수의 정의를 삭제한다.

```
Clear[data1, data2, data3, data4, data5, data6, data7, data8, data9, data10, data11,
  myPlot, zeppelinModel]
```

정리

Mathematica가 제공하는 파일을 가져오고 내보내는 기능은 데이터 처리를 위한 훌륭한 환경을 만들어준다. 가져오기와 내보내기 기능은 시스템의 다른 부분과 통합되어 있어서 사용자는 단일 기반에서 모든 기술 작업의 흐름을 완료하고, 결과를 내보내어 다른 프로그램에서 사용할 수 있다.

일단 Mathematica 안으로 데이터를 가져오면, 정렬, 재구성, 필터링 등을 이용해서 데이터의 다양한 측면을 시각화해 볼 수 있다. Wolfram 언어는 데이터 처리에 관해 풍부한 함수를 제공하며, 다음 장에서 이들을 다룬다.

연습 문제

1. Wolfram 언어를 사용해서 **ExampleData**로 이용할 수 있는 데이터 집합의 이름을 나열하여라.
2. "Matrix" 유형 안에 "1138BUS" 데이터 집합이 있다. **ExampleData**를 사용해서 이 데이터 집합을 조회하여라.
3. 연습 문제 2의 출력에서 제안 막대(Suggestions Bar)를 이용해서 이 데이터를 **MatrixPlot**으로 시각화하여라.
4. www.handsonstart.com/HOS-Chapter19-1.xlsx에서 데이터 집합을 가져와서 변수 **testdata19**에 할당하여라.
5. **testdata19**의 차원을 구하여라.

6. www.handsonstart.com/HOS-Chapter19-2.jpg에서 영상을 불러와서 변수 **testimage19**에 할당하여라.
7. **testimage19**에 저장한 영상의 차원을 구하여라.
8. www.handsonstart.com/HOS-Chapter19-3.csv의 데이터 집합을 의미론적으로 가져오기 하여라.
9. 연습 문제 8의 결과에서 첫 번째 줄의 도시 이름 위로 마우스 포인터를 움직여 보자. 해당 부분의 Wolfram 언어 표현을 보여주는 말풍선이 나타날 것이다. 이 Wolfram 언어 명령을 새로운 입력 셀에서 평가하여라.
10. 연습 문제 9의 출력에서 제안 막대(Suggestions Bar)를 이용해서 해당 도시의 좌표를 구하여라.

20장
데이터 필터링 및 조작

소개

Mathematica는 다양한 파일 유형을 지원하며 데이터를 의미론적으로 분석해서 실제 세계의 객체를 가져오는 강력한 기능을 지원한다. 불러온 데이터는 통계를 계산에서 시각화까지 모든 종류의 분석 작업에 활용할 수 있다. 그러나 가져온 데이터가 바로 작업에 사용하기에 적합한 구조로 되어 있는 것은 아니다. 불필요한 데이터를 삭제하고, 누락된 데이터는 채워 넣어야 하며, 여러 가지 데이터 집합을 한대 모아야 할 수도 있다. 이 장은 Mathematica의 데이터 필터링과 조작 기능에 대해 다룬다. 이러한 기능을 이용하여 목록의 형식을 재구성하고 값을 추출하거나, 시각화와 같은 작업 흐름의 다음 단계를 준비할 수 있다.

데이터 집합의 일부를 추출하기

이전 장에서 Mathematica가 불러온 데이터를 목록으로 저장하는 방법에 대해 살펴보았다. 일단 데이터 집합을 목록으로 정의하고 나면, 추후 분석을 위해 데이터의 일부를 추출하는 등의 작업을 할 수 있다. 데이터 집합의 일부를 추출하는 데 주로 사용하는 명령은 **Part**로, 이 명령은 첫 번째 전달인자로 목록을 받고 두 번째 전달인자로 위치 혹은 위치의 범위를 받는다. 다음 예는 목록의 네 번째 원소를 반환한다.

```
Part[{1, 10, 100, 1000}, 4]
1000
```

Part 명령은 매우 자주 사용되므로 단축형 표기로 [[]]가 제공된다. 아래의 예는 **Part** 함수를 사용하는 앞의 예와 기능 면에서 같다.

```
{1, 10, 100, 1000}[[4]]
1000
```

Part 명령 대신에 사용하는 다른 입력 방법으로 특수 기호 표기법인 ⟦ ⟧가 있다. 이 표기법을 사용하면, 대괄호가 다른 명령의 전달인자를 둘러싸고 있는 복합 표현식에서 목록 추출을 구분하는 데 도움이 된다. ⟦ ⟧ 기호의 왼쪽 괄호는 Esc [[Esc 로 입력하고 오른쪽 괄호 역시 Esc]] Esc 로 입력할 수 있다. 다음은 위의 예와 같은 명령이지만, **Part** 명령의 특수 기호 형식을 사용하고 있다.

```
{1, 10, 100, 1000}⟦3⟧
```

```
100
```

세 가지 표기법이 모두 같은 기능을 제공하므로 본인에게 가장 적합한 표기법을 사용하면 된다. 이 책에 나오는 대부분의 예는 ⟦ ⟧ 형식을 사용하는데, **Part** 함수를 사용하는 것보다 간략하고, 다른 유형의 괄호를 사용하는 것보다는 구분하기 쉬운 장점이 있다.

Part 명령은 중첩 목록에 대해서도 사용할 수 있다. 다음 명령은 학생과 시험 점수의 목록을 가져온 후, 그 결과를 변수 **listOfScores**에 저장한다.

사용자 정의 변수와 함수의 이름은 Wolfram 언어의 명령과 구분하기 위해 소문자로 시작하는 것을 권장한다. 이러한 명명 체계를 따르면 Wolfram 언어의 내장 명령과 사용자가 정의한 기호를 손쉽게 구분할 수 있다.

```
listOfScores = Import["http://www.handsonstart.com/ExampleDataScores.txt", "Data"]
```

```
{{Joe, Smith, 94}, {Jane, Smith, 85},
  {Bob, Example, 82}, {Bill, Student, 83}, {Michelle, Abacus, 98}}
```

이제 **Part** 명령을 이용해서 목록으로부터 원소를 추출할 수 있다. **listOfScores**에서 첫 번째 원소를 추출하면 세 개의 원소로 이루어진 하위 목록을 반환한다.

```
listOfScores⟦1⟧
```

```
{Joe, Smith, 94}
```

Part 명령은 복수의 전달인자를 사용해서, 여러 단계로 중첩된 구조에서 값을 추출하는 구문 형식을 제공한다. 다음의 예는 첫 번째 하위 목록을 가져와서, 조 스미스(Joe Smith)의 시험 점수에 해당하는 세 번째 원소를 추출한다.

```
listOfScores⟦1, 3⟧
94
```

때로는 특정 값 대신에 행이나 열 전체가 필요할 수도 있다. 이러한 경우에는 **All**을 사용할 수 있다. 이를 설명하기 위해 먼저 **listOfScores** 변수를 표 형식으로 나타내 보자.

```
TableForm[listOfScores]
Joe         Smith      94
Jane        Smith      85
Bob         Example    82
Bill        Student    83
Michelle    Abacus     98
```

TableForm은 행과 열로 이루어진 데이터를 시각화하는데 사용할 수 있는 함수이다. **TraditionalForm**을 선택할 수도 있는데, 이 함수는 비슷한 방식으로 행과 열을 맞추어 행렬 형식으로 표시해준다.

이러한 형식으로 데이터를 살펴볼 때 두 전달인자를 사용하는 **Part** 구문을 데이터의 행과 열을 요청하는 것으로 생각하기 바란다. 또한, 하나의 값을 요청하는 대신에 기술어 **All**을 사용해서 행이나 열의 모든 값을 지정할 수도 있다. 예를 들어, 세 번째 행을 추출하려면 세 번째 행 전체(**⟦3, ...⟧**), 즉 세 번째 행의 모든 열(**⟦..., All⟧**)을 추출해야 한다.

```
listOfScores⟦3, All⟧
{Bob, Example, 82}
```

마찬가지로 두 번째 열을 추출하려면 행의 모든 항목과 두 번째 열을 선택하는 항목이 필요하다. 아래는 데이터 집합에서 학생의 성만을 반환한다.

```
listOfScores⟦All, 2⟧
{Smith, Smith, Example, Student, Abacus}
```

특정 값이나 전체 행 및 열을 추출하는 것 외에도 **Part**를 이용해서 데이터의 일정 범위 혹은 부분행렬을 추출할 수 있다. 범위는 **;;** 표기법으로 나타낸다. 다음의 명령은 데이터 집합의 두 번째부터 네 번째까지에 자리한 값을 추출한다.

```
{2, 10, 100, 1000, 2000}⟦2 ;; 4⟧
```

```
{10, 100, 1000}
```

범위 지정 방식을 앞에서 설명한 다른 방법과 조합하면 연속한 행이나 열의 일정 부분을 추출하는 강력하면서 간결한 방법으로 활용할 수 있다.

```
TableForm[listOfScores]
```

Joe	Smith	94
Jane	Smith	85
Bob	Example	82
Bill	Student	83
Michelle	Abacus	98

다음은 데이터 집합의 첫 번째와 두 번째 열을 추출한다. 이는 점수를 제외한 학생의 이름과 성에 해당한다.

```
listOfScores⟦All, 1 ;; 2⟧
```

```
{{Joe, Smith}, {Jane, Smith}, {Bob, Example}, {Bill, Student}, {Michelle, Abacus}}
```

Part는 불연속적인 위치도 값 목록으로 지정할 수 있다. 예를 들어, 다음 명령은 데이터 집합의 첫 번째와 세 번째 열을 추출한다.

```
listOfScores⟦All, {1, 3}⟧
```

```
{{Joe, 94}, {Jane, 85}, {Bob, 82}, {Bill, 83}, {Michelle, 98}}
```

Part 명령에 음수를 사용할 수도 있다. **list⟦-1⟧**을 평가하면 **list**의 마지막 항목을 반환하고, **list⟦-2⟧**를 평가하면 **list**의 마지막에서 두 번째 항목을 반환하는 방식으로 작동한다.

Part 명령은 추출 외에도 목록의 값을 덮어쓰는 데 사용할 수 있다. 다음의 예는 원래 데이터 집합의 네 번째 항목을 새로운 하위 목록으로 덮어쓴다. 이 연산의 출력은 전체 목록이 아닌 교체된 값만을 보여준다.

```
listOfScores⟦4⟧ = {"New", "Entry", 81}
```

```
{New, Entry, 81}
```

listOfScores 변수를 평가하면 방금 갱신한 값을 포함해서 현재 변수에 저장된 모든 값을 볼 수 있다.

```
listOfScores
```

```
{{Joe, Smith, 94}, {Jane, Smith, 85},
  {Bob, Example, 82}, {New, Entry, 81}, {Michelle, Abacus, 98}}
```

> 목록의 순서는 목록이 처음에 정의된 방식을 따른다. 목록의 정렬에 대해서는 이 장의 후반부에 다룬다.

중첩 목록에서 단일 값을 덮어쓰려면 해당 원소를 정확히 명시해야 한다. **listOfScores** 변수는 이차원이므로, 다음의 명령은 두 번째 행과 세 번째 열에 있는 값을 변경한다. 이 예는 85점이었던 제인 스미스(Jane Smith)의 점수를 88점으로 변경한다.

```
listOfScores⟦2, 3⟧ = 88
```

```
88
```

목록을 평가하면 제인 스미스의 점수가 갱신된 것을 확인할 수 있다.

```
listOfScores
```

```
{{Joe, Smith, 94}, {Jane, Smith, 88},
  {Bob, Example, 82}, {New, Entry, 81}, {Michelle, Abacus, 98}}
```

이 노트북을 순서대로 다시 생성하고 있다면, 이번 장에서 **listOfScores**를 여러 번 평가하고 있으며, 이 변수에 저장된 값에 따라 매번 다른 출력이 표시되는 것을 보았을 것이다. **Dynamic**과 같은 명령을 사용하지 않는 한, 변수 정의를 변경하더라도 이전에 출력한 내용을 변경하지 않는다. 현재 작업 시간의 평가 순서에 따라 번호가 붙는 **In**, **Out** 셀 라벨을 보면 입력을 평가한 순서를 알 수 있다.

데이터 추출은 시각화 등의 다른 명령에 사용할 데이터를 준비할 때 도움이 된다. 예를 들어 다음과 같이 **BarChart** 명령을 사용해서 **listOfScores** 변수에 저장된 시험 점수를 시각화할 수 있다.

```
BarChart[listOfScores[[All, 3]]]
```

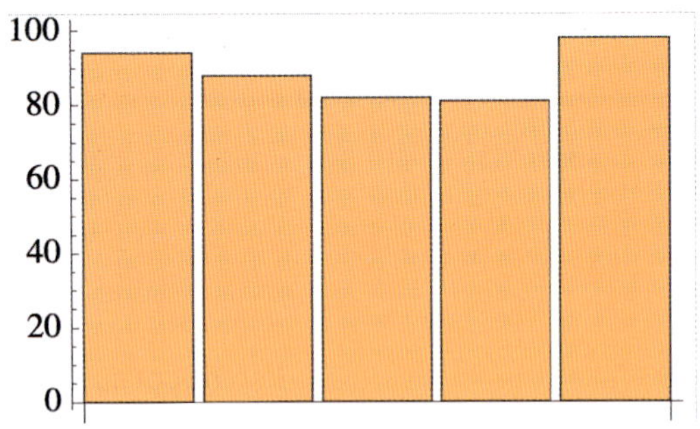

listOfScores 변수를 통째로 **BarChart**에 넘기면 무슨 일이 일어날까? 어쨌든, Mathematica는 어떤 결과를 내놓기는 하겠지만, 아마도 여러분이 원하던 것은 아닐 것이다. **BarChart**는 문자열 값을 사용하지 않으므로, 세 번째 위치에 있는 수치만으로 막대를 그릴 테지만, 목록의 첫 번째(이름)와 두 번째(성)에 해당하는 위치는 빈 공간으로 채워지므로 막대와 막대 사이의 공간이 넓은 다소 이상한 도표를 생성할 것이다.

Part는 가져온 데이터를 다룰 때 특히 유용한 명령이다. 다른 응용 프로그램 또는 다른 사람이 만든 파일에는 예기치 않은 형식이나 일관되지 않은 형식이 포함되어있을 수 있으므로 데이터를 시각화하고 표시하는 데 어려움이 있다.

예를 들어, 스프레드시트를 가져오면 Mathematica는 자동으로 스프레드시트의 각 워크시트에 있는 값을 기반으로 중첩 목록을 생성한다. 이 말은 워크시트를 하나만 포함하고 있는 파일을 불러오면 여분의 괄호 쌍이 남게 된다는 뜻이다. 다음 예에서 여분의 중괄호 쌍을 볼 수 있다.

```
Import["ExampleData/elements.xls"]
```

```
{{{AtomicNumber, Abbreviation, Name, AtomicWeight},
   {1., H, Hydrogen, 1.00793}, {2., He, Helium, 4.00259}, {3., Li, Lithium, 6.94141},
   {4., Be, Beryllium, 9.01218}, {5., B, Boron, 10.8086}, {6., C, Carbon, 12.0107},
   {7., N, Nitrogen, 14.0067}, {8., O, Oxygen, 15.9961}, {9., F, Fluorine, 18.9984}}}
```

데이터 집합의 구조는 **Dimensions** 명령을 이용해서 검증할 수 있다. 이 경우에 **Dimensions**는 이 데이터가 하나의 워크시트에 있는 10행 4열짜리 데이터인 것을 확인해준다.

```
Dimensions[Import["ExampleData/elements.xls"]]
```

```
{1, 10, 4}
```

예를 들어, 이 스프레드시트가 두 개의 워크시트로 이루어져 있다면 **Dimensions**의 출력은 **{2, 10, 4}**가 될 것이고, 이는 두 개의 워크시트에서 각각 10행 4열로 된 값을 가져온 데이터라는 것을 뜻한다.

앞의 예에는 데이터를 둘러싸고 있는 여분의(그리고 불필요한) 상위 목록이 있다. **Part** 명령으로 첫 목록(이 경우에는 최상위 목록)에서 첫 번째 원소의 데이터를 추출하도록 할 수 있다. 이 접근법으로 여분의 괄호를 제거하고 남은 데이터를 반환한다.

```
Import["ExampleData/elements.xls"]〚1〛
```

```
{{AtomicNumber, Abbreviation, Name, AtomicWeight},
  {1., H, Hydrogen, 1.00793}, {2., He, Helium, 4.00259}, {3., Li, Lithium, 6.94141},
  {4., Be, Beryllium, 9.01218}, {5., B, Boron, 10.8086}, {6., C, Carbon, 12.0107},
  {7., N, Nitrogen, 14.0067}, {8., O, Oxygen, 15.9961}, {9., F, Fluorine, 18.9984}}
```

목록에서 여분의 중첩된 단계를 제거했으므로, 이제 **Dimensions**를 적용하면 데이터 집합이 10행 4열의 2차원인 것을 알 수 있다.

```
Dimensions[Import["ExampleData/elements.xls"][[1]]]
```

```
{10, 4}
```

스프레드 시트를 가져올 때 **Import** 명령에 선택적으로 전달인자를 추가해서 특정 워크시트의 데이터만을 가져오도록 명시할 수 있다. 이 전달인자를 사용하면 여분의 괄호가 생기는 상황을 피할 수 있으므로 가져온 데이터를 후처리해야 하는 필요를 없앨 수 있다. 다음의 예는 파일의 첫 번째 원소(이 경우에는 파일의 유일한 워크시트이다)를 원시 데이터의 형태로 가져오도록 명시하고 있다.

```
Import["ExampleData/elements.xls", {"Data", 1}]
```

```
{{AtomicNumber, Abbreviation, Name, AtomicWeight},
  {1., H, Hydrogen, 1.00793}, {2., He, Helium, 4.00259}, {3., Li, Lithium, 6.94141},
  {4., Be, Beryllium, 9.01218}, {5., B, Boron, 10.8086}, {6., C, Carbon, 12.0107},
  {7., N, Nitrogen, 14.0067}, {8., O, Oxygen, 15.9961}, {9., F, Fluorine, 18.9984}}
```

> **Import**의 두 번째 전달인자로 **"Data"** 외에 다른 것도 있다. 파일을 원시 데이터의 형태로 불러오는 대신에 영상, 그래픽 및 일반 문서로 불러올 수 있다.

Dimensions를 사용하여 새로운 접근법으로 가져온 데이터 집합은 각각 4개의 원소로 이루어진 10개의 하위 목록으로 된 이차원 형태인 것을 알 수 있다(이는 데이터 집합을 10행 4열의 스프레드시트로 묘사하는 것과 같다).

```
Dimensions[Import["ExampleData/elements.xls", {"Data", 1}]]
```

```
{10, 4}
```

> **Import** 문의 두 번째 전달인자를 지정하면 **Part** 명령을 사용해서 가져온 데이터를 후처리하는 것과 같은 결과를 얻는다. **Import**를 사용할 때(스프레드시트의 첫 번째 워크시트와 같이) 데이터의 부분집합을 지정하면 나중에 데이터를 조작할 필요가 없으므로 즉시 결과를 사용할 수 있다는 장점이 있다. 두 가지 방법이 모두 잘 작동하므로, 마음에 드는 방법을 선택하도록 한다.

목록의 구조 변경하기

목록은 타자하거나 복사해서 붙여넣는 방식으로 수동으로 생성할 수 있다. 아래의 예는 **listOfScores**에 저장되어 있던 학생 시험 점수를 가져와서 새로운 하위 목록을 추가하여 더 큰 목록을 생성하고 있다. 결과는 **newScores**에 저장한다.

```
newScores =
  {listOfScores, {{"Michael", "Morrison", 95}, {"Kelvin", "Mischo", 96},
     {"Cliff", "Hastings", 99}}}
```

```
{{{Joe, Smith, 94}, {Jane, Smith, 88},
    {Bob, Example, 82}, {New, Entry, 81}, {Michelle, Abacus, 98}},
  {{Michael, Morrison, 95}, {Kelvin, Mischo, 96}, {Cliff, Hastings, 99}}}
```

이제 **newScores**에서 성을 추출하는 문제를 살펴 보자. 이 목록은 두 개의 다른 하위 목록으로 나뉘어 있으므로, 앞에서 살펴본 것과 같이 **Part**를 써서 목록의 두 번째 원소를 모두 가져오는 방법은 사용할 수 없다.

```
newScores⟦All, 2⟧
```

```
{{Jane, Smith, 88}, {Kelvin, Mischo, 96}}
```

이 방법이 작동하지 않는 이유가 궁금할지도 모르겠다. 앞에서 **listOfScores**에 이 접근법을 썼을 때는 목록이 이차원 구조였다. 단 하나의 상위 목록이 있었고, 이 목록은 **{firstName, lastName, examScore}** 형식의 하위 목록으로 구성되어 있었다. **listOfScores⟦All, 2⟧**를 평가하면 목록에서 성에 해당하는 두 번째 원소를 모두 추출했다. **newScores**는 삼차원이기 때문에 **newScores⟦All, 2⟧**를 평가하면 각 하위 목록의 두 번째 원소를 추출한다. 각 하위 목록의 두 번째 원소는 다시 또 다른 하위 목록이 된다. 다시 말해, 첫 번째 하위 목록은 **{{Jane, Smith, 88}}**이고 두 번째 하위 목록은 **{{Kelvin, Mischo, 96}}**이 된다.

Part 명령은 어떠한 차원의 목록에 대해서도 사용할 수 있으므로, 이 상황에도 도움이 된다. 예를 들어, **Part**를 사용해서 **newScores**의 **{1,1,2}** 위치에 있는 값을 추출할 수 있다. 이렇게 하면 첫 번째 하위 목록을 추출하게 되고, 다음으로 이 하위 목록의 첫 번째 목록(이 역시 **{Joe, Smith, 94}**라는 하위 목록이다)을 추출하고, 마지막으로 이 하위 목록의 두 번째 원소(**Smith**)를 추출한다.

```
newScores⟦1, 1, 2⟧
```

```
Smith
```

마찬가지로 **Part**를 사용해서 **newScores**의 **{2,1,2}** 위치에 있는 값을 추출할 수 있다.

```
newScores⟦2, 1, 2⟧
```

```
Morrison
```

앞의 설명을 염두에 두고 다음의 예를 살펴보면, 수동으로 다소 장황한 방법을 통해 **newScores**에서 성을 추출한다.

```
{newScores⟦1, 1, 2⟧, newScores⟦1, 2, 2⟧, newScores⟦1, 3, 2⟧, newScores⟦1, 4, 2⟧,
  newScores⟦1, 5, 2⟧, newScores⟦2, 1, 2⟧, newScores⟦2, 2, 2⟧, newScores⟦2, 3, 2⟧}
```

```
{Smith, Smith, Example, Entry, Abacus, Morrison, Mischo, Hastings}
```

이제 수백 또는 수천 개의 원소를 갖는 목록을 상상해보면 Mathematica가 이 일을 대신 하도록 하는 편이 훨씬 더 매력적일 것이다. 다행히도 Wolfram 언어에는 목록의 구조를 조작할 수 있는 명령이 많이 있다.

Flatten 명령은 중첩 목록을 제거하고 원래의 목록과 같은 순서로 원소를 정렬한 하나의 일차원 목록을 생성한다. 다음 예는 **newScores**의 현재 값과 이 변수에 **Flatten**을 사용한 결과를 함께 표시한다.

```
newScores
```

```
{{{Joe, Smith, 94}, {Jane, Smith, 88},
    {Bob, Example, 82}, {New, Entry, 81}, {Michelle, Abacus, 98}},
  {{Michael, Morrison, 95}, {Kelvin, Mischo, 96}, {Cliff, Hastings, 99}}}
```

```
Flatten[newScores]
```

{Joe, Smith, 94, Jane, Smith, 88, Bob, Example, 82, New, Entry, 81, Michelle, Abacus, 98, Michael, Morrison, 95, Kelvin, Mischo, 96, Cliff, Hastings, 99}

이와 반대로 일차원 목록에서 이차원 목록을 만들려면, 정해진 길이의 하위 목록을 만드는 **Partition**을 사용한다. 다음의 예는 10개의 원소로 이루어진 목록을 받아서 두 개의 원소로 이루어진 하위 목록으로 나누어 놓는다.

```
Partition[{1, 2, 3, 4, 5, 6, 7, 8, 9, 10}, 2]
```

{{1, 2}, {3, 4}, {5, 6}, {7, 8}, {9, 10}}

나눌 목록의 길이가 **Partition**에 지정하는 길이로 정확하게 나누어 떨어질 필요는 없다. 나머지가 남는 길이를 사용한다면, 데이터의 마지막 값 몇 개는 무시된다. 예를 들어, 앞의 예에서 길이를 3으로 지정하면 10은 무시하고 하위 목록 **{{1, 2, 3},{4, 5, 6},{7, 8, 9}}**을 출력으로 반환한다.

Partition을 **Flatten**과 함께 사용하면 부피가 큰 형태로 조합된 비슷한 구조를 가진 두 개의 데이터 집합을 정리할 수 있다. 우선 **Flatten**을 사용하여 단일 목록으로 만들고 나서 **Partition**으로 적절한 길이의 하위 목록으로 변환한다. 각각의 하위 목록은 이름, 성, 시험 점수의 세 가지 원소를 포함하므로, **Partition**의 두 번째 전달인자는 3이 되며, 결과는 새로운 변수 **cleanedNewScores**에 저장한다.

```
cleanedNewScores = Partition[Flatten[newScores], 3]
```

{{Joe, Smith, 94}, {Jane, Smith, 88}, {Bob, Example, 82}, {New, Entry, 81}, {Michelle, Abacus, 98}, {Michael, Morrison, 95}, {Kelvin, Mischo, 96}, {Cliff, Hastings, 99}}

이제 단일 목록이 되었으므로, **Part**를 이용해서 쉽게 두 번째 위치의 성을 추출할 수 있다.

```
cleanedNewScores[[All, 2]]
```

{Smith, Smith, Example, Entry, Abacus, Morrison, Mischo, Hastings}

추출과 재구성에 관련한 명령 외에도 목록 일부를 삭제할 수 있는 다양한 명령이 있다. 지금 다루는 예에서 **Drop** 함수를 사용하면 목록의 첫 두 개의 원소를 삭제할 수 있다.

```
Drop[cleanedNewScores, 2]
```

```
{{Bob, Example, 82}, {New, Entry, 81}, {Michelle, Abacus, 98},
  {Michael, Morrison, 95}, {Kelvin, Mischo, 96}, {Cliff, Hastings, 99}}
```

Drop은 두 번째 전달인자를 받아서 열을 삭제할 수 있다. 이 형식에서 행 전달인자를 반드시 명시해야 하지만, **None**을 사용해서 열만 삭제하도록 지정할 수 있다. 다음 예는 행은 삭제하지 않고, 첫 번째 열만 삭제한다. 결과는 성과 시험 점수로 이루어진 목록이 된다.

```
Drop[cleanedNewScores, None, 1]
```

```
{{Smith, 94}, {Smith, 88}, {Example, 82}, {Entry, 81},
  {Abacus, 98}, {Morrison, 95}, {Mischo, 96}, {Hastings, 99}}
```

때때로 데이터 집합에 따라서는 목록에서 제거할 것을 명시하는 것보다 추출할 것을 명시하는 편이 더 쉽다. 다음은 학생 성적 목록을 받아서 학생의 성과 성적에 해당하는 두 번째와 세 번째 열을 반환한다.

```
cleanedNewScores〚All, {2, 3}〛
```

```
{{Smith, 94}, {Smith, 88}, {Example, 82}, {Entry, 81},
  {Abacus, 98}, {Morrison, 95}, {Mischo, 96}, {Hastings, 99}}
```

Prepend나 **Append** 같은 명령으로 목록에 새로운 원소를 추가할 수 있다. 이들 명령은 목록의 앞이나 뒤에 데이터를 추가한 새로운 목록을 생성하며, 기존 기호를 덮어쓰지는 않는다.

```
Append[cleanedNewScores, {"Jill New", 90}]
```

```
{{Joe, Smith, 94}, {Jane, Smith, 88}, {Bob, Example, 82},
  {New, Entry, 81}, {Michelle, Abacus, 98}, {Michael, Morrison, 95},
  {Kelvin, Mischo, 96}, {Cliff, Hastings, 99}, {Jill New, 90}}
```

cleanedNewScores의 정의에 새로운 값을 추가하지는 않으므로, **cleanedNewScores**를 평가해도 **{Jill, New, 90}**을 볼 수 없다.

```
cleanedNewScores
```

```
{{Joe, Smith, 94}, {Jane, Smith, 88},
  {Bob, Example, 82}, {New, Entry, 81}, {Michelle, Abacus, 98},
  {Michael, Morrison, 95}, {Kelvin, Mischo, 96}, {Cliff, Hastings, 99}}
```

PrependTo 및 **AppendTo**는 원래 목록을 덮어쓴다는 점에서 **Prepend** 및 **Append**와 다르다. 그 외에는 **PrependTo**와 **Prepend**의 문법이 같고, **AppendTo**와 **Append**의 문법이 같다.

```
AppendTo[cleanedNewScores, {"Jill", "New", 90}]
```

```
{{Joe, Smith, 94}, {Jane, Smith, 88}, {Bob, Example, 82},
  {New, Entry, 81}, {Michelle, Abacus, 98}, {Michael, Morrison, 95},
  {Kelvin, Mischo, 96}, {Cliff, Hastings, 99}, {Jill, New, 90}}
```

이제 변수 **cleanedNewScores**를 평가해보면 새로운 원소가 목록에 저장된 것을 확인할 수 있다.

```
cleanedNewScores
```

```
{{Joe, Smith, 94}, {Jane, Smith, 88}, {Bob, Example, 82},
  {New, Entry, 81}, {Michelle, Abacus, 98}, {Michael, Morrison, 95},
  {Kelvin, Mischo, 96}, {Cliff, Hastings, 99}, {Jill, New, 90}}
```

목록 조작 이외에도 Mathematica는 다양한 방법으로 문자열을 조작할 수 있다. 문자열 일부를 추출하고, 일부를 대체하고, 패턴을 찾거나, 두 문자열을 결합하는 등의 일이 가능하다. 문자열의 결합은 **StringJoin**으로 할 수 있는데, 이 함수는 전달인자로 받은 여러 문자열을 결합하여 하나의 새로운 문자열로 만드는 일을 한다.

```
StringJoin["Joe", "Smith"]
```

```
JoeSmith
```

이 장에서 사용한 데이터 집합은 각 개인의 이름과 성을 개별 원소로 저장하고 있다. **StringJoin**을 사용하여 두 개의 개별 원소를 하나의 문자열로 결합할 수 있다. 이름과 성 사이에 공백문자를 넣어 읽기 쉽게 하고 있다.

```
StringJoin[cleanedNewScores[[1, 1]], " ", cleanedNewScores[[1, 2]]]
```

```
Joe Smith
```

Table 명령을 사용하면 **cleanedNewScores** 목록의 모든 원소에 대해 이 과정을 자동화할 수 있다.

```
Table[StringJoin[cleanedNewScores[[i, 1]], " ", cleanedNewScores[[i, 2]]],
  {i, 1, Length[cleanedNewScores], 1}]
```

```
{Joe Smith, Jane Smith, Bob Example, New Entry, Michelle Abacus,
  Michael Morrison, Kelvin Mischo, Cliff Hastings, Jill New}
```

반복자의 상계로 숫자를 써넣는 대신에 **Length** 명령을 사용하여 목록의 원소 개수를 결정한다. 이렇게 하면 다음에 **cleanedNewScores**에 다른 값을 추가해서 길이가 길어져도 같은 명령을 재사용할 수 있다.

다음은 목록 조작 명령을 사용하는 실용적 응용이다. **Part** 명령으로 각 학생의 점수를 뽑아내어 막대그래프를 생성하는데 사용할 수 있다.

```
BarChart[cleanedNewScores[[All, 3]]]
```

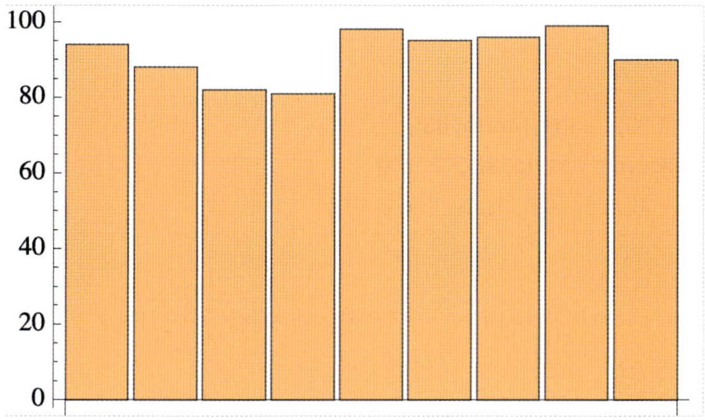

이 도표에 범례를 추가해서 더욱더 유용하게 만들 수 있다. 범례는 **ChartLegend**를 사용하여 추가할 수 있으며, **Part**를 사용하여 데이터 집합에서 이름을 추출하고 이것을 범례로 선택한다. 데이터 집합을 상위 목록 안에 놓으면, **BarChart**는 각 원소를 다른 하위 목록으로 다루기 때문에 결과적으로 각 막대는 다른 색으로 채색된다.

```
BarChart[{cleanedNewScores[[All, 3]]}, ChartLegends → cleanedNewScores[[All, 1]]]
```

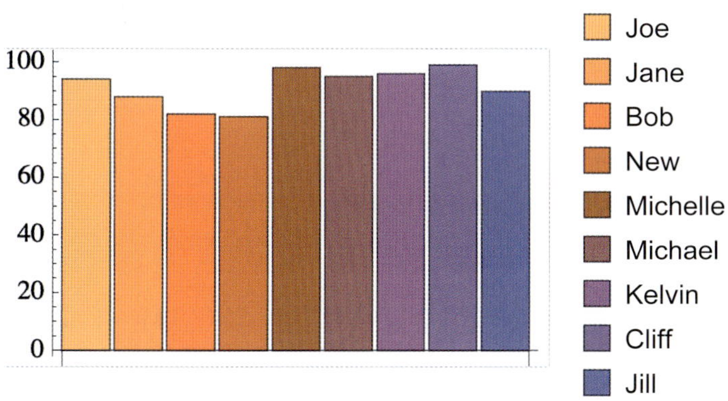

정렬과 패턴 일치

Sort 명령을 수치 데이터나 문자열에 사용해서 목록을 정렬할 수 있다. 중첩 목록에 사용하면 목록이 아닌 첫 번째 원소로 정렬 순서를 정한다. **cleanedNewScores**의 첫 번째 위치에 있는 원소가 문자열이기 때문에 이 문자열을 기준으로 알파벳 순서로 정렬한다.

```
Sort[cleanedNewScores]
```

```
{{Bob, Example, 82}, {Cliff, Hastings, 99}, {Jane, Smith, 88},
  {Jill, New, 90}, {Joe, Smith, 94}, {Kelvin, Mischo, 96},
  {Michael, Morrison, 95}, {Michelle, Abacus, 98}, {New, Entry, 81}}
```

물론 하위 목록을 넘기면 하위 목록의 데이터형에 따라서 정렬한다. 예를 들어, **Part**를 이용하여 모든 수치를 추출한 후에 **Sort**를 이용하여 결과를 정렬할 수 있다.

```
Sort[cleanedNewScores⟦All, 3⟧]
```

```
{81, 82, 88, 90, 94, 95, 96, 98, 99}
```

중첩 목록을 정렬할 때 **SortBy** 명령을 사용해서 정렬에 사용할 특정 함수나 패턴을 지정할 수 있다. 예를 들어, 두 번째 전달인자로 **Last**를 사용하여 패턴을 지정하면 목록의 마지막 위치에 있는 값을 기준으로 정렬한 목록을 반환한다. **cleanedNewScores**의 마지막 원소는 수치이므로, 오름차순으로 정렬한 목록을 결과로 반환한다.

```
SortBy[cleanedNewScores, Last]
```

```
{{New, Entry, 81}, {Bob, Example, 82}, {Jane, Smith, 88},
  {Jill, New, 90}, {Joe, Smith, 94}, {Michael, Morrison, 95},
  {Kelvin, Mischo, 96}, {Michelle, Abacus, 98}, {Cliff, Hastings, 99}}
```

SortBy에 넘겨주는 두 번째 전달인자로 사용자 정의 함수를 사용할 수 있다. 다음 예에서 **sortFun**이라는 함수는 하나의 전달인자를 받아서 첫 번째에 있는 문자열의 길이를 반환한다. 이 함수를 **SortBy** 함수에 사용하기 전에 단일 사례에 대해 시험해 볼 수 있다. 다음은 목록의 첫 번째 이름인 Joe가 세 개의 문자로 되어 있음을 보여준다.

```
sortFun[x_] := StringLength[x⟦1⟧]
cleanedNewScores
sortFun[cleanedNewScores⟦1⟧]
```

```
{{Joe, Smith, 94}, {Jane, Smith, 88}, {Bob, Example, 82},
  {New, Entry, 81}, {Michelle, Abacus, 98}, {Michael, Morrison, 95},
  {Kelvin, Mischo, 96}, {Cliff, Hastings, 99}, {Jill, New, 90}}
```

```
3
```

세미콜론으로 구분하거나 각 명령을 별도의 줄에 배치하는 방식으로, 하나의 입력 셀에 여러 명령을 넣을 수 있다. 이러한 입력 셀을 평가하면 출력을 감추기 위한 세미콜론을 사용하지 않는 한, 각 명령에 대응하는 출력 셀이 생성된다.

sortFun을 **SortBy**와 함께 사용하면 각각의 원소를 이 함수로 평가하고 각 하위 목록의 첫 번째 원소의 문자의 수에 해당하는 값에 따라 목록을 정렬한 결과를 반환한다. 다음 예는 이 함수와 **SortBy**를 사용하여 가장 짧은 이름부터 긴 이름순으로 목록이 정렬되는 것을 보여준다.

```
sortFun[x_] := StringLength[x⟦1⟧]
cleanedNewScores;
SortBy[cleanedNewScores, sortFun]
```

```
{{Bob, Example, 82}, {Joe, Smith, 94}, {New, Entry, 81},
  {Jane, Smith, 88}, {Jill, New, 90}, {Cliff, Hastings, 99},
  {Kelvin, Mischo, 96}, {Michael, Morrison, 95}, {Michelle, Abacus, 98}}
```

Bob과 Joe처럼 같은 길이의 이름이 여럿 있으므로 **SortBy**는 추가로 각 문자열의 첫 번째 문자를 기준으로 알파벳 순 정열을 수행한다.

Reverse 함수는 목록을 역순으로 정렬하여 반환한다. 이 함수를 **Sort**와 함께 사용하면 목록을 오름차순이 아닌 내림차순으로 정렬할 수 있어 유용할 때가 있다. 다음의 예는 **SortBy**와 **Last**를 사용하여 시험 점수를 오름차순으로 정렬한 후에 **Reverse**를 사용하여 결과를 내림차순으로 다시 정렬한다.

```
Reverse[SortBy[cleanedNewScores, Last]]
```

```
{{Cliff, Hastings, 99}, {Michelle, Abacus, 98}, {Kelvin, Mischo, 96},
  {Michael, Morrison, 95}, {Joe, Smith, 94}, {Jill, New, 90},
  {Jane, Smith, 88}, {Bob, Example, 82}, {New, Entry, 81}}
```

패턴 일치를 이용해서 목록을 조작할 수도 있다. **Cases**와 같은 명령을 사용하면 특정 패턴에 일치하는 데이터를 추출하는 필터를 즉석 해서 만들어 사용할 수 있다. Wolfram 언어의 패턴 일치 문법은 밑줄 문자 _가 모든 표현식을 표현할 수 있도록 하고 있지만, 실제로는 특정 머리와 일치하는 패턴을 찾을 때 자주 쓰인다. 머리는 표현식의 가장 기본적인 표현으로 **Head** 명령으로 찾을 수 있다.

```
Head[1]
```

```
Integer
```

```
Head[1.5]
```

```
Real
```

```
Head[{1, 2, 3}]
```

```
List
```

이상의 개념을 염두에 두고, **Cases**를 이용해서 특정 종류의 패턴에 일치하는 원소를 뽑아낼 수 있다. 예를 들어, **Cases** 명령은 목록에서 모든 정수를 찾아낸다.

```
Cases[{1, 2.5, 3.1, 4, 5.2, 6, 7.7, 8, 9, 10.3}, _Integer]
```

```
{1, 4, 6, 8, 9}
```

Real을 머리로 사용하면 모든 실수를 찾는다.

```
Cases[{1, 2.5, 3.1, 4, 5.2, 6, 7.7, 8, 9, 10.3}, _Real]
```

```
{2.5, 3.1, 5.2, 7.7, 10.3}
```

Cases의 패턴으로 목록에 나오지 않는 머리를 주면 빈 목록을 반환한다.

```
Cases[{1, 2.5, 3.1, 4, 5.2, 6, 7.7, 8, 9, 10.3}, _String]
```

```
{}
```

Cases를 사용해서 **cleanedNewScores** 변수에서 시험 점수를 추출할 수 있다.

```
Cases[Flatten[cleanedNewScores], _Integer]
```

```
{94, 88, 82, 81, 98, 95, 96, 99, 90}
```

지금까지 사용한 데이터 집합은 구조와 값의 유형이 일정했다. 다음의 **AppendTo** 문은 다른 하위 목록의 목록 구조와 다른 하위 목록(세 개의 원소 대신에 한 개의 원소만을 포함한 하위 목록)을 목록에 추가한다.

```
AppendTo[cleanedNewScores, {"Missing"}]
```

```
{{Joe, Smith, 94}, {Jane, Smith, 88}, {Bob, Example, 82},
  {New, Entry, 81}, {Michelle, Abacus, 98}, {Michael, Morrison, 95},
  {Kelvin, Mischo, 96}, {Cliff, Hastings, 99}, {Jill, New, 90}, {Missing}}
```

결측값을 포함한 데이터나 다른 구조의 원소를 포함한 데이터로 작업할 때, **Cases** 명령을 사용해서 원하는 구조의 하위 목록을 확인할 수 있다. 예를 들어, 다음의 패턴을 사용해서 길이가 3인 하위 목록만을 반환하도록 할 수 있다. 이것은 세 개의 원소로 이루어진 형식에 맞지 않는 데이터를 제거할 수 있는 효과적인 방법이다.

```
Cases[cleanedNewScores, {_, _, _}]
```

```
{{Joe, Smith, 94}, {Jane, Smith, 88}, {Bob, Example, 82},
  {New, Entry, 81}, {Michelle, Abacus, 98}, {Michael, Morrison, 95},
  {Kelvin, Mischo, 96}, {Cliff, Hastings, 99}, {Jill, New, 90}}
```

Cases에 사용하는 패턴은 원하는 만큼 세밀하게 만들 수 있다. 다음의 **AppendTo** 문은 세 개의 원소로 된 구조를 가진 새로운 하위 목록을 추가하지만, 이 하위 목록은 세 번째 위치에 수치가 아닌 값을 포함하고 있다.

```
AppendTo[cleanedNewScores, {"Bad", "Data", "Here"}]
```

```
{{Joe, Smith, 94}, {Jane, Smith, 88}, {Bob, Example, 82}, {New, Entry, 81},
  {Michelle, Abacus, 98}, {Michael, Morrison, 95}, {Kelvin, Mischo, 96},
  {Cliff, Hastings, 99}, {Jill, New, 90}, {Missing}, {Bad, Data, Here}}
```

세 개의 값을 갖지 않는 하위 목록과 세 번째 위치의 값이 정수가 아닌 하위 목록을 무시하는 **Cases** 문을 만들 수 있다.

```
Cases[cleanedNewScores, {_, _, _Integer}]
```

```
{{Joe, Smith, 94}, {Jane, Smith, 88}, {Bob, Example, 82},
  {New, Entry, 81}, {Michelle, Abacus, 98}, {Michael, Morrison, 95},
  {Kelvin, Mischo, 96}, {Cliff, Hastings, 99}, {Jill, New, 90}}
```

> 패턴은 얼마든지 자유롭게 지정할 수 있다. 예를 들어, 패턴을 **{_String, _String, _Integer}**로 변경하면 **{93, 94, 95}**처럼 수치만 포함하는 하위 목록은 무시한다.

Cases를 사용해서 지정한 패턴에 일치하는 데이터를 화면에 출력하는 대신, 개별 원소를 식별하고 **Nothing** 함수를 이용해서 이를 삭제할 수 있다. 목록의 원소를 **Nothing**으로 교체하면 해당 원소는 목록에서 사라지게 된다. 다음 예는 변수 **cleanedNewScores**를 받아서 **{"Missing"}**이 나오면 모두 **Nothing**으로 교체하여 최종적으로 목록에서 이들 원소가 삭제되도록 한다.

```
cleanedNewScores /. {"Missing"} → Nothing
```

```
{{Joe, Smith, 94}, {Jane, Smith, 88}, {Bob, Example, 82},
  {New, Entry, 81}, {Michelle, Abacus, 98}, {Michael, Morrison, 95},
  {Kelvin, Mischo, 96}, {Cliff, Hastings, 99}, {Jill, New, 90}, {Bad, Data, Here}}
```

Select도 원소를 추출하는 데 사용할 수 있다. **Cases**가 패턴을 요구하는 반면에 **Select**는 **True**나 **False**로 평가되는 명령문을 요구한다. 앞선 예는 **Cases**와 패턴을 이용하여 세 개의 원소로 이루어진 하위 목록만을 반환하도록 했다. 비슷한 접근법으로 목록의 길이를 검사하여 불셈값을 반환하는 함수를 만들어서 **Select**와 함께 사용할 수 있다(이중 등호(==)는 등가성을 평가하는 데 쓰이고, 단일 등호(=)는 값을 변수에 할당하는 데 쓰이는 점을 명심하자).

```
selectFun[x_] := Length[x] == 3
```

```
Select[cleanedNewScores, selectFun]
```

```
{{Joe, Smith, 94}, {Jane, Smith, 88}, {Bob, Example, 82},
  {New, Entry, 81}, {Michelle, Abacus, 98}, {Michael, Morrison, 95},
  {Kelvin, Mischo, 96}, {Cliff, Hastings, 99}, {Jill, New, 90}, {Bad, Data, Here}}
```

And, **Or** 및 **Not**과 같은 불셈 연산자를 사용해서 **Select**에 더 복잡한 조건을 사용할 수 있다. 아래의 예는 성이 "Smith"이고 점수가 최소 90점인 사람만 반환한다.

```
selectFun2[x_] := And[x[[2]] == "Smith", x[[3]] ≥ 90]
Select[cleanedNewScores, selectFun2]
```

```
··· Part: Part 2 of {Missing} does not exist.
··· Part: Part 3 of {Missing} does not exist.
{{Joe, Smith, 94}}
```

앞의 예는 **Select**가 수행한 검사가 실패했다는 것을 알리는 경고를 출력하는데, 이는 목록의 원소 중 일부가 두 번째나 세 번째 위치에 원소를 가지고 있지 않기 때문이다.

오류 문구는 하위 목록 **{"Missing"}**이 두 번째와 세 번째 원소를 가지고 있지 않다는 점을 명확하게 알려주고 있다. 오류 문구 앞에 있는 세 개의 빨간 점을 클릭하면 스택을 추적할 수 있는 선택 사항을 볼 수 있으며, 이 스택을 추적하면 계산 순서를 파악해서 연산이 실패한 지점을 밝혀내는 데 도움이 된다.

Select를 **Cases**와 결합해서 이 문제를 해결할 수 있다. **Cases**를 이용해서 길이가 3이고 두 번째 위치에 문자열을, 세 번째 위치에 정수를 갖는 데이터만을 골라내도록 할 수 있다. 그러면 이 결과를 **Select** 명령의 전달인자로 사용하여 성이 "Smith"이고 시험에서 90점 이상을 기록한 사람을 찾도록 할 수 있다.

```
selectFun2[x_] := And[x⟦2⟧ == "Smith", x⟦3⟧ ≥ 90]
Select[Cases[cleanedNewScores, {_, _String, _Integer}], selectFun2]
```

```
{{Joe, Smith, 94}}
```

> **Select**는 **True**나 **False**를 출력으로 반환하는 어떤 표현식과도 함께 사용할 수 있다. 일반적으로 **True**나 **False**만을 반환하는 불셈 연산자를 자주 사용하긴 하지만, **True**나 **False**를 반환하는 Wolfram 언어의 모든 명령을 사용할 수 있다.

불셈에 대한 지원은 **Select**가 특정 명세에 따라 데이터를 골라내는 매우 유연한 방법이 될 수 있도록 한다. 예를 들어, **Or**를 잘 이용하면 극단적인 영역에 있는 데이터를 추출할 수 있다. 예를 들어, 85점보다 낮거나 95점보다 높은 점수를 찾을 수 있다(여기에서도 **Cases**를 사용하여 적절한 형식의 데이터만 골라내고 있다).

```
selectFun3[x_] := Or[x⟦3⟧ < 85, x⟦3⟧ > 95]
Select[Cases[cleanedNewScores, {_, _String, _Integer}], selectFun3]
```

```
{{Bob, Example, 82}, {New, Entry, 81},
  {Michelle, Abacus, 98}, {Kelvin, Mischo, 96}, {Cliff, Hastings, 99}}
```

앞의 예는 **Select**와 함께 패턴 감사를 수행하는 사용자 정의 함수를 사용한다. 하지만, 사용자 정의 함수가 꼭 필요한 것은 아니다. Wolfram 언어에는 명령문의 참, 거짓을 검사할 수 있는 많은 명령이 존재한다. 다음 예는 **NumberQ** 함수를 **Select**와 함께 사용해서 **cleanedNewScores**에서 숫자로 된 값만 반환하도록 한다. 또한, **Flatten**으로 목록을 간단하게 만들어서 점수를 추출하기 쉽게 한다.

```
Select[Flatten[cleanedNewScores], NumberQ]
{94, 88, 82, 81, 98, 95, 96, 99, 90}
```

EvenQ는 짝수를 만나면 **True**를 반환하는 함수이다.

```
Select[Flatten[cleanedNewScores], EvenQ]
{94, 88, 82, 98, 96, 90}
```

불셈 검사에 이용할 수 있는 **GreaterThan**과 같은 비교 함수도 있다. 다음은 **GreaterThan**을 사용해서 90보다 큰 점수를 찾는다.

```
Select[Flatten[cleanedNewScores], GreaterThan[90]]
{94, 98, 95, 96, 99}
```

Manipulate로 데이터 조작 함수 이용하기

지금까지 이 장에서 수행한 계산은 1초도 걸리지 않는 것들이었다. 대규모 데이터 집합을 작업한다면 데이터 집합의 크기 및 수행하는 연산에 따라서 계산 시간이 훨씬 길어질 수 있다.

Manipulate는 동적 변수를 사용하며 슬라이더 막대 등의 제어기를 조작할 때마다 계산을 다시 수행한다. 이러한 재계산이 1초 이상 걸린다면 슬라이더 막대의 움직임이 느려지고, 상호작용하는 모형이 갖는 장점이 희석되게 된다.

이런 느린 움직임을 방지하기 위해 **Table**을 사용해서 계산이 필요한 목록의 값을 미리 계산해 놓고, 이 결과를 **Manipulate**를 이용해서 보여줄 수 있다. 다음의 예를 통해 이 방법을 살펴 보자. 먼저, 관련된 점수만으로 이루어진 데이터 집합을 생성한다. 그런 다음, **Table**을 이용하여 **score** 이상의 점수를 기록한 학생 목록을 생성한다. **score**는 70부터 100까지의 범위를 가지며, 출력이 드러나지 않도록 세미콜론을 사용한다.

```
manipulateData = Cases[cleanedNewScores, {_String, _String, _Integer}]

{{Joe, Smith, 94}, {Jane, Smith, 88}, {Bob, Example, 82},
  {New, Entry, 81}, {Michelle, Abacus, 98}, {Michael, Morrison, 95},
  {Kelvin, Mischo, 96}, {Cliff, Hastings, 99}, {Jill, New, 90}}

scoreList = Table[(
        selectFun4[val_] := val[[3]] ≥ score;
        Select[manipulateData, selectFun4]),
      {score, 70, 100, 1}
    ];
Manipulate[BarChart[scoreList[[i]][[All, 3]]], {i, 1, 30, 1}, SaveDefinitions → True]
```

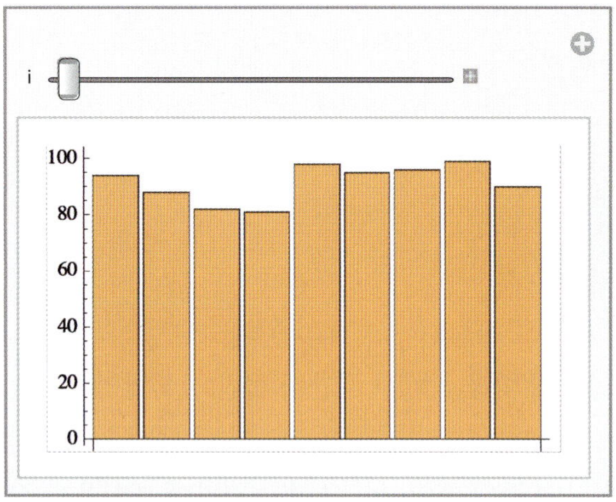

목록을 생성한 후에 **Manipulate** 명령을 **Part**와 함께 사용하여 단순히 목록을 읽어가며 출력하도록 한다. **Table** 명령을 평가하는 데 시간이 걸리긴 하지만, **Manipulate** 문은 미리 계산된 값을 화면에 표시만 하므로 빠른 반응을 보인다.

> **scoreList**의 정의에서 **Table** 명령이 **score**의 값을 계산할 때 두 명령문을 모두 실행하게 하기 위해 괄호를 사용한다. **selectFun4**의 함수는 출력을 생성하지는 않지만, 변경되는 **score** 변수의 값에 따라 **Select** 문의 필터를 변경하도록 매번 새로 정의한다.

연관으로 데이터 조직화하기

Wolfram 언어는 기호적으로 색인 된 목록을 다루는 방법을 제공하며, 이를 연관이라고 한다. 데이터에 라벨이 붙어 있다면 **Association**이나 **Dataset**을 사용해서 **Cases**나 **Select**와 같은 일반적인 함수를 사용하는 것보다 쉽게 데이터를 추출할 수 있다.

Association은 기본적으로 데이터 집합의 키와 값을 연관시켜주는 규칙의 집합이다.

```
myAssoc = Association[{"Cliff" → 99, "Kelvin" → 96, "Michael" → 95}]
```

```
<| Cliff → 99, Kelvin → 96, Michael → 95 |>
```

연관을 정의하고 나면, 관련된 키를 이용하여 값을 찾을 수 있다. 예를 들어, 아래의 명령은 키 "Michael"을 이용하여 연관된 점수를 찾는다.

```
myAssoc["Michael"]
```

```
95
```

연관은 **<||>** 표기법으로 입력할 수 있다.

```
myAssoc2 = <|"Tasha" → "Florida", "Kathy" → "Arizona"|>
```

```
<| Tasha → Florida, Kathy → Arizona |>
```

```
myAssoc2["Tasha"]
```

```
Florida
```

Wolfram 언어에는 연관의 구축을 도와주는 명령이 있다. 먼저 이 장에서 많은 변수를 정의했기 때문에, **listOfScores**를 원래의 값으로 다시 정의한다.

```
listOfScores = Import["http://www.handsonstart.com/ExampleDataScores.txt", "Data"]
```

```
{{Joe, Smith, 94}, {Jane, Smith, 85},
  {Bob, Example, 82}, {Bill, Student, 83}, {Michelle, Abacus, 98}}
```

연관의 구축을 도와주는 명령으로 **AssociationThread**가 있다. 이 명령은 키의 목록과 값의 목록을 받아서 이들 사이의 연관을 생성한다. 예를 들어, 다음 입력은 학생의 이름과 그들의 시험 점수 사이의 연관을 생성한다.

```
scoreAssoc = AssociationThread[listOfScores[[All, 1]], listOfScores[[All, 3]]]
```

```
<| Joe → 94, Jane → 85, Bob → 82, Bill → 83, Michelle → 98 |>
```

이렇게 하면 이름으로 검색해서 해당하는 시험 점수를 반환받는 편리한 형태가 된다.

```
scoreAssoc["Bill"]
```

```
83
```

```
scoreAssoc["Michelle"]
```

```
98
```

연관의 강점은 원소가 저장된 순서와 관계없이 사용할 수 있다는 점에 있다. 즉, 키의 위치를 몰라도 키만 가지고 값을 찾을 수 있다. 반면에 **Select**와 같은 명령은 데이터를 효과적으로 걸러내고 찾기 위해 위치를 알고 있어야 한다.

> 문서 센터에서 **Select**에 관한 문서를 보면 Wolfram 언어에서 **#** 기호로 표현되는 순수 함수를 관례로 사용한다. 이 책에서 자세히 다루지는 않지만, 순수 함수는 코딩 중에 바로 정의해서 사용할 수 있는 즉석 함수와 같은 역할을 한다. 이 책의 예에서는 쉽게 배우고 이해할 수 있도록 의도적으로 순수 함수를 지양하고 있지만, 순수 함수는 간결한 코드를 작성할 때 매우 유용하다.

특정 키를 이용해서 해당하는 값을 찾는 것 외에도 연관 안에 있는 모든 키나 값을 추출하는 방법이 있다. **Keys** 명령은 모든 키를 목록으로 반환하고, **Values** 명령은 모든 값을 목록으로 반환한다.

Sort[Values[scoreAssoc]]

{82, 83, 85, 94, 98}

Sort[Keys[scoreAssoc]]

{Bill, Bob, Jane, Joe, Michelle}

Dataset을 이용해서 목록과 연관으로 구조화된 데이터 집합을 표현할 수 있다. 이 표현은 특히 수십 또는 수백 개의 라벨을 포함한 큰 데이터 집합에 적합하다. 여기에서 모든 키(이름)는 행 라벨로 출력하고, 값(시험 점수)은 다른 열에 보여주고 있다.

Dataset[scoreAssoc]

Joe	94
Jane	85
Bob	82
Bill	83
Michelle	98

여기에서 모든 키(이름)는 행 라벨로 출력하고, 값(시험 점수)은 다른 열에 보여주고 있으며, 데이터 집합의 단계의 깊이와 원소의 수도 보여주고 있다.

Wolfram 언어의 일부 명령은 결과를 데이터 집합의 형태로 반환한다. 이러한 경우에 데이터 집합 표현에서 서식에 관련한 부분을 제거하면 하부 데이터에 접근하는 데 도움이 되며 **Normal** 명령이 바로 이러한 일을 한다. 아래의 명령은 이전 예에서 사용한 데이터 집합의 하부 데이터를 보여준다.

Normal[Dataset[scoreAssoc]]

<| Joe → 94, Jane → 85, Bob → 82, Bill → 83, Michelle → 98 |>

ExampleData 명령으로 타이태닉호의 승객 통계와 같은 표본 데이터 집합을 얻을 수 있다.

```
titanic = ExampleData[{"Dataset", "Titanic"}]
```

class	age	sex	survived
1st	29	female	True
1st	1	male	True
1st	2	female	False
1st	30	male	False
1st	25	female	False
1st	48	male	True
1st	63	female	True
1st	39	male	False
1st	53	female	True
1st	71	male	False
1st	47	male	False
1st	18	female	True
1st	24	female	True
1st	26	female	True
1st	80	male	True
1st	—	male	False
1st	24	male	False
1st	50	female	True
1st	32	female	True
1st	36	male	False

showing 1–20 of **1309**

데이터 집합이 라벨이 달린 수백 개의 원소를 보유하고 있고, **Part**와 같은 위치 기반 명령으로 정보를 추출하려 한다면 추출하려는 열의 위치를 먼저 찾는 중간 단계가 있으므로 시간이 오래 걸린다. 하지만, **Dataset** 명령은 정보의 위치에 대해 아무것도 몰라도 연관의 키를 사용하여 정보를 검색한다. 다음의 예는 **Part**와 유사한 문법을 사용하지만 열의 위치를 참조해서 값을 추출하는 대신에, 기호로 된 킷값을 이용하여 데이터 집합에 있는 각 사람의 나이를 추출한다.

```
titanic[All, "age"]
```

29	1	2	30	25	48	63	39	53
18	24	26	80	—	24	50	32	36
26	42	29	25	25	19	35	28	45
58	42	45	22	—	41	48	—	44
41	45	—	42	53	36	58	33	28
14	36	36	49	—	36	76	46	47
36	30	45	—	—	27	26	22	—
37	64	55	—	70	36	64	39	38
33	31	27	31	17	53	4	54	50
48	49	39	23	38	54	36	—	—
30	24	28	23	19	64	60	30	—
—	22	60	48	—	37	35	47	35
24	49	—	71	53	19	38	58	23
25	25	48	49	—	45	35	40	27
55	52	42	—	55	16	44	51	42
38	—	35	38	50	49	46	50	33
—	42	45	—	39	49	30	35	—
16	51	29	21	30	58	15	30	16
18	24	46	54	36	28	—	65	44
30	55	47	37	31	23	58	19	64

showing 1–220 of **1309**

이 출력을 보면 나이에 대한 값 중 적어도 하나 이상 빠진 것을 알 수 있다. 빠진 값은 **DeleteMissing** 명령을 사용하여 즉시 제거할 수 있다.

```
DeleteMissing[titanic[All, "age"]]
```

29	1	2	30	25	48
63	39	53	71	47	18
24	26	80	24	50	32
36	37	47	26	42	29
25	25	19	35	28	45
40	30	58	42	45	22
41	48	44	59	60	41
45	42	53	36	58	33
28	17	11	14	36	36
49	36	76	46	47	27
33	36	30	45	27	26
22	47	39	37	64	55
70	36	64	39	38	51
27	33	31	27	31	17
53	4	54	50	27	48
48	49	39	23	38	54
36	36	30	24	28	23
19	64	60	30	50	43
22	60	48	37	35	47
35	22	45	24	49	71

showing 1–120 of **1046**

일단 연관에서 값을 추출하면, 이 값을 다른 명령에 사용할 수 있다. 여기에서는 **Mean**을 사용해서 타이태닉호에 탔던 승객의 평균 나이를 계산한다.

```
N[Mean[DeleteMissing[titanic[All, "age"]]]]
```

```
29.9006
```

Clear를 사용하여 이 장에서 사용된 모든 변수의 값과 함수의 정의를 삭제한다.

```
Clear[listOfScores, newScores, cleanedNewScores, sortFun, selectFun, selectFun2,
  selectFun3, manipulateData, selectFun4, myAssoc, myAssoc2, scoreAssoc, titanic]
```

정리

Wolfram 언어에서 표현식의 기호 표현은 Mathematica의 데이터 조작, 정리, 변환에 관한 훌륭한 기반을 만들어 준다. 연관과 데이터 집합에 관한 구조는 파일에서 가져오거나 Mathematica 자체에서 프로그래밍 방식으로 만든 정보를 보여주고 검색할 수 있는 엄청나게 빠르고 유용한 방법을 제공한다.

이어지는 장에서 이런 데이터 조작 기술의 장점을 활용하여 Mathematica에서 Wolfram Knowledgebase 데이터에 접근하는 방법을 알아볼 것이다.

연습 문제

1. 첫 10개의 소수를 첫 10개의 양의 정수로 거듭제곱하는 목록(2^1, 3^2, ...)을 생성하여, 이 목록을 변수 **data25**에 할당하여라.
2. **Part** 명령을 이용해서 **data25**의 원소 중에서 100에 가장 가까운 것을 추출하여라.
3. 두 명령문으로 된 다음과 같은 프로그램을 작성하여라. 첫 번째 명령문은 **Part** 명령을 이용하여 **data25**의 첫 번째, 세 번째 그리고 네 번째 원소를 추출하되 출력은 감추도록 한다. 두 번째 명령문은 이들 세 원소의 총합을 계산한다.
4. **Part**의 [[ ]] 표기법을 이용하여 **data25**의 두 번째 원소부터 여섯 번째 원소까지 추출하여라.
5. i가 1부터 4까지 변할 때 $\{i, i^i, i - i^i\}$과 같은 형식의 순서쌍 목록을 생성하여라. 그리고 이 목록을 변수 **data29**에 할당하여라.
6. **Part**의 [[ ]] 표기법을 사용하여 **data29**의 두 번째 원소를 추출하여라.
7. **Part**의 [[ ]] 표기법을 사용하여 **data29**의 세 번째 순서쌍에서 두 번째 원소를 추출하여라.

8. **data29**의 각 순서쌍에서 두 번째 원소를 추출하고, 결과로 얻은 목록을 변수 **data33**에 할당하여라.
9. **data33**의 네 번째 원소를 이 값의 제곱근으로 교체하여라.
10. 연습 문제 9에서 얻은 결과를 시각화하는 막대그래프를 생성하여라.

21장
선별 데이터로 작업하기

소개

지금까지 앞장에서 외부 파일을 가져오는 방법과 데이터를 원하는 형태로 재구성하는 방법에 관해 설명했다. Mathematica는 외부 파일에서 가져온 데이터의 사용 이외에도 인터넷에 접속되어 있다면 Wolfram Knowledgebase가 제공하는 선별된 데이터도 사용할 수 있다. 이 데이터는 즉시 계산에 활용할 수 있는 형태로 전달되도록 설계되어, 외부 파일을 가져올 때 필요한 후처리의 필요성을 상당 부분 제거했다. Wolfram Knowledgebase의 신뢰도 높은 데이터를 이용하면, 데이터 출처를 찾고 정확성을 확인하는 수고를 덜 수 있을 뿐만 아니라 비싼 데이터 공급을 이용하기 위한 구독료를 절약할 수 있다.

선별 데이터 이용하기

Wolfram Knowledgebase가 망라하는 선별된 데이터 모음은 다양한 분야에 걸쳐 수 조 건에 이른다. 데이터는 Wolfram 언어의 명령을 이용해서 접근할 수 있고, 목록 형식으로 반환되어 앞에서 설명한 모든 데이터 필터링 및 조작 방법을 적용할 수 있다.

3장 입력과 출력에서 일상 영어로 기술하는 자유 형식 입력을 이용해서 선별된 데이터를 이용할 수 있다는 점을 소개했다.

```
population of the United States
CountryData["UnitedStates", "Population"]
```

322 422 965 people

이번 예에서 자유 형식 입력이 선별 데이터 함수 **CountryData**를 사용하는 정확한 Wolfram 언어 구문으로 변환되어 미국 인구에 대한 정보가 도출되었다.

자유 형식 입력은 언제나 제약 없이 다양한 시도를 해볼 수 있는 장점이 있지만, 정확한 문법으로 선별 데이터 명령을 사용하는 편이 특정 정보를 질의할 때 더욱 정교한 제어를 할 수 있다. 이러한 제어는 프로그래밍 방식으로 선별 데이터로 이루어진 목록을 생성하는 데 적합하며, 이 장의 후반부에 이에 관한 예를 다룬다.

앞의 예에서 국가에 관련한 정보를 찾아볼 수 있는 선별 데이터 명령의 이름을 알려주기 때문에 이 명령을 이용해서 쉽게 다른 국가의 인구를 바로 찾아볼 수 있다. 다음의 예에서 Korea의 인구를 검색해보면, 남북한의 인구를 동시에 찾아준다.

```
CountryData["Korea", "Population"]
```

{24 754 262 people , 48 951 680 people}

> 문서 센터의 선별 데이터 명령에 관한 함수 문서에서 데이터의 특성을 반영하는 단위를 알 수 있다.

체계적으로 구조화되지 않은 질의에 대해 가능한 최상의 결과를 흥미 있는 관련 정보와 함께 주려는 자유 형식 입력과는 달리, 선별 데이터 명령을 사용하면 특정 데이터에 대해 더욱 포괄적인 탐색이 가능하다. 데이터 집합의 모든 구성원을 찾는 질의를 수행할 수도 있다. 예를 들어, **CountryData** 함수에 **All**을 명시하면 정보를 제공할 수 있는 모든 국가를 나열한다. 아래의 예는 **Short** 함수를 사용하여, 목록 표시를 줄이고 화면 공간을 절약하였다.

```
Short[CountryData[All]]
```

{Afghanistan, Albania, Algeria, American Samoa, Andorra, Angola, Anguilla, Antigua and Barbuda, Argentina, Armenia, Aruba, Australia, Austria, Azerbaijan, Bahamas, Bahrain, Bangladesh, Barbados, Belarus, Belgium, Belize, ≪198≫, Turkmenistan, Turks and Caicos Islands, Tuvalu, Uganda, Ukraine, United Arab Emirates, United Kingdom, United States, United States Virgin Islands, Uruguay, Uzbekistan, Vanuatu, Vatican City, Venezuela, Vietnam, Wallis and Futuna Islands, West Bank, Western Sahara, Yemen, Zambia, Zimbabwe}

> 위의 명령에서 **Short** 함수를 제거하면 전체 국가의 목록이 화면에 출력되는 것을 볼 수 있다. 만약 목록이 스크린에 출력하기에 너무커서 출력이 현실적이지 않다면, Mathematica는 목록이 너무 길다는 경고와 결과를 더 많이 볼 수 있는 선택 사항 등과 함께 목록의 일부만을 보여준다. 이러한 작동 방식의 예를 보려면 입력셀에서 **ChemicalData[All]**을 평가하도록 한다. 그러면, Mathematica는 제공 가능한 수만 개의 화학물질 목록 대신 결과 목록의 일부분을 출력한다.

선별 데이터 집합의 개체 목록을 보고, 특정 개체에서 사용할 수 있는 특성을 알아보는 질의를 수행할 수 있다.

```
Short[CountryData["Properties"], 10]
```

```
{AdultPopulation, AgriculturalProducts, AgriculturalValueAdded,
  Airports, AlternateNames, AlternateStandardNames, AMRadioStations,
  AnnualBirths, AnnualDeaths, AnnualHIVAIDSDeaths, ArableLandArea,
  ≪202≫, TransportationValueAdded, UNCode, UnemploymentFraction,
  UNNumber, UnpavedAirportLengths, UnpavedAirports,
  UnpavedRoadLength, ValueAdded, WaterArea, WaterwayLength}
```

```
Length[CountryData["Properties"]]
```

```
223
```

이제 이용할 수 있는 원소와 이들의 연관 특성도 알았으니, 대한민국에서 사용되는 휴대 전화의 총 개수 같은 특정 데이터를 추출하도록 질의를 만들어 볼 수 있다.

```
CountryData["SouthKorea", "CellularPhones"]
```

4.5607×10^7

앞에서 나온 두 개의 예를 하나의 계산으로 모을 수 있다. 선별 데이터가 수치 데이터의 형태로 반환되기 때문에 다른 Mathematica 명령에서 바로 사용할 수 있다.

```
CountryData["SouthKorea", "CellularPhones"] / CountryData["SouthKorea", "Population"]
```

```
0.931674 per person
```

Mathematica에서 이차원 형태의 분수를 입력하려면 Ctrl + / 키보드 단축키를 이용하거나 Assistant 팔레트의 버튼을 이용한다.

출력된 비율이 놀라울 수도 있고 그렇지 않을 수도 있지만 같은 계산을 다양한 크기의 국가에 행하여 전 세계의 다채로운 비율을 알아보면 흥미로울 것이다.

```
CountryData["UnitedStates", "CellularPhones"]/
  CountryData["UnitedStates", "Population"]
```

```
0.83896 per person
```

이러한 종류의 탐색은 **Table**과 같은 명령으로 자동화할 수 있다. **Table** 명령은 값 목록에 대해 색인을 반복 적용하는 구문 양식을 제공한다. 이 책에서 볼 수 있는 거의 모든 예는 **Table**을 사용하여 일정 범위의 수를 생성하고 있다. 예를 들어 아래는 1부터 10까지 1씩 증가하는 x에 대해 (x, x^2)의 형식의 쌍으로 된 목록을 생성하고 있다.

```
Table[{x, x^2}, {x, 1, 10, 1}]
```

```
{{1, 1}, {2, 4}, {3, 9}, {4, 16}, {5, 25}, {6, 36}, {7, 49}, {8, 64}, {9, 81}, {10, 100}}
```

하지만, **Table**을 특정 목록의 값을 반복하도록 사용할 수도 있다. 다음의 예는 (x, x^2) 형식의 쌍으로 된 목록을 생성하기는 하지만, 오직 반복자에 주어진 목록에 있는 값만 사용한다.

```
Table[{x, x^2}, {x, {2, 5, 8, 13}}]
```

```
{{2, 4}, {5, 25}, {8, 64}, {13, 169}}
```

이러한 방식으로 **Table**을 사용하면 선별 데이터를 찾아보는 것과 같은 기호값의 쌍을 처리할 때 매우 편리하다. 다음의 예는 다섯 국가를 포함하는 목록에 대해서 1인당 휴대전화 비율을 계산한다.

```
results =
  Table[{country, CountryData[country, "CellularPhones"] /
      CountryData[country, "Population"]},
   {country, {"SouthKorea", "UnitedStates", "Germany", "Brazil", "UnitedKingdom"}}]
```

```
{{SouthKorea, 0.931674 per person },
 {UnitedStates, 0.83896 per person }, {Germany, 1.29277 per person },
 {Brazil, 0.746857 per person }, {UnitedKingdom, 1.2172 per person }}
```

이제 결과를 **BarChart**로 시각화할 차례이다. **BarOrigin**을 선택하면 막대를 왼쪽에 표시할 수 있어서 라벨을 표시할 공간을 마련할 수 있다.

```
BarChart[results[[All, 2]], ChartLabels → results[[All, 1]], BarOrigin → Left]
```

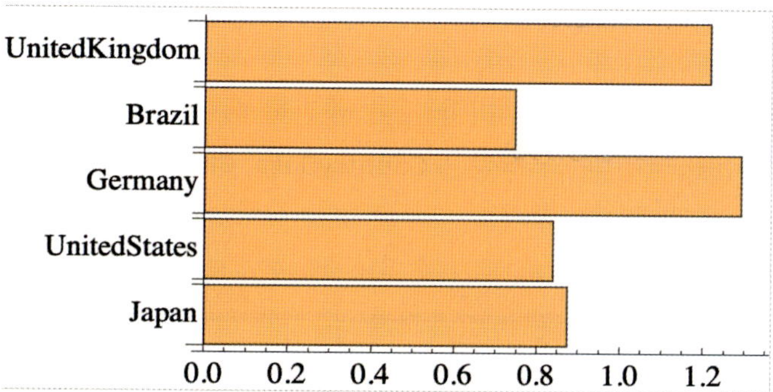

단순히 국가 목록을 **"SouthAmerica"** 대륙으로 변경하고, 값을 추출하는 몇 가지 명령을 사용하는 것만으로 특정 그룹에 속한 국가의 휴대전화 사용 현황 조사 예를 만들 수 있다. 결측 데이터를 제거하기 위해서는 **Cases** 명령을 사용하면 이후 계산에서 발생할 수 있는 오류를 최소화할 수 있다. 이 경우, 휴대 전화 또는 인구에 대한 특정 값을 가진 모든 국가에 함수 **Quantity**를 사용하여 "1인당(per person)"이라는 단위로 표시한다.

```
data = Cases[Table[{country, CountryData[country, "CellularPhones"] / CountryData[country, "Population"]},
    {country, CountryData["SouthAmerica"]}], {_, _Quantity}];
BarChart[data[[All, 2]], ChartLabels → data[[All, 1]], BarOrigin → Left]
```

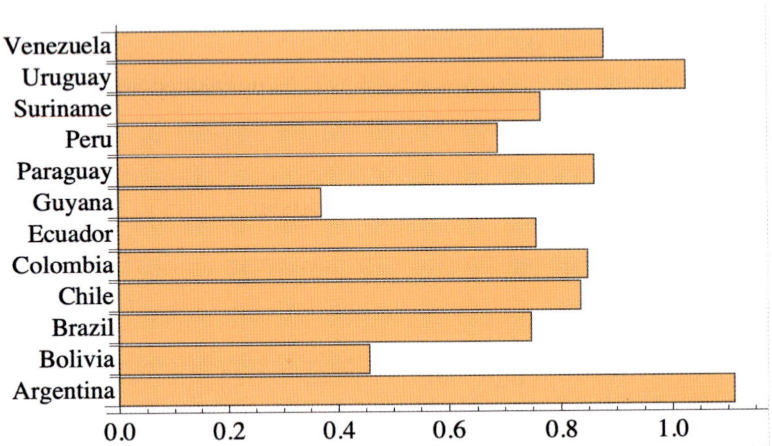

선별 데이터의 주요 범주

선별 데이터 명령은 계산 금융 데이터, 수학 데이터, 지리학 데이터, 과학 데이터, 기술 데이터, 언어학 데이터 등의 주요 범주로 나뉜다. 각 명령은 **CountryData, ChemicalData**와 같은 이름을 갖는다.

> **?** 연산자를 사용하여 명령 이름을 검색하고, 임의 문자 검색에는 * 기호를 사용할 수 있다. **?*Data**를 평가하면 선별 데이터 명령의 목록을 반환한다.

계산 금융 데이터

많은 선별 데이터 집합은 변하지 않거나 급격히 변하지 않는 데이터를 제공한다. 이러한 데이터의 예로 변하지 않는 역사적 정보와 10년 단위 혹은 다른 일정에 따른 인구조사가 이루어질 때 가늠하게 되는 국가의 인구 등이 있다. 이와는 달리 금융 데이터는 훨씬 자주 갱신된다.

```
latest trade for Apple
Result

$106.63 (AAPL | NASDAQ |
    12:55:41 pm CDT | Thursday, September 1, 2016)
```

FinancialData 명령은 특정 주식의 종목 코드를 이용해서 이와 같은 정보를 얻는 데 사용할 수 있다.

```
FinancialData["AAPL"]
```

```
182.495
```

> 이 책의 인쇄본은 이번 장이 쓰일 당시의 값을 보여준다. Mathematica에서 이 부분을 평가하면 아마도 다른 값이 출력될 것이다.

앞에서와 마찬가지로 금융 개체에서 이용할 수 있는 특성을 탐색해볼 수 있다.

```
Short[FinancialData["Properties"], 10]
```

```
{Ask, AskSize, Average200Day, Average50Day, AverageVolume3Month, Bid,
  BidSize, BookValuePerShare, Change, Change200Day, Change50Day,
  ChangeHigh52Week, ChangeLow52Week, «52», Sector, SEDOL, ShortRatio,
  SICCode, StandardName, Symbol, Volatility20Day, Volatility250Day,
  Volatility50Day, Volume, Website, YearEarningsEstimate, YearPERatioEstimate}
```

```
Length[FinancialData["Properties"]]
```

```
78
```

```
FinancialData["AAPL", "LatestTrade"]
```

```
{{2018, 12, 4, 0, 24, 33.}, 182.57}
```

Mathematica에서 날짜는 **{년, 월, 일, 시, 분, 초}**의 형식을 따른다. 시, 분, 초의 정보가 필요 없다면 **{년, 월, 일}**만 표시해도 Mathematica가 인식할 수 있다.

FinancialData에 두 번째 전달인자로 날짜 범위를 지정하면 과거 데이터를 찾아볼 수 있다. **FinancialData**에 단일 날짜를 주면 지정한 날로부터 현재까지의 모든 정보를 반환한다. 예를 들어, 다음의 명령은 2016년 8월 1일부터 현재까지 애플 주식의 폐장 시세를 찾아준다.

```
FinancialData["AAPL", {2016, 8, 1}]
```

```
{{{2016, 8, 1}, 105.479}, {{2016, 8, 2}, 103.917}, {{2016, 8, 3}, 105.22}, {{2016, 8, 4}, 105.87},
  {{2016, 8, 5}, 107.48}, {{2016, 8, 8}, 108.37}, {{2016, 8, 9}, 108.81}, {{2016, 8, 10}, 108.},
  {{2016, 8, 11}, 107.93}, {{2016, 8, 12}, 108.18}, {{2016, 8, 15}, 109.48},
  {{2016, 8, 16}, 109.38}, {{2016, 8, 17}, 109.22}, {{2016, 8, 18}, 109.08},
  {{2016, 8, 19}, 109.36}, {{2016, 8, 22}, 108.51}, {{2016, 8, 23}, 108.85},
  {{2016, 8, 24}, 108.03}, {{2016, 8, 25}, 107.57}, {{2016, 8, 26}, 106.94},
  {{2016, 8, 29}, 106.82}, {{2016, 8, 30}, 106.}, {{2016, 8, 31}, 106.1}}
```

날짜를 두 개 사용하면 두 날짜 사이의 폐장 시세를 찾아준다.

```
FinancialData["AAPL", {{2010, 12, 15}, {2011, 1, 15}}]
```

```
{{{2010, 12, 15}, 45.7657}, {{2010, 12, 16}, 45.8929},
  {{2010, 12, 17}, 45.8014}, {{2010, 12, 20}, 46.03}, {{2010, 12, 21}, 46.315},
  {{2010, 12, 22}, 46.4514}, {{2010, 12, 23}, 46.2286},
  {{2010, 12, 27}, 46.3829}, {{2010, 12, 28}, 46.4957}, {{2010, 12, 29}, 46.47},
  {{2010, 12, 30}, 46.2371}, {{2010, 12, 31}, 46.08}, {{2011, 1, 3}, 47.0814},
  {{2011, 1, 4}, 47.3271}, {{2011, 1, 5}, 47.7143}, {{2011, 1, 6}, 47.6757},
  {{2011, 1, 7}, 48.0171}, {{2011, 1, 10}, 48.9221}, {{2011, 1, 11}, 48.8057},
  {{2011, 1, 12}, 49.2029}, {{2011, 1, 13}, 49.3829}, {{2011, 1, 14}, 49.7829}}
```

주가 실적 데이터는 시계열로 반환되며 **DateListPlot**으로 바로 시각화해 볼 수 있고, 그래프를 꾸밀 수 있는 몇 가지 추가 선택 사항이 제공된다.

```
DateListPlot[FinancialData["AAPL", {2005, 1, 1}], Joined → True, Filling → Bottom]
```

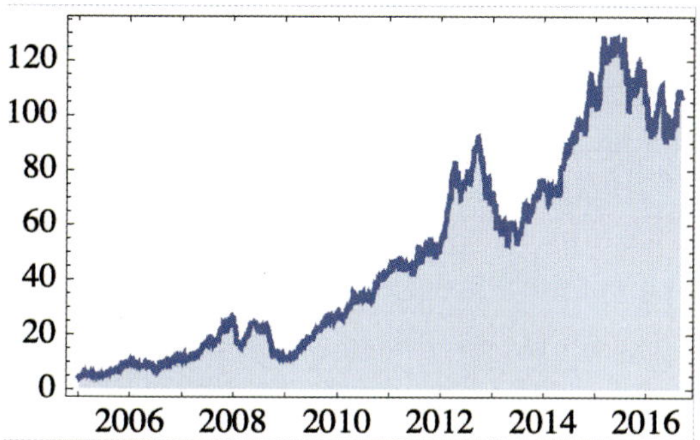

자유 형식 입력이 다수의 단계를 거치는 계산과 아래와 같이 추가적 지정이 필요한 계산에 대해 항상 원하는 출력을 반환하는 것은 아니다. 데이터의 정확한 그래프와 보기를 얻고 싶다면, Wolfram 언어를 사용하면 원하는 결과를 확실히 얻을 수 있다. 그러나 선별 데이터 집합의 내용은 자유 형식 입력 상자에서 자세한 정보를 제공할 뿐만 아니라, 뜻밖의 정보를 얻을 수 있다.

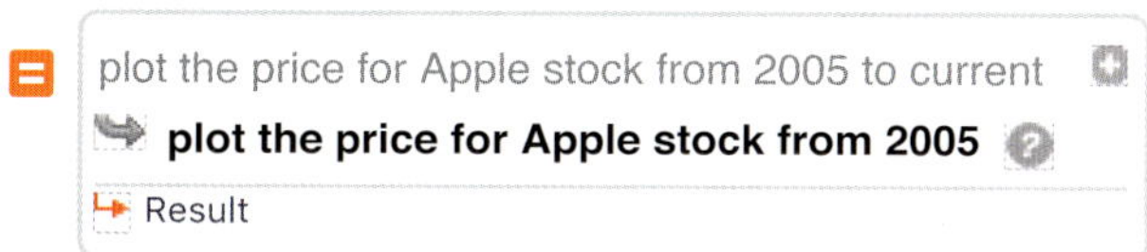

mean	$51.81 (US dollars)
highest	$133.00 (US dollars) (Monday, February 23, 2015)
lowest	$4.52 (US dollars) (Monday, January 3, 2005)
volatility	33%
change	2412%

물론, **FinancialData** 또는 다른 선별 데이터 명령이 반환한 데이터는 앞에서 언급한 기술을 이용해서 재구성할 수 있다. 예를 들어, **FinancialData**로 질의해서 얻은 폐장 시세의 목록에서 날짜를 뺀 가격 정보만을 추출해 낼 수 있다.

```
FinancialData["AAPL", {{2010, 1, 1}, {2010, 1, 31}}][[All, 2]]
```

```
{30.5729, 30.6257, 30.1386, 30.0829, 30.2829, 30.0157, 29.6743, 30.0929, 29.9186,
  29.4186, 30.72, 30.2464, 29.7246, 28.25, 29.0107, 29.42, 29.6977, 28.47, 27.4376}
```

이제 값을 추출했으므로, 결과를 다른 명령에 이용할 수 있다. 예를 들어, **Mean**으로 폐장 시세의 평균을 구해서 2010년 1월의 애플 주식 실적을 알아볼 수 있다.

```
Mean[FinancialData["AAPL", {{2010, 1, 1}, {2010, 1, 31}}][[All, 2]]]
```

```
29.6737
```

이러한 계산은 **Table**을 프로그래밍 방식으로 사용하면 매우 유용하다. 예를 들어, 다음은 2005년부터 2011년까지 애플 주식의 연도별 데이터 집합을 구축하고 매년 평균 폐장 시세를 계산한다. **Mean**으로 시작하는 **Table** 계산은 반복자 **year**를 사용해서 다년간의 범위에서 여러 번 계산한다는 점을 제외하면 위에서 살펴본 계산과 동일하다.

```
closingPrices = Table[
    {year, Mean[FinancialData["AAPL", {{year, 1, 1}, {year, 12, 31}}][[All, 2]]]},
    {year, 2005, 2011, 1}]
```

```
{{2005, 6.668}, {2006, 10.1158}, {2007, 18.3249},
  {2008, 20.2827}, {2009, 20.9734}, {2010, 37.1203}, {2011, 52.0006}}
```

> 여러 함수로 겹겹이 둘러싸인 계산을 생성한다면, Enter 키를 눌러서 전달인자를 새로운 줄에 배치하면 도움이 된다. Mathematica는 자동으로 들여쓰기를 해서 전달인자가 속한 명령을 파악할 수 있도록 해 준다.

이러한 주가 데이터를 다르게 표현하려면 막대그래프를 사용하여 그릴 수도 있다.

```
BarChart[closingPrices[[All, 2]], ChartLabels → closingPrices[[All, 1]]]
```

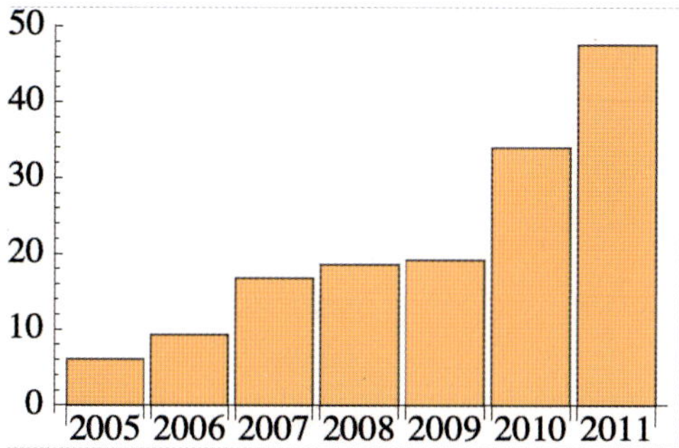

ChartLabels 대신에 **ChartLegends**를 사용하면 막대그래프의 오른쪽에 해당 연도가 표시된다.

수학 데이터

지금까지의 예는 수치 데이터의 출력 방법에 초점을 맞추고 있었지만, 데이터 집합 중에는 **PolyhedronData**처럼 그래픽 출력을 제공하는 것도 있다. 이 명령을 사용하면 순수 데이터 대신 그래픽 객체를 반환한다.

```
PolyhedronData["Dodecahedron"]
```

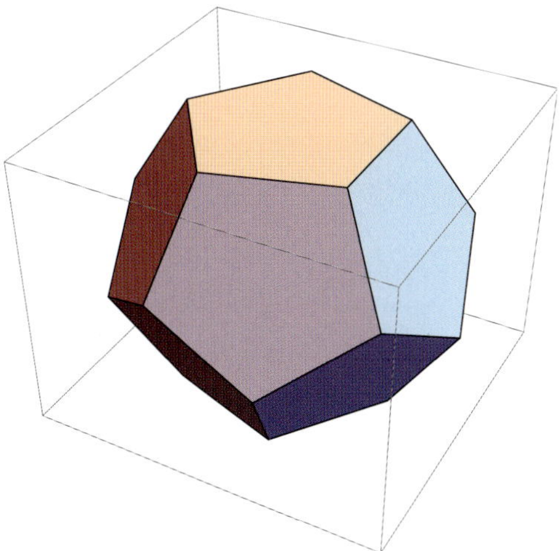

이 객체는 다른 삼차원 그래픽이나 그림과 같이 상호작용을 할 수 있어서, 회전, 확대, 이동 등을 할 수 있다.

KnotData와 **GraphData**는 입력받은 객체의 영상을 보여주는 또 다른 선별 데이터 명령이다.

```
KnotData["FigureEight"]
```

다른 선별 데이터 집합과 마찬가지로 자유 형식 입력을 사용해서 데이터의 한 특성을 시각화할 수 있다. 앞의 매듭도 자유 형식 입력으로 생성할 수 있다.

display a figure eight knot

```
KnotData["FigureEight", "Image"]
```

자유 형식 입력이 함수 이름을 알려주면, 이 함수를 이용해서 데이터 집합을 탐색해 볼 수 있다. 예를 들어, 다음의 예에서 더하기 버튼을 클릭하면 그래프의 생성에 **GraphData**가 사용된 것을 알 수 있다.

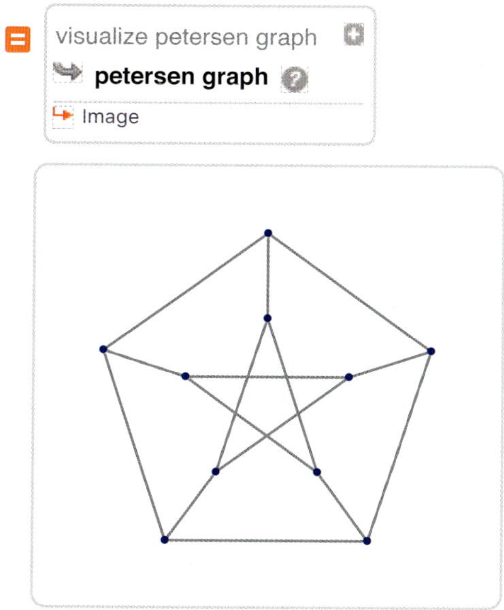

특성을 알아보는 질의를 했던 것처럼 사용 가능한 종류를 질의하면 다면체, 매듭, 그래프에 사용 가능한 다른 특성을 알 수 있다.

```
GraphData["PetersenGraph", "Classes"]
```

```
{AlmostHamiltonian, ArcTransitive, Biconnected, Bridgeless,
  Cage, ChromaticallyUnique, Class2, Connected, Cubic, Cyclic,
  DeterminedByResistance, DeterminedBySpectrum, DistanceRegular,
  DistanceTransitive, EdgeTransitive, GeneralizedPetersen, Hypohamiltonian,
  IGraph, Imperfect, Integral, Kneser, Local, MaximallyNonhamiltonian, Moore,
  Noncayley, Nonempty, Noneulerian, Nonhamiltonian, Nonplanar, Odd,
  PerfectMatching, Regular, Simple, Snark, SquareFree, StronglyRegular,
  Symmetric, Toroidal, Traceable, TriangleFree, UnitDistance, VertexTransitive}
```

선별 데이터 명령에 두 번째 전달인자를 추가하면 기본 특성 이외의 특성이 반환된다.

```
GraphData["PetersenGraph", "ComplementGraph"]
```

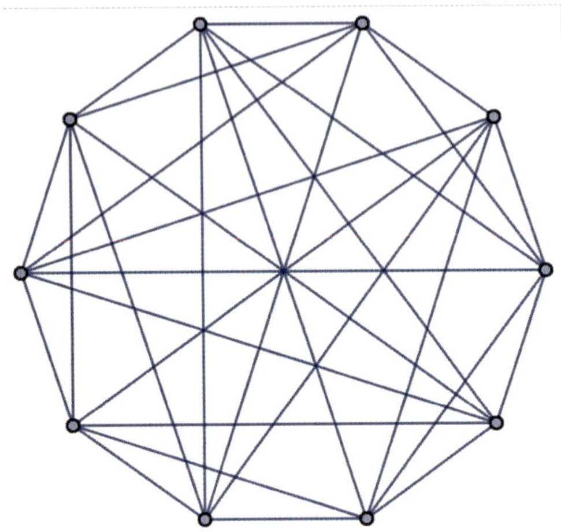

일부 자유 형식 입력 계산에서, 해당 데이터 집합에 대해 질의하는 Wolfram 언어의 함수가 존재하지 않을 수도 있다. **22장 Mathematica에서 Wolfram|Alpha 데이터 사용하기**에서 WolframAlpha 함수를 사용하여 해당 함수가 없는 자유 형식 입력 질의에서 더 효과적으로 Wolfram 언어를 사용하는 방법에 대해 설명한다.

지리학 데이터

CityData는 **CountryData**와 비슷한 데이터 집합이지만, 전 세계 거의 모든 도시 데이터를 포함하고 있기에 훨씬 큰 데이터 집합이다. **CityData**는 같은 이름의 도시가 여러 개 있을 수 있기에 데이터 집합에 중복성이 더욱 대두된다. **CityData**는 일반적으로 도시를 구분하기 위해서 첫 번째 전달인자로 목록을 사용해서 도시 이름과 주 혹은 국가를 명시한다.

CityData는 엄격한 구문의 필요성과 사용 용이성의 균형을 수용하는 경험적 접근을 시도한다. 예를 들어, 런던이나 파리의 인구 질의를 한다고 가정할 때, Mathematica는 사용자가 도시 이름 사례 중 가장 유명한 영국의 런던과 프랑스의 파리를 의도한 질문이라 해석한다. 첫 번째 전달인자를 목록으로 하면 사용자는 파리라는 이름의 다른 도시, 예를 들어 일리노이주의 파리를 지정할 수 있다.

```
CityData["London", "Population"]
```

8173941 people

```
CityData["Paris", "Population"]
```

2233818 people

```
CityData[{"Paris", "Illinois"}, "Population"]
```

8498 people

자유 형식 입력을 사용해서 의도하지 않은 도시의 데이터가 반환될 가능성을 줄일 수도 있다. 이 점은 자유 형식 입력이 다른 데이터와 구분하기 위한 국가나 주와 같은 추가 사양을 꽤 잘 받아들이는 것을 보여주는 예가 된다.

```
population of paris illinois
CityData[{"Paris", "Illinois", "UnitedStates"}, "Population"]
```

8498 people

CityData가 제공하는 여러 가지 흥미로운 특성으로 도시의 좌표를 나타내는 위도와 경도, 그리고 도시의 고도 등이 있다.

```
CityData[{"Chicago", "Illinois", "UnitedStates"}, "Coordinates"]
```

{41.8376, –87.6818}

```
CityData[{"Chicago", "Illinois", "UnitedStates"}, "Elevation"]
```

179 m

```
CityData[{"Boston", "Massachusetts", "UnitedStates"}, "Elevation"]
```

14 m

자유 형식 입력의 자연어 처리는 두 가지의 정보를 비교할 수도 있다. 예를 들어, 자유 형식 입력으로 두 도시의 고도를 비교할 수 있다.

```
elevation of boston massachusetts versus the elevation of chicago illinois

{CityData[{"Boston", "Massachusetts", "UnitedStates"}, "Elevation"],
  CityData[{"Chicago", "Illinois", "UnitedStates"}, "Elevation"]}
```

{14 m , 179 m}

> 자유 형식 입력의 구문분석기는 매우 유연해서, 앞의 예에서 "versus" 대신에 사용한 "vs."를 문제 없이 인식한다.

몇몇 데이터 명령은 전달인자를 통해서 질의할 데이터의 그룹을 받을 수 있다. 이 방법을 사용하면 불필요한 데이터까지 불러온 후 필터 기술을 사용하여 관심 있는 데이터만 검색할 수 있다. 예를 들어, **CityData**에 **Large**를 사용하여 한 지역의 큰 도시를 모두 찾아보자. 이때 큰 도시는 인구 10만 이상의 도시로 정의하고 있다.

```
CityData[{Large, "Illinois", "UnitedStates"}]
```

{Chicago, Aurora, Rockford, Joliet, Naperville, Springfield, Peoria, Elgin}

> **Select**를 이용하여 데이터를 필터링하면 보다 정밀한 제어를 할 수 있지만, 앞선 예에서 사용한 접근법이 사용하기에 더 쉽다. 예를 들어, **Select**를 사용하면 인구 5만 이상의 도시, 인구 50만 이상의 도시, 인구 712,684명 이상의 도시처럼 자신의 프로젝트에 필요한 효율적인 제어가 가능하다.

과학 기술 데이터

ChemicalData, **ElementData**, **GenomeData**, **ProteinData**와 같은 명령은 추가적인 데이터를 찾거나 도움을 구하기 위해 작업 흐름을 흩뜨리지 않고도 풍부한 정보를 제공해 준다.

수많은 화학물질과 해당 특성을 이용할 수 있다.

```
Short[ChemicalData[All]]
```

{liquid hydrogen, hydrogen, deuterium hydride, liquid helium, helium, deuterium, tritium deuteride, lithium, lithium hydride, lithium deuteride, beryllium, boron, beryllium hydride, diamond, activated charcoal, graphite, carbon-13, ≪44 056≫, 1-16:0-lysophosphatidylcholine, 1-18:0-lysophosphatidylcholine, 2-hydroxylaminobenzoate, 1-carboxymethylpyridinium, adenosylcobinamide-gdp, 1-18:1-lysophosphatidylcholine, 1-18:2-lysophosphatidylcholine, ubiquinol-6, o-sinapoylcholine, polymyxin b sulfate, 3-hexaprenyl-4-hydroxybenzoate, 1-16:0-2-18:1-phosphatidylcholine, n-methylvaline, isowillardiine, 7-methylinosine, DL-glyceraldehyde dimer}

```
Length[ChemicalData["Properties"]]
```

100

```
ChemicalData["Caffeine", "MoleculePlot"]
```

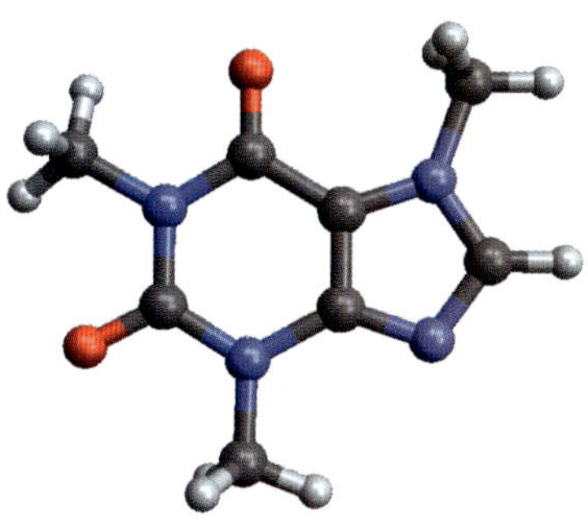

ElementData는 원소나 원소 그룹의 정보를 찾을 때 사용한다.

```
ElementData["Gold", "MolarVolume"]
```

0.0000102 m^3/mol

```
ElementData["NobleGas"]
```

{helium, neon, argon, krypton, xenon, radon, oganesson}

선별 데이터 집합에서 사용할 수 있는 원소의 목록을 탐색하는 것과 마찬가지로 유사한 명령으로 사용할 수 있는 원소 그룹의 목록을 찾아볼 수 있다.

```
Short[ElementData["Groups"]]
```

{actinides, alkali metals, alkaline earth metals, antiferromagnetic elements, chalcogens, conductors, diamagnetic elements, f-block elements, ferromagnetic elements, gaseous elements, group 1 elements, group 10 elements, group 11 elements, group 12 elements, group 13 elements, group 14 elements, group 15 elements, group 16 elements, ≪21≫, period 1 elements, period 2 elements, period 3 elements, period 4 elements, period 5 elements, period 6 elements, period 7 elements, poor metals, radioactive elements, rare earth metals, s-block elements, semiconductors, solid elements, stable elements, super-heavy elements, synthetic elements, transition metals}

또 다른 과학 데이터 집합으로 **ProteinData**가 있는데, 27,000개가 넘는 단백질과 이와 관련한 분자 모형 및 생물학적 과정에 대한 정보를 제공한다.

```
ProteinData["SERPINA3", "MoleculePlot"]
```

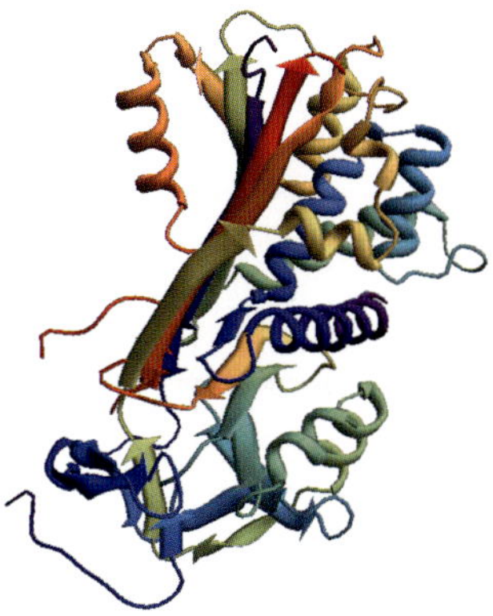

```
ProteinData["SERPINA3", "BiologicalProcesses"]
```

{AcutePhaseResponse, InflammatoryResponse, RegulationOfLipidMetabolicProcess}

GenomeData는 유전자 배열에서부터 위치 특성과 기능 특성까지, 인간 게놈에 관한 데이터를 제공한다. **GenomeLookup**은 특히 문자열 패턴을 사용하여 주어진 문자열이 있는 해당 염색체를 찾는 Mathematica의 효율적인 패턴 일치 기능을 활용한다.

```
GenomeData["ZXDB", "ProteinNames"]
```

{zinc finger, X-linked, duplicated B}

```
GenomeLookup["GATTACAGATTACAGATTA"]
```

{{{Chromosome2, 1}, {87 696 557, 87 696 575}},
{{Chromosome2, -1}, {131 142 192, 131 142 210}},
{{Chromosome4, -1}, {178 364 156, 178 364 174}}}

언어학 데이터

27개의 사전에서 단어를 찾을 뿐만 아니라 단어의 특성과 단어 사이의 관계까지 찾을 수 있는 선별 데이터 함수가 제공된다. 특정 단어, 예를 들어 *e*로 시작해서 *u*로 끝나는 모든 영어 단어를 찾을 때에는 **GenomeLookup**을 사용할 때와 마찬가지로 Mathematica의 강력한 패턴 매칭 기능이 유연하게 작동한다.

```
DictionaryLookup[{"English", "e" ~~ ___ ~~ "u"}]
```

```
{ecru, ecu, emu}
```

위의 명령은 영어에서 문자 *e*로 시작하고 문자 *u*로 끝나는 단어를 사전 검색으로 찾으라는 뜻으로 해석할 수 있다. 일렬로 늘어선 세 개의 밑줄 문자는 이 경우 임의의 길이의 문자열로 된 모든 표현을 나타낸다. 밑줄 문자를 하나만 사용하여 패턴을 명시하면 시작 문자와 끝 문자 사이에 오직 한 문자만 있는 단어와 일치한다.

프랑스어에는 이런 패턴과 일치하는 단어가 더 많이 있다.

```
DictionaryLookup[{"French", "e" ~~ ___ ~~ "u"}]
```

```
{eau, encouru, enjeu, entendu, entr'aperçu, entretenu,
  entrevu, escabeau, esquimau, essieu, eu, exclu, exigu}
```

WordTranslation 함수는 한 언어의 단어를 받아서 다른 언어로 번역해 준다. 여러 단어로 번역할 수 있다면, 이들을 목록의 형태로 반환한다.

```
WordTranslation["enjeu", "French" → "English"]
```

```
{stake, wager}
```

WordTranslation은 단어를 한 언어에서 다른 언어로 번역하는 것 외에도, 전달인자에 **All**을 받아서 가능한 모든 언어로 한번에 번역을 할 수 있다.

```
WordTranslation["enjeu", "French" → All]
```

⟨| English → {stake, wager},
Spanish → {apuesta, estaca, interés, poste, apostar},
Portuguese → {aposta, estaca, parte, participação, poste, apostar, arriscar},
Japanese → {杙, 杭, 棒杙, 棒杭, 火刑, 賭す, 賭ける, 賭する, 利害関係},
German → {Anteil, Bedeutung, Einsatz, Pfahl, Wette, wetten}, Italian →
{interesse, palo, picchetto, posta, quota, scommessa, scommettere}, Dutch →
{aandeel, belang, inzet, paal, staak, weddenschap, wedden, verwedden},
Swedish → {andel, insats, intresse, påle, stake, stolpe, vad, slå vad},
Latin → {palus, talea} |⟩

관련 함수 **LanguageIdentify**를 사용하여 특정 단어 또는 구가 속한 해당 언어를 확인할 수 있다.

```
LanguageIdentify["enjeu"]
```

French

선별 데이터를 사용하여 관계성 시각화하기

선별 데이터 집합이 Mathematica에서 어떻게 작동하는지 이해하면 데이터 집합을 시각화하여 데이터 집합의 관계를 확인할 수 있다. 이 장의 도입부에서 사용한 예는 특정 국가의 휴대전화기의 수와 인구의 비율을 살펴보았다. **Table** 명령을 사용하여 수치 대신에 기호값의 목록에 반복자를 적용하여 관심 사항의 데이터 집합을 만들 수 있다.

먼저 이용할 수 있는 모든 국가의 목록을 생성한다.

```
listOfAllCountries = CountryData[All];
```

이제 **Table**을 이용해서 국가의 이름과 1인당 휴대전화 보유량의 쌍으로 이루어진 목록을 생성한다.

```
results = Table[{i, CountryData[i, "CellularPhones"] / CountryData[i, "Population"]},
      {i, listOfAllCountries}];
results[[40 ;; 50]]
```

```
{{ Chad , 0.145207 per person },
 { Chile , 0.834887 per person }, { China , 0.469844 per person },
 { Christmas Island , Missing[NotApplicable] ( 1/1513 per person )},
 { Cocos Keeling Islands , Missing[NotApplicable] ( 1/550 per person )},
 { Colombia , 0.848149 per person }, { Comoros , 0.121126 per person },
 { Cook Islands , Missing[NotApplicable] ( 1/10134 per person )},
 { Costa Rica , 0.383082 per person },
 { Croatia , 1.34552 per person }, { Cuba , 0.0295182 per person }}
```

위의 결과에서 확인 할 수 있듯이 일부 국가는 완벽한 정보를 갖추고 있지 않으므로 **Missing[NotAvailable]**로 불완전한 정보를 대신하는 것을 확인할 수 있다. 위의 예는 데이터 집합의 샘플만을 출력하여 결측값을 표시하지 않을 가능성이 있는 **Short**를 사용하지 않고, **Part** 명령을 사용하여 출력에 결측값이 있는 것을 알 수 있도록 했다.

예를 들어, 휴대 전화 사용자 수를 공개하지 않은 국가가 있고, 해당 국가를 통계 계산에서 제외해야할 때 **Missing[NotAvailable]**을 사용하면 도움이 된다. 두 개의 원소를 사용하여 필터링할 때, 두 번째 원소는 **Quantity**를 머리로 하는 실수인 원소로 지정하면 두 번째 원소가 **Missing[NotAvailable]**인 항목은 모두 삭제된다.

```
results = Cases[Table[{i, CountryData[i, "CellularPhones"] / CountryData[i, "Population"]},
        {i, listOfAllCountries}], {_, _Quantity}];
results[[40 ;; 50]]
```

```
{{China, 0.469844 per person},
 {Colombia, 0.848149 per person}, {Comoros, 0.121126 per person},
 {Costa Rica, 0.383082 per person}, {Croatia, 1.34552 per person},
 {Cuba, 0.0295182 per person}, {Cyprus, 0.881508 per person},
 {Czech Republic, 1.29863 per person}, {Denmark, 1.21905 per person},
 {Djibouti, 0.117842 per person}, {Dominica, 1.36149 per person}}
```

생성한 데이터 집합을 이제 해당 비율의 그래프로 나타내어주는 **ListPlot**과 같은, 다른 Mathematica 명령과 함께 사용할 수 있다.

```
ListPlot[results[[All, 2]]]
```

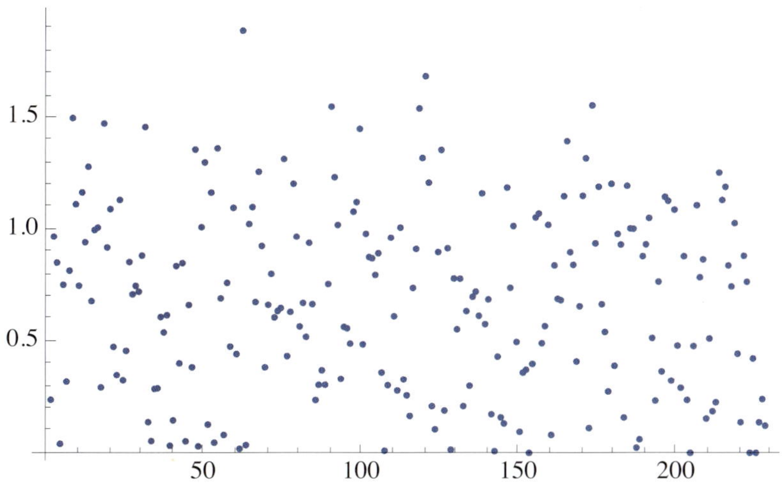

휴대전화 보급률과 인구 사이의 상관관계가 눈에 바로 보이지 않는데, 실제 인구 대비 휴대전화 수를 그려보면 더 흥미로울 수도 있다.

```
popVsPhones = Table[{CountryData[i, "Population"], CountryData[i, "CellularPhones"]},
        {i, listOfAllCountries}];
ListPlot[popVsPhones, PlotRange → All, ImageSize → 300]
```

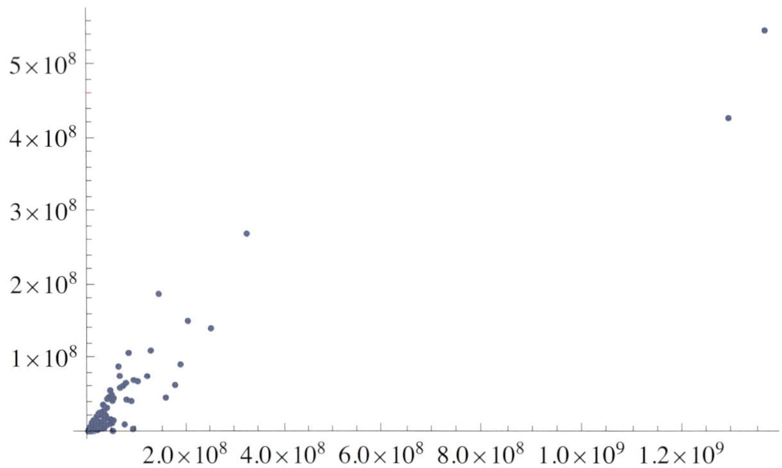

ListPlot은 앞에서 누락된 값을 제거하려고 쓴 방법과 유사한 방법으로 데이터를 필터링하여 숫자가 아닌 값을 무시하므로, 이 경우에는 굳이 누락 된 값을 별도로 필터링할 필요가 없다.

새로 생성된 그래프는 데이터 집합의 이상값을 이해하기 훨씬 쉽게 되어 있지만, 이상값을 즉시 확인할 수 있으면 더 바람직하다. 다행히도 **Tooltip**이라는 명령은 표현식에 마우스 포인터가 위치하면 팝업창에 표현식과 라벨의 두 개의 전달인자를 취한다. 아래의 스크린 샷에서 **Tooltip**의 예를 확인할 수 있다.

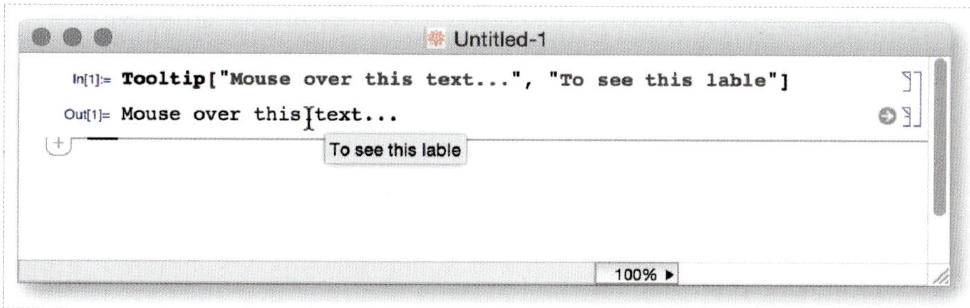

다음 예에서 **ListPlot**에 **Tooltip**으로 둘러싸인 데이터 집합을 전달인자로 넘기는 것처럼, Wolfram 언어는 데이터 집합을 아주 쉽게 **Tooltip**으로 둘러쌀 수 있도록 설계되어 있다.

```
popVsPhones = Table[
    Tooltip[{CountryData[i, "Population"], CountryData[i, "CellularPhones"]}, i],
    {i, listOfAllCountries}];
ListPlot[popVsPhones, PlotRange → All, ImageSize → 300]
```

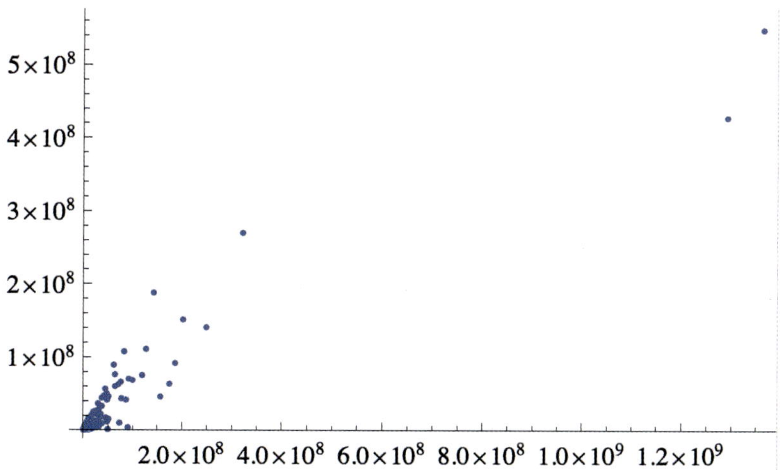

낮은 인구에서 데이터가 뭉쳐있어서 인구와 휴대전화 보급 사이의 관계를 파악하기 어렵다. 데이터에서 인구가 2천만 명 이상인 국가만을 고르면 데이터를 더욱 효율적으로 분석할 수 있다. 아래의 **filter** 명령은 **QuantityMagnitude** 함수를 이용해서 단위를 없앤 후 부등식을 이용해서 바로 값을 비교하는 방법을 사용하고 있다.

```
filter[x_] := QuantityMagnitude[CountryData[x, "Population"]] > 2*10^7
listOfCountries = Select[CountryData[All], filter];
results = Table[
        Tooltip[{CountryData[i, "Population"], CountryData[i, "CellularPhones"]}, i],
        {i, listOfCountries}];
ListPlot[results, PlotRange → All, ImageSize → 300]
```

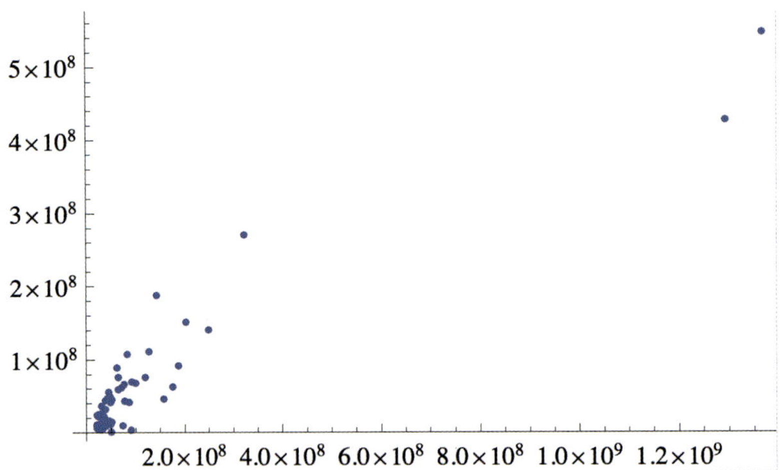

데이터 필터링 함수는 더 넓거나 더 좁은 범위의 국가를 고르도록 변경할 수 있다. 예를 들어, 연간 국내총생산이 1천억(10^{11})에서 1조(10^{12}) 미국 달러 사이에 속하는 국가만 표시하면 인구와 휴대 전화 보급의 더욱 강한 상관관계를 볼 수 있다.

```
filter[x_] := 10^11 ≤ QuantityMagnitude[CountryData[x, "GDP"]] ≤ 10^12
listOfCountries = Select[CountryData[All], filter];
results = Table[
    Tooltip[{CountryData[i, "Population"], CountryData[i, "CellularPhones"]}, i],
    {i, listOfCountries}];
ListPlot[results, PlotRange → All, ImageSize → 300]
```

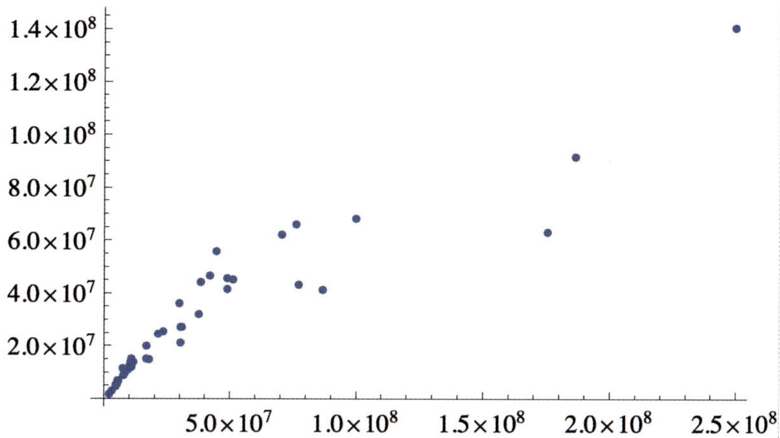

선별 데이터로 표 생성하기

Mathematica의 **TraditionalForm**은 다차원 목록을 자동으로 이차원으로 배치해주며, 일반적으로 이런 출력이 바람직하다.

```
TraditionalForm[{{{1, 2, 3}, {4, 5, 6}}, {{7, 8, 9}, {10, 11, 12}}, {{13, 14, 15}, {16, 17, 18}}}]
```

$$\begin{pmatrix} \{1, 2, 3\} & \{4, 5, 6\} \\ \{7, 8, 9\} & \{10, 11, 12\} \\ \{13, 14, 15\} & \{16, 17, 18\} \end{pmatrix}$$

TableForm을 데이터 집합의 행과 열을 시각화하는데 이용할 수 있지만, **TraditionalForm**이 중첩된 구조 목록의 시각화에 더 좋은 방법이다.

더욱 꼼꼼한 형식 지정이 필요한 경우 **Row**, **Column**, **Grid** 등의 함수를 사용하여 지정된 배치 지시자에 따라 출력을 정돈 할 수 있다. 이들 명령은 데이터, 문자열, 목록, 그래픽 등의 표현을 모두 받을 수 있다.

Row 명령은 전달인자에 목록을 받아서 한 행에 표시한다.

```
Row[{"item 1", "item 2", "item 3"}]
```

item 1item 2item 3

별다른 지시가 없다면, 모든 항목이 빈 공간 없이 딱 붙어서 표시된다. 빈 공간을 명시적으로 넣으면 이를 수정할 수 있는데, **Spacer** 명령을 이용하면 이러한 작업을 쉽게 할 수 있다.

```
Row[{"item 1", Spacer[20], "item 2", Spacer[5], "item 3"}]
```

item 1   item 2 item 3

원소의 간격이 일정하다면, **Spacer** 명령을 원소 사이에 넣는 대신에 **Row** 명령의 두 번째 전달인자로 줄 수 있다.

```
Row[{"item 1", "item 2", "item 3"}, Spacer[10]]
```

item 1   item 2   item 3

Column 명령은 단일 목록을 받아서 각 원소를 별도의 행에 표시하는 방식으로, 목록을 열로 표시한다.

```
Column[{"item 1", "item 2", "item 3"}]
```

item 1
item 2
item 3

각 원소가 모두 별도의 행에 위치하므로 **Row**에서와 같이 읽기 좋도록 원소의 간격을 조절할 필요가 없다. 그럼에도 불구하고, **Column**은 원소 사이의 간격을 조절할 수 있도록 선택적으로 두 번째 원소를 허용한다.

```
Column[{"item 1", "item 2", "item 3"}, Spacings → 3]
```

item 1

item 2

item 3

다차원 배치가 필요한 상황에서는 **Grid**를 사용할 수 있다. **Grid**는 각 하위 목록이 행에 해당하고, 하위 목록의 각 원소가 열에 해당하는 중첩 목록을 전달인자로 받는다. 복잡한 격자 배치를 생성한다면, 전달인자를 실제 표시되는 방식대로 정렬하여 무엇이 어디로 갈지 파악하는 데 도움이 된다.

```
Grid[{
    {"item 1", "item 2"},
    {"item 3", "item 4"}
  }]
```

item 1 item 2
item 3 item 4

Grid는 많은 선택 사항을 제공하며 문서 센터에서 이들을 찾아볼 수 있다. 자주 사용하는 선택 사항으로 **Frame**이 있으며, 격자의 각 원소 주위에 테두리를 그리는 데 사용한다.

```
Grid[{
    {"item 1", "item 2"},
    {"item 3", "item 4"}
  }, Frame → All]
```

item 1	item 2
item 3	item 4

Frame → All은 **Grid**, **Row**, **Column**에 모두 사용할 수 있다.

Grid는 모든 종류의 내용물을 정렬하는 데 사용할 수 있는 범용적인 함수인 반면, **TextGrid**는 문자열의 정렬을 위해 설계된 함수에서 텍스트의 배치에 유용한 행의 줄 바꿈 및 형식에 대한 기본 선택 사항을 사용할 수 있다.

```
TextGrid[{
    {"item 1", "item 2"},
    {"item 3", "item 4"}
  }, Frame → All]
```

item 1	item 2
item 3	item 4

값으로 채워진 표를 생성한다면, **Grid**를 사용해서 이 값을 멋지게 표현할 수 있다. 표를 생성한 다음, 표 머리 앞에 항목 이름을 추가해서 첫 번째 행으로 표시할 수 있으며, 마지막으로 **TraditionalForm**으로 둘러싸면, 심미적으로 만족스러운 출력을 볼 수 있다.

```
f[x_] := x^2
values = Table[{i, f[i]}, {i, 1, 10, 1}];
PrependTo[values, {"x", "x^2"}];
TraditionalForm[Grid[values, Frame → All]]
```

x	x^2
1	1
2	4
3	9
4	16
5	25
6	36
7	49
8	64
9	81
10	100

시각화하거나 응용 프로그램을 만들 때, 시연하는 데이터에 관한 추가 정보를 나타내거나 라벨에 사용할 문자열을 수칫값, 그래픽 등과 섞어서 사용하는 일이 흔하다. 아래의 예는 **Row** 명령을 이용해서 사용자 정의 라벨과 **ChemicalData**로부터 구한 값을 배치하고 있다.

```
Row[{"Molecular weight:", Spacer[10],
   ChemicalData["Caffeine", "MolecularMass"]}]
```

Molecular weight: 194.19 u

Row와 **Column** 함수를 함께 이용해서 화학 구조와 화학 물질명, 그리고 데이터와 글이 뒤섞인 4행짜리 출력을 생성할 수 있다.

```
TraditionalForm[Column[{
    ChemicalData["Caffeine", "Name"],
    Row[{"Molecular weight:", Spacer[10],
       ChemicalData["Caffeine", "MolecularWeight"], Spacer[5],
       ChemicalData["Caffeine", "MolecularWeight", "Units"]}],
    Row[{"Boiling Point:", Spacer[10],
       ChemicalData["Caffeine", "BoilingPoint"], Spacer[5],
       ChemicalData["Caffeine", "BoilingPoint", "Units"]
     }],
    ChemicalData["Caffeine", "MoleculePlot"]
  }, Frame → All]]
```

caffeine
Molecular weight: 194.191 u AtomicMassUnits
Boiling Point: — DegreesCelsius
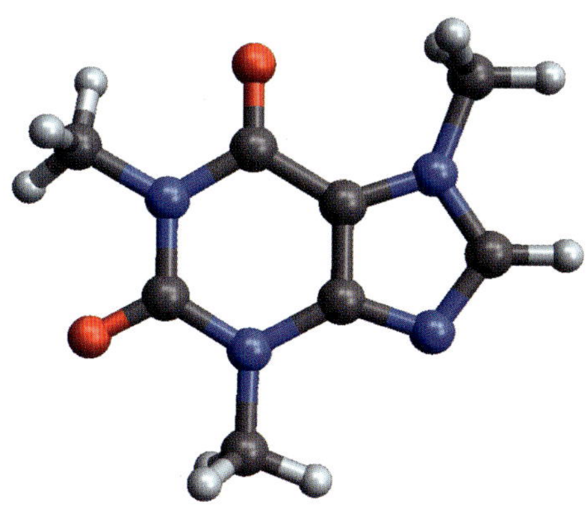

위의 출력에서 카페인의 끓는점이 빠져 있는데, **TraditionalForm**은 이를 줄표로 표시하는 것을 볼 수 있다.

지금까지의 다른 예와 마찬가지로 **Manipulate**를 사용해서 이 모형을 더욱더 흥미롭게 만들 수 있다.

```
Manipulate[
  TraditionalForm[
    Column[{
        ChemicalData[chemical, "Name"],
        Row[{"Molecular weight:", Spacer[10],
            ChemicalData[chemical, "MolecularWeight"], Spacer[5],
            ChemicalData[chemical, "MolecularWeight", "Units"]}],
        Row[{"Boiling Point:", Spacer[10],
            ChemicalData[chemical, "BoilingPoint"], Spacer[5],
            ChemicalData[chemical, "BoilingPoint", "Units"]
          }],
        ChemicalData[chemical, "MoleculePlot"]
      }, Frame → All]],
  {chemical, {"Caffeine", "Water", "Acetone", "Sucrose"}}
]
```

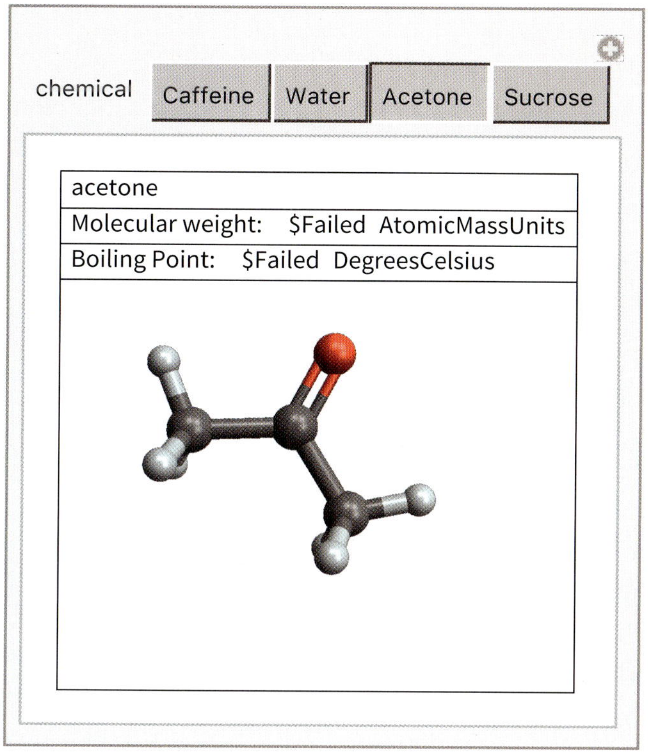

Clear를 사용하여 이 장에서 사용된 모든 변수의 값과 함수의 정의를 삭제한다.

```
Clear[results, data, closingPrices, listOfAllCountries, popVsPhones, filter, f, values]
```

정리

이 장은 수조 개의 선별 데이터를 제공하는 Wolfram Knowledgebase를 이용하는 일반적인 과정을 소개했다. 이들 데이터는 자유 형식 입력과 Wolfram 언어의 명령을 이용해서 접근 할 수 있다. 데이터는 바로 계산에 활용할 수 있는 형태로 제공되며 시각화하거나 프로그램을 만드는 데 이용할 수 있다. 다음 장에서는 **WolframAlpha** 명령을 사용하여 더욱 선별된 데이터와 특화된 기능을 사용하여 이번 장에서 배운 방법을 한층 확장한다.

연습 문제

1. 자유 형식 입력을 이용해서 염산(hydrochloric acid)에 질산(nitric acid)을 추가하여 얻은 분자량(molecular weight)을 구하여라.
2. 자유 형식 입력을 이용해서 미국(United States)에서 가장 높은 곳의 고도(highest elevation)에서 캐나다(Canada)에서 가장 높은 곳의 고도를 뺀 값을 구하여라.
3. 자유 형식 입력을 이용해서 1989년 2월 25일(February 25, 1989) 오전 9시 시카고(Wind City)의 온도(temperature)를 구하여라.
4. 자유 형식 입력을 이용해서 치킨 샌드위치(chicken sandwich)와 탄산음료(soda)를 먹었을 때의 영양가(nutritional value)를 구하여라.
5. Wolfram 언어를 사용해서 벤젠 화합물(chemical benzene)의 끓는점(boiling point)을 구하여라.
6. Wolfram 언어를 이용해서 다음과 같은 두 줄짜리 문장으로 이루어진 프로그램을 작성하여라. 첫 번째 줄에서 변수 **bp**를 생성하여 벤젠(benzene), 에탄올(ethanol), 클로로포름(chloroform), 디에틸아민(diethylamine), 펜탄(pentane)의 끓는점을 저장하고, 첫 문장의 출력은 감춘다. 두 번째 줄에서는 끓는점을 오름차순으로 정렬한다.
7. Wolfram 언어를 사용해서 2000년 1월 1일부터의 마이크로소프트(종목 코드: MSFT) 폐장 시세를 구하여 날짜 목록 그래프로 나타내어라. 모든 점을 실선으로 연결하고 아랫부분을 색으로 칠하도록 그래프의 선택 사항을 조절하여라.
8. 연습 문제 7의 표현을 이용해서 사우스웨스트 항공(LUV), 델타 항공(DAL), 유나이티드 항공(UAL), 아메리칸 항공(AAL)의 주식을 고를 수 있는 대화형 모형을 만들어라. 네 회사의 주식거래량을 비교하기 쉽도록 그래프의 범위를 0부터 80까지 설정할 수 있는 선택 사항을 추가하여라.
9. **Manipulate**와 **CountryData**를 이용해서 사용자가 아시아(Asia)의 국가를 선택해서 해당 국기(flag)를 볼 수 있는 대화형 모형을 생성하여라.
10. **GenomeLookup**를 이용해서 유전자 배열 "GGGTATAGGGTATAGAT"가 나타나는 염색체를 찾아라.

22장

Mathematica에서 Wolfram|Alpha 데이터 사용하기

소개

이전 장에서 자유 형식 입력을 사용해서 Wolfram Knowledgebase에 질의하여 자료를 얻는 방법과 막대한 양의 데이터에서 정식 선별 데이터 명령을 이용해서 정확한 결과를 추출하는 방법을 살펴보았다. 이 장에서는 **WolframAlpha** 명령을 이용해서 데이터를 질의하는 세 번째 방법을 설명한다.

정식 선별 데이터에 사용할 명령이 아직 생성되지 않았더라도 **WolframAlpha** 명령을 사용해서 데이터에 접근할 수 있으며, 바로 계산에 이용할 수 있는 구조화된 형태의 데이터로 결과를 받을 수 있다. 자유 형식 입력 및 명명된 선별 데이터 명령과 마찬가지로 **WolframAlpha** 명령도 작동을 위해서 인터넷 연결이 필요하다.

WolframAlpha 명령어

WolframAlpha 명령의 가장 간단한 문법은 원하는 질의를 표현하는 문자열 하나만을 받는다. **WolframAlpha** 함수가 반환하는 결과는 Wolfram|Alpha 웹사이트에서 나타나는 것과 같다. 이를테면 일반적인 질의를 주면, 많은 정보가 포함된 결과를 얻을 것이고, 구체적인 질의를 하면 단일 결과를 반환하지만 관련된 다양한 결과를 함께 표시한다. 다음은 일반적인 질의의 한 예이다.

WolframAlpha["caffeine"]

Assuming "caffeine" is a chemical compound
Use as a word or a movie instead

Input interpretation:

caffeine

Chemical names and formulas »

Structure diagram »

3D structure: Show space filling

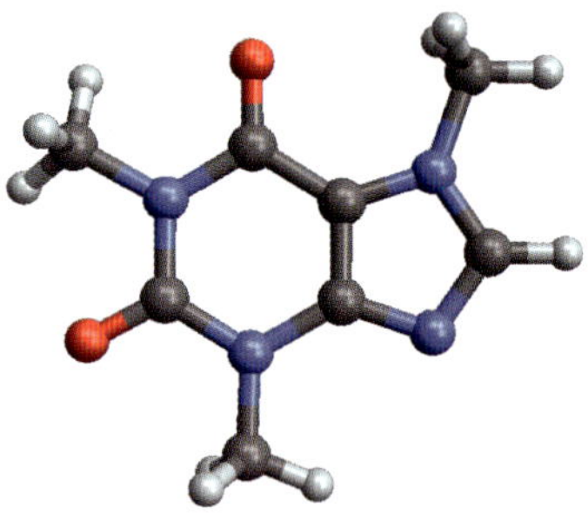

Basic properties »

Hydrophobicity and permeability properties »

Basic drug properties »

Solid properties (at STP) »

Thermodynamic properties »

Chemical identifiers »

NFPA label »

Safety properties »

Toxicity properties »

WolframAlpha

두 번째 전달인자를 사용해서 출력을 원하는 형태로 변경하거나, 더욱 구체적인 정보를 얻을 수 있다. 예를 들어, 전달인자로 **"PodIDs"**를 넘기면 특정 질의에 대해서 반환받을 수 있는 모든 포드(pod)에 대한 정보를 얻을 수 있으며, 후에 이 정보를 활용해서 이 포드에 포함된 데이터를 요청할 수 있다.

```
WolframAlpha["caffeine", "PodIDs"]
{Input, ChemicalNamesFormulas:ChemicalData,
  StructureDiagramPod:ChemicalData, 3DStructure:ChemicalData,
  Basic:ChemicalData, HydrophobicityPermeabilityProperties:ChemicalData,
  DrugNamesProperties:ChemicalData,
  SolidProperties:ChemicalData, Thermodynamics:ChemicalData,
  ChemicalIdentifiers:ChemicalData, NFPALabel:ChemicalData,
  SafetyProperties:ChemicalData, ToxicityProperties:ChemicalData}
```

```
WolframAlpha["caffeine", {"StructureDiagramPod:ChemicalData"}]
{{{StructureDiagramPod:ChemicalData, 0}, Title},
  {{StructureDiagramPod:ChemicalData, 0}, Scanner},
  {{StructureDiagramPod:ChemicalData, 0}, ID},
  {{StructureDiagramPod:ChemicalData, 0}, Position},
  {{StructureDiagramPod:ChemicalData, 1}, Input},
  {{StructureDiagramPod:ChemicalData, 1}, Cell},
  {{StructureDiagramPod:ChemicalData, 1}, Content},
  {{StructureDiagramPod:ChemicalData, 1}, Image},
  {{StructureDiagramPod:ChemicalData, 1}, DataFormats}}
```

최하층에 도달하면, 특정 포드에 담긴 특정 데이터를 검색할 수 있다.

```
WolframAlpha["caffeine", {{"StructureDiagramPod:ChemicalData", 1}, "Image"}]
```

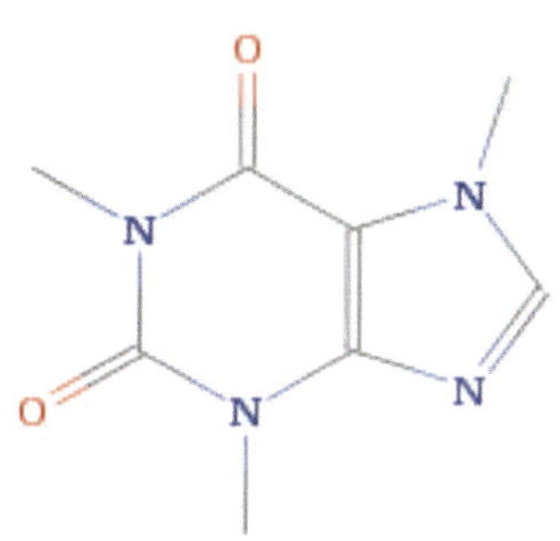

> **ChemicalData**와 같은 정식 선별 데이터 명령을 이용할 때는 대문자로 시작하는 전달인자를 사용해야 한다. 하지만 **WolframAlpha** 명령은 자유 형식 입력을 지원하므로 "caffeine"과 같이 소문자로 입력할 수 있고, 심지어 어느 정도까지는 철자 오류를 처리할 수도 있다.

Wolfram|Alpha의 결과에서 가장 정확한 정보를 끌어내는 방법은 **WolframAlpha** 명령에서 포드 ID 및 내용 설명자를 지정하는 것이지만, 그 외에도 데이터를 가져오는 방법이 몇 가지 있다. 예를 들어, 자유 형식 입력을 이용한 질의는 종종 주황색 더하기 버튼이 달린 결과를 반환하며 이 버튼을 클릭하면 확장된 결과를 얻을 수 있다.

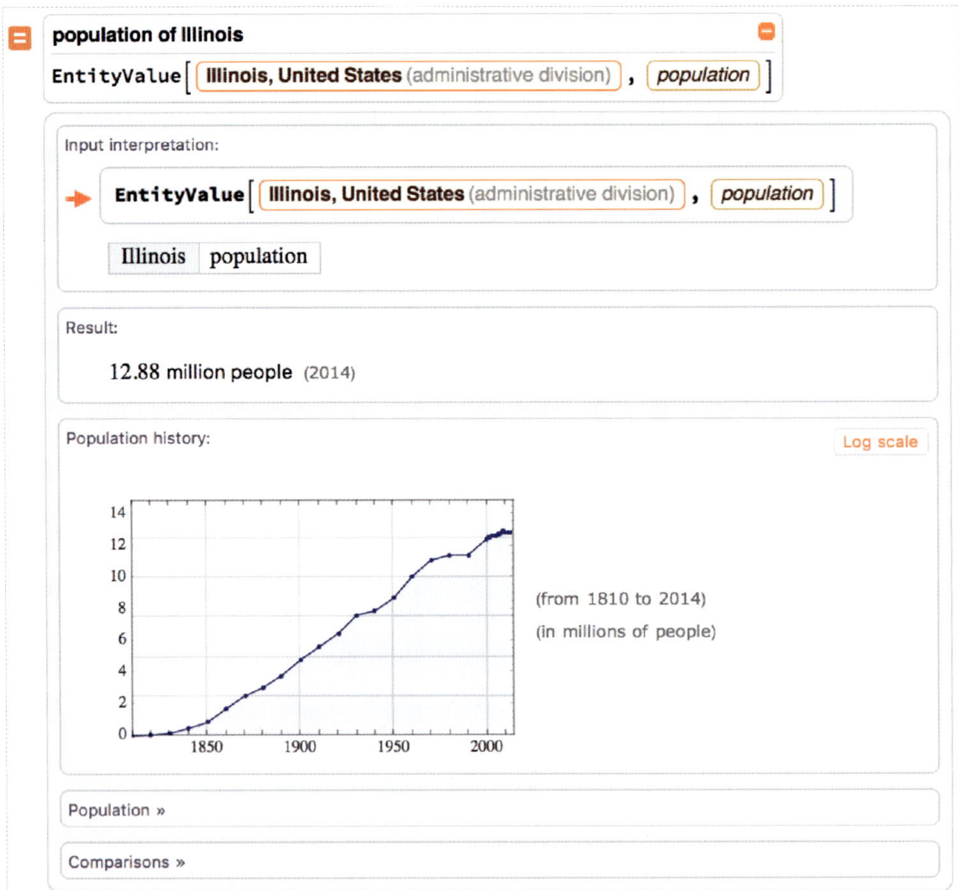

12 880 580 people

WolframAlpha 명령을 이용해서 포드의 모든 데이터를 추출할 수 있지만, 포드를 마우스 오른쪽 버튼으로 클릭하면 데이터를 다양한 방법으로 복사할 수 있는 메뉴를 볼 수 있다. 데이터 형식은 포드에 표시되는 정보의 종류에 따라 다르다. 예를 들어, 인구의 시계열 그래프를 마우스 오른쪽 버튼으로 클릭하면 다른 명령에 붙여넣어서 사용할 수 있도록 시계열 데이터를 복사할 수 있다.

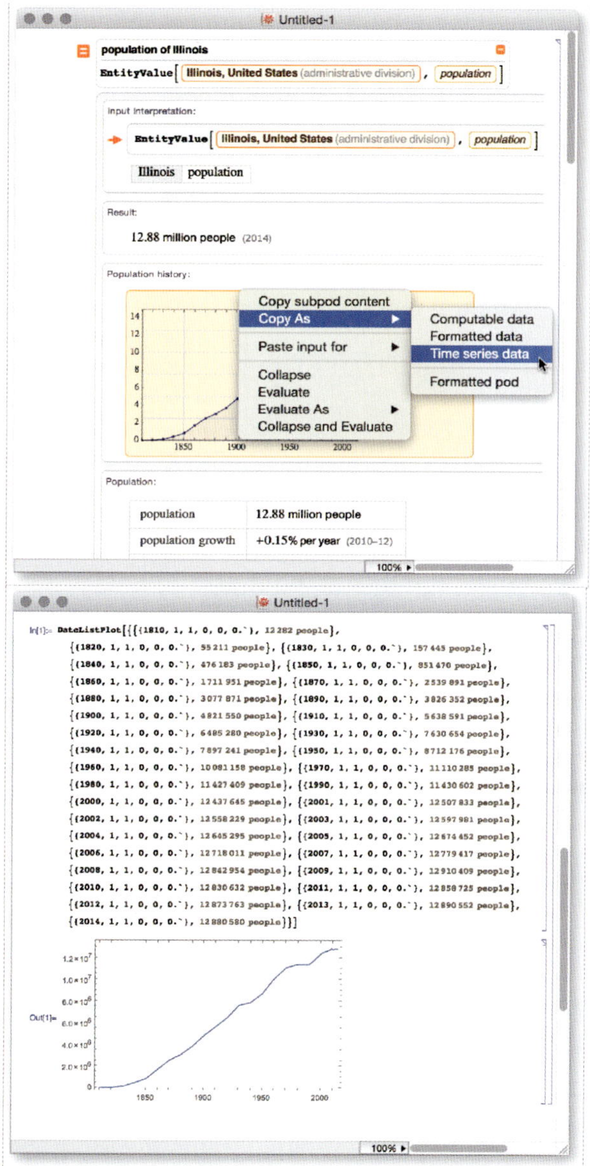

Wolfram|Alpha 결과를 마우스 오른쪽 버튼으로 클릭하면 볼 수 있는 또 다른 유용한 기능으로 **Paste input for** 메뉴가 있다. 메뉴의 항목에서 Subpod content를 고르면, 해당하는 부분의 데이터를 검색할 수 있는 **WolframAlpha** 명령의 문법을 붙여넣는다.

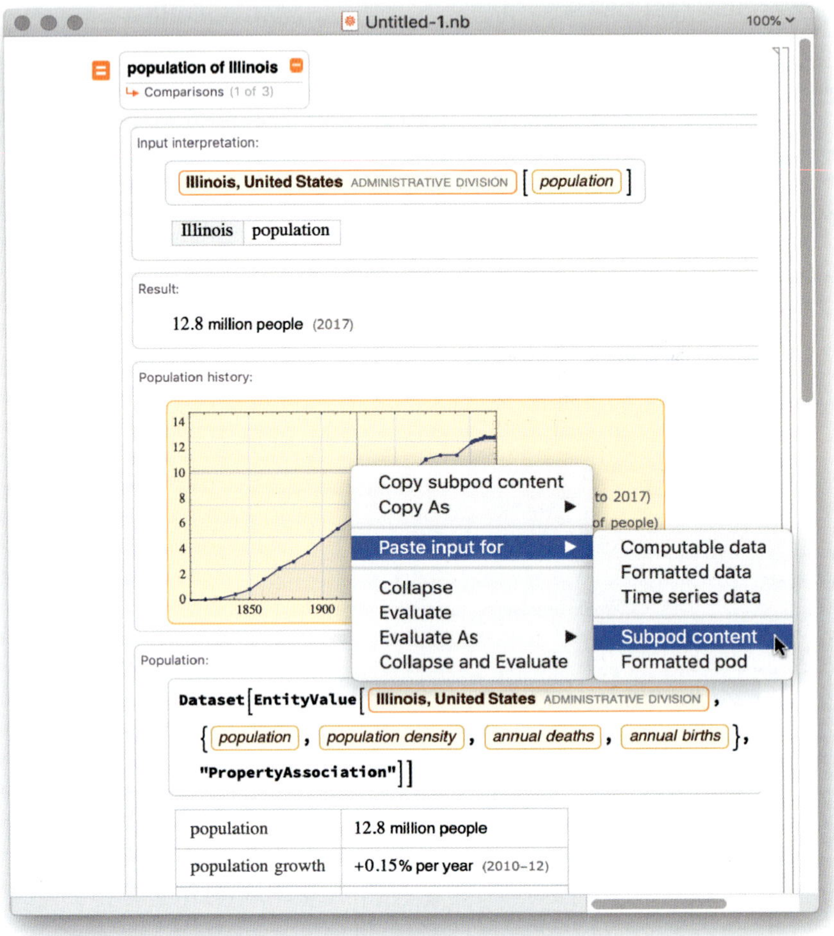

Paste input for 메뉴에서 찾을 수 있는 다른 항목은 Formatted pod로 전체 결과에 들어 있는 형식화된 포드를 독립된 형태로 부를 수 있는 **WolframAlpha** 명령을 붙여넣어 준다.

WolframAlpha["population of Illinois", {{"History:Population:USStateData", 1}, "Content"}]

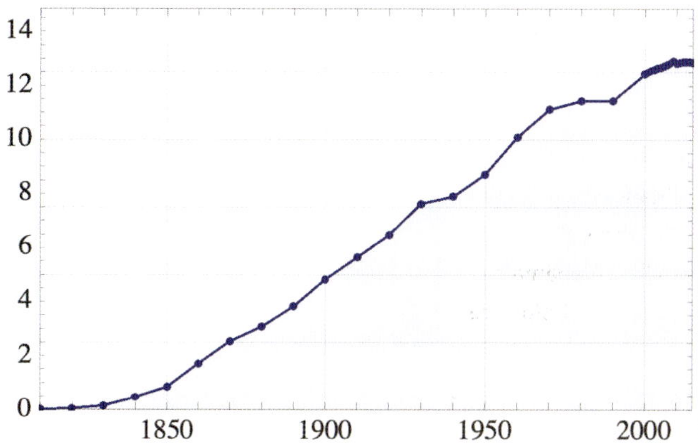

(from 1810 to 2015)

(in millions of people)

형식화된 포드는 시계열 데이터 위로 마우스를 움직일 때 그래프 위로 추적자를 보여주는 것과 같은 상호작용 기능을 그대로 유지한다.

> 결과를 검색하는데 자유 형식 입력에서 사용했던 것처럼 "population of Illinois"와 같은 문자열을 바로 사용할 수 있으므로, 첫 글자를 대문자로 바꿀 필요가 없다.

Wolfram|Alpha의 출력을 마우스 오른쪽 버튼으로 클릭하면 특정 결과를 프로그래밍 방식으로 얻을 수 있는 **WolframAlpha** 명령을 손쉽게 찾을 수 있다. 특정 종류의 데이터를 검색할 수 있는 **WolframAlpha** 명령의 문법을 확인했다면, 이 명령을 수정해서 관련 데이터를 얻는 데 활용할 수 있다. 일리노이주의 인구를 검색하는 예와 방금 논의한 방법을 활용해서, 가장 최근의 인구 데이터를 받아올 수 있는 **WolframAlpha** 명령을 쉽게 찾을 수 있다.

WolframAlpha["population of Illinois (US state)", {{"Result", 1}, "NumberData"}]

1.28×10^{7}

같은 명령을 수정해서 미주리주의 인구를 찾을 수도 있다.

WolframAlpha["population of Missouri (US state)", {{"Result", 1}, "NumberData"}]

6.114×10^{6}

논리적으로 다음 단계는 아마도 미국의 모든 주에 대해 이 명령을 적용해보는 것일 것이다. 일일이 각 주의 이름을 직접 타자하는 대신에 Wolfram|Alpha에 질의하여 데이터를 얻은 다음, 변수에 저장할 수 있다.

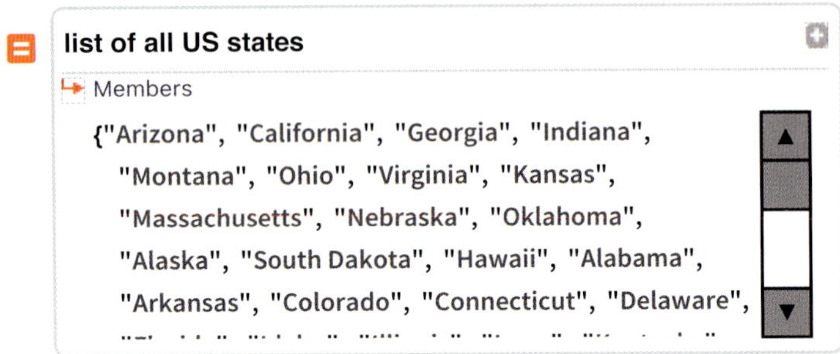

{Arizona, California, Georgia, Indiana, Montana, Ohio, Virginia, Kansas, Massachusetts, Nebraska, Oklahoma, Alaska, South Dakota, Hawaii, Alabama, Arkansas, Colorado, Connecticut, Delaware, Florida, Idaho, Illinois, Iowa, Kentucky, Louisiana, Maine, Maryland, Michigan, Minnesota, Mississippi, Missouri, Nevada, New Hampshire, New Jersey, New Mexico, New York, North Carolina, North Dakota, Oregon, Pennsylvania, RhodeIsland, SouthCarolina, Tennessee, Texas, Utah, Vermont, Washington, WestVirginia, Wisconsin, Wyoming}

```
states = {"Arizona", "California", "Georgia", "Indiana", "Montana", "Ohio",
    "Virginia", "Kansas", "Massachusetts", "Nebraska", "Oklahoma", "Alaska",
    "South Dakota", "Hawaii", "Alabama", "Arkansas", "Colorado", "Connecticut",
    "Delaware", "Florida", "Idaho", "Illinois", "Iowa", "Kentucky", "Louisiana",
    "Maine", "Maryland", "Michigan", "Minnesota", "Mississippi", "Missouri",
    "Nevada", "New Hampshire", "New Jersey", "New Mexico", "New York",
    "North Carolina", "North Dakota", "Oregon", "Pennsylvania", "RhodeIsland",
    "SouthCarolina", "Tennessee", "Texas", "Utah", "Vermont", "Washington",
    "WestVirginia", "Wisconsin", "Wyoming"};
```

계산의 출력은 언제든지 복사하여 입력에 붙여넣을 수 있다. 위의 계산에서도 단순히 자유 형식 입력의 결과를 복사해서 변수의 정의에 사용하고 있다. 미국 50개 주의 목록과 같이 변경될 가능성이 적은 목록의 값을 노트북에 직접 기록하면 자유 형식 입력 셀을 삭제해도 향후 계산에서 자유 형식 입력을 이용해서 목록을 다시 생성할 필요 없이 직접 사용할 수 있는 장점이 있다.

이 장의 앞부분에서 논의한 방법을 이용하여 각 주의 이름과 인구로 구성된 표를 **WolframAlpha** 명령을 이용해 프로그래밍 방식으로 생성할 수 있다. **<>**는 **StringJoin** 명령의 단축형으로 **WolframAlpha** 함수 호출로 전달인자를 넘기기 위해 사용한다.

```
statePopulations =
    Table[{s, WolframAlpha["population of " <> s <> " (US state)",
          {{"Result", 1}, "NumberData"}]},
     {s, states}];
```

위의 **Table** 문은 장황해 보이지만, 사실은 Wolfram|Alpha로 문자열을 보내고, 자연어를 해석하고, 목록에 쓸 결과를 반환하는 등의 여러 가지 일을 한 번에 처리하고 있다. 계산 시간은 모든 명령을 개별 질의로 처리했을 때보다 현격히 짧다. 계산 시간은 계산을 실행할 때 이용하는 인터넷 연결 속도에 좌우된다.

데이터를 알파벳 순으로 정렬해서 막대그래프로 그려보면 더욱더 흥미로운 그림을 얻을 수 있다. 몇몇 추가적인 선택사항을 이용해서 라벨을 90° 회전시켜서 막대 위에 배치하면 훨씬 효과적이다. Mathematica는 y축에 값을 표시하기 좋도록 자동으로 과학적 기수법을 적용한다.

```
statePopulations = SortBy[statePopulations, First];
BarChart[statePopulations[[All, 2]],
  ChartLabels → Placed[statePopulations[[All, 1]], Above, Rotate[#, 90 Degree] &],
  ImageSize → All]
```

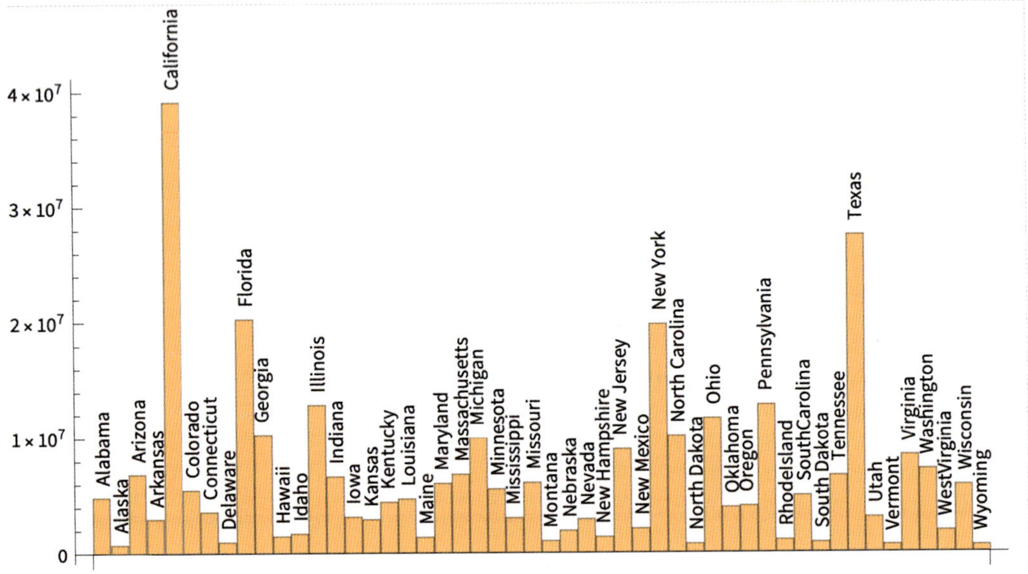

이 책에서 순수 함수를 사용하지 않을 거라고 말했지만, 이 예에서 # 기호를 사용한 순수 함수를 볼 수 있다. 이렇게 하는 것이 도표의 라벨을 회전하는 가장 쉬운 방법이기 때문이다. 문서 센터에서 순수 함수에 관한 더욱더 많은 정보를 얻을 수 있다.

앞의 두 계산은 인구에 따라서 데이터를 정렬한 후에 도표로 나타내는 일련의 계산으로 결합할 수 있다.

```
statePopulations =
    Table[{s, WolframAlpha["population of " <> s <> "(US state)",
        {{"Result", 1}, "NumberData"}]},
     {s, states}];
statePopulations = SortBy[statePopulations, Last];
BarChart[statePopulations[[All, 2]],
  ChartLabels → Placed[statePopulations[[All, 1]], Above, Rotate[#, Pi / 2] &],
  ImageSize → All]
```

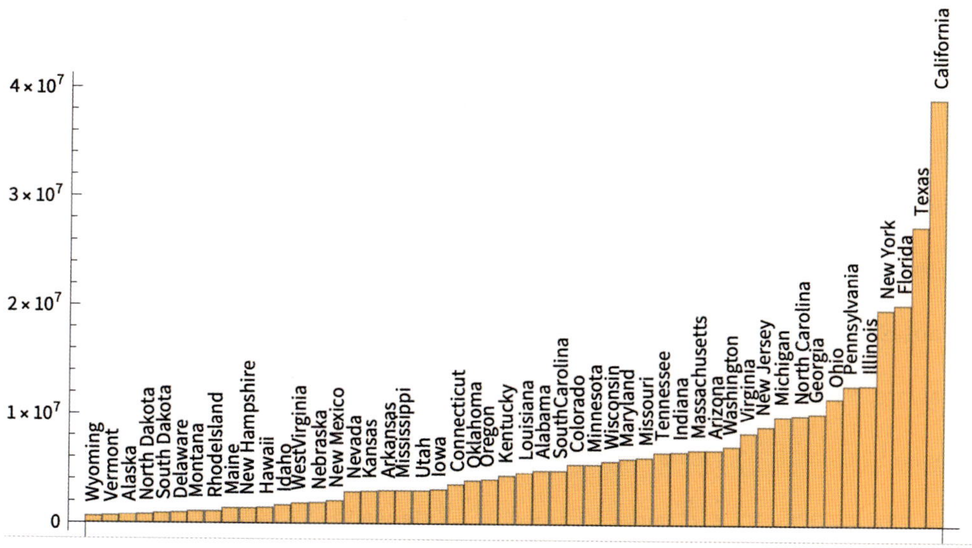

이제 시스템의 다른 모든 것과 마찬가지로 **WolframAlpha** 명령이 반환한 결과도 같은 방식으로 조작할 수 있는 Wolfram 언어로 된 식이라는 것이 분명하다. 예를 들어, 뉴욕주에 대한 자유 형식 질의의 전체 결과를 탐색해보면 교육비 항목을 발견할 수 있고, 해당 포드를 마우스 오른쪽 버튼으로 클릭하면 이 항목의 계산용 데이터를 얻는 데 필요한 명령을 찾을 수 있다.

```
WolframAlpha["New York (US state)",
  {{"EducationFunding:USStateData", 1}, "ComputableData"}]
```

{{total expenditures, $\$5.735 \times 10^{10}$}, {total revenue, $\$5.568 \times 10^{10}$},
{total debt, $\$3.053 \times 10^{10}$}, {total cash and securities, $\$9.017 \times 10^{9}$}}

Part 명령을 사용해서 1행 2열에 있는 교육 지출 총액을 추출할 수 있다. 각 주의 인구를 구하기 위해 사용했던 **Table** 문을 수정하여 각 주의 교육 지출 총액을 계산할 수 있다.

```
Table[
  {s,
    WolframAlpha[s <> " (US state)",
        {{"EducationFunding:USStateData", 1}, "ComputableData"}]〚1, 2〛},
  {s, states}]
```

{{Arizona, $9.58 × 10^9}, {California, $7.185 × 10^10}, {Georgia, $1.901 × 10^10},
{Indiana, $1.095 × 10^10}, {Montana, $1.608 × 10^9}, {Ohio, $2.226 × 10^10},
{Virginia, $1.529 × 10^10}, {Kansas, $5.816 × 10^9}, {Massachusetts, $1.484 × 10^10},
{Nebraska, $3.501 × 10^9}, {Oklahoma, $5.935 × 10^9}, {Alaska, $2.396 × 10^9},
{South Dakota, $1.262 × 10^9}, {Hawaii, $2.319 × 10^9}, {Alabama, $7.806 × 10^9},
{Arkansas, $4.981 × 10^9}, {Colorado, $8.634 × 10^9}, {Connecticut, $9.107 × 10^9},
{Delaware, $1.732 × 10^9}, {Florida, $2.887 × 10^10}, {Idaho, $2.078 × 10^9},
{Illinois, $2.687 × 10^10}, {Iowa, $5.514 × 10^9}, {Kentucky, $6.83 × 10^9},
{Louisiana, $7.936 × 10^9}, {Maine, $2.545 × 10^9}, {Maryland, $1.248 × 10^10},
{Michigan, $1.879 × 10^10}, {Minnesota, $1.101 × 10^10},
{Mississippi, $4.553 × 10^9}, {Missouri, $1.013 × 10^10}, {Nevada, $4.574 × 10^9},
{New Hampshire, $2.595 × 10^9}, {New Jersey, $2.539 × 10^10},
{New Mexico, $3.941 × 10^9}, {New York, $5.735 × 10^10},
{North Carolina, $1.484 × 10^10}, {North Dakota, $1.079 × 10^9},
{Oregon, $6.7 × 10^9}, {Pennsylvania, $2.5 × 10^10}, {RhodeIsland, $2.149 × 10^9},
{SouthCarolina, $8.413 × 10^9}, {Tennessee, $8.582 × 10^9}, {Texas, $5.342 × 10^10},
{Utah, $4.417 × 10^9}, {Vermont, $1.475 × 10^9}, {Washington, $1.22 × 10^10},
{WestVirginia, $3.12 × 10^9}, {Wisconsin, $1.068 × 10^10}, {Wyoming, $1.65 × 10^9}}

이번에도 구한 값을 노트북에 직접 기록해서 나중에 데이터 검색 명령을 다시 실행할 필요가 없도록 한다.

```
stateEduSpending = {{"Arizona", $9.58`*^9 }, {"California", $7.185`*^10 },
    {"Georgia", $1.901`*^10 }, {"Indiana", $1.095`*^10 }, {"Montana", $1.608`*^9 },
    {"Ohio", $2.226`*^10 }, {"Virginia", $1.529`*^10 }, {"Kansas", $5.816`*^9 },
    {"Massachusetts", $1.484`*^10 }, {"Nebraska", $3.501`*^9 },
    {"Oklahoma", $5.935`*^9 }, {"Alaska", $2.396`*^9 },
    {"South Dakota", $1.262`*^9 }, {"Hawaii", $2.319`*^9 }, {"Alabama", $7.806`*^9 },
    {"Arkansas", $4.981`*^9 }, {"Colorado", $8.634`*^9 },
    {"Connecticut", $9.107`*^9 }, {"Delaware", $1.732`*^9 },
    {"Florida", $2.887`*^10 }, {"Idaho", $2.0779999999999998`*^9 },
    {"Illinois", $2.687`*^10 }, {"Iowa", $5.514`*^9 }, {"Kentucky", $6.83`*^9 },
    {"Louisiana", $7.936`*^9 }, {"Maine", $2.545`*^9 }, {"Maryland", $1.248`*^10 },
    {"Michigan", $1.879`*^10 }, {"Minnesota", $1.101`*^10 },
    {"Mississippi", $4.553`*^9 }, {"Missouri", $1.0129999999999998`*^10 },
    {"Nevada", $4.574`*^9 }, {"New Hampshire", $2.595`*^9 },
    {"New Jersey", $2.539`*^10 }, {"New Mexico", $3.941`*^9 },
    {"New York", $5.735`*^10 }, {"North Carolina", $1.484`*^10 },
    {"North Dakota", $1.079`*^9 }, {"Oregon", $6.7`*^9 },
    {"Pennsylvania", $2.5`*^10 }, {"RhodeIsland", $2.149`*^9 },
    {"SouthCarolina", $8.413`*^9 }, {"Tennessee", $8.582000000000001`*^9 },
    {"Texas", $5.342`*^10 }, {"Utah", $4.417`*^9 }, {"Vermont", $1.475`*^9 },
    {"Washington", $1.22`*^10 }, {"WestVirginia", $3.12`*^9 },
    {"Wisconsin", $1.068`*^10 }, {"Wyoming", $1.65`*^9 }};
```

인구와 공교육비에 관한 두 데이터 집합을 결합하면 주의 크기가 클수록 교육 지출이 효율적인지, 또는 인구가 비슷한 주 중에서 교육비 지출에 특이한 곳이 있는지 등을 살펴볼 수 있다. 이러한 탐색은 다시 이러한 이상치가 존재하는 이유에 대한 추가 조사로 이어질 수 있다. 각주의 인구 데이터 집합(**statePopulations**) 및 교육비의 데이터 집합(**stateEduSpending**)이 이미 만들어져 있으므로, **Table**을 사용하여 주의 이름, 인구, 교육비로 구성된 새로운 데이터 집합을 만들 수 있다. 그전에 먼저 이 두 데이터 집합을 비교하고 원소의 수가 같은지 그리고 주가 같은 순서로 구성되어 있는지 확인한다.

```
Length[statePopulations] == Length[stateEduSpending]
```

```
True
```

```
statePopulations⟦All, 1⟧ == stateEduSpending⟦All, 1⟧
```

```
False
```

두 데이터 집합이 서로 다른 순서로 데이터를 저장하고 있으므로, 각 변수에 저장된 데이터를 정렬된 데이터로 교체한다.

```
statePopulations = Sort[statePopulations];
stateEduSpending = Sort[stateEduSpending];
```

이제 두 데이터 집합이 같은 순서로 정렬된 것을 확인할 수 있다.

```
statePopulations⟦All, 1⟧ == stateEduSpending⟦All, 1⟧
```

```
True
```

> 주의 이름만을 비교하기 위해서 **⟦All, 1⟧**을 사용하고 있다. 만약 **statePopulations**와 **stateEduSpending**이 같은지 비교한다면, 두 번째 위치에 저장된 값이 서로 다르므로 결과는 **False**이다. 첫 번째 변수(**statePopulations**)는 두 번째 위치에 인구 통계를 저장하고 있고, 두 번째 변수(**stateEduSpending**)는 두 번째 위치에 지출 통계를 저장하고 있기 때문이다.

이제 **Table** 명령을 이용해서 첫 번째 항목으로 인구 통계를, 두 번째 항목으로 지출 통계를 갖는 새로운 데이터 집합을 생성한다. **Tooltip**은 데이터를 그래프로 그렸을 때 추가 정보를 표시하기 위해 사용하고 있다. 세미콜론은 다소 긴 출력을 감추기 위해 사용한다.

```
statePopAndEduSpendingTooltipped =
    Table[
      Tooltip[{
          statePopulations[[i, 2]],
          stateEduSpending[[i, 2]]},
        statePopulations[[i, 1]]],
      {i, 1, 50, 1}];
```

이제 **ListPlot**으로 데이터를 시각화할 수 있다. **Tooltip**은 데이터점 위에 마우스 포인터가 머무를 때 알림창을 띄워 해당하는 주의 이름을 알려준다.

```
ListPlot[
  statePopAndEduSpendingTooltipped,
  AxesLabel → {"Population", "Education Spending"}, PlotRange → All,
  ImageSize → 300]
```

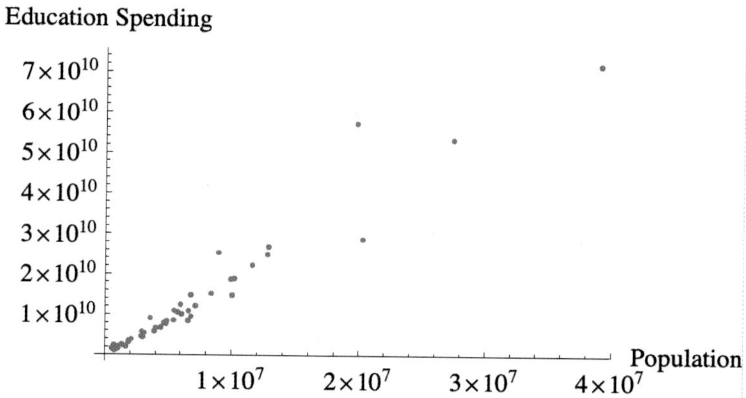

인구와 교육비 사이에 명확한 관계가 있는 것처럼 보이지 않는다. 그러나 비슷한 인구를 가진 주에 비해 총교육비가 이상하게 높은 주가 있다. 다른 요인을 고려하면 이상치에 관한 가설을 탐색하는 데 도움이 된다. 예를 들어, **WolframAlpha** 명령을 이용해서 각 주의 1인당 범죄율을 조사할 수 있다. 범죄율이 높은 주는 이 부분에 더 많은 돈을 할당할 것이고, 따라서 교육에 더 적은 자금을 배정할 것이다.

이와 같은 접근법으로 20장 **데이터 필터링 및 조작**에서 1년에 인구 10만 명 당 범죄가 3천 건 미만인 주를 선택하고 이 조건에 맞지 않는 주를 무시하는 필터를 사용하고 있다.

```
statePopAndEduSpending =
    Table[{
        statePopulations⟦i, 1⟧,
        statePopulations⟦i, 2⟧,
        stateEduSpending⟦i, 2⟧},
      {i, 1, 50, 1}];
statePopAndEduSpending = SortBy[statePopAndEduSpending, First];

lowCrimesFilter[x_] :=
    WolframAlpha[x⟦1⟧<> " (US state)",
        {{"StateCrimeInformation:CrimeData", 1}, "ComputableData"},
        TimeConstraint → 300]⟦1, 2, 1⟧ < 3000;
lowCrimeStates = Select[statePopAndEduSpending, lowCrimesFilter];
```

```
Part: Part specification Missing[NotAvailable]⟦1, 2, 1⟧ is longer than
  depth of object.
```

앞선 예는 **Quantity** 명령을 사용하는 단위를 반환한다. **⟦1, 2, 1⟧**은 목록의 첫 번째 원소를 반환하고(이 과정에서 누락 데이터가 삭제된다), 반환한 목록의 두 번째 원소를 반환하고(수치와 1인당 범죄 건수에 해당하는 단위를 갖는 **Quantity** 함수이다), 마지막으로 반환한 목록의 첫 번째 원소를 반환한다(1인당 범죄 건수에 해당하는 단위를 제외한 수치이다).

위에서 변수 **lowCrimeStates**는 새로 생성한 목록을 저장해서 데이터 집합을 불필요하게 내려받는 일을 피하는 목적으로 사용하고 있다. **Dimensions** 명령은 23개의 주가 적은 범죄율의 범주에 들어가는 것을 보여준다.

```
lowCrimeStates⟦1 ;; 5⟧
```

$\{\{\text{Colorado}, 5.457\times10^{6}, \$8.63400\times10^{9}\}, \{\text{Connecticut}, 3.591\times10^{6}, \$9.10700\times10^{9}\}, \{\text{Idaho}, 1.655\times10^{6}, \$2.078\times10^{9}\}, \{\text{Illinois}, 1.286\times10^{7}, \$2.68700\times10^{10}\}, \{\text{Iowa}, 3.124\times10^{6}, \$5.51400\times10^{9}\}\}$

```
Dimensions[lowCrimeStates]
{23, 3}
```

비슷한 필터를 이용해서 높은 범죄율의 주만을 반환하도록 할 수 있다. 이 예에서 높은 범죄율은 인구 10만 명당 연간 4천 건 이상의 범죄로 정의하고 있다. 이 범주에 속하는 11개의 주를 **highCrimeStates**라는 변수에 저장한다.

```
highCrimesFilter[x_] :=
    WolframAlpha[x⟦1⟧<>" (US state)",
        {{"StateCrimeInformation:CrimeData", 1}, "ComputableData"},
        TimeConstraint → 300]⟦1, 2, 1⟧ > 4000;
highCrimeStates = Select[statePopAndEduSpending, highCrimesFilter];
```

연산이 시간제한에 걸리지 않고 데이터를 수집할 수 있도록 **WolframAlpha** 함수에 **TimeConstraint**를 사용하고 있다. 이 값은 작업이 완료될 수 있도록 더 많은 시간을 사용하고 싶은 경우나, 평가 시간을 제한하고 싶을 때 시간을 조절할 수 있다.

```
Dimensions[highCrimeStates]
{5, 3}
```

나머지 주는 비슷한 방법으로 골라낼 수 있지만, 다른 방법으로 **Complement** 명령을 사용해서 높은 범죄율이나 낮은 범죄율 범주에 속하지 않고 남아있는 주를 찾을 수도 있다.

```
mediumCrimeStates = Complement[statePopAndEduSpending, lowCrimeStates,
    highCrimeStates];
```

```
Dimensions[mediumCrimeStates]
{22, 3}
```

이제 모든 주의 범주를 나누었으므로, **Table**과 **Tooltip**을 이용해서 각 데이터 점에 라벨을 달 수 있다. **Table** 문은 각 하위 목록의 두 번째와 세 번째 원소를 고르기 위해 사용하고 있다. 이들은 각각 인구와 총교육비에 해당하고, 하위 목록의 첫 번째 원소는 **Tooltip** 명령이 라벨로 사용한다. 이 과정을 세 개의 목록에 대해서 반복하여 같은 그래프 안에서 각기 다른 색으로 표시되도록 한다.

```
lowCrimeStates = Table[Tooltip[i[[2 ;; 3]], i[[1]]], {i, lowCrimeStates}];
mediumCrimeStates = Table[Tooltip[i[[2 ;; 3]], i[[1]]], {i, mediumCrimeStates}];
highCrimeStates = Table[Tooltip[i[[2 ;; 3]], i[[1]]], {i, highCrimeStates}];
```

전체 결과는 인구 대비 교육비의 그래프를 반영하지만, 이번에는 범죄율이 낮은 주, 중간인 주, 높은 주로 분류되어 모두 다른 색으로 표현된다.

```
ListPlot[
  {lowCrimeStates, mediumCrimeStates, highCrimeStates},
  AxesLabel → {"Population", "Educational Spending"},
  PlotLegends → {"low", "medium", "high"},
  PlotRange → All, ImageSize → 300]
```

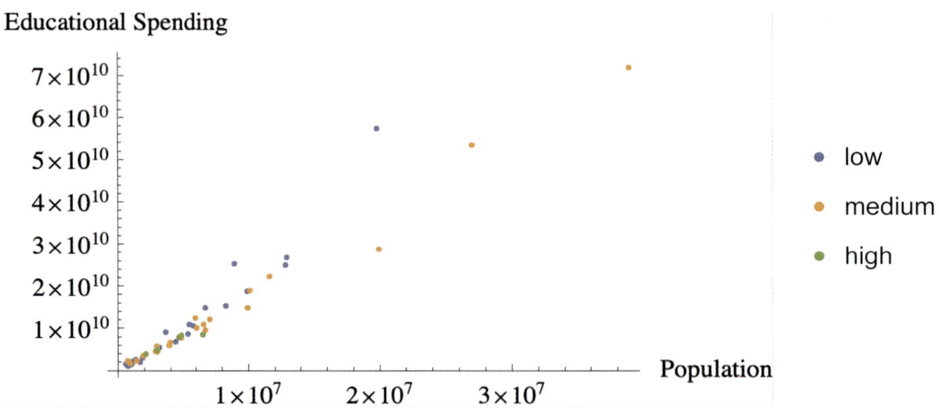

모든 데이터가 균일한 관계를 보여주지는 않지만, 범죄율이 높은 주는 교육비 지출 총액이 낮은 경향이 있고, 범죄율이 낮은 주는 교육비 지출 총액이 높은 경향이 있다.

일상 영어에 근거한 의미론적 입력

19장 데이터 가져오기와 내보내기에서 불러온 데이터와 Wolfram Knowledgebase의 데이터를 연계해주는 **SemanticImport**를 살펴보았다. 상관관계가 만들어지면, 확인된 객체에 관련한 특성을 찾아서 계산에 활용할 수 있다.

관련한 명령으로 **SemanticInterpretation**이 있으며, 이 명령은 사용자가 제공하는 입력에 적용할 수 있다. 전체 파일을 취하여 입력의 원소를 Wolfram Knowledgebase의 표준 개체에 결부시키는 대신에 **SemanticInterpretation**은 문자열 하나를 받아서 단일 개체에 관한 지식을 검색하려고 시도한다. 예를 들어, **SemanticInterpretation** 명령을 "Arizona"가 미국의 주임을 인식하는 데 사용할 수 있고 그런 다음 제안 막대(Suggestions Bar)가 애리조나주와 관련 있는 정보를 즉시 이용하는 방법을 제공하는 방식이다.

```
SemanticInterpretation["arizona"]
```

Arizona

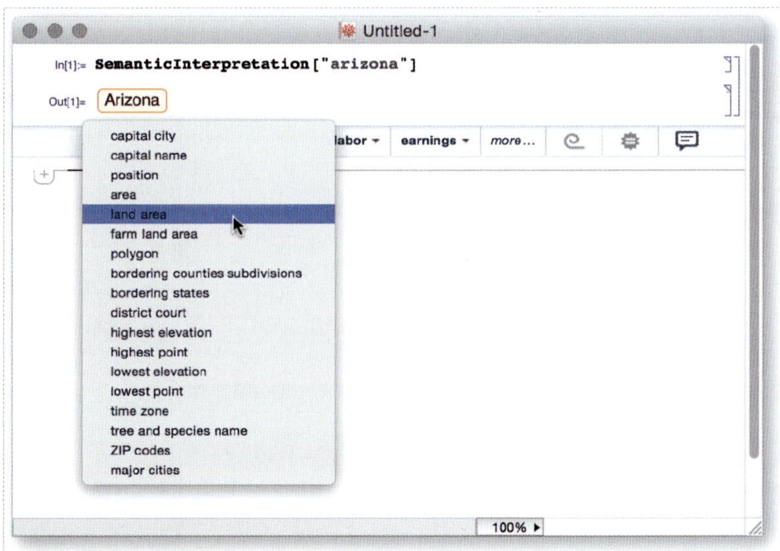

SemanticInterpretation의 한 가지 장점은 출력으로 다수의 포드를 쏟아내지 않고 **Entity** 하나만 반환한다는 점이다. **WolframAlpha** 명령이 반환하는 출력에서 원하는 포드 하나를 찾아서 추출할 필요가 없으므로 시간을 절약하게 된다.

입력이 모호할 때 **SemanticInterpretation**은 경험적 방법을 사용해서 적절한 출력을 결정한다. 예를 들어, 다음 입력에 대해 Mathematica는 워싱턴 주가 아닌 워싱턴 D.C.를 나타내는 **Entity**를 반환한다.

```
SemanticInterpretation["washington"]
```

Washington

Interpreter는 검색 매개변수를 특정 종류의 데이터로 한정할 수 있는 함수이다. 이 경우에 **Interpreter**는 미국의 주를 지정한다. **Entity**의 그래픽 표현은 이전 출력과 같아 보이지만 마우스를 위치시키면 한 개체는 시를 가리키고 다른 개체는 주를 가리키는 것을 알 수 있다.

```
Interpreter["USState"]["washington"]
```

Washington, United States

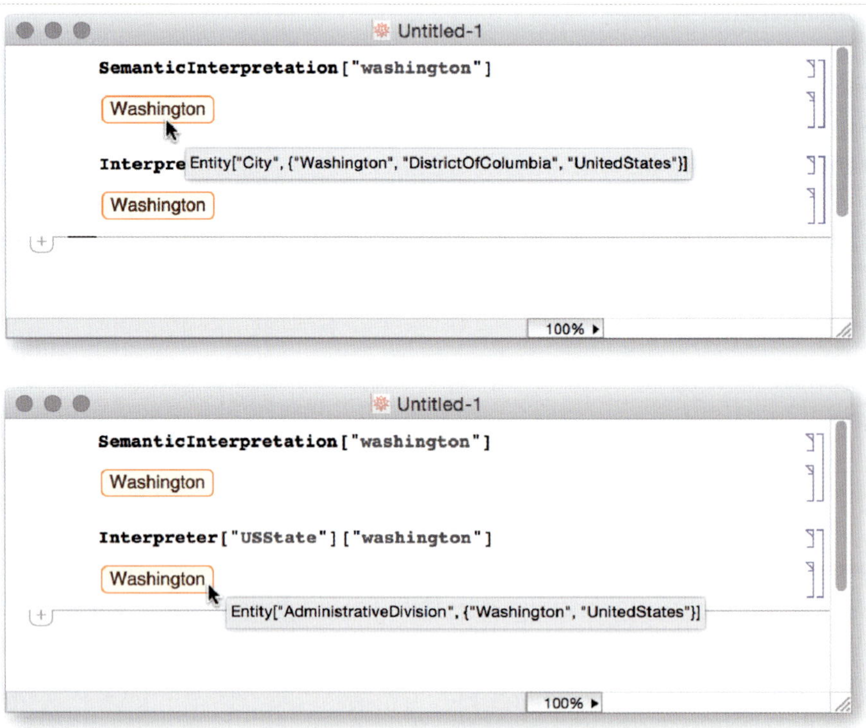

Interpreter를 이용해서 출력을 미국의 주로 제한하는 함수를 정의할 수 있다. 이 방법은 아래의 **Table** 문처럼 많은 주에 대해서 데이터를 질의하는 것과 같이 프로그래밍 방식으로 정보를 검색할 때 유용하다. 이 해석기 함수의 입력이 일반적으로 미국의 주를 나타내는 것이라면, 맞춤법 오류를 포함해서 어떤 형식도 쓸 수 있다.

```
myint = Interpreter["USState"];
Table[myint[state], {state, {"Washingto", "California", "ME", "NE", "NH"}}]
```

```
{Washington, United States,
 California, United States, Maine, United States,
 Nebraska, United States, New Hampshire, United States}
```

이 장의 전반부에서 다룬 **WolframAlpha** 호출은 "(US state)"라는 문자열을 사용해서 입력이 미국의 주로 해석되도록 했다. **Interpreter**는 이를 수행하는 더 강력한 방법을 제공한다. 정식 문법을 사용하면 특정 부류의 데이터를 더 쉽게 지정할 수 있다.

Entity를 반환하면 **EntityProperties** 명령을 사용해서 미국의 각 주에 대해 추출할 수 있는 데이터의 종류를 살펴볼 수 있다.

```
Short[EntityProperties[Entity["AdministrativeDivision", {"Maine", "UnitedStates"}]]]
```

{accommodation and food services sales, number of aggravated assaults, rate of aggravated assault, aggregate household income, annual births, annual deaths, housing units change rate, area, average commute time, average home sale price, bordering counties, bordering states, number of burglaries, rate of burglary, number of businesses, business ownership by ethnicity, ≪112≫, abbreviation, state government tax collections, state sales tax rate, subdivisions, time zones, total voter registration rate, total voting rate, state tree, unweighted sample housing units, unweighted sample population, total rate of violent crime, total number of violent crimes, wholesale sales, employment, ZIP codes}

이렇게 나열한 특성 중에서 추출하고 싶은 것이 있다면 **EntityValue**를 사용한다. 단순히 특정 주에 해당하는 **Entity** 입력 주위를 **EntityValue**로 둘러싸기만 하면 위 출력에 나열된 특성을 무엇이든 추출할 수 있다. **Entity**는 일반 Wolfram 언어 문법에 따라 타자하거나, 그래픽 표현을 복사해서 붙여 넣을 수 있다.

```
EntityValue[Entity["AdministrativeDivision", {"Maine", "UnitedStates"}], "Slogans"]
```

{Worth a visit, worth a lifetime, The way life should be,
Where America's day begins, Vacationland, It must be Maine}

```
EntityValue[ Maine ADMINISTRATIVE DIVISION , "Slogans"]
```

{Worth a visit, worth a lifetime, The way life should be,
Where America's day begins, Vacationland, It must be Maine}

개별 주를 질의하는 것보다 미국의 모든 주 목록을 생성하도록 더 넓은 범위의 입력을 줄 수 있다. 출력은 화면 공간을 절약하기 위해 첫 10개의 주만 표시하고 있다.

```
EntityList[SemanticInterpretation["All US states"]]⟦1 ;; 10⟧
```

```
{Alabama, United States, Alaska, United States,
 Arizona, United States, Arkansas, United States,
 California, United States, Colorado, United States,
 Connecticut, United States, Delaware, United States,
 District of Columbia, United States, Florida, United States}
```

Table을 **Entity** 그리고 **EntityValue**와 함께 사용할 수 있다. 미국의 모든 주를 포함한 목록에서 시작해서, 해당 주의 이름과 총투표율을 보여주는 목록을 생성할 수 있다. 새로 만든 목록은 정렬해서 변수에 저장할 수 있다. 변수에는 어떠한 표현식도 저장 가능하며 **Entity**로 표현한 데이터도 여기에 포함된다.

```
votingData =
  SortBy[Table[{state, EntityValue[state, "TotalVotingRate"]},
    {state, EntityList[SemanticInterpretation["All US states"]]}], Last];
votingData⟦1 ;; 10⟧
```

```
{{Hawaii, United States, 46.8%},
 {Texas, United States, 48.8%}, {Utah, United States, 50.5%},
 {California, United States, 51.2%}, {New York, United States, 51.5%},
 {Arkansas, United States, 51.8%}, {Nevada, United States, 52.8%},
 {West Virginia, United States, 53.1%},
 {Arizona, United States, 53.3%}, {Tennessee, United States, 53.6%}}
```

> 이 예의 전반적인 접근법은 이 장의 전반부에서 **WolframAlpha** 명령과 함께 다룬 **Table** 문과 유사하다. **SemanticInterpretation**에 비해 **WolframAlpha**를 사용하는 것이 작업 흐름 측면에서 우수하며, 또한 **WolframAlpha** 명령을 통해 얻을 수 있는 데이터의 양도 월등하다. **WolframAlpha**는 가장 많이 사용되는 데이터 집합을 쉽게 찾을 수 있으며 더 많은 그래픽과 미리 계산된 정보 집합을 제공하므로 이는 꽤 유용하다. **SemanticInterpretation**은 오직 하나의 출력만을 제공하며 그다지 일반적이지 않은 정보에 접근할 수 있게 해주고 특정 종류의 데이터를 프로그래밍 방식으로 해석하는 데 매우 적합하다.

votingData에 저장한 데이터를 이용해서, 각 주의 투표율을 라벨과 함께 시각적으로 보여줄 수 있다.

```
BarChart[votingData[[All, 2]],
  ChartLabels → Placed[votingData[[All, 1]], Above, Rotate[#, Pi / 2] &],
  ImageSize → All]
```

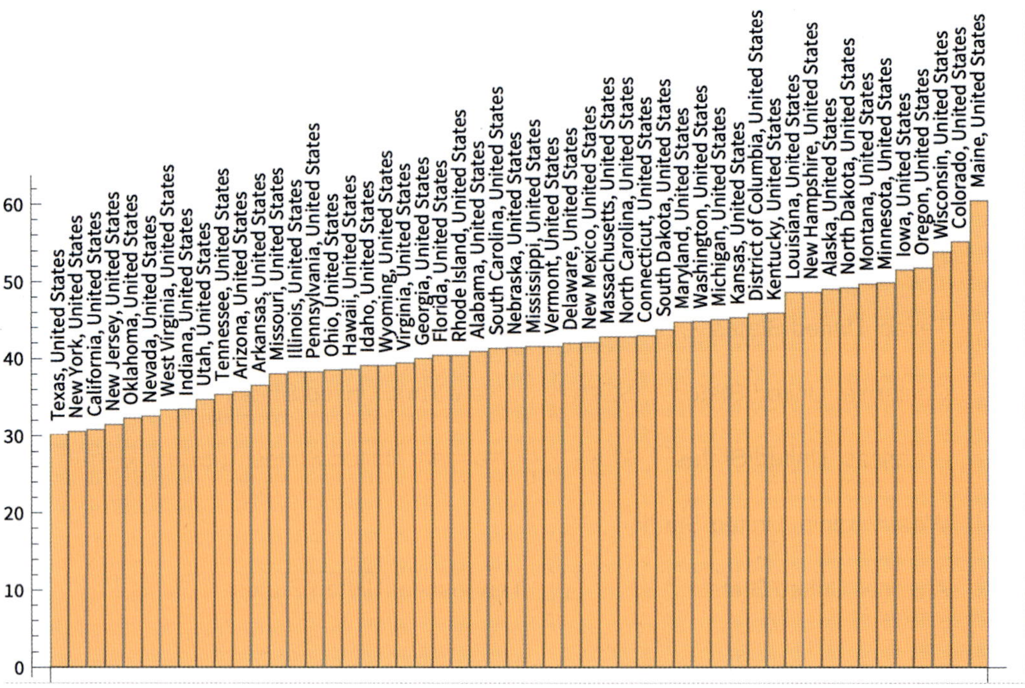

투표 데이터를 막대그래프로 보여주는 것에 더해서, **GeoRegionValuePlot**을 이용하면 데이터의 값을 지도 위에 색으로 보여줄 수 있다. 각 주에 따른 투표율 차이를 나타내는 범례가 자동으로 생성되는 것을 볼 수 있다.

```
GeoRegionValuePlot[votingData]
```

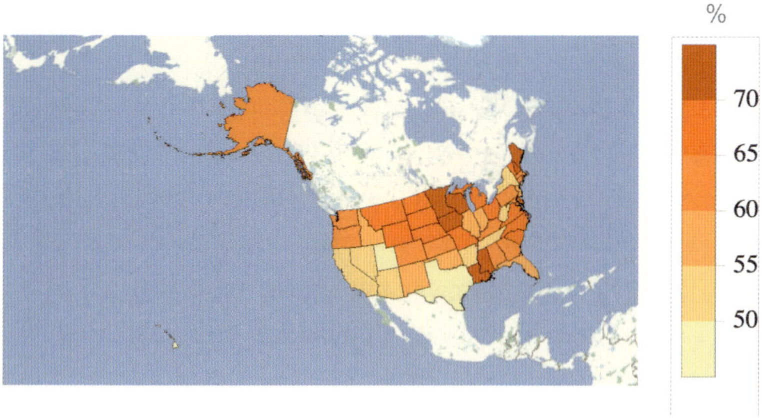

Clear를 사용하여 이 장에서 사용된 모든 변수의 값과 함수의 정의를 삭제한다.

```
Clear[states, statePopulations, stateEduSpending, statePopAndEduSpendingTooltipped,
  statePopAndEduSpending, lowCrimesFilter, lowCrimeStates, highCrimesFilter,
  highCrimeStates, mediumCrimeStates, myint, votingData]
```

정리

WolframAlpha와 **SemanticInterpretation** 명령은 Wolfram Knowledgebase에서 데이터를 얻을 수 있는 추가적인 방법을 제공한다. **WolframAlpha** 명령은 특히 Wolfram|Alpha 웹사이트의 기존 사용자에게 유용한 출발점이다. 특화된 선별 데이터 함수가 없거나 **WolframAlpha** 포드에 표시되지 않는 데이터 출처를 탐색할 때 **SemanticInterpretation**은 매우 적합하다. Mathematica는 프로젝트에 선별 데이터를 사용할 때 이들 방법 중에서 선택할 수 있는 유연함을 제공한다.

연습 문제

1. **SemanticInterpretation**을 이용해서 "big apple"에 해당하는 개체를 찾아라.
2. 연습 문제 1의 결과의 제안 막대(Suggestions Bar)를 이용해서 인구를 검색하여라.
3. 자유 형식 입력을 이용해서 미국에서 가장 큰 세 개의 도시를 찾아라.
4. 연습 문제 3의 입출력을 복사해서 붙여넣고, 더하기 버튼을 이용해서 평가 결과를 모두 드러나게 하여라.
5. Educational attainment 하위 포드를 마우스 오른쪽 버튼으로 클릭하고, 하위 포드의 내용을 복사하여 새로운 출력 셀에 넣어라. 이 출력 셀 위에 새로운 최하위 항목 셀을 만들고, "미국에서 가장 큰 세 개 도시의 최종 학력(Educational Attainment for the Three Largest US Cities)"이라고 써넣어라.
6. **CityData** 명령을 사용하여 "windy city"와 "gateway to the west"의 인구를 검색하여라(힌트: Ctrl + = 키보드 단축키를 사용하여 **CityData**의 전달인자로 자유 형식 입력 문자열을 넣을 수 있다).
7. 고양이의 품종을 식별하는 해석기를 생성하여라.
8. 연습 문제 7의 결과를 이용하여 싱가푸라(Singapura) 고양이의 개체 표현을 찾아라.
9. 연습 문제 8의 결과에 대해 이용할 수 있는 특성을 찾아라.
10. **EntityValue**를 이용하여 싱가푸라 고양이의 영상을 표시하여라.

23장

데이터 분석을 위한 통계 기능

소개

Mathematica는 데이터의 가져오기, 처리, 시각화를 넘어서 다양한 통계적 검정에 사용할 수 있다. 이러한 명령의 문법은 목록이나 데이터 집합을 전달인자로 받아서 데이터 가져오기, 재구성, 필터링과 통계적 시험을 하나의 복합적인 구문으로 가능하도록 한다.

기본적인 기술통계

21장 선별 데이터로 작업하기에서 선별 데이터 명령 **CountryData**를 사용해서 국가의 인구와 휴대 전화의 보급 대수 사이의 관계를 탐색해보았다. 다음 예는 거의 같은 형식을 취하고 있지만, 5×10^6명 이상의 인구로 정의한 거대 국가의 인터넷 사용 인구와 휴대 전화 보급 대수 사이의 관계를 탐색하는 목록을 생성한다.

```
popSelect[x_] := QuantityMagnitude[CountryData[x, "Population"]] > 5*10^6;
largeCountries = Select[CountryData[All], popSelect];
```

이제 거대 국가에 대한 목록이 생성되었으므로, **Table** 명령을 **CountryData**와 함께 이용해서 휴대 전화 보급 대수와 인터넷 사용 인구와 같은 특성을 검색해 볼 수 있다.

```
largeCountriesCellAndInternet = Table[
    {CountryData[i, "CellularPhones"], CountryData[i, "InternetUsers"]},
    {i, largeCountries}];
```

데이터 집합의 크기는 **Dimensions**를 써서 알아볼 수 있다.

```
Dimensions[largeCountriesCellAndInternet]

{118, 2}
```

Dimensions 함수를 이용해서 데이터 집합이 의도한 형태를 갖추고 있는지를 확인하는 습관을 기르면 도움이 된다. 이 경우에는 **Dimensions**를 이용해서 데이터 집합이 118개의 행과 2개의 열로 이루어진 것을 검증할 수 있다.

직관적으로 추측해 보자면 기술 수용성이 높은 국가에서는 이들 두 특성 사이의 관계가 드러날 것으로 보인다. **ListPlot**은 두 특성 모두 값이 작은 영역에서 데이터가 뭉치는 현상이 나타나지만, **ListLogLogPlot**을 사용하면 이러한 문제 없이 118개의 국가에 대한 데이터를 시각화할 수 있다. 실제로 한 국가의 휴대 전화 보급 대수와 이 국가의 인터넷 사용 인구에는 강한 연관 관계가 있는 것으로 보인다.

```
ListLogLogPlot[
  Table[
    Tooltip[{CountryData[i, "CellularPhones"], CountryData[i, "InternetUsers"]}, i],
    {i, largeCountries}]
]
```

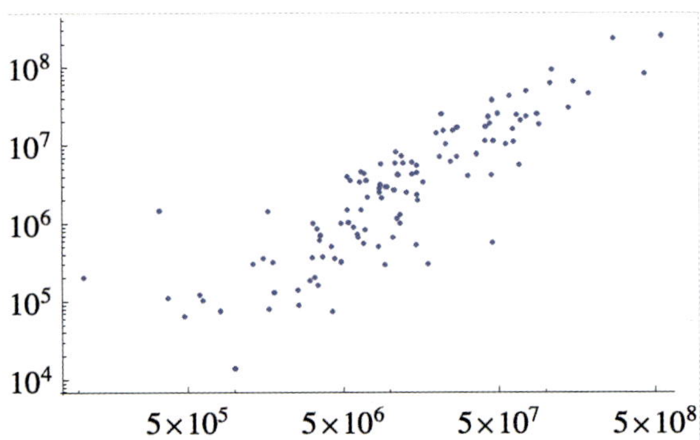

ListLogLogPlot은 너그럽게도 빠진 데이터를 알아서 처리해주기는 하지만, **Cases**를 사용해서 누락 데이터를 가리키는 표식을 제거해주는 편이 더 바람직한 접근법이다.

```
largeCountriesCellAndInternet =
    Cases[Table[
        {CountryData[i, "CellularPhones"], CountryData[i, "InternetUsers"]},
        {i, largeCountries}],
      {_Real, _Quantity}];
```

Dimensions를 사용해서 불완전한 항목이 제거된 것을 확인해 볼 수 있다. 이제 결과 데이터는 116개의 행과 2개의 열로 일관된 형태를 지닌 것을 알 수 있다.

```
Dimensions[largeCountriesCellAndInternet]
```

```
{116, 2}
```

패턴을 식별하기 위해 **Cases**를 사용하는 상황이라면, **Head** 함수가 매우 유용하다. **Head**는 표현식을 나타내기 위해 사용한 기호 함수의 이름을 알려준다. 이 경우에는 데이터가 단위를 포함하고 있으므로, 목록의 첫 번째 원소는 **Real**을 사용하고 두 번째 원소는 **Quantity**를 사용하는 것을 알 수 있다.

```
Head[largeCountriesCellAndInternet[[1, 1]]]
```

```
Real
```

```
Head[largeCountriesCellAndInternet[[1, 2]]]
```

```
Quantity
```

> 모든 Mathematica 표현에는 머리 부분이 있다. 표현 **26**의 머리는 **Integer**이고, **26.1**의 머리는 **Real**, **{1, 2, 3}**의 머리는 **List**, **a + b**의 머리는(**a**와 **b**를 정의하지 않았다고 가정하면) **Plus**이다. **6장 Wolfram 언어의 기초**에서 다룬 **TreeForm**과 **FullForm** 명령이 기억날 것이다. 이들 명령을 사용하여 Mathematica 표현식이 하부에서 어떻게 기호로 표현되는지를 검토할 수 있다. **Head**도 이와 비슷한 역할을 하는데, 전체 기호 표현을 반환하는 대신에 기호 표현의 가장 바깥쪽 명령을 반환한다.

```
FullForm[{1, 2, 3}]
```

```
List[1, 2, 3]
```

앞서 정의한 데이터 집합에 Wolfram 언어의 다양한 기술통계 명령을 사용하면 많은 함수를 여러 차원에 걸쳐서 적용할 수 있다. 즉, **Mean** 명령을 이차원 목록에 사용하면 각각의 열에 대해 원소의 평균을 구해준다는 의미이다.

```
Mean[largeCountriesCellAndInternet]
```

$\{3.43083 \times 10^7,\ 1.3486 \times 10^7\ \text{people}\}$

물론 **Mean** 함수를 일차원 데이터에 적용할 수도 있다.

```
Mean[largeCountriesCellAndInternet[[All, 1]]]
```

3.43083×10^7

Total 명령은 목록의 원소를 합산해주므로, 아래의 계산은 거대 국가로 분류한 국가의 총 휴대 전화 보급 대수를 반환한다.

```
Total[largeCountriesCellAndInternet[[All, 1]]]
```

3.92207×10^9

많은 기술통계 명령이 전반적으로 같은 문법과 구조로 되어 있으므로, **Manipulate**를 사용해서 국가별 휴대 전화 보급 대수의 기본적인 통계를 여러 측면에서 살펴볼 수 있다. **function** 변수는 대화형 인터페이스에서 사용자가 선택한 기술통계 명령으로 변경하는 용도로 사용한다.

```
Manipulate[
  function[largeCountriesCellAndInternet[[All, 1]]],
  {function, {Mean, HarmonicMean, GeometricMean, Median, Variance, Total,
     StandardDeviation, InterquartileRange, Max, Min, Accumulate}},
  SaveDefinitions → True
]
```

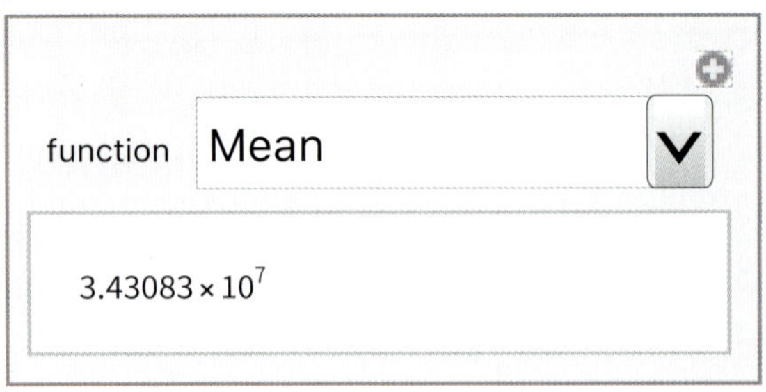

노트북의 다른 셀을 평가하지 않고서도 **Manipulate** 문이 작동할 수 있도록 **SaveDefinitions→True**를 선택해서 **largeCountriesCellAndInternet** 변수의 정의를 저장하도록 한다.

여러 데이터 집합을 넘나드는 측도도 계산할 수 있는데, 예를 들어 국가별 휴대 전화 보급 대수와 인터넷 사용 인구 사이의 공분산 등을 구할 수 있다.

```
Covariance[largeCountriesCellAndInternet⟦All, 1⟧, largeCountriesCellAndInternet⟦All, 2⟧]
```

2.54141×10^{15} people

복수의 데이터 집합 사이의 측도를 구하는 또 다른 예는 상관이다. **Correlation** 명령은 전달인자로 두 데이터 집합을 받아서 이들의 상관을 보여준다. 이 경우에 거대 국가의 휴대 전화 보급 대수와 인터넷 사용 인구 사이의 상관은 이 장의 앞에서 두 특성 사이의 관계를 보기 위해 살펴본 로그 그래프의 결과와 일치하는 결과를 보여준다.

```
Correlation[largeCountriesCellAndInternet⟦All, 1⟧, largeCountriesCellAndInternet⟦All, 2⟧]
```

0.889035

곡선 맞추기

Wolfram 언어는 곡선 맞추기에 이용할 수 있는 명령을 몇 가지 제공한다. **Fit** 명령은 데이터 목록에 대해서 최소제곱 맞추기를 수행하는데, 다항식을 맞출 때 가장 많이 사용한다. **Fit**은 세 개의 전달인자를 받는데, 이들은 일차원 혹은 다차원의 데이터 집합, 맞추어볼 방정식의 형태를 나타내는 매개변수의 목록, 그리고 함수의 변수이다. 아래의 예는 국가별 휴대 전화 보급 대수와 인터넷 사용 인구의 데이터에 적합한 선형다항식을 찾는다. 출력은 기본적으로 찾아낸 방정식이 된다.

```
fit1 = Fit[QuantityMagnitude[largeCountriesCellAndInternet], {1, x}, x]
```

$-1.40708 \times 10^{6} + 0.434096\,x$

이 결과를 **fit1** 변수에 저장한다. 방정식을 저장한 변수를 **Plot** 함수에 넘겨서 시각화할 수 있다.

```
Plot[fit1, {x, 10^5, 10^8}]
```

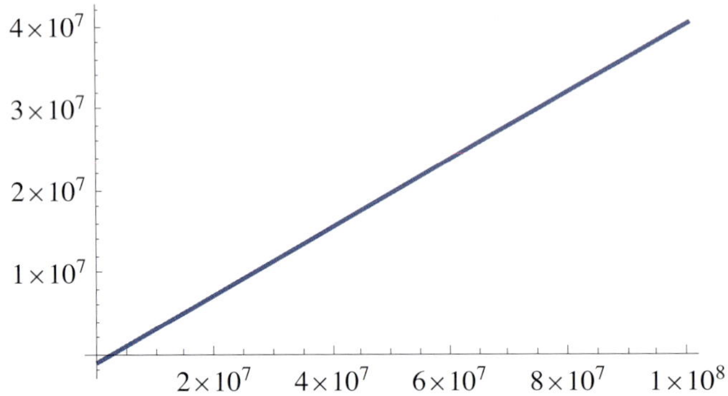

Show 명령을 사용해서 원시 데이터의 목록 그래프와 데이터의 적합 곡선 등의 그래픽 출력을 결합할 수 있다. **Show**는 결합할 그래픽 객체의 목록을 전달인자로 받는다. 이 경우 원시 데이터의 그래프와 적합 방정식의 그래프가 목록을 이루고 있다. **PlotStyle**을 선택해서 두 종류의 그래프가 구분되도록 한다.

```
Show[{
    ListPlot[largeCountriesCellAndInternet],
    Plot[fit1, {x, 10^5, 10^8}, PlotStyle → Red]
  }]
```

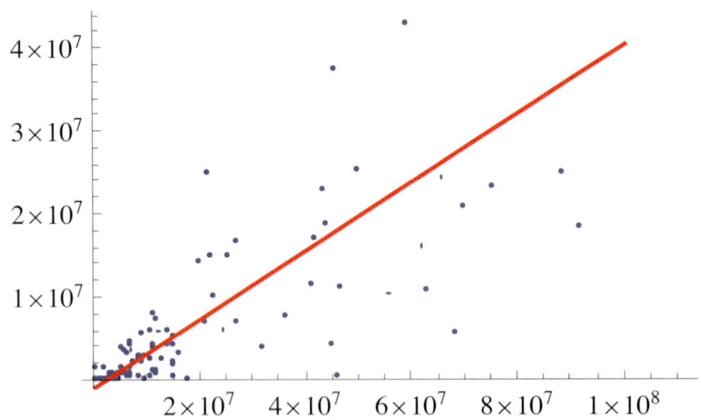

Fit 명령은 두 번째 전달인자에 고차다항식을 생성할 수 있도록 값을 추가하여 고차방정식을 맞추도록 사용할 수 있다. 삼차다항식은 다음과 같이 구한다.

```
fit2 = Fit[largeCountriesCellAndInternet, {1, x, x^2, x^3}, x];
Show[{
    ListPlot[largeCountriesCellAndInternet],
    Plot[fit2, {x, 10^5, 10^8}, PlotStyle → Red]
  }]
```

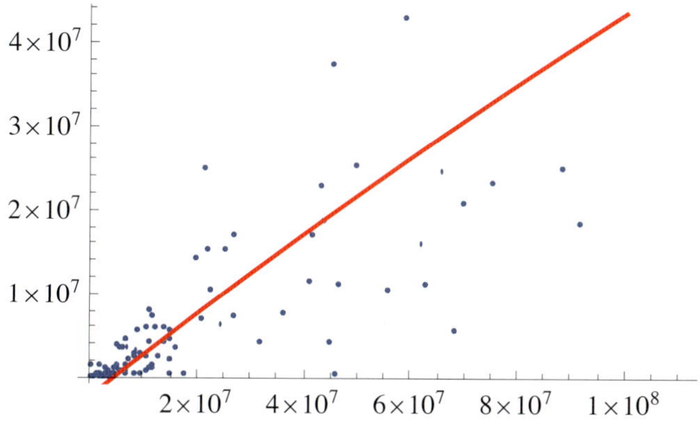

적합한 고차다항식을 찾았지만, 여전히 선형적합과 다를 바가 없어 보인다. 이것은 선형적합이 데이터 집합에 대해 고차다항식만큼 많은 정보를 제공하거나, 데이터가 너무 복잡해서 다항식으로 쉽게 나타낼 수 없다는 것을 뜻한다.

이러한 일련의 계산을 **Manipulate**와 함께 사용하여 다항식의 차수를 올리면서 데이터 집합에 맞추어 비교해볼 수 있다. **Range** 명령은 원래 간단한 정수 목록을 만드는 데 사용하지만, **Fit** 명령의 두 번째 전달인자에 들어갈 변수 목록을 생성하는 데에도 사용할 수 있다.

```
x ^ Range[0, 4]
```

$\{1, x, x^2, x^3, x^4\}$

Range는 손쉽게 숫자 목록을 생성하는데 사용할 수 있는 명령이다. 상계와 하계만이 주어졌다면 증감 크기로 1을 사용한다. 세 번째 전달인자를 넘겨서 증감 크기를 변경할 수 있다.

Range 함수 호출에서 두 번째 전달인자로 매개변수를 사용하고 **Manipulate**로 이 매개변수를 조절하는 대화형 모형을 생성하면 사용자가 맞추어볼 다항식의 차수를 올리거나 내려볼 수 있다. 다른 부분의 문법은 앞선 예와 같다.

```
Manipulate[
  fit3 = Fit[largeCountriesCellAndInternet[[All, 1]], x^Range[degree], x];
  Show[{
      ListPlot[largeCountriesCellAndInternet[[All, 1]]],
      Plot[fit3, {x, 0, 150}, PlotStyle → Red]
    }],
  {degree, 1, 6, 1}]
```

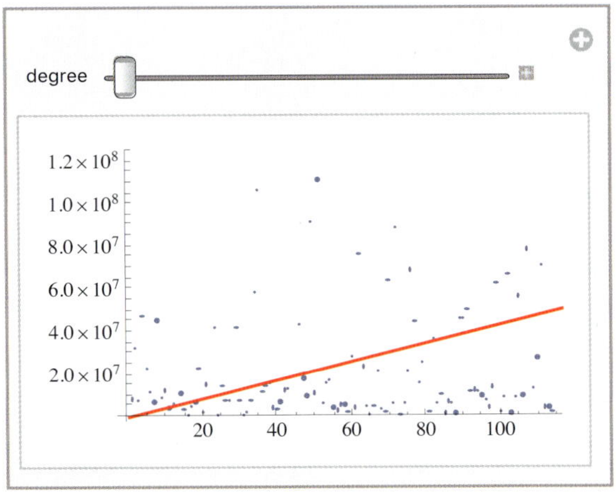

20장 데이터 필터링 및 조작에서 데이터의 처리와 **Manipulate**를 사용하는 예를 간략하게 살펴보았다. 이들 두 개념은 결합해서 사용할 수 있다. 예를 들어, 위의 **Manipulate** 문에 두 번째 슬라이더를 추가해서 특정 문턱값을 넘어서는 인터넷 사용자 혹은 휴대전화 사용자에 해당하는 데이터 점만을 표시하도록 하고 이렇게 얻은 부분집합에서 다시 방정식을 맞추도록 할 수 있다.

비선형 맞추기가 적합한 경우에는 **FindFit**을 이용해서 더욱 유연한 형태의 함수를 맞추어 볼 수 있다. **FindFit**은 네 개의 전달인자를 취하는데, 첫 번째는 맞추어볼 데이터, 두 번째는 맞추어볼 표현식, 세 번째는 최량적합 전달인자, 그리고 네 번째는 적합식의 변수가 된다. **FindFit**은 각 계수에 대한 실숫값을 규칙의 목록으로 반환한다.

여기서는 **FindFit**이 주어진 데이터와 표현식 **a Log[x] + b**가 가장 적합하도록 계수를 찾는다.

```
fit4 = FindFit[largeCountriesCellAndInternet[[All, 1]], a Log[x]+b, {a, b}, x]
```

```
{a → 616892., b → 3.14778 × 10^7}
```

FindFit은 매개변수 값에 대한 규칙 목록을 반환한다. 다른 장에서 규칙 목록에서 값을 추출하는 방법을 논의했지만, **ReplaceAll**을 이용해서 함수의 **a**와 **b**에 계산한 값을 대입해 볼 수도 있다.

```
ReplaceAll[a Log[x]+b, fit4]
```

```
3.14778 × 10^7 + 616892. Log[x]
```

앞서 살펴본 바와 같이, **Show**를 써서 원시 데이터와 새로 맞춘 곡선을 시각화할 수 있다.

```
Show[{
    ListPlot[largeCountriesCellAndInternet[[All, 1]]],
    Plot[ReplaceAll[a Log[x]+b, fit4], {x, 0, 113}, PlotStyle → Red]
  }]
```

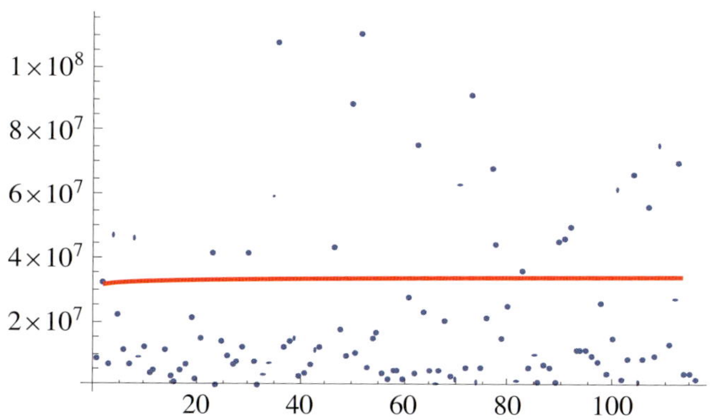

통계 모형 만들기

Fit과 **FindFit**은 데이터의 최량적합에 해당하는 방정식을 반환하도록 설계되었고, 각 명령은 맞추어볼 방정식의 형태를 원하는 대로 만들기 위한 매개변수를 제공한다. Mathematica는 원시 데이터에 기반한 통계모형을 만들 수 있는 명령도 제공한다. 출력으로 단일 표현식 또는 매개변수 값의 목록을 반환하는 대신, 적합한 모형 객체를 생성하여 적합 결과에 쉽게 접근할 뿐만 아니라, 다양한 진단 정보도 얻을 수 있다. 관찰력이 좋은 독자는 모형 적합 명령이 반환하는 구조와 Mathematica의 선별 데이터 명령이 매우 유사한 것을 눈치챘을 수도 있다. 예를 들어, 적합 모형을 추가적인 특성으로 삼아 질의할 수도 있다.

가장 일반적으로 사용하는 모형 생성 함수는 **LinearModelFit**이며, **Fit**과 유사한 문법을 가지고 있다.

```
model = LinearModelFit[QuantityMagnitude[largeCountriesCellAndInternet], {1, x, x^2}, x]
```

FittedModel[$-1.39151\times10^{6} + \ll19\gg x - 7.33838\times10^{-11} x^{2}$]

위의 출력은 기본 출력으로 표현식을 반환하는 대신에 Mathematica에서 적합 모형을 표현하는 데 사용하는 객체를 반환한다. 이 적합 모형을 **model**이라는 이름의 변수에 할당해서 나중에 모형에 관한 추가 정보를 검색할 수 있도록 한다.

많은 경우에 함수 형태의 적합 모형을 원하며 **Normal** 명령을 이용해서 이 형태를 얻을 수 있다.

```
Normal[model]
```

$-1.39151\times10^{6} + 0.443746\,x - 7.33838\times10^{-11}\,x^{2}$

적합 모형은 함수처럼 사용해서 특정 지점에서의 값을 계산할 수도 있다.

```
model[10^7]
```

3.03861×10^{6}

적합 모형은 **Table**과 함께 사용해서 적합 함수에 기반한 값의 목록을 생성할 수도 있다.

```
Table[model[i], {i, 10^6, 10^7, 10^6}]
```

$\{-947\,840., -504\,314., -60\,935.4, 382\,297., 825\,382., 1.26832\times10^6, 1.71111\times10^6, 2.15376\times10^6, 2.59626\times10^6, 3.03861\times10^6\}$

적합 모형은 **Integrate**와 같은 명령과 함께 사용할 수도 있다.

```
∫model[x] ⅆx
```

$-1.39151\times10^6\,x + 0.221873\,x^2 - 2.44613\times10^{-11}\,x^3$

Fit이나 **FindFit**이 만드는 적합 모형은 함수 형태로 정의되기 때문에, **Show** 명령을 사용해서 적합 모형을 포함하고 있는 **Plot** 문과 데이터의 그래프를 결합할 수 있다.

```
Show[ListPlot[largeCountriesCellAndInternet], Plot[model[x], {x, 10^5, 10^8}, PlotStyle → Red]]
```

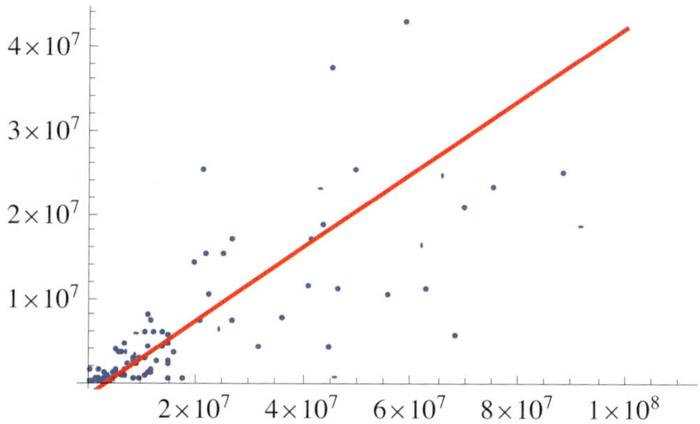

앞의 결과는 이 장의 전반부에서 **Fit** 함수를 사용했을 때와 같아 보인다. 그렇다면 왜 **LinearModelFit**을 사용해야 할까? **LinearModelFit**은 적합에 관한 관련 정보를 쉽게 찾아볼 수 있는 기반을 제공한다는 차이점이 있다.

사용할 수 있는 통계 특성을 보여주는 문법은 **ChemicalData**와 같은 선별 데이터에 관한 명령에서 사용할 수 있는 특성을 질의할 때의 그것과 유사하다. 다음은 적합 모형에서 이용할 수 있는 통계 검정의 목록 중 첫 10개를 보여준다.

```
Short[model["Properties"], 10]
```

{AdjustedRSquared, AIC, AICc, ANOVATable, ANOVATableDegreesOfFreedom, ANOVATableEntries, ANOVATableFStatistics, ANOVATableMeanSquares, ANOVATablePValues, ANOVATableSumsOfSquares, ≪44≫, SequentialSumOfSquares, SingleDeletionVariances, SinglePredictionBands, SinglePredictionConfidenceIntervals, SinglePredictionConfidenceIntervalTable, SinglePredictionConfidenceIntervalTableEntries, SinglePredictionErrors, StandardizedResiduals, StudentizedResiduals, VarianceInflationFactors}

이들 특성은 모형을 명령 호출 형태로 이용해서 접근할 수 있다. 아래는 앞에서 구한 적합 모형과 관련한 분산분석표를 보여주고 있다.

```
model["ANOVATable"]
```

	DF	SS	MS	F-Statistic	P-Value
x	1	1.03981×10^{17}	1.03981×10^{17}	363.624	4.11185×10^{-37}
x^2	1	9.72784×10^{13}	9.72784×10^{13}	0.340185	0.560885
Error	113	3.23131×10^{16}	2.85957×10^{14}		
Total	115	1.36391×10^{17}			

생성한 모형의 적합잔차와 평균예측오차를 바로 얻을 수 있는 것을 비롯해 모든 정보에 쉽게 접근할 수 있는 점은 **LinearModelFit**이 매우 유용한 함수임을 보여준다.

```
Short[model["FitResiduals"], 5]
```

$\{-1.8529\times10^6, -8.57657\times10^6, -1.06061\times10^6, -7.87592\times10^6$, ≪109≫, 120658., 522015., $2.07831\times10^6\}$

```
Short[model["MeanPredictionErrors"], 5]
```

$\{1.75122\times10^6, 1.67257\times10^6, 1.79142\times10^6$, ≪110≫, $1.87564\times10^6, 1.88041\times10^6, 1.93877\times10^6\}$

그래프에 이 목록을 함께 표시해서 원시 데이터와 적합 모델 간의 오차 분석 및 적합도를 시각화할 수 있다.

```
ListPlot[
  {model["FitResiduals"], model["MeanPredictionErrors"]},
  PlotLegends → Placed[{"fit residuals", "mean prediction errors"}, Top]]
```

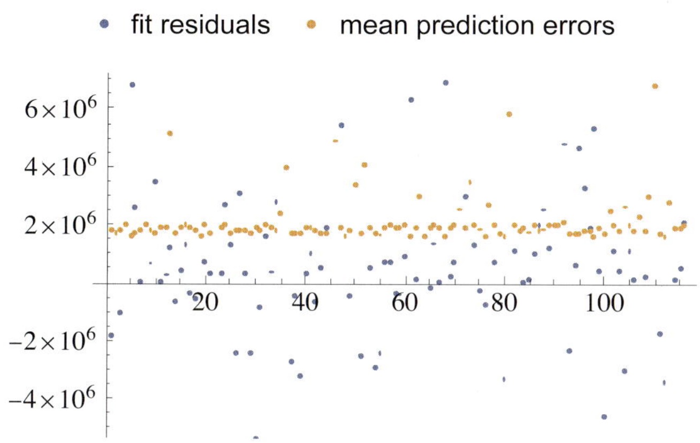

적합 모형을 프로그래밍 방식으로 살펴볼 수 있으므로, **Manipulate**로 동적 모형을 쉽게 생성해서 다양한 특성을 대화식으로 탐색할 수 있다.

```
LinearModelFit[QuantityMagnitude[largeCountriesCellAndInternet], {1, x, x^2}, x]
```

FittedModel[$-1.39151\times10^{6} + \ll 19 \gg x - 7.33838\times10^{-11}\, x^{2}$]

```
model = LinearModelFit[QuantityMagnitude[largeCountriesCellAndInternet], {1, x, x^2}, x];
Manipulate[model[prop], {prop, model["Properties"]}, SaveDefinitions → True]
```

prop AdjustedRSquared

0.758892

LinearModelFit은 Mathematica가 제공하는 몇몇 모형 맞추기 함수 중 하나이다. **GeneralizedLinearModelFit**, **NonlinearModelFit**, **LogitModelFit**, **ProbitModelFit** 등의 다른 함수도 있다. 각 명령이 반환하는 모형의 전반적인 구조가 비슷해서 일단 모형을 만들면 여러 가지를 진단해 볼 수 있다.

난수 생성

Mathematica에 내장된 분포에 따라 숫자를 생성하거나 목록에서 번호를 골라내는 것뿐만 아니라, 유사난수 목록을 생성할 수 있는 명령이 여러 가지 제공된다.

RandomReal과 **RandomInteger** 명령은 균등하게 분포하는 유사 무작위 실수 혹은 정수의 목록을 생성한다. 각 명령을 전달인자 없이 사용하면 0부터 1까지의 범위에서 해당 유형의 무작위 값을 생성한다.

```
SeedRandom["CKM"];
RandomReal[]
```

0.0229577

> **SeedRandom**을 사용해서 난수 생성기를 재설정할 수 있지만, 특정 씨앗값을 설정하면 함수로 생성한 난수의 수열이 항상 일정하게 된다. 위의 입력 셀을 평가하면, 저자가 이 책을 쓸 당시에 얻은 유사난수 집합을 정확히 다시 얻게 된다.

```
RandomInteger[]
```

0

단일 전달인자를 사용한다면, 각 명령은 0부터 시작해서 지정한 값까지의 범위에서 유사난수를 생성한다. 다음 예제에서는 0부터 5까지의 단일 무작위 실수 혹은 단일 무작위 정수가 출력으로 나온다.

```
RandomReal[5]
```

1.85405

```
RandomInteger[5]
```

2

하계를 0이 아닌 다른 수로 설정해야 한다면, 생성할 난수의 최솟값과 최댓값을 지정할 수 있다.

```
RandomReal[{3, 5}]
```

3.9661

```
RandomInteger[{3, 5}]
```

4

난수로 이루어진 목록을 생성하는 것은 흔한 일이기 때문에, 이들 명령은 원하는 벡터 또는 배열을 지정할 수 있도록 두 번째 전달인자를 받는다. 예를 들어, 1부터 6까지의 범위에서 10개의 무작위 실수를 생성할 수 있다.

```
RandomReal[{1, 6}, 10]
```

{1.25542, 4.83004, 1.65316, 4.86, 2.40025, 2.76463, 5.47558, 5.11047, 5.33032, 4.06133}

또는 0부터 10까지의 범위에서 무작위 정수를 뽑아서 3×5 행렬을 만들 수도 있다.

```
RandomInteger[{0, 10}, {3, 5}]
```

{{7, 9, 9, 4, 9}, {3, 3, 3, 1, 3}, {4, 3, 5, 2, 6}}

단일 난수 생성 명령으로 원소마다 다른 설정을 따르는 다차원 목록을 생성하는 것은 불가능하다는 점을 인지할 필요가 있다. 예를 들어, 3×5 행렬을 생성하는데 1행은 0부터 1까지 범위의 무작위 실수로 채우고, 2행은 1부터 2까지 범위의 무작위 실수로 채우고, 3행은 2부터 3까지 범위의 무작위 실수로 채우는 상황을 가정해 보자. 이와 같은 상황이라면, 각 행을 개별적으로 생성한 다음에 목록 조작 명령을 이용해서 원하는 최종 형태로 묶는 전략을 택하는 편이 좋다.

```
MatrixForm[{
    RandomReal[{0, 1}, {4}],
    RandomReal[{1, 2}, {4}],
    RandomReal[{2, 3}, {4}]}]
```

$$\begin{pmatrix} 0.801286 & 0.784834 & 0.919601 & 0.168855 \\ 1.91369 & 1.80112 & 1.37765 & 1.76867 \\ 2.23262 & 2.00886 & 2.39634 & 2.72117 \end{pmatrix}$$

무작위 복원추출은 **RandomChoice**로, 무작위 비복원추출은 **RandomSample**로 수행할 수 있다.

```
vals = Range[5]
{1, 2, 3, 4, 5}
```

```
RandomChoice[vals, 3]
{1, 4, 3}
```

```
RandomSample[vals, 3]
{3, 1, 2}
```

RandomChoice는 표본을 추출한 후에 해당 원소를 다시 채워 넣기 때문에, 모집단의 크기보다 더 많은 표본을 추출할 수 있다.

```
RandomChoice[vals, 10]
{3, 3, 5, 3, 2, 5, 2, 5, 3, 5}
```

RandomSample은 표본을 추출한 후에 해당 원소를 다시 채워 넣지 않으므로, 모집단의 크기보다 더 많이 추출하려 한다면 명령은 실패하고 만다.

```
RandomSample[vals, 10]
··· RandomSample: RandomSample cannot generate a sample of length
    10, which is greater than the length of the sample set
    {1, 2, 3, 4, 5}. If you want a choice of possibly repeated elements
    from the set, use RandomChoice.
RandomSample[{1, 2, 3, 4, 5}, 10]
```

변수 **vals**에는 5개의 원소만 있으므로, **RandomSample**의 두 번째 전달인자로 줄 수 있는 가장 큰 값은 5가 된다.

```
RandomSample[vals, 5]
{4, 5, 3, 2, 1}
```

아래의 명령은 10개의 값으로 구성된 목록을 생성하는데, 각 값은 1부터 100까지 범위에서 무작위 정수 5개의 평균값에 해당한다. 평균값의 변화가 매우 클 거라는 점을 예상할 수 있다.

```
vals = Table[N[Mean[RandomChoice[Range[100], 5]]], {i, 1, 10, 1}]
```

```
{64., 74.6, 47.8, 28.6, 66.6, 37.8, 52.8, 51.4, 56.4, 23.4}
```

하지만, 이들 평균값의 평균은 50에 매우 근접한다.

```
Mean[vals]
```

```
50.34
```

Clear를 사용하여 이 장에서 사용된 모든 변수의 값과 함수의 정의를 삭제한다.

```
Clear[popSelect, largeCountries, largeCountriesCellAndInternet, fit1, fit2, fit3,
  fit4, model, vals]
```

정리

Mathematica의 통계 기능은 시스템의 다른 부분과 긴밀하게 통합되어 있어서, 일단 데이터 집합을 불러와서 처리하면 통계 명령을 사용하여 측도 계산, 곡선 맞추기, 무작위 표본추출 등 어떠한 분석이라도 수행할 수 있다.

연습 문제

1. 자유 형식 입력을 이용해서 1부터 100까지 범위에서 무작위 정수를 생성하여라.
2. Wolfram 언어를 사용해서 1부터 100까지 범위에서 무작위 정수 5개를 나열하여라.

3. Wolfram 언어를 사용해서 두 명령문으로 프로그램을 작성하여라. 첫 번째 명령문은 1부터 10까지의 정수를 나열하는 표를 생성하되 출력은 감추고, 두 번째 명령문은 첫 번째 명령문의 출력에서 10개를 골라 무작위 표본을 생성하여라. 이 두 명령문의 프로그램은 정수로 된 무작위 목록을 생성한다.
4. 텔레비전 방송국이 많은 국가의 1인당 국내총생산과 정부 부채 사이에는 상관관계가 존재한다고 가설을 세워 보자. 입력으로 국가의 목록을 받아서 텔레비전 방송국이 100개가 넘는 모든 국가를 반환하는 함수를 **tvSelect**라는 이름으로 정의해 보자.
5. **manyStations**라는 이름의 변수를 생성해서 전 세계의 모든 국가의 이름을 저장하고, 이 변수를 연습 문제 4에서 만든 함수와 함께 이용해서 100개가 넘는 텔레비전 방송국을 보유한 국가의 전체 목록을 구하여라.
6. **manyStations**에 저장한 국가에 대해서 {1인당 국내총생산, 정부 부채}(*GDP per capita, government debt*) 형식의 표를 생성하고, 이 표를 **manyStationsGDPGovDebt**라는 이름의 새로운 변수에 저장하여라.
7. 연습 문제 6의 결과가 비교적 짧기에 100개가 넘는 텔레비전 방송국을 보유한 국가를 살펴보는 것은 어렵지 않다. 하지만 목록이 훨씬 길다면 데이터 집합의 차원 것이 더욱 효율적인 접근 방법이다. 지금 이것을 구해 보자.
8. **ListLogLogPlot**을 사용해서 연습 문제 6의 데이터를 시각화해 보자. 그리고 **Tooltip** 명령을 사용해서 각 데이터 점 위로 마우스를 움직일 때 관련 국가의 이름이 보일 수 있도록 하여라. (도움을 주자면 변수 이름을 직접 사용하지 말고 연습 문제 6의 변수 정의를 사용하는 편이 **Tooltip**을 사용하기에 더 쉽다.)
9. **Part**를 사용해서 **manyStationsGDPGovDebt**에 저장된 각 원소의 첫 번째 값을 추출하는 방식으로, 이들 국가의 가계 소비 평균값을 구하여라.
10. 연습 문제 8의 그래프는 상관관계에 대한 가설이 옳다는 강력한 시각적 증거를 제시하지 못했다. **Correlation** 명령을 **manyStationsGDPGovDebt**에 저장된 목록의 모든 첫 번째 값과 모든 두 번째 값에 적용해 보자.

24장

프로그램 작성하기

소개

이 책의 많은 예, 이를테면 시각화는 다수의 계산을 거쳐 단일 결과에 이르는 구성으로 되어있다. 일반적으로 가설을 검증하거나 프로젝트 혹은 떠오른 생각을 더 탐색해볼 여지가 있는지 판단하기 위해 Mathematica를 이러한 방식으로 사용한다. Mathematica의 대화형 특성은 많은 양의 코드를 작성하고, 프로그램을 컴파일하고, 프로그램을 실행해서 결과를 보는 수고 없이도 효율적으로 즉시 이러한 종류의 탐색을 할 수 있도록 해준다.

문제 해결 방법을 함수 정의 속으로 몰아넣으면, Wolfram 언어로 어떻게 구현되는지를 깊이 생각하지 않고도 해당 기능을 사용할 수 있다. 따라서 코드가 아니라 문제 자체에 집중할 수 있다. 지금까지 소개한 예는 프로그래밍 방식으로 목록을 생성하거나 몇 가지 프로그래밍 개념을 설명하기 위해 사용자 정의 함수를 사용했다. 이러한 함수 정의는 Wolfram 언어에서 프로그래밍의 기본 토대가 된다. 이 장에서는 사용자 정의 함수를 만드는 데 필요한 기능과 반복문의 구조를 좀 더 자세히 살펴보겠지만, 이렇게 만든 함수를 함수 내부 코드에 대한 지식이 없는 사람도 쓸 수 있도록 만들어 본다.

프로그래밍의 기초

아래의 예는 반복 작업을 처리하는 프로그래밍을 보여주고 있다. **CountryData**를 사용해서 국가의 이름, 인구, 영토의 면적으로 구성된 목록을 정의하고 있다. 이번 장에서 살펴볼 테지만, 설사 데이터가 깔끔하지 않더라도 Mathematica는 이러한 종류의 작업을 매우 잘 다룬다.

> 파란색으로 표시되는 기호는 저장된 값을 갖지 않지만, 검은색으로 표시되는 기호와 함수는 저장된 값을 갖는다. 아래의 예를 타자할 때는 변수가 파란색으로 표시되지만, 평가한 후에는 정의되므로 검은색으로 바뀌게 된다.

```
listOfAllCountries = CountryData[All];
countryList = Table[{i, CountryData[i, "Population"], CountryData[i, "LandArea"]},
    {i, listOfAllCountries}];
Short[countryList]
```

```
{{Afghanistan, 35623235 people, 652230. km^2},
 {Albania, 3248655 people, 27398. km^2},
 {Algeria, 37473690 people, 2.38174×10^6 km^2},
 <<234>>, {Yemen, 27162547 people, 527968. km^2},
 {Zambia, 14767550 people, 743398. km^2},
 {Zimbabwe, 13665123 people, 386847. km^2}}
```

CountryData 명령에 세 번째 전달인자를 주어서 인구와 영토 면적 측정값의 단위를 정할 수 있다.

```
CountryData["Afghanistan", "Population", "Units"]
```

```
People
```

```
CountryData["Afghanistan", "LandArea", "Units"]
```

```
SquareKilometers
```

인구밀도를 제곱킬로미터 당 인구가 아닌 에이커 당 인구로 표현하고 싶다고 해 보자. **UnitConvert** 명령을 이용하여 제곱킬로미터에서 에이커의 변환계수를 구할 수 있다.

```
UnitConvert[Quantity[1, "Kilometers"^2], "Acres"] // N
```

```
247.104 acres
```

결과가 표시되기 전에 //을 이용하여 추가로 명령을 적용할 수 있다. 앞선 예에서는 수치 근사를 반환하기 위해 //을 사용했는데, 이는 **UnitConvert** 문을 **N** 명령으로 둘러싸는 것과 같다.

이제 변환 비율을 알았으니, 바로 사용해 보자. 이미 알고 있는 정보(국가명, 인구, 영토 면적)와 함께 원하는 단위인 에이커당 인구로 변환한 인구 밀도로 이루어진 새로운 목록을 생성한다.

```
countryDensity = Table[
    Flatten[{country[[1 ;; 3]], UnitConvert[(country[[2]] / country[[3]]), ("people/acre")]}],
    {country, countryList}
];
Style[
   countryDensity[[1 ;; 10]], FontSize → 10] // TraditionalForm
```

Afghanistan	35 623 235 people	652 230. km^2	0.22103 people/acre
Albania	3 248 655 people	27 398. km^2	0.479849 people/acre
Algeria	37 473 690 people	2.38174×10^6 km^2	0.0636724 people/acre
American Samoa	54 719 people	199. km^2	1.11277 people/acre
Andorra	85 458 people	468. km^2	0.738969 people/acre
Angola	21 274 503 people	1.2467×10^6 km^2	0.0690585 people/acre
Anguilla	16 086 people	91. km^2	0.715363 people/acre
Antigua and Barbuda	91 295 people	442.6 km^2	0.834747 people/acre
Argentina	41 827 217 people	2.73669×10^6 km^2	0.0618519 people/acre
Armenia	3 125 790 people	28 203. km^2	0.448522 people/acre

다시 한번 말하지만, [[ ]]는 **Part** 명령의 특수 표기이다. 앞선 예에서 **country**는 **Table** 명령의 반복자로 사용되어, 매 단계에서 **countryList**의 다른 국가로 교체된다. 겹 세미콜론은 범위를 나타내는데, 이 예에서는 목록의 첫 번째부터 세 번째 위치까지의 원소로 이루어진다. 마지막으로, **Style**은 화면의 출력에 적합한 글꼴의 크기를 정하기 위해 사용되었으며, **TraditionalForm**은 결과를 화면에 깔끔하게 나타내 준다.

이를 보다 일반적인 예로 만들려면, 이러한 유형의 계산을 변수로 정의하기보다는 사용자 정의 함수로 정의해야 한다. 아래의 프로그램은 입력으로 목록을 받아서 이 목록의 첫 번째부터 세 번째까지의 원소로 첫 세 개의 원소를 채우고, 마지막 원소로 입력받은 목록의 두 번째와 세 번째 원소의 합으로 구성한 새로운 목록을 반환한다.

앞선 변수 정의에서 프로그램은 목록의 새로운 네 번째 원소로 에이커 당 인구 밀도를 반환했다. 사용자 정의 함수에서 목록은 어떤 표현도 될 수 있다. **QuantityMagnitude**를 이용해서 단위를 제거하여 원래의 단위에 상관하지 않고 두 번째와 세 번째 원소를 더한다. 이러한 방식은 이 프로그램을 일반적인 유형으로 목록을 생성하는 예에서 사용할 수 있으므로 프로그램을 유용하게 만들어 준다.

```
addSecondThird[x_] :=
 Table[
  Flatten[
   {country[[1 ;; 3]], (QuantityMagnitude[country[[2]]] + QuantityMagnitude[country[[3]]])}],
  {country, x}
 ]
```

일단 프로그램을 정의하면, Wolfram 언어의 다른 함수와 마찬가지로 실행할 수 있다. 아래의 예는 방금 정의한 함수를 이용해서 데이터 집합에 대해 위의 계산을 반복해서 적용한다. 출력은 앞의 예와 같은 차원을 갖지만, 내용은 분명히 다르다.

원래 데이터 집합은 전 세계 국가의 국가명, 인구, 영토의 면적으로 이루어진 목록이라는 점을 상기하자. **Part** 명령을 사용해서 데이터 집합 전체를 출력하지 않고도 처음 세 개의 원소만 미리 볼 수 있다.

```
countryList[[1 ;; 3]]
```

{{Afghanistan, 35 623 235 people, 652 230. km^2},
{Albania, 3 248 655 people, 27 398. km^2},
{Algeria, 37 473 690 people, 2.38174×10^6 km^2}}

이제 사용자 정의 함수는 이 데이터 집합을 입력으로 받아서 각 국가에 대해 두 번째와 세 번째 열을 추가할 수 있다. 물론 프로그램은 목록의 모든 국가에 대해 연산을 수행하지만, 이전과 마찬가지로 **Part** 명령을 사용해서 결과의 일부만 살펴볼 수 있다.

```
addSecondThird[countryList][[1 ;; 3]]
```

{{Afghanistan, 35 623 235 people, 652 230. km^2, 3.62755×10^7},
{Albania, 3 248 655 people, 27 398. km^2, 3.27605×10^6},
{Algeria, 37 473 690 people, 2.38174×10^6 km^2, 3.98554×10^7}}

사용자 정의 함수를 추가적인 명령이 둘러싸도록 프로그램을 작성할 수도 있다. 예를 들어, **Prepend**를 사용해서 목록의 시작 부분에 하위목록을 덧댈 수 있으며, 이 부분목록에 각 열의 라벨 역할을 하는 문자열을 넣을 수 있다.

```
Prepend[addSecondThird[countryList][[1 ;; 3]],
    {"Country", "Pop.", "Land Area", "Pop. + Land Area"}] // TraditionalForm
```

Country	Pop.	Land Area	Pop. + Land Area
Afghanistan	35 623 235 people	652 230. km^2	3.62755×10^7
Albania	3 248 655 people	27 398. km^2	3.27605×10^6
Algeria	37 473 690 people	2.38174×10^6 km^2	3.98554×10^7

이제 함수를 정의했으니, **Table**과 **Part** 명령이 하는 일을 조금만 생각해보면 어떤 데이터 집합에도 사용할 수 있다. 다음의 예는 국가명, 성인 인구, 폐쇄성 수역 면적을 포함하는 목록을 생성한다.

```
listOfAllCountries = CountryData[All];
countryList2 =
    Table[{i, CountryData[i, "AdultPopulation"], CountryData[i, "WaterArea"]},
      {i, listOfAllCountries}];
countryList2[[1 ;; 10]] // TraditionalForm
```

Afghanistan	1.80536×10^7 people	0. km^2
Albania	2.22943×10^6 people	1350. km^2
Algeria	2.54063×10^7 people	0. km^2
American Samoa	38 337. people	0. km^2
Andorra	60 280. people	0. km^2
Angola	1.07557×10^7 people	0. km^2
Anguilla	10 765. people	0. km^2
Antigua and Barbuda	61 414. people	0. km^2
Argentina	2.69058×10^7 people	30 200. km^2
Armenia	2.13897×10^6 people	1540. km^2

이 책의 출판본은 특정한 쪽 넓이를 사용하므로 이 장의 몇몇 표는 출판되었을 때의 쪽 넓이를 염두에 두고 추가적인 서식 설정을 적용하고 있다. 여러분의 장치에서 Mathematica를 사용한다면 더 큰 데이터 집합에 적합하도록 노트북 크기를 조절해서 더욱더 많은 열이 표시되게 할 수 있다.

새로운 목록을 앞에서 정의한 함수에 넘기면 두 번째와 세 번째 열을 덧붙이고 새로운 네 번째 열을 생성한다.

```
addSecondThird[countryList2]〚1 ;; 5〛
{{ Afghanistan , 1.80536 × 10^7 people , 0. km^2 , 1.80536 × 10^7},
 { Albania , 2.22943 × 10^6 people , 1350. km^2 , 2.23078 × 10^6},
 { Algeria , 2.54063 × 10^7 people , 0. km^2 , 2.54063 × 10^7},
 { American Samoa , 38337. people , 0. km^2 , 38337.},
 { Andorra , 60280. people , 0. km^2 , 60280.}}
```

과제의 주요 부분을 만들 때 일반적으로 이러한 종류의 작업 흐름을 따른다. 한 사람이 함수 혹은 여러 함수의 집합을 만들면, 같은 과제에 참여하는 나머지 동료는 함수의 역할과 입력에 필요한 전달인자만 익히면 된다. 동료들이 함수의 작동 방식을 자세히 알 필요는 없다. 이러한 접근법은 개인적으로도 도움이 되는데, 한 번 문제를 풀고 나면 나중에 같은 문제가 닥쳤을 때 이용할 해결방법을 마련할 수 있다.

지역 변수와 전역 변수

이 책의 많은 예는 변수를 사용하여 수, 문자열, 목록을 포함하는 다양한 표현식의 값을 저장한다. 지금까지 변수 할당은 Mathematica 전역에 걸쳐 영향을 미치는 변수를 생성했다. 현재 떠 있는 모든 노트북은 같은 커널을 공유하므로 한 노트북에서 사용한 변수의 값을 다른 노트북에서도 불러올 수 있다는 의미이다.

전역 변수는 사용자가 공통으로 사용하는 변수를 노트북의 한 부분에 저장해 놓고, 그 부분을 평가하면 새로운 곳에서도 작업을 이어나갈 수 있기에, 많은 경우에 장점이 있다. 또는 공통적인 정의를 핵심 노트북에 보관하고 새로운 일을 시작하기 전에 이 노트북을 평가하는 식으로 이용할 수도 있다. 하지만, 특정 연산에 국한된 범위에서만 정의되는 변수를 사용하는 것이 바람직할 때도 있다.

기호 **x**를 변수로 사용하는 예를 살펴 보자. 노트북의 한 지점에서는 변수 **x**를 목록으로 정의해서 사용하고 다른 지점에서는 변수 **x**를 함수의 인자에서 기호로 사용한다고 해 보자. 이러한 상황에서 충돌을 피하려면, **x**를 지역 변수로 선언해서 정의가 의도한 범위 밖으로 나가지 못하도록 해야 한다.
다음의 예는 전역 변수 할당을 보여준다.

```
x = 5
```

```
5
```

이제 **x**를 정의했으니 **x**를 사용하면 현재 값인 5로 즉시 대체된다. 계산에서 이 변수를 참고할 때 이러한 방식이 바람직하다.

```
2 x
```

```
10
```

하지만, 이러한 방식은 문제를 일으킬 수도 있다. 예를 들어, **x**를 적분 변수로 사용한다면 **x**에 정의된 값 때문에 오류가 발생한다.

```
∫Sin[x] ⅆ x
```

```
••• Integrate: Invalid integration variable or limit(s) in 5.
∫Sin[5] ⅆ 5
```

전역 변수 정의는 **Clear** 명령을 사용해서 삭제할 수 있다. 이 명령은 문제가 되는 기호에서 할당된 값을 제거하며, 이는 **Clear**를 평가한 커널에 연결된 모든 노트북에 같이 적용된다.

```
Clear[x]
```

이것이 특정 노트북이 사용하는 커널에 관한 두 번째 언급이다. 하지만 이 주제가 대다수 사용자에게는 고민할 거리가 되지 않을 것이다. Mathematica를 실행하면 커널이 시작되고, 원격 장치의 커널을 사용하라는 등의 별도 지시가 없다면 모든 계산은 이 커널에서 이루어진다. 자신의 컴퓨터에서 작업할 계획이라면 노트북이 사용하는 커널에 대한 정보를 무시해도 된다.

일단 **x**의 값을 삭제하면, **x**는 오로지 기호로 평가된다.

```
2 x
2 x
```

지역 변수를 생성하는 몇 가지 방법이 있는데 **Module** 함수를 이용하는 방법이 가장 일반적이다. **Module**은 두 개의 전달인자를 받는데, 첫 번째는 해당 명령문에 한정할 변수의 목록이고, 두 번째는 수행할 계산이나 연산의 목록이다. 이 경우에는 **Module** 문 안의 곱셈 계산에 사용할 **x**에 5를 저장한다.

```
Module[{x = 5}, x*5]
25
```

하지만, **x**에 할당한 값은 **Module** 명령 밖으로 전파되지 않는다. Mathematica 작업 시간 내내 **x**는 기호로 남고, 따라서 $2x$는 입력한 값을 그대로 반환한다.

```
2 x
2 x
```

이는 앞에서 본 충돌 문제를 일으키지 않고, **x**를 적분 명령에서 적분 변수로 사용하는 등의 다른 목적으로 사용할 수 있다는 것을 의미한다.

```
∫Sin[x] dx
-Cos[x]
```

> 변수 이름을 중복되지 않게 사용하는 것은 항상 좋은 생각이지만 data, steps, time과 같이 일반적인 단어를 여러 프로그램에서 사용하게 될 가능성이 크다. 이러한 상황에서 **Module**을 사용해서 변수를 지역화하면 두 프로그램이 의도하지 않게 서로 작용해서 원하지 않는 결과를 내놓는 것을 방지할 수 있는 추가적인 보호를 제공해준다.

Module을 사용하거나 이와 유사한 접근법으로 지역 변수를 사용하는 것은 좋은 습관이다. 한 가지 주의해야 할 차이점은 사용자 정의 함수를 정의할 때에는 지역 변수를 정의하지 않아도 된다는 점이다. 지연 할당과 패턴을 사용할 때, 패턴 일치에 사용하는 기호는 지역 변수로 선언할 필요가 없다.

예를 들어, 먼저 **x**의 값을 5로 설정하자.

```
x = 5
```

5

이제 전달인자를 제곱하는 함수를 정의하자.

```
f[x_] := x^2
```

```
f[10]
```

100

현재 값으로 5를 갖도록 정의한 변수 **x**는 패턴 **x_**와는 다르게 처리된다. 이 경우에 앞에서 정의한 **x**와 충돌하는 것을 막기 위해 **Module**을 사용해서 함수 정의를 "보호"할 필요가 없다.

반면에 현재 기호 **f**는 지연 할당을 이용해서 값 또는 값의 목록에 대해 함수를 평가하는 데 사용할 수 있도록 정의되어 있다. 이것은 기호 **f**가 다른 노트북이나 Mathematica 작업 시간 안에 전역 변수로 사용되었다면, **f**를 삭제해야 한다는 것을 뜻한다.

```
?f
```

Global`f

$f[x\_] := x^2$

```
Clear[f, x]
```

정의하지 않은 기호는 어떠한 정의도 갖지 않는다.

```
?f
```

Global`f

```
?x
```

Global`x

다중 패러다임 프로그래밍 언어

지금까지 많은 예에서 **Table**을 사용해서 다양한 값과 다양한 형식의 목록을 만들었다. 이 명령은 매우 효율적이며, 목록을 만들려고 할 때 대부분의 경우 최적의 명령이 된다. 그러나 Wolfram 언어는 다중 패러다임 언어이기 때문에 다양한 프로그래밍 양식의 구성 및 접근 방식을 지원한다. 따라서 **Do**, **While**, **For**와 같은 명령으로 반복문을 만들어 목록을 생성할 수도 있다. 절차적 프로그래밍에 익숙한 이들에게 이러한 명령이 오랜 친구일지 모르지만, 항상 **Table**과 같은 함수형 대안을 찾아보기를 적극적으로 권장한다.

Do는 표현을 반복적으로 평가하지만, 어떠한 출력도 생성하지 않는다. 따라서 **Do**를 사용할 때에는 결과를 보여주기 위해서 표현 안에 **Print** 명령을 넣기도 한다.

```
Do[Print[x], {x, 1, 5}]
```

```
1
2
3
4
5
```

Do를 사용해서 목록을 생성할 수도 있다. 일반적인 접근법은 비어있는 목록을 정의한 후에 표현식을 반복해서 평가해가며 목록에 원소를 덧붙여나가는 것이다. **AppendTo**를 사용하면 반복을 통해 표현식을 순환해가며 매번 같은 목록에 새로 생성한 값을 덧붙일 수 있다.

```
myList = {};
Do[
  AppendTo[myList, x],
  {x, 1, 5}]
```

```
myList
```

```
{1, 2, 3, 4, 5}
```

Table 명령과 마찬가지로 **Do**도 임의의 목록안의 모든 값에 대해 반복할 수 있다. 예를 들어, 국가 목록을 생성했다면 목록의 모든 국가에 대해 반복할 수 있다.

```
countryList = CountryData["G7"];
myCountryFlagList = {};
Do[
  AppendTo[myCountryFlagList, CountryData[x, "Flag"]],
  {x, countryList}]
```

```
ImageCollage[myCountryFlagList]
```

순환 구조로 생각할 수 있는 또 다른 명령으로 **Map**이 있다. 이 책의 예에서 **Table**과 **Do**는 목록을 생성할 때 주로 사용하는 반면, **Map**은 이미 존재하는 목록의 원소를 수정할 때 사용한다. **Map**은 두 개의 전달인자를 받는데, 첫 번째는 함수이고, 두 번째는 함수를 적용할 표현식으로 여기에는 목록이 올 수 있다.
예를 들어, 다음과 같이 목록을 정의해 보자.

```
eList = Range[5]
```

```
{1, 2, 3, 4, 5}
```

이제 이들 각각 수에 대해 계승을 계산하는 것이 목적이라고 해 보자. **Map**은 이렇게 할 수 있는 쉬운 방법을 제공한다.

```
Map[Factorial, eList]
```

```
{1, 2, 6, 24, 120}
```

Map은 매우 자주 사용되며 단축 형식으로 **/@**을 이용하고, Wolfram 언어로 된 프로그램을 읽다 보면 이 표기를 자주 마주하게 될 것이다.

```
Factorial/@eList
{1, 2, 6, 24, 120}
```

eList와 같은 목록은 **Table** 명령으로도 쉽게 만들 수 있다.

```
Table[Factorial[i], {i, 5}]
{1, 2, 6, 24, 120}
```

Do, **While**, **For**와 같은 명령을 이용해서 절차적으로 목록을 생성할 수 있지만, **Table**이나 **Map**과 같은 함수형 접근법을 사용하는 명령이 일반적으로 더욱더 효율적이고 평가하는 데 더 적은 시간이 걸린다.

또 다른 순환 구조로 표현이나 일련의 표현식이 실행될 횟수를 결정하는 시험을 정의할 수 있는 **For** 명령이 있다. 다음은 **For**의 기본 문법이다.

```
?For
```

For[*start*, *test*, *incr*, *body*] executes *start*, then repeatedly evaluates *body* and *incr* until *test* fails to give True. >>

```
For[i = 1, i ≤ 5, i++, Print[i]]
1
2
3
4
5
```

For 명령은 네 개나 되는 전달인자를 받기 때문에 구문이 길거나 복잡해지기 쉬우며, 가독성을 높이려면 각 전달인자를 별도의 줄에 배치하는 것이 좋다. 이러한 구조는 함수의 초기화, 시험, 증분과 순환 몸통을 구분하기 쉽게 만든다.

```
For[i = 1,
  i ≤ 5,
  i++,
  Print[i]]
```

```
1
2
3
4
5
```

앞에서 살펴본 서방 7개국 회의에 참여하는 국가의 국기 목록을 생성하는 예를 **For**를 사용해서 수행할 수 있다. 이 예는 프로그램의 정의, 실행, 결과의 화면 표시를 하나의 입력 셀에 모아 놓았다.

```
g7List = CountryData["G7"];
myFlagList = {};
For[i = 1,
  i ≤ Length[g7List],
  i++,
  AppendTo[myFlagList, CountryData[g7List[[i]], "Flag"]]]
ImageCollage[myFlagList]
```

While은 평가를 계속할지를 결정하는 검사를 사용하는 또 다른 순환 함수이다. 반복자를 사용하고, 주로 특정 목록의 값을 순환하는데 사용하는 **For**와는 달리, **While**은 더욱 일반적인 평가 검사를 사용할 수 있고 특정 값을 추적하는 데 얽매이지도 않는다.

```
rn = 1;
While[rn ≤ 3, Print[rn]; rn = rn + 1]
```

```
1
2
3
```

변수에 값을 더하거나 빼서 갱신할 때 **+=**와 **-=**를 사용하던 사람은 이들 연산자를 사용할 수 있다는 것은 반가운 소식일 것이다. 더욱이 곱하거나 나눠서 갱신하는 ***=**와 **/=**도 지원된다.

var += 1의 표현식을 사용하면 **var**에 저장되어 있던 값에 1을 더한 값으로 **var**의 값을 갱신한다.

While을 사용해서 서방 7개국 회의에 참여하는 국가의 국기 목록을 만들 수도 있지만, 접근법은 이전과 다르다. 목록의 값에 대해 반복하는 게 아니라 결과를 저장할 비어있는 목록을 생성하고, 국기를 찾을 때마다 국가 목록을 하나씩 비워간다. 이렇게 하면 **While** 명령은 국가 목록이 소진되었는지를 검사해서 프로그램이 완료되었는지 그리고 종료해야 하는지를 판단할 수 있다.

```
g7List = CountryData["G7"];
myFlagList = {};
While[
  g7List ≠ {},
  AppendTo[myFlagList, CountryData[First[g7List], "Flag"]];
  g7List = Rest[g7List]
]
ImageCollage[myFlagList]
```

앞의 예들이 모두 같은 출력을 내놓기 때문에 언제 **Map**, **Table**, **For**, 또는 **While**을 사용해야 할지 명확하지 않을 수도 있다. 하지만, 이 점은 Mathematica를 사용자가 원하는 대로 쓸 수 있다는 큰 장점도 된다. 자신의 필요에 부합하는 접근법을 사용하길 바란다.

순환에 사용할 수 있는 또 다른 명령으로 **Nest**가 있다. **Nest** 명령은 단일 함수 또는 연산을 표현식에 여러 번 적용한 결과를 얻고자 할 때 사용한다.

```
f[x_] := x+1
Nest[f, 1, 5]
```

```
6
```

이 장에서 논의한 다른 명령과 **Nest**의 차이점은 명확하다. 목록의 원소를 차례대로 순환하며 계산하는 대신에, **Nest**는 단일 호출로 표현식에 같은 함수를 반복해서 적용한다. 예를 들어 2% 연이율의 양도성 예금 증서에 $10,000를 투자한 결과를 같은 양도성 예금 증서에 다시 투자한 결과를 계산하려 한다면 **Nest**가 매우 유용하다.

```
f[x_] := x*1.02
Nest[f, 10000, 10]
```

```
12189.9
```

Nest를 목록에 사용해서 여러 데이터 집합에 일련의 평가를 반복해서 적용하도록 할 수 있다.

```
Nest[f, {500, 10000, 250000}, 10]
```

```
{609.497, 12189.9, 304749.}
```

짝을 이루는 명령인 **NestList**는 계산의 모든 중간값을 보여주고자 할 때 사용한다.

```
NestList[f, 10000, 10]
{10000, 10200., 10404., 10612.1, 10824.3,
  11040.8, 11261.6, 11486.9, 11716.6, 11950.9, 12189.9}
```

여러 시작값으로 **NestList**를 사용하면 각 단계의 중간 계산 값끼리 한데 모아준다.

```
NestList[f, {500, 10 000, 250 000}, 10] // TableForm
```

500	10 000	250 000
510.	10 200.	255 000.
520.2	10 404.	260 100.
530.604	10 612.1	265 302.
541.216	10 824.3	270 608.
552.04	11 040.8	276 020.
563.081	11 261.6	281 541.
574.343	11 486.9	287 171.
585.83	11 716.6	292 915.
597.546	11 950.9	298 773.
609.497	12 189.9	304 749.

패턴 일치

다른 장에서 패턴 일치의 구체적 예를 조금씩 살펴보았지만, Mathematica에서 패턴 일치 기능은 매우 강력해서 다양한 종류의 작업에 활용할 수 있다. **ReplaceAll** 명령은 표현에 나오는 기호나 패턴을 대체할 수 있는데, 함수 이름을 호출하거나 단축 표기법인 **/.**를 이용해서 사용할 수 있다. **ReplaceAll**은 규칙 목록을 이용해서 표현식을 치환하는 방식으로 작동한다.

```
ReplaceAll[a x^2, a → 4]
```

$4\,x^2$

```
a x^2 /. a → 4
```

$4\,x^2$

ReplaceAll에 변환 규칙의 목록을 주면 여러 값을 한 번에 바꿀 수 있다.

```
a x^2 + b x + c /. {a → 2, b → 3, c → 4}
```

$4 + 3\,x + 2\,x^2$

변환 규칙이 데이터의 원래 구조를 유지하도록 하지 않아도 되는 점은 목록 작업에 많은 자유를 부여한다. 기호를 값으로 변환하는 대신에, 더욱 일반적인 패턴을 지정해서 표현식을 변경하도록 할 수 있다. 예를 들어, 세 개의 원소로 이루어진 목록을 받아서, 목록의 원소 유형에 무관하게 이들의 순서를 바꾸는 패턴을 작성할 수 있다.

```
{a, b, c} /. {x_, y_, z_} → {y, z, x}
```

```
{b, c, a}
```

아래의 목록은 기호 **a**, **b**, **c** 대신에 영상, 문자열, 그리고 π로 구성되어 있지만, 기호로만 구성된 앞선 예와 같은 방식으로 순서가 변경되었다.

{ 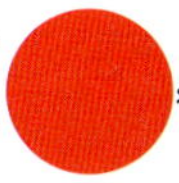 , "This is a string", π} /. {x_, y_, z_} → {y, z, x}

{This is a string, π, 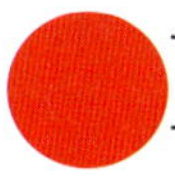 }

세 개의 원소로 된 목록을 받아서 목록의 순서를 바꾸는 대신에 모든 원소를 더하도록 패턴을 만들 수도 있다.

```
{a, b, c} /. {x_, y_, z_} → x+y+z
```

```
a + b + c
```

```
{1, 2, 3} /. {x_, y_, z_} → x+y+z
```

```
6
```

더욱 복잡한 패턴을 만들 수도 있다. 아래의 예는 세 개의 원소로 구성된 목록을 받아서, 각 원소와 그 원소의 제곱으로 이루어진 하위목록과 각 원소의 합과 이 합의 제곱으로 이루어진 하위목록으로 이루어진 새로운 목록을 만든다.

```
{a, b, c} /. {x_, y_, z_} → {{x, x^2}, {y, y^2}, {z, z^2}, {x+y+z, (x+y+z)^2}}
```

$\{\{a, a^2\}, \{b, b^2\}, \{c, c^2\}, \{a + b + c, (a + b + c)^2\}\}$

```
{1, 2, 3} /. {x_, y_, z_} → {{x, x^2}, {y, y^2}, {z, z^2}, {x+y+z, (x+y+z)^2}}
```

```
{{1, 1}, {2, 4}, {3, 9}, {6, 36}}
```

패턴은 사양을 추가해서 특정한 머리를 갖는 표현만 일치되도록 할 수 있다. 즉 다른 값이 아닌 정수와 만났을 때만 일치되도록 패턴을 정의할 수 있다는 의미이다. 아래의 교환 규칙은 목록의 모든 정숫값에 제곱을 취한다.

```
{2, 2.5, π} /. x_Integer → x^2
```

$\{4, 2.5, \pi\}$

특정한 머리에만 일치하는 패턴을 활용하면 단일 함수가 전달인자의 유형에 따라 다른 정의를 갖도록 할 수 있다.

```
h[x_Integer] := x
h[x_Real] := x^2
h[x_Symbol] := x^3
h[x_String] := "This function does not operate on strings."
```

```
{h[1], h[1.1], h[π], h["test"]}
```

$\{1, 1.21, \pi^3$, This function does not operate on strings.$\}$

조건 함수

Wolfram 언어는 프로그램의 흐름을 제어할 수 있는 조건 함수를 제공한다. 조건 함수는 검사를 지정하고 검사의 결과에 따라 어떤 일을 해야 하는지에 관한 전달인자를 받는다. 다음은 조건 명령 중의 하나인 **If**의 기본 문법이다.

```
?If
```

If[*condition*, *t*, *f*] gives *t* if *condition* evaluates to True, and *f* if it evaluates to False.

If[*condition*, *t*, *f*, *u*] gives *u* if *condition* evaluates to neither True nor False. >>

첫 번째 전달인자로 참이나 거짓으로 평가되는 검사를 받는다.

```
If[π > 3, "My test succeeded!", "My test failed."]
```

My test succeeded!

검사는 단일 표현식일 필요는 없으며 복잡한 복합 불셈식이 될 수도 있다.

```
If[π > 3&& π > 5, "My test succeeded!", "My test failed."]
```

My test failed.

또 다른 흐름 제어 명령으로 **Which**가 있다. **Which** 명령은 여러 개의 검사와 값을 받는데, 각 검사를 차례대로 평가해서 첫 번째로 만족하는 검사 뒤에 오는 값을 반환한다. 가령 여러 검사를 만족하더라도, 첫 번째로 만족하는 검사에서 평가를 멈춘다.

```
Which[π > 5, "Greater than 5", π > 3, "Greater than 3", π > 1, "Greater than 1"]
```

Greater than 3

> 검사와 해당 검사를 참으로 만족할 경우 실행할 연산을 하나로 묶고, 이 묶음을 다른 묶음과 줄 바꿈으로 구분할 수 있다. 이렇게 하면 **Which** 문이 길고 복잡해지더라도 쉽게 읽을 수 있는 형태를 유지할 수 있다.

Mathematica의 노트북 인터페이스는 글과 프로그래밍이 같은 문서 안에 오는 것을 허용하며, 많은 경우에 노트북에 포함된 글은 프로그램의 기록이나 설명으로서 역할을 한다. 하지만, 프로그래밍 명령 구역 안에 주석을 달아서 무슨 일이 일어나는지를 설명하고 싶을 때가 있다. 주석은 입력 셀 안에서 **(*와 *)** 기호 사이에 위치하게 되며 이들 구분자 안에 오는 모든 입력은 평가 시에 무시한다.

```
myFunction[x_] :=
  If[x < 0, x, (* negative values remain the same *)
    x^2 (* positive values are squared *)]
```

```
{myFunction[-2], myFunction[2]}
```

```
{-2, 4}
```

> 프로그램 안에서 다른 접근 방법을 시도해보거나, 프로그램을 디버깅할 때 주석을 활용하면 매우 편리하다. 코드 일부를 삭제하는 대신에 주석 처리하여 해당 부분을 삭제했을 때의 동작을 확인할 수 있다. 코드 일부를 주석 처리하려면 해당 부분을 선택한 다음 **편집(Edit)** 메뉴를 클릭하고 **주석 해제/주석 선택(Un/Comment Selection)**을 선택한다. 메뉴를 보면 주석처리 상태를 변경할 수 있는 키보드 단축키를 알 수 있다.

Clear를 사용하여 이 장에서 사용된 모든 변수의 값과 함수의 정의를 삭제한다.

```
Clear[listOfAllCountries, countryList, countryDensity, addSecondThird, countryList2,
  x, f, myList, eList, g7List, myFlagList, rn, h, myFunction]
```

정리

Wolfram 언어는 이번 장에서 소개한 소수의 함수에 국한되지 않으며, 많은 작업을 다양한 기술로 수행할 수 있다. 언어의 구성은 광범위하며 다중 패러다임을 지원하므로, 자신이 문제에 대해 생각하는 방식에 맞는 접근법을 택할 수 있다.

프로그램에 반복적인 구조가 있고 커다란 데이터 집합을 다루거나 일련의 계산을 수행한다면 프로그램을 다중 CPU나 GPU에서 실행해서 계산 속도를 올릴 수 있다. 다음 장은 Mathematica에서 프로그램을 병렬화하는 방법을 간략히 소개한다.

연습 문제

1. 20의 제곱근을 세 자리까지 수치 근사로 구하고, 그 결과를 변수 **b**에 할당하여라.
2. 단일 전달인자 **b**를 받아서 **b**의 제곱근을 세 자리까지 수치 근사로 구하여 반환하는 **f**라는 이름의 함수를 생성하여라.

3. 1부터 10까지의 정수를 연습 문제 2에서 만든 함수 **f**의 입력으로 받아서 값의 표를 생성하고, 이 결과를 변수 **tab10**에 저장하여라.

4. 지역 변수 **g**를 정의하고 **b**^{2}의 값을 할당한 다음, **g + 1**을 계산하여라.

5. **b**와 **g**를 평가하여라. 연습 문제 1과 4에서 올바르게 변수를 할당했다면 **b**만이 수치를 반환한다.

6. **tab10**의 세 번째 원소를 10으로 바꾸어라.

7. x를 5로, y를 3으로, z를 1로 바꿔서, $x^2 + y - z$를 계산하여라.

8. **If**를 사용해서 $b^3 < 95$라면 문자열 "LOWER"를 반환하고, 그렇지 않으면 "HIGHER"를 반환하는 조건문을 생성하여라.

9. **Which**를 사용해서 **tab10**의 첫 세 개의 원소 중, 원소의 값이 1보다 큰 첫 번째 원소의 위치를 반환하는 조건문을 생성하여라.

10. 첫 번째 구문은 **b**의 정의를 삭제하고, 두 번째 구문은 **b**^{2}을 계산해서 확실하게 변수가 정의를 갖지 않도록 하는 두 개의 구문으로 구성된 프로그램을 작성하여라.

25장
병렬 프로그램과 GPU 프로그램 작성하기

소개

Mathematica는 1초도 안 되는 시간 안에 수많은 계산을 할 수 있다. 계산이 복잡해지거나 계산량이 많아지면, Mathematica는 작업해야 할 계산의 일부를 다른 커널에 넘기는 방식으로 다수 CPU 코어의 장점을 활용해서 계산 시간을 줄인다. Mathematica는 커널 활동을 제어하고 자동으로 계산을 나누어서 커널에 할당하는 일을 도맡아 처리한다. 이렇게 나누어진 작업은 동시에 계산이 수행된다. Mathematica는 병렬 계산의 첫 단계로 사용하는 장치가 보유한 CPU 코어의 수량을 파악해서, 사용자가 직접 다수의 커널을 띄우지 않았다면 적절한 수의 계산 커널을 띄운다. GPU도 같은 방식으로 계산 시간을 줄이기 위해 사용할 수 있다. 병렬 계산은 데스크톱 용 Mathematica 라이선스를 보유한 경우에만 사용할 수 있기에, Mathematica Online에서는 이번 장의 대다수 예를 실행해 볼 수 없다.

Mathematica를 전용 클러스터부터 슈퍼컴퓨터에 이르기까지 여러 장치에 걸친 병렬 계산에 사용할 수 있으며, 휴면 장치를 이용해서 임시 그리드를 생성하는 도구도 내장하고 있다. 이번 장의 예는 멀티코어 CPU를 보유한 단일 장치에서의 병렬 계산을 다룬다. 이번 장의 예를 실행하려면 이와 유사한 설정의 장치가 필요하며, 사용하는 장치의 구성에 따라 결과가 조금씩 달라질 수 있다.

단일 계산에 다수의 CPU 코어 사용하기

다른 프로그래밍 언어에서 병렬 평가의 세부적인 구현은 일반적으로 번거로운 일이지만, Wolfram 언어의 명령은 병렬 프로그래밍의 많은 부분을 자동으로 처리한다. 이는 사용자가 문제를 나누어서, 작업에 참여할 CPU 코어에 정보를 보내고, 결과를 다시 수집하고, 수집한 결과를 결합하는 복잡한 과정에 시간을 쏟는 대신에, 손에 쥔 문제에 집중해서 유연하게 해결책을 모색해 볼 수 있도록 해준다.

병렬 평가용 명령은 대응하는 표준 Wolfram 언어 명령의 문법을 따른다. 이러한 점은 단일 평가 명령을 복수의 CPU 코어를 사용하도록 바로 변경할 수 있게 해준다. **Table**, **Map**, **Evaluate**를 **ParallelTable**, **ParallelMap**, **ParallelEvaluate**로 바꾸면 멀티코어를 사용할 수 있다.

Evaluate와 **ParallelEvaluate** 모두 Mathematica 커널이 평가를 수행하도록 강제한다. **Evaluate**가 단일 CPU 코어를 사용해서 평가를 수행하는 반면, **ParallelEvaluate**는 사용할 수 있는 코어가 있고, 보유한 Mathematica 라이선스가 충분한 계산 커널을 제공한다는 가정하에서 다수의 CPU 코어에서 계산을 수행한다.

Evaluate[5 !]

120

ParallelEvaluate[5 !]

{120, 120, 120, 120}

앞의 명령은 자동으로 다수의 계산 커널을 띄워서 각 CPU에서 **5!**을 평가한다. 결과는 각 계산 커널의 출력으로 구성된 목록이다. **평가(Evaluation)** 메뉴를 클릭하고 **병렬 커널 상태(Parallel Kernel Status)**를 선택하면 관리 커널의 상태와 돌아가고 있는 계산 커널의 수량을 보여주는 창이 나타난다. 이 경우에는 멀티 코어 장치 내부의 계산 커널 네 개가 평가에 사용된 것을 알 수 있다.

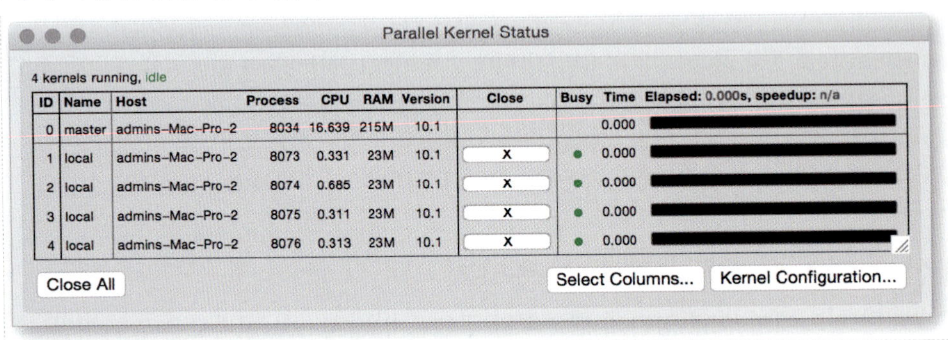

> Mathematica 노트북은 여러 플랫폼에 걸쳐 호환되므로, 한 장치에서 작성한 프로그램을 더 많은 코어를 장착한 다른 장치로 옮겨서 실행할 수 있다.

계산에 사용할 추가 정보를 전달하여 실행에 도움을 줄 수 있다. 예를 들어, 아래의 명령은 각 계산 커널에 변수 **a**의 값을 설정하고, 각 계산 커널은 **a**의 지역적 정의를 사용해서 $\mathbf{a}^2$을 계산한다.

```
ParallelEvaluate[a = 5; a^2]
```

{25, 25, 25, 25}

각 계산 커널이 산출한 결과는 같으며, 그 이유는 각 커널이 똑같은 변수 **a**의 정의를 사용하고 있기 때문이다. 하지만 다음의 표현에 대한 평가에서 볼 수 있듯이 각 계산 커널마다 다른 변수나 함수의 정의를 사용하도록 할 수 있다.

```
ParallelEvaluate[a = RandomReal[]; a^2]
```

{0.373261, 0.788036, 0.322687, 0.325716}

이 예에서 각 계산 커널은 **a**의 지역적 정의를 전달받게 되는데, **a**는 **RandomReal**의 평가 결과에 의존하고 있고 **RandomReal**은 평가할 때마다 다른 값을 반환하므로, 결과적으로 각 계산 커널마다 지역적으로 다른 값의 **a**를 할당하는 결과를 낳게 된다.

이러한 접근법은 커다란 데이터 집합을 생성할 때 장점이 있으며, 그 이유는 관리 커널과 다른 장치에 위치할 수도 있는 계산 커널 사이에 많은 양의 데이터 전송을 피할 수 있기 때문이다. 다음의 예는 각 계산 커널마다 0에서 1까지 범위의 무작위 실수를 5개 생성하여, 계산 커널별로 평균을 구하여 관리 커널에 반환한다.

```
ParallelEvaluate[a = RandomReal[{0, 1}, {5, 1}]; Mean[a]]
```

{{0.533235}, {0.59548}, {0.552252}, {0.417788}}

일반적인 접근법으로는 병렬 평가 이전이나 병렬 평가로부터 반환받은 결과 이후의 계산은 관리 커널에서 수행한다. 다음의 예는 계산 커널에서 반환받은 네 개의 평균을 관리 커널이 입력으로 받아서 다시 평균을 계산한다.

```
Mean[
  ParallelEvaluate[a = RandomReal[{0, 1}, {5, 1}]; Mean[a]]
]
```

{0.599101}

모의실험에 다수의 CPU 코어 사용하기

아래의 짧은 프로그램은 표본 크기를 정해서, 목록을 생성한 다음 특정 조건을 만족하는 점을 목록으로 반환하는 간단한 모의실험을 수행한다. 이 경우에는 **Select** 명령을 사용해서 $x^2 + y^2 < 1$을 만족하는 점만 골라내고, 이 결과를 이용해서 전체 점의 수량 중에서 원의 안에 있는 점의 비율을 계산한다.

```
sampleSize = 10^3;
myList = RandomReal[{-1, 1}, {sampleSize, 2}];
myPattern[pair_] := pair[[1]]^2 + pair[[2]]^2 < 1;
myResult = Select[myList, myPattern];
N[Length[myResult] / Length[myList]]
```

```
0.8
```

다음의 그래픽은 표본으로 추출한 모든 점을 보여주는데, 부등식을 만족하는 점은 빨간색으로 나타내고 있다.

```
Show[
  RegionPlot[x^2 + y^2 < 1, {x, -1, 1}, {y, -1, 1}],
  ListPlot[myList, PlotStyle → {PointSize[Small]}],
  ListPlot[myResult, PlotStyle → {Red, PointSize[Small]}]
]
```

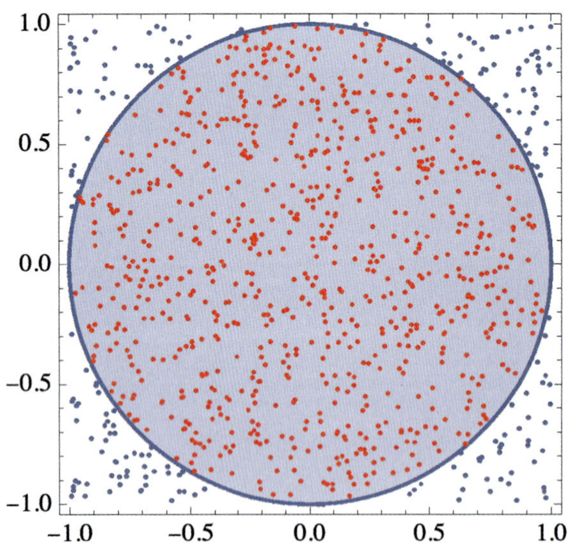

이처럼 무작위 표본 추출로 데이터를 생성하는 문제는 병렬 계산과 궁합이 잘 맞는다. 일련의 계산을 **ParallelEvaluate** 함수로 둘러싸기만 하면 이 모의실험을 모든 계산 커널에서 실행하고 그 결과를 반환하도록 할 수 있다. 아래의 예에서 각각의 결과는 표본으로 추출한 점 중에서 조건을 만족하는 점의 비율이다.

```
ParallelEvaluate[
  sampleSize = 10^3;
  myList = RandomReal[{-1, 1}, {sampleSize, 2}];
  myPattern[pair_] := pair[[1]]^2 + pair[[2]]^2 < 1;
  myResult = Select[myList, myPattern];
  N[Length[myResult] / Length[myList]]
]
```

{0.785, 0.792, 0.786, 0.782}

개별 계산 커널이 독자적인 무작위 표본으로 계산을 한 후에 전체 구문을 **Mean** 명령으로 둘러싸서 비율의 평균을 구할 수 있다. 아래의 예에서 **Mean**은 관리 커널에서 평가된다.

```
ParallelEvaluate[
    sampleSize = 10^6;
    myList = RandomReal[{-1, 1}, {sampleSize, 2}];
    myPattern[pair_] := pair[[1]]^2 + pair[[2]]^2 < 1;
    myResult = Select[myList, myPattern];
    N[Length[myResult] / Length[myList]]
  ] // Mean
```

0.785004

환경 설정(Preferences) 메뉴를 열어서 **병렬(Parallel)** 탭으로 들어가면, 병렬 실행으로 작업할 때의 기본 설정을 조정할 수 있다. 예를 들어, 장치 내부 커널의 수를 자원 관리에 적합하도록 특정 값으로 설정할 수 있다. 아래의 스크린 샷은 Mathematica 사용 장치에서 병렬 평가 용도로 네 개의 커널을 띄우도록 설정하고 있다.

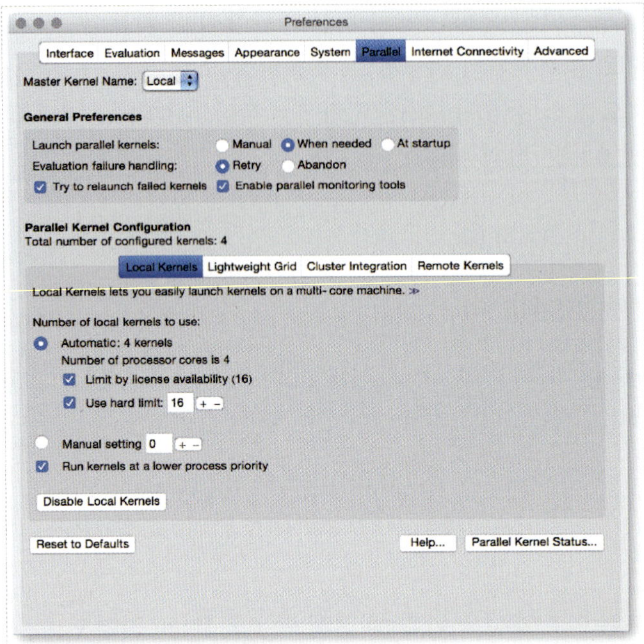

원격 커널(Remote Kernels) 탭은 원격 로그인을 이용해서 다른 컴퓨터의 커널을 띄울 수 있도록 해준다. 호스트를 추가하려면 호스트 명과 해당 장치에서 띄울 커널의 수량을 명시해야 한다. 설정을 완료하면, 병렬 평가용 계산 커널 집단에 원격 커널이 추가된다. 클러스터 통합(Cluster Integration) 탭을 사용해서 클러스터 관리 소프트웨어에 접속할 수 있고, 경량 그리드(Lightweight Grid) 탭을 사용해서 네트워크의 사용 가능한 Mathematica 커널 (해당 Mathematica가 이용 가능하다는 것을 브로드캐스트하고 있다는 가정하에서)을 찾을 수 있다.

병렬 평가하도록 작업 제출하기

앞선 예는 실행하면 계산 커널에서 바로 평가되는 명령을 보여주고 있다. **ParallelSubmit** 명령을 이용해서 작업을 평가 대기 형태로 계산 커널에 제출하여 계산을 대기열에 넣는 것도 가능하다.

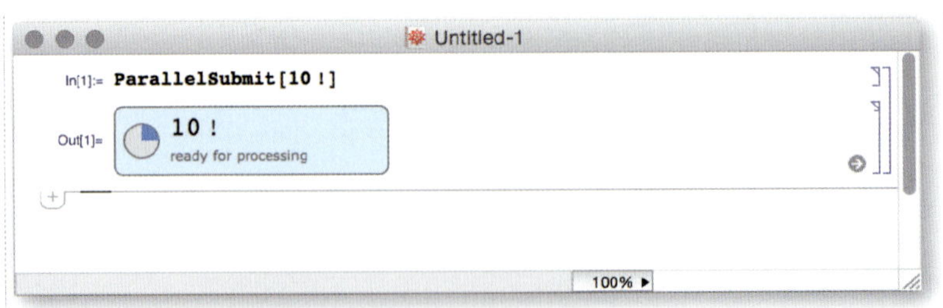

ParallelSubmit을 사용해서 작업을 제출하면 출력으로 **EvaluationObject**를 받는데, 이것을 **WaitAll** 명령에 넘겨서 커널이 계산을 수행하도록 할 수 있으며, 완료된 계산의 출력은 관리 커널로 반환된다. 작업이 끝나면 **EvaluationObject**는 화면에 나타난 상태를 갱신해서 작업이 완료된 것을 표시한다.

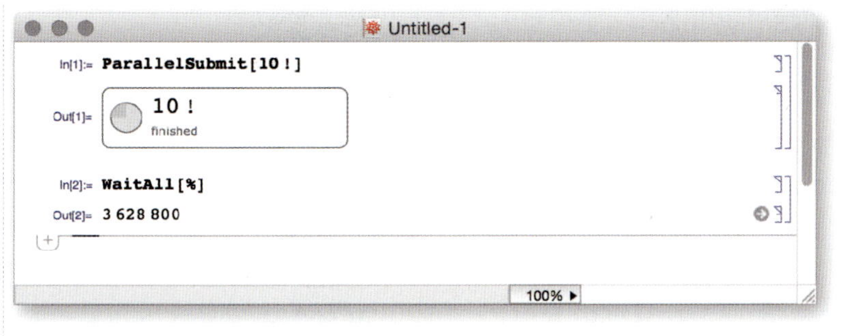

이 방법으로 여러 개의 작업을 동시에 제출하는 것도 가능하다. 아래의 스크린샷은 **Table** 문을 이용해서 풀어야 할 식의 목록을 생성하지만 **WaitAll**이 평가되기 전까지는 평가가 대기 상태로 머무는 것을 보여준다.

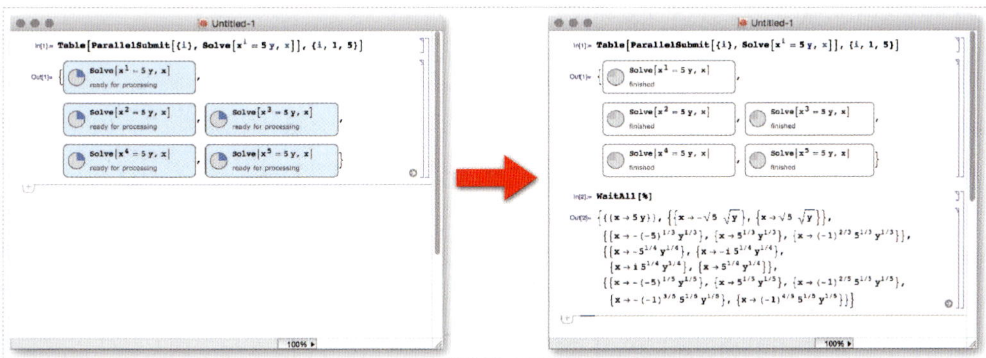

또 다른 병렬 평가용 내장 명령으로 **ParallelEvaluate**가 있다. **ParallelTable** 명령은 **Table**의 병렬 구현이고 **ParallelMap** 명령은 **Map**의 병렬 구현이다.

아래의 예는 앞의 예와 같이 **Solve** 명령을 호출해서 해의 목록을 생성한다.

```
Table[Solve[x^i == 5 y, x], {i, 1, 5, 1}]
```

$$\left\{\{\{x \to 5\,y\}\}, \left\{\left\{x \to -\sqrt{5}\,\sqrt{y}\right\}, \left\{x \to \sqrt{5}\,\sqrt{y}\right\}\right\}, \left\{\left\{x \to -(-5)^{1/3}\,y^{1/3}\right\}, \left\{x \to 5^{1/3}\,y^{1/3}\right\}, \left\{x \to (-1)^{2/3}\,5^{1/3}\,y^{1/3}\right\}\right\}, \left\{\left\{x \to -5^{1/4}\,y^{1/4}\right\}, \left\{x \to -i\,5^{1/4}\,y^{1/4}\right\}, \left\{x \to i\,5^{1/4}\,y^{1/4}\right\}, \left\{x \to 5^{1/4}\,y^{1/4}\right\}\right\}, \left\{\left\{x \to -(-5)^{1/5}\,y^{1/5}\right\}, \left\{x \to 5^{1/5}\,y^{1/5}\right\}, \left\{x \to (-1)^{2/5}\,5^{1/5}\,y^{1/5}\right\}, \left\{x \to -(-1)^{3/5}\,5^{1/5}\,y^{1/5}\right\}, \left\{x \to (-1)^{4/5}\,5^{1/5}\,y^{1/5}\right\}\right\}\right\}$$

ParallelTable은 **Table**과 정확히 같은 문법을 갖지만, 계산 목록을 나눠서 이용 가능한 계산 커널 집단을 이용하여 평가한다. 결과는 앞의 예와 같다. 일반적인 명령과 유사한 병렬 명령을 사용하는 Mathematica의 접근법은 단순히 몇 가지 명령 이름만 바꾸어도 손쉽게 많은 루틴을 병렬로 계산할 수 있게 해 준다.

```
ParallelTable[Solve[x^i == 5 y, x], {i, 1, 5, 1}]
```

$$\left\{\{\{x \to 5\,y\}\}, \left\{\left\{x \to -\sqrt{5}\,\sqrt{y}\right\}, \left\{x \to \sqrt{5}\,\sqrt{y}\right\}\right\}, \left\{\left\{x \to -(-5)^{1/3}\,y^{1/3}\right\}, \left\{x \to 5^{1/3}\,y^{1/3}\right\}, \left\{x \to (-1)^{2/3}\,5^{1/3}\,y^{1/3}\right\}\right\}, \left\{\left\{x \to -5^{1/4}\,y^{1/4}\right\}, \left\{x \to -i\,5^{1/4}\,y^{1/4}\right\}, \left\{x \to i\,5^{1/4}\,y^{1/4}\right\}, \left\{x \to 5^{1/4}\,y^{1/4}\right\}\right\}, \left\{\left\{x \to -(-5)^{1/5}\,y^{1/5}\right\}, \left\{x \to 5^{1/5}\,y^{1/5}\right\}, \left\{x \to (-1)^{2/5}\,5^{1/5}\,y^{1/5}\right\}, \left\{x \to -(-1)^{3/5}\,5^{1/5}\,y^{1/5}\right\}, \left\{x \to (-1)^{4/5}\,5^{1/5}\,y^{1/5}\right\}\right\}\right\}$$

이 장의 몇몇 예는 직렬 계산과 병렬 계산의 결과를 비교하고 있다. 기능을 시연하는 측면에서 결과가 같다는 점을 보이는 것도 의미가 있지만, 병렬 계산을 살펴볼 때 가장 실용적인 관심은 계산 시간에 있다. 단일 CPU 코어를 사용하다가 다수의 CPU 코어를 사용하게 되면 계산 시간을 상당히 줄일 수 있게 되고, 여기에서 다시 여러 대의 장치를 사용해서 계산하게 되면 계산 시간을 더욱 단축할 수 있다.

AbsoluteTiming 명령은 평가 작업을 완료하는 데 걸리는 시간을 측정할 때 유용하다. 다음 예는 이 함수를 이용해서 표현의 직렬 평가와 병렬 평가에 걸리는 시간을 비교한다. 평가 시간을 강조하기 위해서 **Table**과 **ParallelTable** 함수 뒤에 세미콜론을 사용해서 계산 결과를 감추었다.

```
AbsoluteTiming[Table[Length[Solve[x^i == 5 y, x]], {i, 1, 500, 1}];]
```

{2.991646, Null}

```
AbsoluteTiming[ParallelTable[Length[Solve[x^i == 5 y, x]], {i, 1, 500, 1}];]
```

{0.789843, Null}

이 예는 병렬 계산의 계산 시간이 눈에 띄게 감소하는 것을 보여준다.

> 계산 일정을 조정하고 결과를 한데 모으는 등의 일에 추가 시간이 소요되므로, CPU 코어의 수를 증가시키는 것이 정확히 선형적인 속도 증가로 이어지지 않을 수도 있다.

좀 더 일반적인 명령인 **Parallelize**는 평가를 둘러싸는 방식으로 사용하며, 가능한 경우 평가를 병렬화한다.

```
Parallelize[
    Table[Length[Solve[x^i == 5 y, x]], {i, 1, 500, 1}]] // Short
```

{1, 2, 3, 4, 5, 6, 7, 8, 9, 10, 11, 12, 13, ≪474≫, 488,
489, 490, 491, 492, 493, 494, 495, 496, 497, 498, 499, 500}

이 명령을 적분과 같이 병렬로 수행할 수 없는 명령 주위로 둘러싸면 Mathematica는 계산을 병렬로 실행할 수 없다는 주의 문구를 내보내고, 계산을 차례대로 평가한다.

Parallelize$\left[\int \frac{1}{(1+x^6)} dx\right]$

Parallelize: $\int \frac{1}{1+x^6} dx$ cannot be parallelized; proceeding with sequential evaluation.

$$\frac{1}{12}\left(-2\,\text{ArcTan}\left[\sqrt{3}-2x\right]+4\,\text{ArcTan}[x]+2\,\text{ArcTan}\left[\sqrt{3}+2x\right]-\sqrt{3}\,\text{Log}\left[1-\sqrt{3}\,x+x^2\right]+\sqrt{3}\,\text{Log}\left[1+\sqrt{3}\,x+x^2\right]\right)$$

대규모 프로그램에서 병렬 명령 사용하기

다른 장에서 일반적인 작업을 처리하는 사용자 정의 함수를 생성하는 방법을 살펴보았다. 다음의 예는 데이터 집합과 다항식의 최대 차수를 명시하는 정수를 입력으로 받는 짧은 프로그램이다. 프로그램의 주요 구조는 두 개의 **Table** 문으로 구성된다. 첫 번째 명령문은 주어진 데이터 집합에 대해 차수를 변경해가며 다항식 맞춤을 계산한다. 두 번째 명령문은 원시 데이터와 맞춘 곡선을 그래프로 그려주고 각 그래프의 다항식 맞춤에 해당하는 r^2 값을 표시한다.

```
dataFitApp[data_, polydegree_] :=
  (fits = Table[LinearModelFit[data, Table[x^j, {j, 0, i}], x],
       {i, 1, polydegree}];
    Table[
      Show[ListPlot[data, PlotStyle → PointSize[Medium]],
        Plot[fits[[i]]["BestFit"], {x, 0, 100}, PlotStyle → Red],
        PlotLabel → "degree " <> ToString[i] <> " polynomial" <> "\n" <> "r²: " <>
            ToString[fits[[i]]["RSquared"]]],
      {i, polydegree}]
  )
```

다음으로 프로그램에 사용할 데이터 집합을 생성한다. 내장된 **CountryData** 함수를 사용해서 일정 기간에 대해 특정 국가의 국내총생산의 목록을 생성한다. 이 예는 1970년부터 2010년까지 스웨덴의 국내 총생산 정보를 수집한다.

```
data1 =
    QuantityMagnitude[Normal[CountryData["Sweden", {{"GDP"}, {1970, 2010}}]][[All, 2]]];
data1[[1 ;; 10]]
```

$\{3.54416\times10^{10}, 3.8674\times10^{10}, 4.55473\times10^{10}, 5.52717\times10^{10}, 6.14191\times10^{10}, 7.71176\times10^{10}, 8.31435\times10^{10}, 8.78938\times10^{10}, 9.7175\times10^{10}, 1.148\times10^{11}\}$

> **Normal** 함수의 목적은 얼핏 보기에 명료하지 않을 수 있다. Mathematica는 데이터의 개요를 보여주는 특별한 객체를 사용해서 시계열 데이터를 표현한다. 이 객체는 화면에 표시하는 목적으로는 매우 유용하지만, 변수 할당을 할 때는 **Normal**을 사용해서 실제 데이터를 추출해 저장하는 편이 더 낫다. 단위를 제외한 값만 추출하고자 한다면 **QuantityMagnitude**를 사용한다.

국내총생산 데이터를 **ListPlot**으로 그려보면 데이터가 시간에 따른 단순한 선형 관계를 갖는 것이 아니라 증가와 감소의 주기를 갖는 것을 볼 수 있다.

```
ListPlot[data1, PlotStyle → PointSize[Medium]]
```

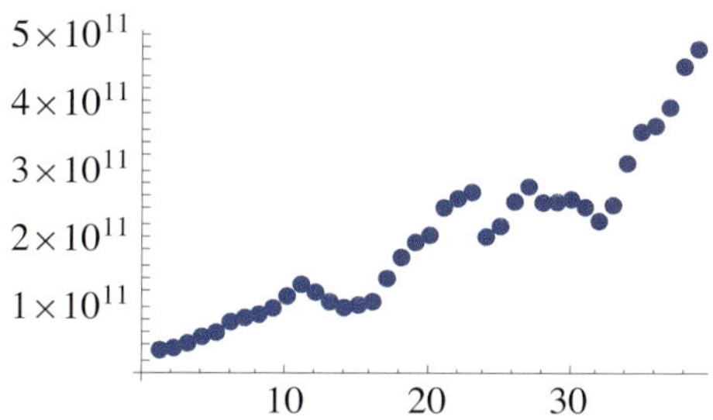

프로그램과 데이터 집합을 정의했다면, 이 둘을 이용해서 손쉽게 데이터 집합에 다양한 다항식을 맞추어볼 수 있다. 이 프로그램은 국내총생산 데이터에 다양한 다항식 맞추기를 시도한다.

```
dataFitApp[data1, 8]
```

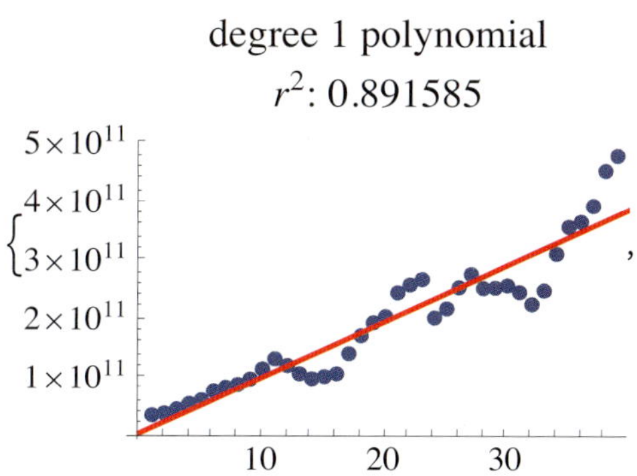

degree 2 polynomial

r^2: 0.909916

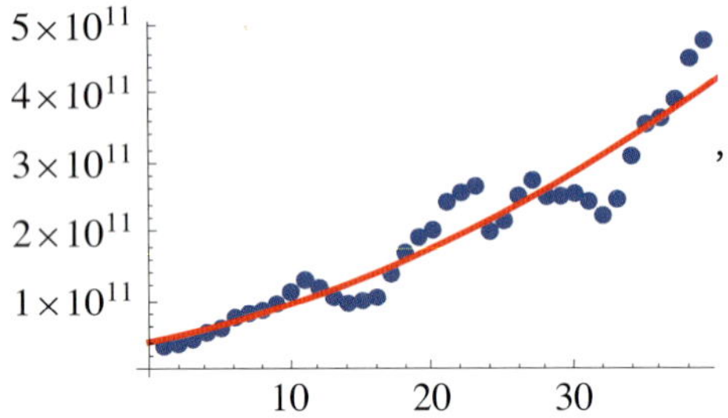

,

degree 3 polynomial

r^2: 0.922197

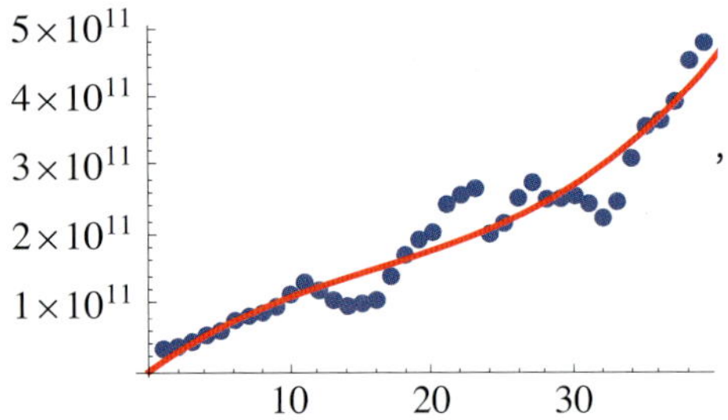

,

degree 4 polynomial

r^2: 0.943669

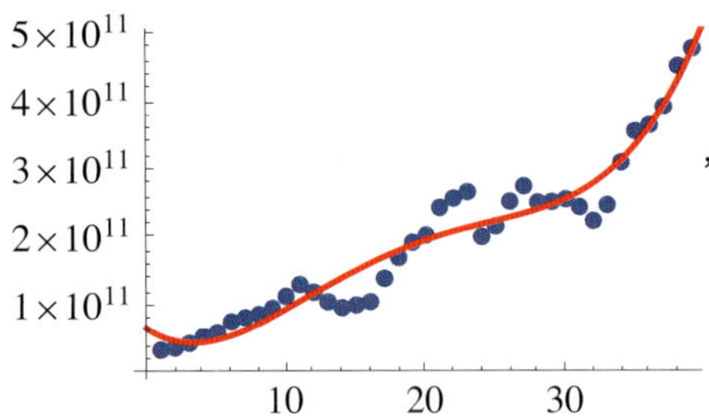

,

degree 5 polynomial

r^2: 0.959408

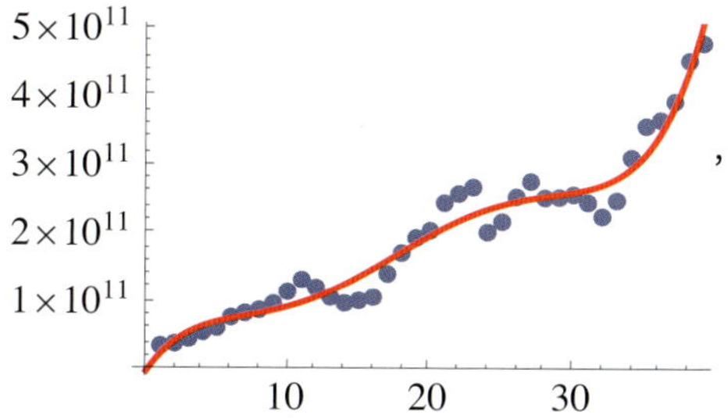

,

degree 6 polynomial

r^2: 0.960536

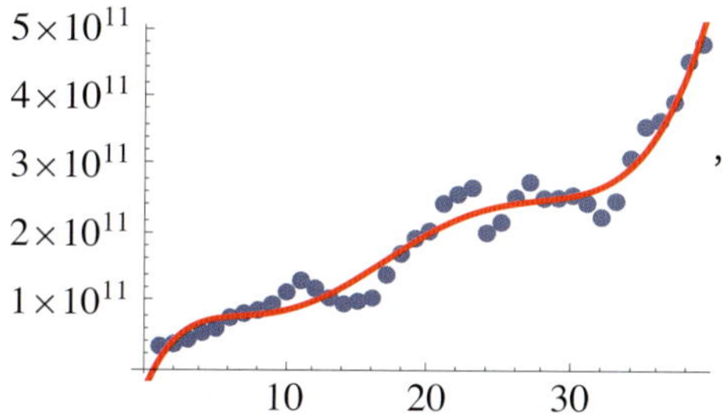

,

degree 7 polynomial

r^2: 0.974892

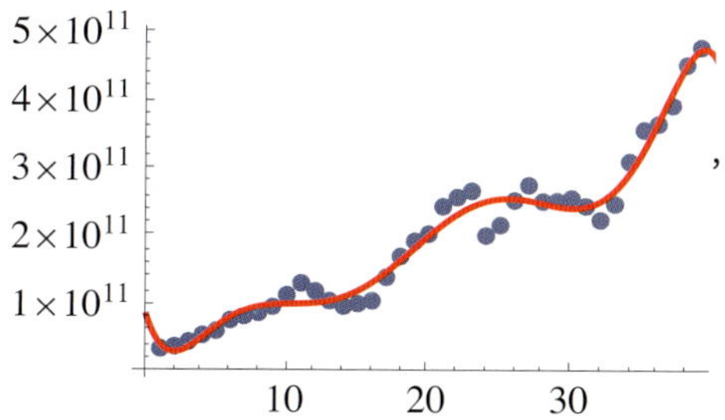

,

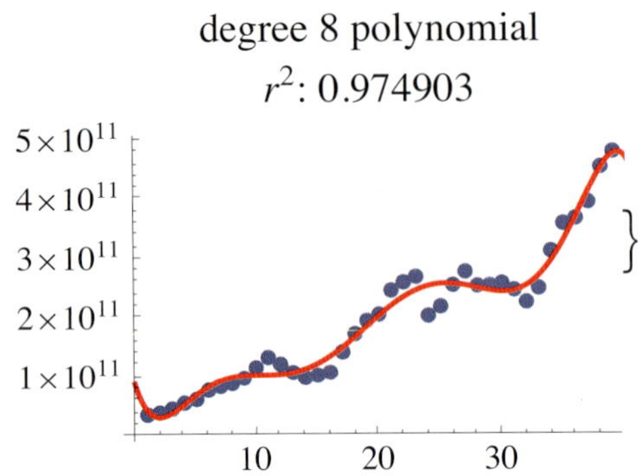

이 프로그램은 **Table** 함수를 이용한 반복문을 사용하고 있으므로, 단지 함수 두 개의 이름만 바꾸면 병렬로 프로세스를 수행하도록 할 수 있다. 하지만, 프로그램의 이름도 변경해서 두 개의 구현을 비교해 보자. 이제 프로그램의 구조는 두 개의 **Table** 문이 아니라 두 개의 **ParallelTable** 문에 기반을 두고 있지만 다른 부분은 전혀 바뀌지 않았다.

```
parallelDataFitApp[data_, polydegree_] :=
  (fits = ParallelTable[LinearModelFit[data, Table[x^j, {j, 0, i}], x],
       {i, 1, polydegree}];
    ParallelTable[
      Show[ListPlot[data, PlotStyle → PointSize[Medium]],
        Plot[fits[[i]]["BestFit"], {x, 0, 100}, PlotStyle → Red],
        PlotLabel → "degree " <> ToString[i] <> " polynomial" <> "\n" <> "r²: " <>
            ToString[fits[[i]]["RSquared"]]],
      {i, polydegree}]
  )
```

AbsoluteTiming을 사용해서 원래 프로그램과 병렬 계산용 프로그램의 계산 시간을 비교할 수 있다. 다수의 계산 커널을 사용해서 병렬 계산을 수행하면 계산 시간이 크게 줄어든다.

```
dataFitApp[data1, 8]; // AbsoluteTiming
```

{4.182668, Null}

```
parallelDataFitApp[data1, 8]; // AbsoluteTiming
```

{1.745976, Null}

계산에 GPU 사용하기

이번 장에서 지금까지 다룬 예는 다수의 CPU 코어 사이에서 계산을 나누어 실행하는 데에만 집중했다. 하지만 Mathematica는 CUDA 병렬 컴퓨팅 아키텍처나 **OpenCL** 프로그래밍 언어를 지원하는 GPU 상에서 계산을 병렬화하는 기능도 내장하고 있다. 어느 기술을 이용하든지 간에 가장 먼저 할 일은 **Needs** 명령을 사용해서 해당 기술에 연결해주는 패키지를 불러오는 것이다. 다음의 명령은 CUDA 카드를 이용하기 위한 패키지를 불러오는 방법을 보여주는 예이다.

```
Needs["CUDALink`"]
```

패키지를 불러올 때, 억음 부호 또는 백틱문자 `를 이름의 끝에 붙여야 한다. 이 문자는 아포스트로피나 작은따옴표와는 다르다.

패키지를 불러들인 후에는 장치 특화 명령을 사용할 수 있다. 이들 명령 중 다수가 이미지 처리와 관련되어 있다. 문서 센터에 있는 **CUDAImageMultiply**의 문서는 명령을 바로 실험해볼 수 있도록 이들 견본 영상을 제공하며, 아래의 예는 GPU를 사용하여 이들 영상을 곱하는 예이다.

CUDAImageMultiply[, ]

> 사용 중인 장치가 CUDA를 지원하는지 알아보는 가장 빠른 방법은 **Needs["CUDALink`"]**를 이용해서 CUDALink 패키지를 불러와 **CUDAQ[]**를 평가하는 것이다. 지원하는 장치를 찾았다면 이 명령은 **True**를 반환하며, 장치에 관해 더 많은 정보를 얻고자 한다면 **CUDAInformation[]**을 평가하면 된다. 이와 비슷하게 **OpenCL**의 지원 여부를 알려주는 명령도 이용할 수 있다.

GPU를 특정 선형대수 연산과 같은 다른 계산에도 이용할 수도 있다. 일부 명령에 직렬 구현과 병렬 구현이 있던 것처럼, 일부 명령에는 직렬 구현과 GPU 구현이 있다. 이들 명령은 서로 문법이 같아서 하드웨어에 맞는 적절한 함수명을 사용하기만 하면 보유한 하드웨어를 활용해 더욱더 빠른 계산을 할 수 있다. **CUDADot** 명령이 그 예로, CUDA 지원 카드를 이용해서 내적을 계산한다.

```
CUDADot[(1 0 0
         0 4 0
         0 0 5), (2 0 0
                  0 6 0
                  0 0 8)]
```

{{2, 0, 0}, {0, 24, 0}, {0, 0, 40}}

또 다른 예로 **CUDATranspose**가 있는데, **Transpose** 명령과 같은 형식을 사용하지만, CUDA 지원 GPU를 사용해서 주어진 행렬의 전치행렬을 구한다.

```
CUDATranspose[(0 1.1315 0
               0 4.7572 0
               0 5.1222 0)]
```

{{0., 0., 0.}, {1.1315, 4.7572, 5.1222}, {0., 0., 0.}}

더 많은 GPU 명령은 문서 센터의 GPU 컴퓨팅에 관한 안내 문서에서 찾아볼 수 있다.

Clear를 사용하여 이 장에서 사용된 모든 변수의 값과 함수의 정의를 삭제한다.

```
Clear[myList, dataFitApp, data1, parallelDataFitApp]
```

정리

Mathematica의 모든 명령에 병렬 계산이 필요하지는 않지만, 더 빠른 계산 속도는 답을 찾는데 시간 단위로 걸리는 계산을 분 단위로 해결할 수 있는 차이를 낳는다. Mathematica의 광범위한 명령 목록은 넓은 종류의 문제를 상당히 빨리 해결할 수 있다는 의미이며, 때로는 몇몇 명령을 병렬 구현으로 교체하기만 하면 직렬 프로그램을 병렬 프로그램으로 변경할 수 있다는 것을 의미한다.

연습 문제

1. **ParallelEvaluate**를 사용해서 1부터 25까지의 범위에서 무작위 정수를 선택하는 계산을 수행하여라. 이 계산은 자동으로 각 프로세서 코어마다 하위 커널을 띄우므로 반환되는 난수의 개수는 사용자의 장치에 따라 다르다.
2. 1부터 25까지 범위의 무작위 정수를 5개 생성한 다음, 이 목록을 변수 **var25**에 저장하고 적절한 명령을 사용해서 **var25**^{2}을 병렬로 계산하여라.
3. 연습 문제 2의 답을 바탕으로, 각 하위 커널이 독립적으로 1부터 25까지 범위의 무작위 정수 5개씩을 만들어 **var25**^{2}을 계산하는 병렬 코드를 작성하여라.
4. **FindRoot**를 이용해서, $\sin(x) + e^x$가 x축을 가로지르는 점을 x축의 시작점 i 근처에서 찾아라. **FindRoot** 명령을 **ParallelSubmit**을 이용해 제출하고, 이 모든 코드를 **Table** 명령으로 둘러싸서 i가 –3부터 3까지 변하도록 작성하여라.
5. 알맞은 명령을 사용하여 연습 문제 4에서 대기 상태에 있는 모든 계산을 평가하여라.
6. 연습 문제 4의 답을 바탕으로, **Table** 대신에 **ParallelTable**을 사용해서 병렬 평가가 대기 상태로 되는 대신에 즉시 계산하도록 코드를 수정하여라.
7. a가 1부터 3까지 1씩 커질 때, $\sin(x)\cos(a\,y)$의 삼차원 그래프를 생성하는 코드를 **ParallelTable** 문을 사용하여 작성하여라.
8. 각 그래프가 다음과 같은 두 개의 데이터 집합을 포함하는 일련의 점그래프를 **ParallelTable**을 이용해서 생성하여라. 첫 번째 데이터 집합은 1부터 100까지 정수의 목록이고, 두 번째 데이터 집합은 i가 2부터 5까지 1씩 커질 때 1부터 100까지의 정수에 i를 곱한 목록이다.
9. 단일 전달인자 **data25**를 받아서 일련의 점그래프를 생성하는 함수 **fun25**를 작성하여라. 각 점그래프는 두 개의 데이터 집합을 포함하며, 첫 번째 데이터 집합은 단순히 **data25**이고, 두 번째 데이터 집합은 i가 2부터 5까지 1씩 커질 때 **data25**에 i를 곱한 목록이다.
10. j가 1부터 100까지 변할 때, $\{j, j^2\}$ 형식의 목록을 **fun25** 함수에 전달인자로 넘겨라.

찾아보기 (기호 및 영문)

%
  마지막 출력, 9, 41
^, 21
=
  변수 정의를 위한, 80
;
  으로 출력 미표시, 83
?
  기호 정의 불러오기(기호의 정의 찾기), 129
  임의 문자 연산자와 함께 사용해서, 130
&& (논리 연산자 논리곱), 156, 141
  확률식에서, 295
++ (Increment), 454
  For에서, 454
==
  로 동일성 검사, 80
|| (논리 연산자 논리합), 156, 142
<| |> (Association), 357
<> (StringJoin), 88
;; (Span), 282, 336
/@ (Map), 453
/. (ReplaceAll), 243, 458
// (Postfix), 41
:=
  함수 정의 방법, 93
〚 〛 (Part), 333
" "
  로 문자열 나타내기, 87
2D 그래픽
  의 애니메이션, 98
3차원 그래픽
  데이터의, 169
  의 기본, 150
3D 그래픽
  그래픽 기본 요소로 생성, 229
  데이터의, 169
  벡터장, 154
  여러 함수 함께 그리기, 152
  의 기본, 150
  의 애니메이션, 106
  의 이동, 151
  의 질감 매핑, 210
  의 확대 및 축소, 151
  의 회전, 151

AbsoluteTiming, 290
  으로 계산 시간 측정하기, 472
  의 예시 과제, 475
Accumulate, 428
AdministrativeDivision
  Entity, 419
AdministrativeDivisionData, 323
AdultPopulation
  CountryData의 특성에서, 447
Alignment
  Grid의 선택 사항으로, 69
And, 141, 156
AngleVector, 278
ANOVATable, 436
Apart, 238
Appearance
  Manipulate의 옵션으로, 109
Append, 344
AppendTo, 345
  Do와 함께, 452
  While에서, 456
Applications
  문서 센터의, 133
Array, 276
ArrayPlot, 171
Association (<| |>), 357
AssociationThread, 358
Assumptions
  Limit의 선택 사항, 255
AudioPlot, 317
Axes
  그래픽 기본 요소, 221
  삼차원 그래픽, 211
AxesLabel, 203, 413
  의 활용 사례, 18
AxesOrigin, 200

Background
  삼차원 그래픽, 211
BarChart, 174, 176, 306
  WolframAlpha의 데이터를 시각화하기, 407
  로 확률을 시각화하기, 296
  선별 데이터에 적용하기, 369
  의 활용 사례, 16
BarChart3D, 176
BarOrigin
  BarChart의 선택 사항으로, 369
  의 활용 사례, 17
Basic Examples
  문서 센터의, 133
Basic Math Assistant
  로 그래픽의 사용자 정의, 193
BiologicalProcesses
  ProteinData의 특성으로, 383
Boxed
  그래픽 기본 요소와 함께, 233
  삼차원 그래픽과 함께, 211
BoxWhiskerChart, 179, 307
Business
  PlotTheme에 대한 설정, 195
  PlotTheme의 설정으로, 36

Callout, 206
  의 위치 제어, 207
Cases, 350
  Quantity로, 387
  누락 데이터 다루기, 426
  선별 데이터에 적용, 369
CDF
  로 노트북 배포하기, 124
CDF Player
  CDF 문서 열람을 위한, 122
CDF (누적분포함수), 296
Cell Insertion Assistant
  로 계산을 입력, 22
  로 자유 형식 언어 입력, 23
CellularPhones
  CountryData의 특성에서, 425
  CountryData의 특성으로, 367
ChartElementFunction
  BarChart의 선택 사항으로, 307
ChartLabels
  Placed로 위치 제어하기, 422
  Rotate로 회전하기, 422
  Table에서 생성, 296
  의 활용 사례, 16
ChartLegends, 347
ChemicalData, 381
  자유 형식 언어 입력, 27
Circle, 220
CityData, 378
Clear, 10, 20
  로 변수 정의 삭제하기, 449
  함수 정의 삭제를 위한, 95
CloudCDF, 125
Collect
  대수항의, 239
ColorData, 199
ColorFunction, 199
  Plot3D의 선택 사항으로, 273
Column
  내용 정렬, 67
  으로 데이터를 서식에 맞추기, 392
  프레젠테이션에서 사용하는, 67
Commonest, 300
Complement, 415
Computable Document Format (CDF), 122
ConstantArray, 280
ControlType
  Manipulate 제어기와 함께, 102
Correlation, 300, 429
CountryData, 365
  의 활용 사례, 13
Covariance, 300, 429
CPU
  를 계산에 다수 이용하기, 465
CreatePalette, 29
CSV
  형식의 파일 가져오기, 312

D, 249
DAE
  미분대수방정식, 265
Dashed, 197
  그래픽 기본 요소와 함께, 224
Dashing, 197
  PlotStyle에 대한 옵션으로, 185
Data
  Import의 선택 사항으로, 314
Dataset, 359
  에서 값 추출하기, 361
  에서 빠진 값 삭제하기, 362
DateList, 92
DateListPlot
  으로 FinancialData로 얻은 데이터 시각화하기, 373
DateObject, 92
DatePlus, 92
DayName, 92
DDE
  지연미분방정식, 265
DeleteCases
  의 활용 사례, 16
DeleteMissing, 362
Diagonal
  행렬에서 추출, 283
DiagonalMatrix, 280
DictionaryLookup, 384
Dimensions, 313
Direction
  Limit의 선택 사항에서, 253
Directive
  PlotStyle로 사용, 198
Directory, 320
DiscreteUniformDistribution, 294
  에서 표본 추출하기, 296

Disk, 217
Distributed, 294
Dividers
  Grid의 선택 사항으로, 69
Do, 452
Docummentation Center, 131
Dot, 276
Drawing Tools
  로 구성 요소 정렬, 192
Drop, 344
DSolve, 265
DSolveValue, 266
DXF
  형식의 파일 가져오기, 312
DynamicModule, 222, 235

EdgeForm, 224
EducationFunding
  WolframAlpha 데이터에서 가져온, 409
ElementData, 382
Entity, 322
  SemanticInterpretation으로 생생한, 417
  에서 값을 추출하기, 419
EntityList, 421
EntityProperties, 419
EntityValue, 420
Epilog, 208
EPS
  로 그래픽 변환하기, 121
Evaluate, 214, 269, 466
EvaluationObject, 471
ExampleData, 212, 312
Expand, 5, 30

Factorial, 453
FactorInteger, 238
FileNameDrop, 320
Filling, 194
  Plot에 대한 옵션으로, 185
FinancialData, 371
  에 날짜 범위 적용하기, 372
  의 자유 형식 언어 입력, 371
FindFit, 433
FindRoot, 245
First
  Solve와 함께 사용, 244
Fit, 429
FitResiduals, 436
FittedModel, 304
Flag
  CountryData의 특성에서, 452
Flatten, 342, 445
FontFamily, 204
  Style의 옵션으로, 70
FontSize, 204
For, 454
Frame
  Grid의 선택 사항으로, 69, 393
  그래픽 기본 요소에 대한, 219
FullForm, 427
  산술 표현 식의, 78
FullSimplify, 240
Function Pages
  문서 센터의, 133

G7
  CountryData의 특성에서, 452
GDP, 17
  CountryData의 특성으로, 391
Generalizations & Extensions
  문서 센터의, 133
GeneralizedLinearModelFit, 437
GenomeData, 383
GenomeLookup, 383
GeoGraphics, 172
GeometricMean, 428
GeoPosition, 172
GeoRegionValuePlot
  으로 열 지도 그리기, 423
GPU
  계산에 활용하기, 476
Graph, 155
GraphData, 376
Graphics, 218
Graphics3D, 229
GraphicsGrid, 306
GraphicsRow, 195
Grid
  로 데이터 시각화하기, 394
  로 데이터를 서식에 맞추기, 393
  의 예제, 68
  이미지와 텍스트의, 69
Guide pages
  문서 센터의, 132

HarmonicMean, 428
Head, 427
  표현의, 315
Histogram, 177
  의 활용 사례, 15
  폭 제어, 177
How to
  문서 센터의, 132
HTML
  로 노트북 저장하기, 120
  로 파일 가져오기, 320

If, 460
ImageCollage, 452
ImageDimensions, 316
ImageResolution
  Export의 선택 사항으로, 327
ImageSize
  Export의 선택 사항으로, 327
  ListPlot의 선택 사항으로, 389
Increment (++), 454
InfantMortalityFraction
  CountryData의 특성에서, 18
Infinity, 157
Initialization
  Manipulate 구문에 대한 사용자 정의 함수, 235
  Manipulate 에 대한 옵션으로, 115
  Manipulate 의 옵션으로, 163
  이차원 자유 낙하 운동, 222
Integer, 427
Integrate
  로 부정적분을 계산하기, 256
  로 정적분 계산하기, 258
  복수 항의 적분, 256
  의 기본 예, 10
  적합 모형에 적용, 435

InternetUsers
  CountryData의 특성에서, 425
InterpolatingFunction, 271
Interpreter
  사용자 정의 함수와 함께, 419
  의 기초, 418
InterquartileRange, 300, 428
Interval
  NumberLinePlot과 함께, 157
Inverse
  행렬의, 284

JPG
  형식의 파일 가져오기, 316

Keys
  Association의, 357
KnotData, 376

LandArea
  CountryData의 특성에서, 443
LanguageIdentify, 385
LatestTrade
  FinancialData의 특성으로, 371
LaTeX
  으로 노트북 저장하기, 121
Length, 313
  로 두 데이터 집합 비교하기, 412
Lighting
  삼차원 그래픽, 211
Lightweight Grid
  를 사용해서 임시 클러스터 만들기, 470
Limit
  가정하에서, 255
  미적분 연산에서, 252
  의 접근 방향의 제어, 253
LinearModelFit, 301, 305, 434
  의 병렬 프로그래밍 예, 475
LinearSolve
  로 행렬 방정식 풀기, 285
ListLinePlot, 162, 167
ListLogLogPlot, 163, 426
  의 활용 사례, 17
ListLogPlot, 163
  의 활용 사례, 19
ListPlot, 162, 166
  Manipulate와 함께, 163
  여러 데이터 집합 시각화하기, 416
  으로 선별 데이터 시각화하기, 387
  의 기본 예, 9
  의 활용 사례, 19
  이차원 데이터 시각화하기, 413
  확률분포의, 297
ListPlot3D, 169
ListPointPlot3D, 170
LiteracyFraction
  CountryData, 19
LogitModelFit, 437
LogPlot, 140, 143

Manipulate
  Plot과 함께, 98
  두 개의 슬라이더 예, 99
  로 기호 표현 조작, 103
  로 데이터 필터링하기, 355
  변수 라벨 표시, 107
  사용자 정의 함수 적용, 114

삼차원 그래프와, 106
슬라이더 제어기의 값 표시, 109
에서 다중 매개변수의 증분 크기 제어, 103
에서 매개변수 변화를 위한 버튼, 100
에서 매개변수를 변화시킬 수 있는 선택
목록, 100
의 기본, 97
의 활용 사례, 19
이차원 자유 낙하 운동 모델, 222
Map (/@), 453
Table과 비교해서, 454
Mathematica
Wolfram 언어와 비교, 11
배경 정보, 11
MatrixForm, 278
MatrixPlot, 171
영상의, 318
Max
통계에서, 428
Mean, 299, 428
병렬 계산에 적용하기, 469
의 활용 사례, 16
MeanPredictionErrors, 436
Median, 299, 428
Mesh
Plot3D에 대한 옵션으로, 151
삼차원 그래픽, 209
Min
통계에서, 428
Missing, 386
Module, 450
MolarVolume
ElementData의 특성으로, 382
MoleculePlot
ChemicalData의 특성으로, 381
ProteinData의 특성으로, 383
자유 형식 언어 입력으로 찾기, 27

N
수치 근사, 25
의 기본, 41
NDSolve, 270
NDSolveValue, 271
Neat Examples
문서 센터의, 133
Needs, 476
Nest, 457
NestList, 457
NIntegrate, 261, 272
NobleGas
ElementData의 특성으로, 382
NonlinearModelFit, 301, 437
Norm
벡터의, 277
Normal, 434
Dataset 의 하부 데이터에 접근하기, 359
희소행렬을 조밀행렬로 변환하기, 288
NormalDistribution, 296
Normalize, 278
Nothing, 352
NSolve, 6
NumberLinePlot, 157

ODE
상미분방정식, 265

Opacity
삼차원 그래픽, 209
삼차원 그래픽 기본 요소, 232
Options
Wolfram 언어 명령에 대한, 194
Or, 142, 156
Orthogonalize, 278

PairedBarChart, 307
Pane
슬라이드 쇼와 함께 이용, 72
ParallelEvaluate, 466
Parallelize, 473
ParallelSubmit, 470
ParallelTable, 471
의 보기, 475
ParametricPlot, 140
으로 미분방정식의 해를 시각화하기, 272
ParametricPlot3D, 210
Part (⟦ ⟧), 333
Dataset의, 361
WolframAlpha 데이터에 적용하기, 410
로 단위 제거하기, 414
로 데이터 추출하기, 333
로 행렬 일부를 추출하기, 281
중첩 목록에 적용하기, 334, 341
Partition, 343
PDE
편미분방정식, 265
PDF
로 노트북 저장하기, 119
PDF (확률밀도함수), 296
PerformanceGoal, 106
PetersenGraph, 377
Pi
입력에 대한 키보드 단축키, 47
자유 형식 언어 입력으로 숫자 찾기, 25
Piecewise, 146
PieChart, 176, 306
PieChart3D, 176
Placed
PlotLegends와 함께, 206
Plot
생성을 위한 팔레트 이용, 29
에 대한 사용자 정의 꾸미기, 213
에 옵션 적용, 185
으로 여러 개의 함수 그래프 동시에 그리기, 144
으로 적합 모형 시각화하기, 435
의 기본, 143
의 기본 예, 7
적합 곡선을 원시 데이터와 함께 시각화하기, 430
조각 함수로, 146
주석 달기, 188
확률분포함수의 시각화, 296
Plot3D, 150
로 미분방정식의 해를 시각화하기, 273
의 기본 예, 8
PlotLabel, 185, 203
Manipulate 구문 내에 대화형 라벨 작성, 109
PlotLegends, 204
의 위치 제어, 206

PlotRange
ListLinePlot에 대한 옵션으로, 168
Manipulate에서, 104
단일 전달인자로 주어진, 214
이차원 그래픽 기본 요소에 대한, 218
PlotStyle, 165, 430
로 색 바꾸기, 184
로 선의 굵기 바꾸기, 185
로 점선으로 바꾸기, 185
여러 함수에 적용하기, 197
자유 형식 언어 입력을 이용, 186
팔레트를 이용한 옵션 적용, 190
PlotTheme, 183, 195
Suggestions Bar를 사용, 36
자유 형식 언어 입력을 이용, 187
혹은 개별 옵션 적용, 184
Plus, 78
PNG
로 데이터를 내보내기, 326
Point, 209
GeoGraphics와 사용, 173
PointSize, 165, 209
PolarPlot, 142
PolyhedronData
다면체, 375
Population
CountryData의 특성에서, 443
Postfix (//)
표현에 적용, 41
Prepend, 344
사용자 정의 함수에 적용하기, 447
PrependTo, 345
Prime, 168
자유 형식 언어 입력을 사용하여, 36
Print, 452
Printout3D, 330
Probability, 294
ProbitModelFit, 437
Properties & Relations
문서 센터의, 133
ProteinData, 383
ProteinNames
GenomeData의 특성으로, 383

Quantity
날짜와 함께, 92
의 기본, 89
입력 내의 자유 형식 언어 입력을 위한, 88
QuantityMagnitude, 302

RadioButtonBar, 102
RandomChoice, 440
RandomInteger, 172
로 행렬 만들기, 280
의 기초, 438
RandomPrime, 172
RandomReal, 172
로 행렬 만들기, 280
병렬로 실행, 467
의 기초, 438
RandomSample, 440
Range
Ticks에 사용, 203
로 변수 목록 생성하기, 431
의 기본, 36, 76
Real, 427
Rectangle, 220

Reduce, 245
RegionPlot, 26, 141, 155, 468
ReplaceAll, 433, 243, 458
  대수식과 함께 사용, 242
Rest
  While에서, 456
Reverse, 350
RevolutionPlot3D, 153
RGBColor, 197
Rotate
  라벨의 글을 회전하기, 407
Row
  로 데이터를 서식에 맞추기, 392
  의 예제, 67
RowReduce
  행렬의, 285

SaveDefinitions
  Manipulate의 옵션으로, 116
Scope
  문서 센터의, 133
SectorChart, 176
SectorChart3D, 177
SeedRandom, 289, 438
Select, 353
  CountryData의 적용, 391
  다차원 데이터에 적용하기, 414
  선별 데이터에 적용하기, 390
SemanticImport, 322
SemanticInterpretation, 417
SetDirectory, 320
Setter, 102
Shift+Enter, 21
Short, 14
  로 출력 줄여쓰기, 366
Show, 165
  로 데이터와 함수를 결합하기, 304
  원시 데이터와 적합 곡선을 결합하기, 430
Simplify, 240
  가정과 함께, 240
Sin
  내장 함수, 31
Slider, 102
Solve
  기본적인, 241
  다수 방정식 풀기, 6
  수치 해를 찾는, 6
  의 기본 예, 5
Sort, 348
SortBy, 348
  WolframAlpha의 데이터에 적용하기, 407
  의 활용 사례, 15
Spacer, 392
  의 예제, 67
Spacings
  Column의 선택 사항으로, 392
Span (;;), 282, 336
Sphere, 229, 232
SphericalPlot3D, 210
StandardDeviation, 300, 428
StreamPlot, 155
StringJoin
  으로 대화형 그래프 라벨 작성, 111
  을 이용해서 **WolframAlpha**의 호출을 구성하기, 407
  의 기본, 87
StringLength, 315
StructureDiagram
  ChemicalData의 특성으로, 401
Style
  Grid에 적용, 70
  그래프 라벨 적용, 204
Suggestions Bar
  숨기기, 37
  와 입력의 결합, 36
  의 기본, 35
Sunrise, 52

Table
  CountryData, 387
  Map과 비교해서, 454
  WolframAlpha 데이터에 적용하기, 410
  다차원 데이터 집합 생성하기, 414
  로 데이터 결합하기, 346
  로 데이터 덧붙이기, 445
  로 데이터 집합 결합하기, 413
  로 벡터 만들기, 275
  로 선별 데이터의 목록 생성하기, 374
  로 중첩 목록 생성, 85
  로 프로그램 작성하기, 443
  목록의 원소를 반복하기, 368
  반복자의 증분 폭, 85
  을 사용해서 행렬 만들기, 279
  의 기본 예, 8
  의 전체 소개, 84
  의 활용 사례, 14
TableForm, 251, 335
Take, 194, 282
  의 활용 사례, 17
Thick
  PlotStyle에 대한 옵션으로, 185
Ticks, 202
  에 대한 값 목록 생성, 203
TimeConstraint, 414
Times, 78
TimeSeries
  국내총생산 자료의 예에서, 301
  의 값, 302
Today
  날짜, 91
Together
  분수를 더하는, 238
Tooltip, 426
  으로 데이터 집합 결합하기, 413
  을 데이터에 적용하기, 388
  의 활용 사례, 17
ToString
  으로 대화형 그래프 라벨 작성, 111
  의 기본, 87
Total, 428
TotalVotingRate
  Entity 특성으로, 421
TraditionalForm, 205
  Solve와 함께, 245
  으로 결과 표시하기, 447
Transpose, 283
TreeForm
  산술 연산의, 79
TrigExpand, 241
TrigReduce, 241
Tutorial pages
  문서 센터의, 132
TXT
  형식의 파일 가져오기, 314

Undo, 78
UnitConvert, 444
  의 기본, 90

Variance, 300, 428
VectorAngle, 278
VectorPlot, 154
VectorPlot3D, 154
VectorQ, 276

WaitAll, 471
WaterArea
  CountryData의 특성에서, 447
WAV
  형식의 파일 가져오기, 317
Which, 461
While, 455
Wolfram 언어
  Mathematica와 비교, 11
  에 계산을 입력, 22
  의 설명, 11
  의 세 가지 주요 규칙, 30
Wolfram Cloud
  를 통해서 문서 공유하기, 127
  에 문서 저장하기, 126
Wolfram Community, 135
Wolfram Knowledgebase, 365
  WolframAlpha, 399
Wolfram U, 135
WolframAlpha
  PodIDs, 401
  결과에서 데이터 추출하기, 403
  의 기본, 399
  프로그래밍 방식의 질의 생성하기, 401
  하위 포드 내용에 접근하기, 404
WolframAlpha.com
  Wolfram 언어 구문으로, 31
WordCloud, 178
WordTranslation, 384

XLS
  로 데이터를 내보내기, 325
  로 파일 가져오기, 313

찾아보기 (한글)

가져오기
  CSV, 312
  DXF, 312
  Wolfram Knowledgebase 개체로 인식되는 데이터의, 322
  문서 파일, 314
  소리, 317
  스프레드시트를, 313
  에서 파일의 기본 위치, 320
  영상, 316
  웹 문서, 320
  의 기초, 311
  장치 내부 파일의 파일 경로로, 318
값
  Association, 358
값의 목록
  Table로 생성, 84
경계조건
  미분방정식의, 270
경도
  CityData의 특성으로, 379
계산
  문서 센터에서, 134
  선별 데이터의, 367
계산 가능한 문서 형식(CDF), 122
계산 시간
  AbsoluteTiming으로 측정하기, 472
고계 도함수, 252
고도
  CityData의 특성으로, 379
고성능 컴퓨팅, 465
고유벡터, 287
고윳값, 287
곡면 그래프, 150
  삼차원 데이터의, 169
곡선 맞추기, 301, 429
곱셈, 78
공동 작업자
  Wolfram Cloud 문서에 추가하기, 127
과학
  PlotTheme에 대한 설정, 183
과학 데이터, 381
괄호
  셀 구분자로써, 44
구문 실수, 75
구문 채색, 75
구호
  미국 주의, 420
국가
  의 전체 목록, 366
국내총생산, 17
굵은 글꼴(Bold), 70
굵은 글자체(Bold), 204
규칙
  에서 값을 추출, 242
규칙에서 값을 추출하기, 242
그래프
  방정식, 7
  의 삼차원 기본 예, 8
그래프 결합, 165
그래프 이론, 377
그래프 주석 달기, 188
그래프와 네트워크
  시각화, 155
그래프의 범위(**RegionPlot**), 26
그래픽
  으로 개별 출력 결과 저장하기, 121
  의 격자 생성(**GraphicsGrid**), 306
  의 사용자 정의, 183
그래픽 기본 요소
  3D, 231
  꾸미기, 224
  삼차원, 229, 231
  여러 도형으로 작업, 220
  의 기본, 217
  의 꾸미기, 231
  의 중첩, 228
그리기 도구, 122, 188
  로 구성 요소 정렬, 192
근
  방정식의, 245
근삿값, 39
근삿값 결과
  에 대한 자릿수, 40
글
  회전해서 라벨에 넣기, 407
금융
  의 선별 데이터, 370
기대수명 데이터, 14
기본 수학 입력 도우미
  로 그래픽의 사용자 정의, 193
기본 수학 입력 도우미 팔레트, 29
  로 조판 입력, 47
기본 예
  문서 센터의, 133
기본적인 통계, 425
기술 데이터, 381
기술 문서, 44
기술통계, 299, 425
기호
  의 기본, 78
기호 색인을 사용하는 목록, 357
긴 출력
  Short으로 방지하기, 14
나눗셈, 4
난수 생성, 289, 438
날짜 연산, 91
날짜 취급, 91
내보내기
  PNG 형식으로, 326
  삼차원 인쇄용 객체의, 328
  스프레드시트, 325
  영상, 326
  할 때 선택 사항 적용하기, 327
내장 데이터, 365
내적
  의 병렬 계산, 477
노트북
  CloudCDF로 저장하기, 126
  기술 문서로써, 44
  문서 작성 기능, 43
  의 기본, 3
  의 디폴트 스타일 변경, 50
  의 탐색, 22
  의 플랫폼 독립성, 119
  의 확대율 변경, 71
노트북 공유하기, 119
노트북 인쇄, 49
누적합(**Accumulate**), 428
다변수 함수
  의 시각화, 150
다수 방정식
  Solve로 풀기, 6
다이어그램, 217
다중 방정식
  함께 그리기, 144
다중 패러다임 프로그래밍, 452
다항식 맞추기, 429
단순화
  대수식의, 240
단위
  선별된 데이터에서 측정치의, 444
  의 기본, 88
  자유 형식 언어 입력을 이용한 작업, 89
  정량화한 표현식에서 제거하기, 414
단위 변환
  을 위한 입력 예측 인터페이스 사용, 90
단일 변수 함수
  의 시각화, 139
단축 입력
  변수와, 80
대괄호
  입력에서의 의미, 30
대수식의 인수분해(**Factor**), 238
대수식의 전개(**Expand**), 238
대수항
  의 모으기, 239
  의 조작, 238
대출
  의 상환 계산, 28
대화형 그래프 라벨
  작성하기, 109
대화형 모델
  의 기본, 97
더블 클릭
  에 의한 그래프 선택, 147
데이터
  격자에 배치하기, 393
  내장된 데이터의 검색, 13
  단위에 기반해서 필터링하기, 387
  도표, 174
  도표 작성, 347
  목록에 원소 추가하기, 337
  에서 열을 추출하기, 335
  에서 행을 추출하기, 335
  의 일부 선택하기, 350
  의 일부 추출하기, 333
  의 처리와 재구성, 333
  의 패턴 탐구, 17
  의 프로그래밍 방식 질의 구성하기, 407
  정렬하기, 348
  정리하기, 350
  정제, 426
  중첩 목록에서 추출하기, 334
  키로 일부 추출하기, 358
  패턴에 기반한 필터링, 460
  필터링, 333
데이터 집합
  의 길이 비교하기, 412
데이터 총합
  Histogram으로 시각화, 177
데이터의 정렬(**Sort**), 412
도표, 174
  의 격자 생성, 306
도표 작성, 347
도함수
  의 그래프, 250
도형, 217
  다중 그래픽 기본 요소의 사용, 220
  삼차원에서 중첩, 231
  의 중첩, 228
  프로그래밍으로 그리기, 217
  프로그래밍으로 삼차원 그리기, 229

동영상
  이 책의 보충 자료로 제공되는
스크린캐스트, 4
두꺼운 선
  그래픽 기본 요소, 224
등호
  변수 할당을 위한, 80
따옴표
  로 문자열 나타내기, 87
라벨
  데이터의 표시, 447
마우스 기반 응용 프로그램
  Manipulate로 생성하기, 19
마우스 조작 응용 프로그램
  Manipulate로 생성하기, 98
마지막 출력
  %, 9, 41
맞춤법 검사, 48
머리
  데이터의, 447
명령 서식, 33
모의실험
  에 적합한 병렬 프로그램
    작성하기, 468
모형 맞추기, 434
목록, 30
  Association으로 전환하기, 358
  기호 색인을 사용한, 357
  데이터의, 84
  벡터를 표현하는, 275
  시각화, 161
  에 원소 추가하기, 337, 344
  에 중첩을 추가하기, 343
  에서 값 추출하기, 282
  에서 빠진 원소 지우기, 350
  에서 원소 제거하기, 344
  에서 중첩 제거하기, 342
  의 구조 변경하기, 341
  의 길이, 313
목록 생성
  Table을 이용, 84
문서
  의 디폴트 스타일 변경, 50
문서 센터, 131
문서 작성 도우미 팔레트
  로 조판 입력, 47
문서 파일
  을 목록으로 변환하기, 321
문자열
  입력에서, 86
미국의 주, 322
  의 목록 생성하기, 406
미분, 249
  그래프 그리기, 146
  여러 개의 변수에 대한, 251
  의 기호 표현, 252
미분대수방정식, 265
미분방정식, 265
  DSolve로 기호적 해 구하기, 265
  NDSolve로 수치적으로 풀기, 270
  고계방정식의 풀이, 267
  에 경계조건을 적용하기, 270
  의 초기조건, 266
  의 해를 그래프로 그리기, 266
  의 해를 표로 나타내기, 268
반복문
  Table과 유사, 84
반복자
  Table을 이용, 85
방정식
  Solve로 풀기, 6
방정식의 풀이
  기본적인, 241
  의 여러가지 명령 비교, 246
번역하기
  언어 간에, 384
범례
  시각화를 위한, 204
범위
  문서 센터의, 133
범죄 데이터
  WolframAlpha 데이터에서
    가져온, 414
벡터
  목록으로 표현하는, 275
  의 곱, 276
  의 내적, 276
벡터장
  의 시각화, 154
변수
  Solve와 함께 사용, 243
  기본 예, 5
  를 위한 할당 변경, 81
  범위, 450
  에 데이터 저장, 334
  여러 커널에서 정의한, 466
  의 목록 생성하기, 431
  의 정의 삭제, 5, 10, 82
  의 차원 알아보기, 425
  의 충돌, 449
  의 활용 사례, 14
  정의, 80
  지역 대 전역, 448
  패턴과 다른, 450
변수의 범위, 450
병렬 계산, 465
  용 작업 제출하기, 470
병렬 커널
  에서 변수 정의하기, 466
  의 상태 확인, 466
보라색 대괄호
  입력의, 76
복리
  의 계산, 457
복합 표현식
  의 기본, 82
부등식
  그래프 그리기, 141
  자유 형식 언어 입력으로 그래프
    그리기, 26
부분행렬, 281
부정적분, 256
분류
  GraphData의 특성으로, 377
분산분석표, 436
분수
  약분, 39
  입력으로써, 39
분포
  에서 표본 추출하기, 297
불 연산자, 141, 142, 156
불셈 기호
  확률식에서, 295
비선형 맞추기, 433
비지니스
  PlotTheme에 대한 설정, 195
빨간색 글자
  입력의, 76
사용자 정의 그래프 옵션, 213
사용자 정의 프로그램
  패턴을 입력으로 받는, 460
사용자 정의 함수, 443
  그래프 그리기, 145
  를 위한 여러 개의 전달인자, 94
  를 이용한 프로그래밍, 474
  병렬로 실행, 475
  에 대한 조각 함수 정의, 146
  의 기본, 93
사용자 토론회
  Wolfram Community, 135
사진
  가져오기, 316
삭제(**Clear**)
  변수 정의를, 82
산술
  의 기본, 39
산술 연산
  을 위한 연산 순서, 78
삼각법
  자유 형식 언어 입력을 이용한 삼각함수
그래프, 24
  팔레트로 삼각 함수 그리기, 29
삼각항등식
  의 단순화, 240
삼차원 객체
  인쇄용으로 내보내기, 328
삼차원 그래픽
  그래픽 기본 요소로 생성, 229
  데이터의, 169
  메시와 투명도, 209
  벡터장, 154
  여러 함수 함께 그리기, 152
  의 기본, 150
  의 애니메이션, 106
  의 이동, 151
  의 질감 매핑, 210
  의 확대 및 축소, 151
  의 회전, 151
삼차원 인쇄
  의 기초, 328
  인쇄 서비스, 330
삽입형 스타일 시트, 50
상미분방정식, 265
새 줄
  입력으로 추가, 99
색
  PlotStyle로 그래프 바꾸기, 184
서식
  으로 입력, 33
선라이즈 스타일 시트, 52
선별 데이터, 365
  계산 금융 데이터, 370
  과학 기술 데이터, 381
  국가 데이터, 365
  불러온 데이터와 연관성, 322
  수학 데이터, 375
  언어학, 384
  임의 문자 기호로 검색하기, 370
  지리학, 378
  필터링, 390
세 번 연속 클릭
  함수 선택을 위한, 31
세미콜론
  합성 표현의 사용, 83
섹션
  스타일 셀, 46

셀
  숨기기, 65
  신규 생성, 22
  의 계층적 구조, 44
  의 유형, 43
셀 괄호, 44
셀 그룹
  닫기, 65
셀 그룹 열기
  환경 설정으로 동작 전환, 44
셀 닫기
  열기/닫기 아이콘, 66
  출력, 70
셀 입력 도우미
  로 계산 입력, 22
  로 스타일 입력, 45
  로 자유 형식 언어 입력, 23
셀 접기, 70
셀 최소화하기
  출력, 70
소리
  가져오기, 317
수업 도우미 팔레트
  로 조판 입력, 47
수의 반올림(**Round**), 313
수직 막대선, 23
수치 근사(N), 25
수치 근삿값, 41
수치 적분, 261
수평 막대선, 22
수학
  관련 선별 데이터, 375
순수 함수
  에서 # 표기 사용, 408
순환, 443
스크린 환경
  슬라이드 쇼, 63
  작업, 64
스타일 시트
  사용자 정의, 50, 54
  연결형과 삽입형의 비교, 50
스프레드시트
  가져오기, 313
  로 데이터를 내보내기, 325
  중첩 목록으로 표현한, 339
슬라이더 제어, 98
슬라이드 구분 셀
  추가, 62
슬라이드 쇼
  기존 노트북에서 만들기, 64
  다중 디스플레이 프레젠테이션, 65
  새 슬라이드 추가, 62
  새로 만들기, 61
  슬라이드 결합, 64
  슬라이드 구분 셀, 62
  의 목차 만들기, 65
  의 탐색, 65
  의 확대율 변경, 71
  프레젠테이션의 시작, 63
  프레젠테이션의 종료, 63
  화면 전환 효과, 72
시각화
  그래프와 네트워크의, 155
  다변수 함수의, 150
  단일 변수 함수의, 139
  데이터를 도표, 174
  목록의, 161
  벡터장의, 154
  사용자 정의 함수의, 145
  선별 데이터의 관계성, 389
  여러 그래프의, 165
  여러 데이터 집합의, 164
  이차원 데이터의, 413
  정적분의, 259
  지리의, 172
  표로 된 데이터의, 394
  행렬의, 171
시계열
  인구의 표현, 403
시뮬레이션
  의 기본, 97
식품 데이터, 28
안내 문서
  문서 센터의, 132
애니메이션
  3D 그래픽의, 106
  삼차원 그래픽의, 106
애니메이션 제어
  Manipulate, 99
언어
  비영어권, 38
언어학
  의 선별 데이터, 384
여러 개의 연산
  입력에서 복합 표현식의 사용, 82
연결형 스타일 시트, 50
연달아 세 번 클릭
  그래픽 선택을 위한, 148
연립미분방정식
  의 풀이, 272
연립방정식
  풀기, 6
연산
  노트북에서의 순서와 관련하여, 81
연산 순서
  FullForm으로 검토, 78
  산술 연산에 대한, 78
열
  데이터에서 추출하기, 335
  행렬에서 추출하기, 282
열람자
  Wolfram Cloud 문서의, 127
영상
  가져오기, 316
  으로 데이터를 내보내기, 326
  의 크기(**ImageDimensions**), 316
영양 데이터
  자유 형식 언어 입력으로 찾기, 28
영어
  의 단어 찾기, 384
예측 인터페이스
  의 기본, 33
외적(**Cross**), 277
원격 커널
  의 설정, 469
원점
  그래프의, 200
웹 문서
  가져오기, 320
  로 노트북 저장하기, 120
웹 토론회
  Wolfram Community, 135
위도
  CityData의 특성으로, 379
음향
  가져오기, 317
응용
  문서 센터의, 133
이동
  삼차원 그래픽의, 151
이동합(**Accumulate**), 428
이미지
  텍스트와 함께, 67
이중 등호
  동일성 검사를 위한, 80
이차방정식의 근의 공식, 6
이차원 그래프
  여러 함수 동시에 그리기, 144
이차원 그래픽
  그래픽 기본 요소로 생성, 217
  의 기본, 143
  의 애니메이션, 98
인구
  CityData의 특성으로, 378
  CountryData, 387
  시계열 데이터로 표현된, 403
  자유 형식 언어 입력으로 찾기, 27
인쇄
  스크린 환경 설정으로, 49
일반화 및 확장
  문서 센터의, 133
일상 영어
  Wolfram 언어 구문으로, 31
  계산을 위한, 5
  그래프 생성을 위한, 24
입력
  Shift+Enter로 평가, 3
  방법, 22
  셀 입력 도우미, 22
  의 기본, 21
  의 보라색 대괄호, 76
  의 빨간색 글자, 76
  의 자동 완성, 77
  재평가, 33
  파란색, 75
입력의 계산, 4
입력의 재평가, 33
입력의 정리, 36
입력의 평가, 3, 21
입문 문서
  문서 센터의, 132
자동 완성
  입력의, 77
  함수의, 33
자연어 처리
  로 검색 제한하기, 418
  를 포함한 프로그램 작성하기, 407
  프로그램 일부로, 399
자유 낙하 운동
  시각화, 221
자유 형식 언어 입력, 23
  Wolfram 언어 구문으로 전환, 31
  그래프 작성을 위한, 7
  방정식을 푸는, 6
  삼차원 그래프에 대한, 26
  시각화를 위한, 139
  으로 데이터 찾기, 12
  의 기본 예, 5
  적분 계산을 위한, 26
  프로그램에 통합하기, 399
작업 취소, 78
적분, 255
  의 기본, 41
  의 수치 근사, 261
  자유 형식 언어 입력을 사용한, 257

적분 구간
  정적분의, 258
적분 상수, 257
적응적 샘플링
  그래픽 생성 시, 148
적합 모형
  의 특성, 305
적합잔차, 436
전역 변수, 448
  의 기본, 81
전치
  의 병렬 계산, 478
정렬하기
  패턴을 이용하여, 348
정적분, 258
  의 기본, 41
  의 시각화, 259
  의 적분 구간 설정, 258
  중적분의, 261
제목
  스타일 셀, 46
제안 막대
  의 기본, 35
제어기 라벨 표시
  Manipulate에서, 107
조각 함수
  의 극한 구하기, 254
조건 함수, 460
조판
  을 위한 **TraditionalForm** 사용, 205
  의 기본, 47
좌표
  CityData의 특성으로, 379
주사위 굴리기
  결과의 확률, 294
주황색 등호 표시, 24
중괄호
  목록을 나타내는, 30
중첩 목록
  시각화, 164
중첩 목록 생성
  Table을 사용하여, 85
중첩된 함수, 31
증분 크기
  Manipulate에 매개변수 전달시
    제어, 103
지리학
  의 선별 데이터, 378
지수, 21
지역 변수, 448
지연 할당
  함수 정의 시 사용, 93
지연미분방정식, 265
질감 매핑(**Texture**), 210
짧은 프로그램
  Suggestions Bar로 생성, 36
참값 결과
  출력에서, 39
채색
  삼차원 그래픽 기본 요소, 231
  이차원 그래픽 기본 요소, 224
초기조건
  미분방정식의, 266
  이차원 자유 낙하 운동 모델링에
    대한, 221
최빈값(**Commonest**), 300
최소제곱 맞추기, 429
최하위 섹션
  스타일 셀, 46
축 눈금
  Ticks, 202
출력
  Mathematica에서 입력
    숨기기, 113
  과 Suggestions Bar의 이용, 35
  마지막(%), 9
  의 미표시, 83
출력 미표시, 83
충돌
  변수의, 449
캐럿 기호
  ^, 21
캐리지 되돌리기
  입력으로 추가, 99
커서
  수직 막대선, 22
  수평 막대선, 22
커서의 위치, 22
코드 도우미, 77
코드 주석, 461
코드 캡션, 38
코드의 주석처리, 461
클라우드 크레디트, 126
클러스터 관리 소프트웨어
  와 통합, 470
키보드 단축키
  π에 대한, 47
  ∞의, 253
  ⟦ ⟧의, 281
  •→•와 •→에 대한, 155
  →에 대한, 105
  :→에 대한, 115
  e의, 258
  Part의 표기법(⟦ ⟧), 334
  그리스 문자, 48
  부정적분 기호 ∫의, 256
  분수 입력을 위한, 39
  분포 기호 ≈의, 294
  외적 기호 ×의, 277
  이계 도함수 ''의, 250
  일계 도함수 '의, 250
  입력 내의 자유 형식 언어 입력을
    위한, 88
  적분 구간의, 260
  적분 변수 d의, 256
  전치 연산자 ᵀ의, 284
  지수에 관한, 21
  텍스트 셀 생성, 44
  특정 유형의 셀 모두를 선택, 47
  함수 서식 생성을 위해, 34
키-값 쌍, 357
텍스트
  격자로 배치, 70
  노트북에 입력, 43
  사용자 정의, 48
  스타일 시트로 보기 조정, 50
  의 색 변경, 57
  의 스타일 변경, 45, 70
  이미지와 함께, 67
텍스트 결합(**StringJoin**), 87
텍스트 셀
  서식 메뉴에서 생성, 46
텍스트 스타일, 54
토론의 장
  Wolfram Community, 135
통계, 299
  모형 맞추기, 434
트리플 클릭
  그래픽 선택을 위한, 148
특성
  CountryData의, 367
  FinancialData의, 371
  적합 모형의, 305
특성 및 관계
  문서 센터의, 133
파란색 입력, 75
파일 내보내기(**Export**)
  의 기초, 324
파일 종류
  가져오기가 지원하는, 311
  내보내기가 지원하는, 324
파일 형식
  가져오기가 지원하는, 311
  내보내기가 지원하는, 324
패턴
  변수와 다른, 450
패턴 일치, 458
  데이터, 350
페이지 나누기
  보기, 49
편미분, 251
편미분방정식, 265
평균예측오차, 436
평문 텍스트
  텍스트 셀에 입력, 44
포커
  풀하우스의 확률, 293
표현식을 텍스트로 변환
    (**ToString**), 87
프랑스어
  의 단어 찾기, 384
프레젠테이션
  슬라이드 쇼 만들기, 61
프로그래밍
  병렬, 465
  에서 계산의 사용, 445
  의 기초, 443
  직렬 프로그램을 병렬로
    변환하기, 474
프로그램
  사용자 정의 프로그램의 실행, 475
필터링
  데이터, 350, 390
하위 목록, 341
하위 섹션
  스타일 셀, 46
학습 문서
  문서 센터의, 132
함수
  내장된, 30
  목록에 사상하기, 453
  사용자 정의, 93
  의 명명 규칙, 30
  의 정의 저장, 116
함수 문서
  문서 센터의, 133
행
  데이터에서 추출하기, 335
  행렬에서 추출하기, 282

행렬
- 생성하기, 278
- 시각화, 171
- 에서 값 추출하기, 282
- 의 고윳값과 고유벡터, 287
- 의 역원, 284
- 의 일부를 추출하기, 281
- 의 정의, 10
- 의 희소배열 표현으로 계산 속도 올리기, 290
- 작업하기, 278
- 파일 가져오기로 만들기, 280
- 팔레트를 이용해서 만들기, 278

행렬식
- **Det**, 10

화면 전환 효과
- 슬라이드 쇼를 위한, 72

화학
- 의 선별 데이터, 381

화학 물질
- WolframAlpha로 질의하기, 401
- 의 전체 목록, 367

확대 및 축소
- 삼차원 그래픽의, 151

확률분포, 293

회전
- 삼차원 그래프의, 151

회전 곡면, 153

회전 입체, 153

흥미로운 예
- 문서 센터의, 133

희소배열(**SparseArray**), 287

역자약력

함남우

- 인천대학교 수학과 교수

황지원

- 한국 최초 Wolfram 공식 인증 강사
- ㈜다한테크 솔루션사업부 부장

전경원

- ㈜시정 기술이사
- 광주과학기술원 정보기전공학 Ph. D.

김현주

- Wolfram Research Korean Localization Manager
- Wolfram 언어 기초 입문 등 Wolfram Research 관련 도서 한국 출판 총괄

김기성

- 바이오브레인 대표이사
- KAIST. 바이오 및 뇌 공학과. Ph. D.

체험하며 배우는 WOLFRAM

MATHEMATICA®

Wolfram 언어™ 프로그래밍

초판발행 2020년 7월 20일

지은이 클리프 헤이스팅스 · 켈빈 미스초 · 마이클 모리슨

옮긴이 함남우 · 황지원 · 전경원 · 김현주 · 김기성

펴낸이 오판근

펴낸곳 (주) 교우

주 소 서울시 동대문구 약령시로 8 교우빌딩 2층 (주)교우

전 화 02-925-2861 / **팩 스** 02-925-2860, **편집부** 02-925-2825

홈페이지&북스토어 www.kyowoo.co.kr / 이메일 kyowoo@kyowoo.co.kr

등 록 1994년 3월 24일 제1994-000013호

ISBN 979-11-251-0319-6 (93410)

Published by Kyowoo Co., Ltd. Printed in Korea

(주) 교우는 보다 혁신적이고 참신한 도서를 다양하게 기획하고 있습니다.
책으로 펴내고자 하는 아이디어나 원고는 메일로 보내주세요.
(주) 교우는 전과정을 책임지고 최선을 다하겠습니다.

값 38,000원

교우미디어는 (주) 교우의 Imprint 사입니다.
수학정원·과학정원은 (주) 교우의 새로운 브랜드명입니다.

잘못된 책은 구입하신 서점에서 교환해 드립니다.